高等职业教育“十三五”规划教材

机械专业系列

机械制造技术

（第二版）

主　编　李增平　何世松　陈运胜

副主编　付荣利　黄榕清　缪燕平

参　编　薛　飞

主　审　黄志超

微信扫描

获取课件等资源

南京大学出版社

内 容 提 要

本书是由机械工程类专业的多门专业基础课中核心的实用性内容综合而成，内容覆盖了切削原理、机械制造技术和装备，较系统地构建了机械制造技术的基础知识体系。本书内容精简易学，实用性强。全书共分8章，包括金属切削的基本知识、金属切削加工方法与设备、机械加工工艺规程的制订、机械加工质量、工件的定位与夹紧、机床夹具设计及其设计方法、现代机械制造技术简介和机械装配工艺基础。

本书是高等职业院校和应用技术型本科院校机械类和近机械类专业的教材，也可供相关专业的工程技术人员参考。

图书在版编目(CIP)数据

机械制造技术 / 李增平，何世松，陈运胜主编. —2 版. —南京：南京大学出版社，2019.3

ISBN 978-7-305-21560-5

Ⅰ. ①机… Ⅱ. ①李… ②何… ③陈… Ⅲ. ①机械制造工艺—高等职业教育—教材 Ⅳ. ①TH16

中国版本图书馆 CIP 数据核字(2019)第 013635 号

出版发行 南京大学出版社
社　　址 南京市汉口路 22 号　　邮编 210093
网　　址 http://www.NjupCo.com
出 版 人 金鑫荣

书　　名 机械制造技术(第二版)
主　　编 李增平　何世松　陈运胜
责任编辑 吕家慧　刘　灿　　编辑热线 025-83597482

照　　排 南京理工大学资产经营有限公司
印　　刷 常州市武进第三印刷有限公司
开　　本 787×1 092　1/16　印张 17.25　字数 431 千
版　　次 2019 年 3 月第 2 版　　2019 年 3 月第 1 次印刷
ISBN 978-7-305-21560-5
定　　价 39.80 元

网　　址：http://www.njupco.com
官方微博：http://weibo.com/njupco
微信服务号：njuyuexue
销售咨询热线：(025)83594756

前　　言

机械制造技术是高职教育机械类专业或近机类专业学生必修的一门主干课程。本教材是根据近年来高职教学改革的经验，综合了金属切削原理与刀具、金属切削机床、机械制造工艺学、机床夹具设计等课程的实用性内容编写而成。在编写过程中，特别注重培养学生运用理论知识解决实际问题的能力。

本书主要特点体现在以下三个方面：一是注重实用性，围绕高职制造类专业人才的培养目标，突出了职业性和岗位能力的要求，对实用性的内容进行了较详尽的叙述，摈弃了要求较高的、陈旧的、纯理论性的、实用性不大的内容，突出培养学生的职业能力；二是内容浅显，删除了理论推导和数学计算，尽量做到浅显易懂，且做到内容少而精；三是体现先进性，为适应制造技术的迅速发展，本书加强了对先进制造技术和机械制造技术发展趋势的介绍。

本次修订，除修正原版中的错误外，还贯彻了最新的国家标准，补充了绪论、3D 打印、最新版 CAPP 软件等内容。

本书适用于高等职业院校和应用技术型本科院校机械类和近机类有关专业教学使用，也可供相关专业的工程技术人员参考。

本书由江西制造职业技术学院李增平、江西交通职业技术学院何世松、广州华立科技职业学院陈运胜任主编，江西制造职业技术学院付荣利、三明医学科技职业学院黄榕清、江西制造职业技术学院缪燕平任副主编，永城职业学院薛飞参加了编写。付荣利编写第 1 章和第 2 章，李增平编写第 3 章，陈运胜编写第 4 章、第 5 章的第 1 节和第 2 节，薛飞编写第 5 章的第 3 节，缪燕平编写第 6 章，绪论、第 7 章和第 8 章由何世松编写。全书由华东交通大学黄志超教授担任主审。

本书是省级教学成果一等奖“基于工作过程系统化的‘2332’课程开发理论与实践”的核心成果之一。本书在编写过程中参考了公开出版的同类著作，大都列在了本书的参考文献中，在此一并表示衷心的感谢。

由于编者水平有限，书中难免有错漏和不当之处，敬请各兄弟院校师生和广大读者批评指正。

编　者

目　　录

绪　论

社会生产生活的各行各业，诸如交通、矿山、冶金、航空、航天、动力、电力、电子、石化、轻纺、建筑、医疗、军事、科研乃至人民的日常生活中，都使用着各种各样的机器、机械、仪器和工具，其品种、数量和性能极大地影响着这些行业的生产能力、质量水平及经济效益等。这些机器、机械、仪器和工具统称为机械装备，生产制造这些机械装备所采用的技术统称为机械制造技术。能够生产这些零件并将其装配成机械装备的工业，称之为机械制造工业。

一、机械制造工业在国民经济中的地位

机械制造工业在国民经济中处于基础性地位，它同时也是一个国家的支柱型行业，能在很大程度上影响国民经济的发展。机械制造工业的主要任务，就是向国民经济的各行各业提供先进的机械装备。因此，机械制造工业是国民经济发展的重要基础和有力支柱，其规模和水平是反映国家经济实力和科学技术水平的重要标志。

对任何一个国家来说，机械制造业水平都会对该国的经济建设产生重要影响，我国自然也不例外。我国机械制造业水平能够在一定程度上体现我国经济建设的整体水平。因此可以毫不夸张地说，机械制造业为国家发展提供重要保障，同时它也是判断国家建设水平的重要标准之一。

二、机械制造技术国内外发展状况

随着《中国制造 2025》国家战略的不断推进，我国制造业正在经历急剧的产业变革。现代科学技术特别是微电子技术、计算机技术的迅猛发展，以及商业模式的更新换代，促使机械制造工业面临着产业结构调整和发展方式转变。制造技术，特别是自动化制造技术，不但采用了计算机控制，并且具有柔性化、集成化、智能化的特点，也在融入网联网的应用场景之中。在超精密加工技术方面，其加工精度已进入纳米级(0.001 μm)，表面粗糙度已达到 0.0005 μm 以下；在切削速度方面，国外车削钢通常为 200 m/min，最高可达 1000 m/min；对于新兴工业需要的难加工材料、复杂型面、型腔以及微小深孔，采用了电、超声波、电子束和激光等新的加工方法进行加工；对于交付周期短或者个性化产品的加工，已逐步采用 3D 打印等方式成型。

我国的机械制造工业经过 60 多年的发展，特别是 40 年来的改革开放，各种机械产品如机床、汽车、船舶、工程机械、仪器仪表等的生产都具有相当的规模，已经形成了品种繁多、门类齐全、布局基本合理的机械制造工业体系。研制出了一批重大成套技术装备和多种高精尖产品，有了自己的数控加工设备及柔性制造单元、柔性制造系统等，机械制造的技术水平普遍有了很大的提高，近年来开发的新产品 70%可达到国际 20 世纪 90 年代初期的水平，有些已接近或达到国际先进水平。

但是，我国的机械制造技术与德国、日本等机械工业发达国家的先进水平相比仍然存在较大差距，主要表现为：高端制造技术跟不上，相关市场份额小；研发设计和创新能力薄弱，

核心技术依赖国外；尚未形成具有较强国际竞争力的专业化制造能力；高端制造业的配套能力不足，核心设备和系统主要依赖进口。

三、课程教学目标

《机械制造技术》学习领域课程的主要任务是培养学生具有机械零件加工工艺编制的能力，会选用机床、刀具、夹具和量具，完成典型机械零件的加工与机器的装配。通过完成典型零件生产过程的工艺训练，培养学生分析问题解决问题的能力及团队协作能力，具体见表0－1。

表0－1 《机械制造技术》课程教学目标

1. 方法能力目标	A. 具有较好的学习新知识和技能的能力。 B. 具有较好的分析和解决问题的方法能力。 C. 具有查找资料、文献获取信息的能力。 D. 具有制订、实施工作计划的能力。
2. 社会能力目标	A. 具有严谨的工作态度和较强的质量和成本意识。 B. 具有较强的敬业精神和良好的职业道德。 C. 具有较强的沟通能力及团队协作精神。
3. 专业能力目标	A. 会选用常见的机械加工刀具。 B. 能根据机械零件的形状及尺寸精度要求，合理选用机械加工方法与机床设备。 C. 能根据机械零件的结构和用途，编制合理科学的加工工艺。 D. 会操作车床、铣床、钻床、磨床等机床设备，完成典型机械零件的加工。 E. 能根据机械零件的特点，合理选用夹具或进行夹具的设计。 F. 能根据机械零件的材料、毛坯生产方法等，正确分析零件结构工艺性。 G. 会使用常用量具检测加工零件的质量。 H. 掌握现代制造技术在不同零件加工中的应用。 I. 会制定装配工艺文件，并按技术要求完成部件或机器的装配。

四、本课程的性质、主要教学内容及学习方法

机械制造技术课程是高等职业院校和应用技术型本科院校机械类、汽车类等装备制造类专业的一门重要的专业基础课程。

本课程研究的对象是机械制造过程中的切削过程、工艺装备、工艺技术以及与加工质量有关的检测问题。本课程的主要内容包括：

1. 金属切削过程的基本理论、基本规律及金属切削刀具的基本知识。
2. 金属切削机床的分类、编号，典型通用机床的工作原理、传动分析、结构特点及所使用的刀具。
3. 机械制造工艺技术的基本知识和常用表面的加工方法。
4. 机床夹具的基本知识。
5. 机器装配工艺知识。
6. 现代制造技术的应用及趋势。

本课程的综合性和实践性很强，涉及的知识面也很广。因此，学生在学习本课程时，除了重视其中必要的基本概念、基本理论外，还应特别注重实践环节，如现场教学、工厂实习及

课程设计等。所以开课院校应具备一定的实验实训条件，建议采用理实一体化教学方法完成本课程的教学。

五、与前后课程的联系

前修学习领域课程主要有《机械制图与识图》《AutoCAD 机械图样绘制与输出》等，后续学习领域课程主要有《数控编程与仿真加工》《Creo 三维建模与装配》《毕业顶岗实习》等专业课。

六、本课程学时分配

本课程总学时约 64 学时。

在课程培养目标确定之后，授课教师与企业技术人员一起研讨，通过对本课程对应的典型工作任务进行分析，依据机械制造企业典型机械零件的制造工作中常见的工作任务归纳出具有普遍适应性的 8 个学习性项目(章节)，各章节学时分配建议见表 0－2。

表 0－2　《机械制造技术》课程学时分配

序号	章节	章 节 名 称	所用课时
1	绪论	课程导论	2
2	第 1 章	金属切削刀具及切削过程	6
3	第 2 章	金属切削加工方法与设备	14
4	第 3 章	机械加工工艺规程的制订	10
5	第 4 章	机械加工质量	6
6	第 5 章	工件的定位与夹紧	4
7	第 6 章	机床夹具及其设计方法	6
8	第 7 章	现代制造技术	8
9	第 8 章	机械装配工艺	8
合计(课时)			64

七、考核方式与标准

本课程采用过程性考核与终结性考核相结合的考核方式，过程性考核除了考核学习质量外，还应考核出勤、课堂表现、课外作业等，终结性考核可采用大作业、期末测试等方式完成，具体见表 0－3。

表 0－3　《机械制造技术》考核方式及指标

考核方式	考 核 内 容	知识能力(30%)	专业能力(70%)
		每部分所占分数	每部分所占分数
过程性考核(含考勤、作业、提问、课题表现等)	绪论	2	2
	第 1 章 金属切削刀具及切削过程	2	6
	第 2 章 金属切削加工方法与设备	6	12

（续表）

考核方式	考　核　内　容	知识能力(30%)	专业能力(70%)
		每部分所占分数	每部分所占分数
过程性考核（含考勤、作业、提问、课题表现等）	第3章 机械加工工艺规程的制订	2	8
	第4章 机械加工质量	2	4
	第5章 工件的定位与夹紧	2	4
	第6章 机床夹具及其设计方法	2	4
	第7章 现代制造技术	4	8
	第8章 机械装配工艺	4	6
终结性考核	典型机械零件的加工过程及质量检测	4	16
总分(百分制)		30	70

第 1 章　金属切削刀具及切削过程

1.1　概述

金属切削加工是利用金属切削工具，在工件上切除多余金属的一种机械加工方法。与其他金属加工方法相比，金属切削加工具有以下特点：

(1) 可获得较复杂的工件形状。

(2) 可获得较小的表面粗糙度值。

(3) 可获得较高的尺寸精度、表面几何形状精度和位置精度。

1. 切削运动

金属切削加工时，刀具与工件之间具有相对运动，即切削运动。切削运动按其作用可分为主运动和进给运动，如图 1－1 所示。

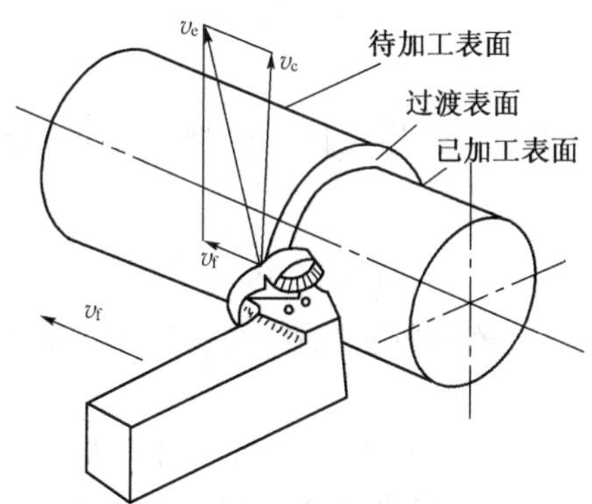

图 1－1　外圆车削运动、工件表面

(1) 主运动。主运动是切除工件上多余金属，形成工件新表面所需的运动，它是由机床提供的主要运动。主运动的特征是速度最高，消耗功率最多。切削加工中只有一个主运动，它可由工件完成，也可以由刀具完成。如车削时工件的旋转运动、铣削和钻削时铣刀和钻头的旋转运动等都是主运动。

(2) 进给运动。进给运动是被切削金属层间断或连续投入切削的一种运动。加上主运动即可不断地切除金属层，从而得到需要的表面。进给运动速度小，消耗功率少。切削加工中进给运动可以是一个、两个或多个。它可以是连续的运动，如车削外圆时，车刀平行于工件轴线的纵向运动；也可以是间断运动，如刨削时工件或刀具的横向运动。

2. 工件的表面

在切削过程中，工件上的金属层不断地被刀具切除而变为切屑，同时在工件上形成新表面。在新表面的形成过程中，工件上有三个不断变化着的表面，如图 1－1 所示。

(1) 待加工表面。工件上等待切除的表面称为待加工表面。

(2) 已加工表面。工件上经刀具切削后产生的表面称为已加工表面。

(3) 过渡表面(加工表面)。主切削刃正在切削的表面称为过渡表面，它是待加工表面与加工表面的连接表面。

3. 切削用量

切削用量是切削加工过程中的切削速度、进给量、背吃刀量的总称。

(1) 切削速度(v_c)。切削速度是刀具切削刃上的某一点相对于待加工表面在主运动方向上的瞬时速度。车外圆时,计算公式如下:

$$v_c=(\pi d_w n)/1\ 000$$

式中,v_c 为切削速度,单位为 m/min 或 m/s;d_w 为工件待加工表面直径,单位为 mm;n 为工件转速,单位为 r/min 或 r/s。

切削刃上各点的切削速度是不同的,在计算时,应以最大的切削速度为准。如车削外圆时以待加工表面直径的数值进行计算,因为此处速度高,刀具磨损快。

(2) 进给量(f)。进给量是刀具在进给运动方向上相对于工件的位移量。可用刀具或工件每转或每行程的位移量来表示。当主运动是旋转运动时,f 的单位为 mm/r。对于铣刀、铰刀等多齿刀具,还规定每齿进给量 f_z,即多齿刀具每转或每行程中每齿相对于工件在进给运动方向上的相对位移,单位为 mm/z。还可用进给速度 v_f,即单位时间内的进给量表示,单位为 mm/min。

$$v_f=f\cdot n=f_z\cdot Z\cdot n$$

式中,Z 为齿数。

(3) 背吃刀量(a_p)。背吃刀量一般指工件上已加工表面和待加工表面间的垂直距离。车外圆时:

$$a_p=(d_w-d_m)/2$$

式中,d_w 为待加工表面直径,单位为 mm;d_m 为已加工表面直径,单位为 mm。

4. 切削层参数

刀具切削刃在一次进给中,从工件待加工表面上切下来的金属层称为切削层。外圆车削时,工件转一转,车刀从位置 I 移到位置 II,前进了一个进给量,图 1-2 中阴影部分即为切削层。其截面尺寸的大小即为切削层参数,它决定了刀具所承受负荷的大小及切削层尺寸,还影响切削力和刀具磨损、表面质量和生产率。

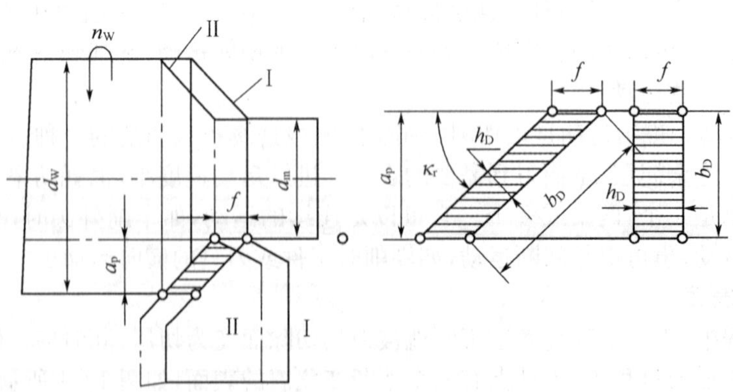

图 1-2 车外圆时切削层参数

切削层尺寸可用以下三个参数表示:

(1) 切削层厚度(h_D)。切削层厚度是切削刃两瞬时位置过渡表面间的距离。

(2) 切削层宽度(b_D)。切削层宽度是沿过渡表面测量的切削层尺寸。

(3) 切削层横截面面积(A_D)。切削层横截面面积是切削层横截面的面积。

1.2　刀具的几何角度及刀具材料

1.2.1　刀具的几何角度

金属切削的刀具种类繁多、形状各异，但就其切削部分而言，都可以视为从外圆车刀切削部分演变而来的。因此，以外圆车刀的切削部分为例来介绍刀具工作部分的一般术语，这些术语也适用于其他金属切削刀具。

1. 车刀的组成

车刀由刀柄和刀头组成，刀柄是刀具上的夹持部分，刀头则用于切削，也称为切削部分。如图 1-3 所示，刀头由以下几部分构成：

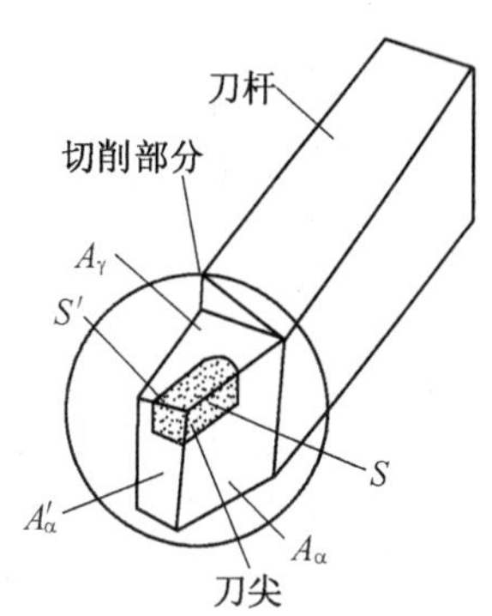

图 1-3　车刀切削部分的构成

(1) 前刀面(A_γ)。切屑流出时经过的刀面称为前刀面。

(2) 后刀面(A_α)。与加工表面相对的刀面称为后刀面(也称主后刀面)。

(3) 副后刀面(A'_α)。与已加工表面相对的刀面称为副后刀面。

(4) 主切削刃(S)。前刀面与主后刀面的交线称为主切削刃。在切削加工过程中，它承担主要的切削任务。

(5) 副切削刃(S')。前刀面与副后刀面的交线称为副切削刃。它配合主切削刃完成切削工作。

(6) 刀尖。刀尖是主、副切削刃的连接部位，或者是主、副切削刃的交点。大多数刀具在刀尖处磨成一小段直线刃或圆弧刃，也有一些刀具主、副切削刃直接相交，并形成尖刀尖，如图1-4所示。

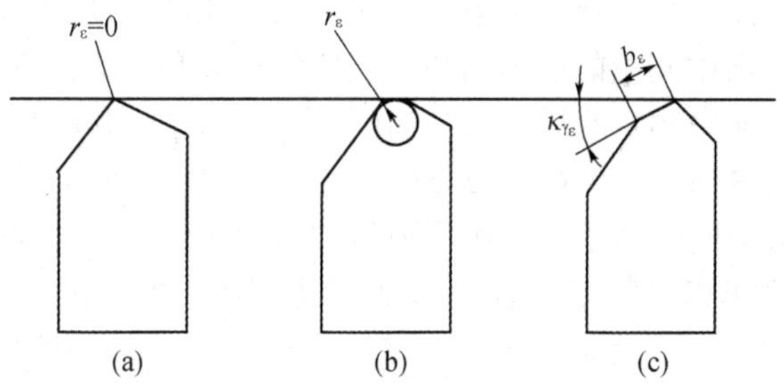

图 1-4　刀尖的结构

不同类型的刀具，其刀面、切削刃的数量可能不同，但组成刀具切削部分最基本的结构是两个刀面(A_γ、A_α)和一条主切削刃。也可以认为它们是组成刀具切削部分的基本单元。任何一把多刃复杂刀具都可以将其分解为一个个的基本单元进行分析。

2. 刀具的静止角度参考系

刀具的静止参考系是用于设计、制造、刃磨和测量刀具几何角度的参考系。由于刀具的几何角度是在切削过程中起作用的角度，因此，静止参考系中坐标平面的建立应以切削运动为依据。首先给出假定工作条件，即只考虑主运动，不考虑进给运动的大小，同时刀具安装绝对正确。在该参考系中确定的刀具几何角度，称为刀具的静止角度，即标注角度。

这样便可近似地用平行或垂直于主运动方向的平面构成坐标平面，即参考系。由此可见，静止参考系是简化了切削运动和设立标准刀具位置条件下建立的参考系。下面介绍常用的正交平面静止参考系。

(1) 参考系的建立。正交平面参考系由相互垂直的三个坐标平面(p_r、p_s、p_o)组成，如图1-5所示。

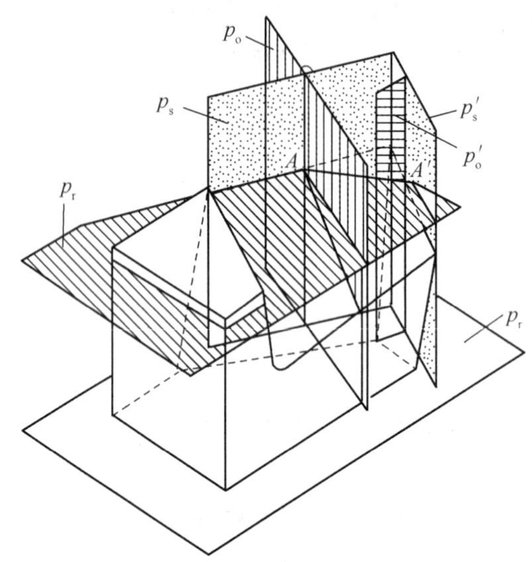

图 1-5　正交平面静止参考系坐标平面

基面(p_r)。通过切削刃选定点，垂直于主运动方向的平面称为基面。对于车刀，基面平行于车刀刀杆底面。

切削平面(p_s)。通过切削刃选定点，与主切削刃相切并垂直于基面的平面称为切削平面。

正交平面(p_o)。通过切削刃选定点，同时垂直于基面与切削平面的平面称为正交平面。

(2) 静止角度的标注。在该参考系中可标注出以下几个角度，如图 1-6 所示。

前角(γ_o)。正交平面中测量的前刀面与基面之间的夹角称为前角。

后角(α_o)。正交平面中测量的后刀面与切削平面之间的夹角称后角。

主偏角(κ_r)。基面中测量的主切削刃与进给运动方向之间的夹角称为主偏角。

刃倾角(λ_s)。切削平面中测量的主切削刃与过刀尖所作基面之间的夹角称为刃倾角。

用上述四个角度就可以确定车刀前、后刀面及主切削刃的方位。其中 γ_o 与 λ_s 确定了前刀面的方位，κ_r 与 α_o 确定了后刀面的方位，κ_r 与 λ_s 确定了主切削刃的方位。

同理，对副切削刃也可建立副基面 P_r'、副切削平面 P_s'和副正交平面 P_o'，用 κ_r'、λ_s'、γ_o'、α_o'定出其相应的前刀面、副后刀面的方位。由于副切削刃和主切削刃共同处于同一前刀面中，因此，当 γ_o 与 λ_s 两角确定后，前刀面的方位已经确定，γ_o'与 λ_s'两个角度也同时被确定。因此副切削刃通常只需确定副偏角 κ_r'和副后角 α_o'。

副偏角(κ_r')。基面中测量的副切削刃与进给运动反方向之间的夹角称为副偏角。

副后角(α_o')。副正交平面中测量的副后刀面与副切削平面之间的夹角称为副后角。

因此，图 1-6 所示外圆车刀有三个刀面，两条切削刃，所需标注的独立角度只有六个。

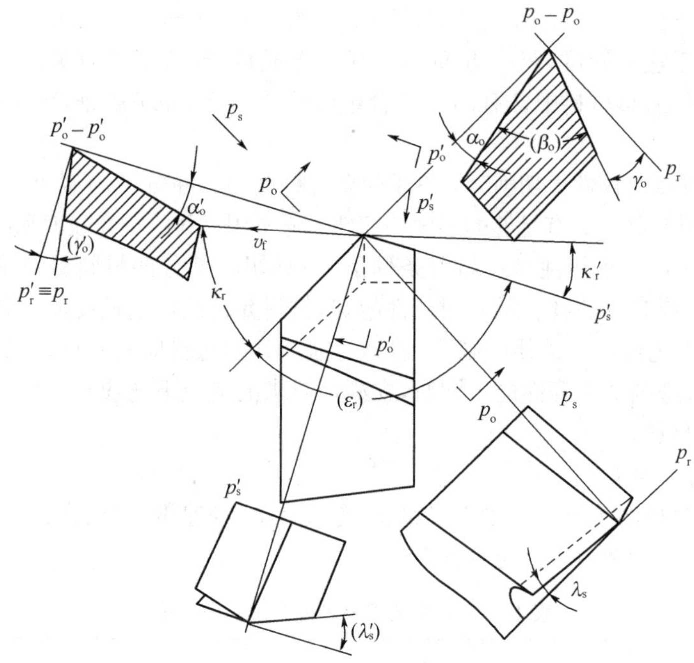

图 1-6　正交平面静止参考系标注的角度

此外，分析刀具时还需给定以下两个派生角度（图 1-6 中用括号括起来的角度）。

楔角（β_o）。正交平面中测量的前、后刀面之间的夹角称为楔角。$\beta_o=90°-(\gamma_o+\alpha_o)$。

刀尖角（ε_r）。基面中测量的主、副切削刃之间的夹角称为刀尖角。$\varepsilon_r=180°-(\kappa_r+\kappa_r')$。

（3）角度正负的规定。如图 1-7(a)所示，在正交平面中，若前刀面在基面之上时前角为负，前刀面在基面之下时前角为正，前刀面与基面相重合时前角为零。后角也有正负之分，但切削加工中一般后角只有正值，无零值及负值。

如图 1-7(b)所示，刀尖处于切削刃最高时刃倾角为正，刀尖处于切削刃最低点时刃倾角为负，切削刃与基面相重合时刃倾角为零。

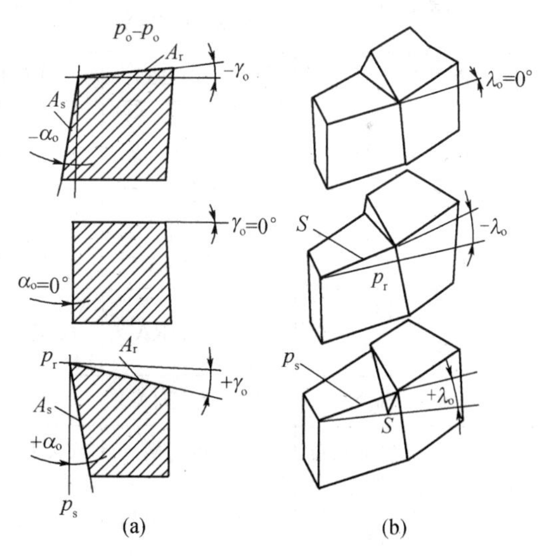

图 1-7　车刀角度正负的规定方法

1.2.2　刀具的材料

在金属切削过程中，刀具切削部分承担切削工作，因此，刀具材料性能的优劣，将是影响加工表面质量、切削效率、刀具寿命的基本因素。

1. 刀具材料必须具备的性能

在金属切削过程中，刀具切削部分承受着较大的压力、较高的温度和剧烈的摩擦，有时还要受到强烈的冲击，因此刀具材料必须具备下列性能：

（1）高的硬度。刀具要从工件上切除金属层，因此，其切削部分的硬度必须大于工件材料的硬度。一般刀具材料的常温硬度应高于 60HRC。

(2) 高的耐磨性。刀具材料应具有较高的耐磨性，以抵抗工件对刀具的磨损。刀具耐磨性一方面取决于它的硬度，另一方面还与其化学成分、显微组织有关。刀具材料硬度越高，耐磨性就越好；刀具材料中含有耐磨的合金碳化物越多，晶粒越细，分布越均匀，耐磨性也越好。

(3) 足够的强度与韧性。切削时刀具承受着各种应力和冲击，为了防止刀具崩刃和碎裂，要求切削部分的材料必须具有足够的强度和韧性。通常用材料的抗弯强度和冲击韧性表示。

(4) 高的耐热性。耐热性是在高温条件下，刀具切削部分的材料保持常温时硬度的性能，也可用红硬性或高温硬度表示。耐热性越好，材料允许的切削速度就越高。

(5) 良好的工艺性。为了便于制造，刀具切削部分的材料应具有良好的工艺性能，如锻造、焊接、热处理、磨削加工等性能。同时，在满足要求的前提下还应尽可能采用资源丰富和价格低廉的刀具材料。

2. 刀具材料的种类

刀具切削部分材料主要有碳素工具钢、合金工具钢、高速钢、硬质合金、陶瓷和超硬刀具材料等，它们的主要物理力学性能见表1-1。

表1-1　各类刀具材料的物理力学性能

材料种类＼材料性能		硬度	抗弯强度/GPa	冲击韧度/(kJ/m^2)	热导率W/(m·K)	耐热性/℃
碳素工具钢		60～66HRC 81.2～83.9HRA	2.45～2.74		67.2	200～250
高速钢		63～70HRC 83～86.6HRA	1.96～5.88	98～588	1.67～25	600～700
合金工具钢		63～66HRC	2.4		41.8	300～400
硬质合金	YG6	89.5HRA	1.45	30	79.6	900
	YT14	90.5HRA	1.2	7	33.5	900
陶瓷	$A1_2O_3$	>91HRA	0.45～0.55	5	19.2	1 200
	$A1_2O_3+T_1C$ T8	93～94HRA	0.55～0.65			
	Si_3N_4	91～93HRA	0.75～0.85	4	38.2	1 300
金刚石	天然金刚石	10 000HV	0.21～0.49		146.5	700～800
	聚晶金刚石复合刀片	6 500～8 000HV	2.8		100～108.7	700～800
立方氮化硼	烧结体	6 000～8 000HV	1.0		41.8	1 000～1 200
	立方氮化硼复合刀片FD	≥5 000HV	1.5			>1 000

(1) 高速钢。高速钢是在合金工具钢中加入了较多的W、Mo、Cr、V等合金元素的高合金工具钢，是综合性能较好，应用范围最广泛的一种刀具材料。其抗弯强度较高，韧性较好，热处理后硬度为63～66HRC，易磨出较锋利的切削刃，故生产中常称为“锋钢”。其耐热性

约为 600～660℃左右，可用于制造丝锥、成形刀具、拉刀和齿轮刀具等。可以加工碳钢、合金钢、有色金属和铸铁等多种材料。

高速钢按化学成分可分为钨系、钨钼系；按切削性能可分为普通高速钢和高性能高速钢。

① 普通高速钢。普通高速钢可分为钨系高速钢和乌钼系高速钢二类。

钨系高速钢中较常见的牌号是 W18Cr4V，它具有较好的综合性能和可磨削性，可制造各种复杂刀具的精加工刀具。

钨钼系高速钢中最常见的牌号是 W6Mo5Cr4V2，具有较好的综合性能，其抗弯强度和冲击韧性都高于钨系高速钢，并且有较好的热塑性，适于制作热轧工具。但这种材料脱碳敏感性大，淬火温度窄，较难掌握热处理工艺等缺点。

② 高性能高速钢。高性能高速钢是在普通高速钢的基础上，通过调整化学成分和添加其他合金元素，使其性能比普通高速钢提高一步的新型高速钢，此类高速钢主要用于高温合金、钛合金、高强度钢和不锈钢等难加工材料的切削加工。高性能高速钢包括高碳高速钢、高钒高速钢、钴高速钢和铝高速钢等几种。高性能高速钢的典型牌号为 W6Mo5Cr4V3、W2Mo9Cr4VCo8 和 W6Mo5Cr4V2A1 等。

(2) 硬质合金。硬质合金是用粉末冶金的方法制成的一种刀具材料。它是由硬度和熔点很高的金属碳化物（WC、TiC 等）微粉和金属黏结剂（Co、Ni、Mo 等），经高压成形，并在 1 500℃左右的高温下烧结而成。

硬质合金的硬度高达 89～94HRA，耐磨性很好，耐热性为 800～1 000℃，切削速度可达 100m/min 以上，能切削淬火钢等硬材料。但其抗弯强度低、韧性差、怕冲击和振动，制造工艺性差。

硬质合金的发展很快，现已成为主要的刀具材料之一。目前车削刀具大都采用硬质合金，其他刀具采用硬质合金的也日益增多，如硬合金面铣刀、拉刀、铰刀等。

下面介绍几种常用的硬质合金：

① 钨钴类硬质合金(YG)。它由碳化钨和钴构成，其硬度为 89～91.5HRA，耐热性为 800～900℃，主要用于加工铸铁、有色金属及非金属材料。常用牌号有 YG3、YG6、YG8 等，G 后面的数字为 Co 的百分含量。硬质合金中含钴量越多，韧性越好，适合于粗加工，含钴量少者用于精加工。

② 钨钛钴类硬质合金（YT）。它是由碳化钨、碳化钛和钴构成，其硬度为 89.5～92.5HRA，耐热性为 900～1 000℃，主要用于加工塑性材料。常用牌号有 YT5、YT14、YT15、YT30，T 后面的数字代表 TiC 的质量分数百分含量。当 TiC 的含量较多、Co 的含量较少时，硬度和耐磨性提高，但抗弯强度有所下降。它不适合加工含 Ti 元素的不锈钢，因为两者的 Ti 元素亲和作用较强，会发生严重的黏结，使刀具磨损加剧。

③ 钨钽(铌)钴类硬质合金(YA)。它是由碳化钨、碳化钽(碳化铌)和钴构成，有较高的常温硬度、耐磨性、高温强度和抗氧化能力。常用牌号为 YA6，适合于对冷硬铸铁、有色金属及其合金进行半精加工，也可对高锰钢、淬火钢等材料进行半精加工和精加工。

④ 钨钛钽(铌)钴类硬质合金（YW）。它是由碳化钨、碳化钛、碳化钽（碳化铌）和钴构成，其抗弯强度、疲劳强度、耐热性、高温硬度和抗氧化能力都有很大的提高。常用牌号有 YW1、YW2，既能加工钢材，又能加工铸件、有色金属及其合金，是通用性较好的刀具材料。

⑤ 碳化钛基类硬质合金（YN）。它是由碳化钛、钼和镍构成，其抗氧化能力、耐磨性、耐热性较高。常用牌号有 YN05、YN10，主要用于对碳钢、合金钢、工具钢、淬火钢等进行精加工。

表 1－2 列出了几个国家硬质合金近似对照及其用途。

表 1-2 几个国家硬质合金近似对照及其用途

牌号						性能比较	用途
中国	美国		日本		瑞典		
	统一牌号	ADamas	住友电工	三菱金属矿业	Sandvik Caromant		
YG3	C4 AAA		H3 HTi03	TH3	HIP H05	硬度、耐磨性、韧性、进给量 ↑ 抗弯强度、韧性、进给量 ↓	铸铁、有色金属及其合金的精加工、半精加工，要求无冲击
YG6X	C3 ACM	CA310	H1 G1	G2F	GC015 GC315		铸铁、冷硬铸铁高温合金的精加工、半精加工
YG6	C2 A	CA310	G2 G2K	G2	GC015 H20		铸铁、有色金属及其合金的半精加工与粗加工
YG8	B C1	CAS	G3 G3K	G3	H20 HX		铸铁、有色金属及其合金的粗加工，也可用于断续切削
YT30	C-8 490	T8 CA100	ST05E FT1	ST:03	F02 SIP		碳钢、合金钢的精加工
YT15	C-7 495	548 CA606	ST10E ST1	ST:03	GC015 GC105		碳钢、合金钢连续切削时粗加工、半精加工、精加工，也可用于断续切削时精加工
YT14	C-6 495	548 CA610	ST20E CS30	S12	GC015 GC135		
YT5	C-5 435	499 CA610	ST3 ST30E	S23	GC015 S4		碳钢、合金钢的粗加工。可用于断续切削
YW1	C7 548	CAS10	u10E u1	uTi10			不锈钢、高强度钢与铸铁的半精加工与精加工
YW2	C6 548	CAS10	u2 uTi20	Tu20			不锈钢、高强度钢与铸铁的粗加工与半精加工
YN05	C-8	T8	ST05E				低碳钢、中碳钢、合金钢的高速精车
YN10	490	CA100	FT1	STi03	F02 SIP		碳钢、合金钢、工具钢、淬硬钢连续表面的精加工
YA6	C3 ACM	CA310	H1 G1	G2F	GC015 GC315		冷硬铸铁、有色金属及其合金的半精加工，也可用于合金钢的半精加工

(3) 其他刀具材料。

① 陶瓷。陶瓷刀具材料是以人造的化合物为原料，在高压下成形和高温下烧结而形成的，硬度为 91～95HRA，耐热性高达 1 200℃，化学稳定性好，与金属的亲和能力小，与硬质合金相比提高切削速度 3～5 倍。但其最大的缺点是抗弯强度低，冲击韧性差。主要用于对钢、铸铁、高硬度材料(如淬火钢)进行连续切削时的半精加工和精加工。

② 金刚石。金刚石分天然和人造两种，都是碳的同素异形体。天然金刚石由于价格昂贵而用得很少。人造金刚石是在高温、高压条件下由石墨转化而成的，硬度为 10 000HV。金刚石刀具能精密切削有色金属及合金、陶瓷等高硬度、高耐磨材料。但它不适合加工钢铁材料，因当温度达到 800℃时，在空气中金刚石易发生氧化、碳化，与铁发生化学反应，产生急剧磨损。

③ 立方氮化硼。立方氮化硼是由六方氮化硼在高温、高压条件下加入催化剂转变而成的，其硬度为 8 000～9 000HV，耐热性为 1 400℃。主要用于对高温合金、淬硬钢、冷硬铸铁等材料进行半精加工和精加工。

④ 刀具材料的表面涂层。刀具材料的表面涂层是在高速钢和韧性较好的硬质合金等材料制成的刀具上，通过化学和物理的方法，使刀具表面上沉积极薄(5～12μm)的一层高硬度、高耐磨性和难熔的金属化合物碳化钛(TiC)或氮化钛(TiN)，形成金黄色的表面涂层，使刀具的表面耐磨性提高，具有抗氧化和抗黏结的特点，延迟了刀具的磨损，同时保持刀具较好的韧性。

刀具柄部是刀具的夹持部分，在切削过程中承受着弯矩和扭矩的作用，因此，应具备足够的强度和刚度。通常选用优质碳素结构钢或优质合金结构钢，如 45 钢或 40Cr。必要时也可选用合金工具钢，如 9SiCr。

1.3　金属切削过程

金属切削过程中将产生一系列的现象，如形成切屑、切削力、切削热与切削温度、刀具磨损等。下面在介绍这一系列现象的基础上，分析切削加工中一些具体问题，如切削液的选择、刀具几何参数的选择等。

1.3.1　变形系数、切屑和积屑瘤

切削变形本质上是工件切削层金属受刀具的作用后，产生弹性变形和塑性变形，使切削层金属分离变为切屑的过程。

1. 变形系数

切削层金属经过切削加工形成的切屑，其长度较切削层长度缩短，厚度较切削层厚度增加，说明切削层金属发生了变形，如图 1 - 8 所示。其变形程度的大小，可近似地用变形系数 ξ 来衡量。变形系数等于切屑的厚度与切屑层金属的厚度之比，也等于切屑层金属的长度与切屑的长度之比。

变形系数值的大小可用来判断切削变形的严重程度，一般变形系数值越大，说明切削变形越严重。

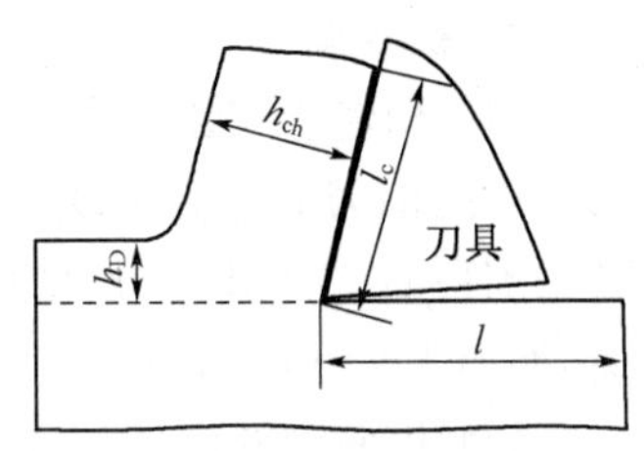

图 1 - 8　切削层金属的变形

2. 切屑的类型

根据变形后形成的切屑的外形不同，通常将切屑分为以下四种类型：

(1) 带状切屑[图 1-9(a)]。外形呈带状，底面光滑，背面无明显裂纹，呈微小锯齿形。加工塑性金属，如碳钢、合金钢、铜、铝等材料时，常形成此类切屑。

(2) 节状切屑[图 1-9(b)]。切屑底面较光滑，背面局部裂开成节状。切屑黄铜或低速切削钢时，容易得到此类切屑。

(3) 粒状切屑[图 1-9(c)]。切屑沿厚度断裂为均匀的颗粒状。切削铅或很低的速度下切削钢时，可得到此类切屑。

(4) 崩碎切屑[图 1-9(d)]。切削脆性金属如铸铁、青铜时，切削层几乎不经过塑性变形就产生脆性崩裂，从而使切屑呈不规则的细粒状。

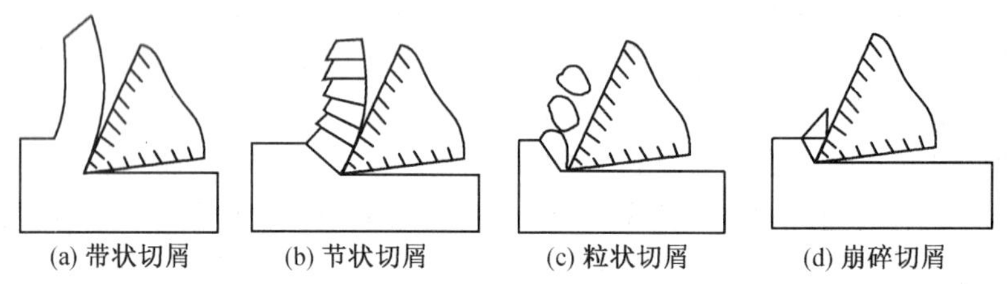

(a) 带状切屑 (b) 节状切屑 (c) 粒状切屑 (d) 崩碎切屑

图 1-9 切屑的基本形态

由表 1-3 可知，切屑的类型随着切削条件的改变而发生变化。

表 1-3 影响切屑形态的因素及其对切削力的影响(切削塑性材料)

切屑形态分类		粒状切屑	节状切屑	带状切屑
切屑形态简图				
影响切屑形态的因素及其形态的相互转化	1. 刀具前角	小←——→大		
	2. 进给量(切削厚度)	大(厚)←——→小(薄)		
	3. 切削速度	低←——→高		
切屑形态对切削加工的影响	1. 切削力波动	大←——→小		
	2. 切削过程平稳性	差←——→好		
	3. 加工表面粗糙度数值	大←——→小		
	4. 断屑效果	好←——→差		

3. 积屑瘤

(1) 积屑瘤现象。在一定切削速度范围内，加工钢材、有色金属等塑性材料时，在切削刃附近的前刀面上会出现一块高硬度的金属，它包围着切削刃，且覆盖着部分前刀面，可代替切削刃对工件进行切削加工，这块硬度很高(约为工件材料硬度 2～3 倍)的金属称为积屑瘤，如图 1-10 所示。

(2) 积屑瘤的产生与成长。关于积屑瘤的形成有许多解释，通常认为是由于切屑在前刀面上黏结造成的。在一定的加工条件下，随着切屑与前刀面间温度和压力的增加，摩擦力也增大，使靠近前刀面处切屑中变形层流速减慢，产生"滞流"现象。越接近前刀面处的金属

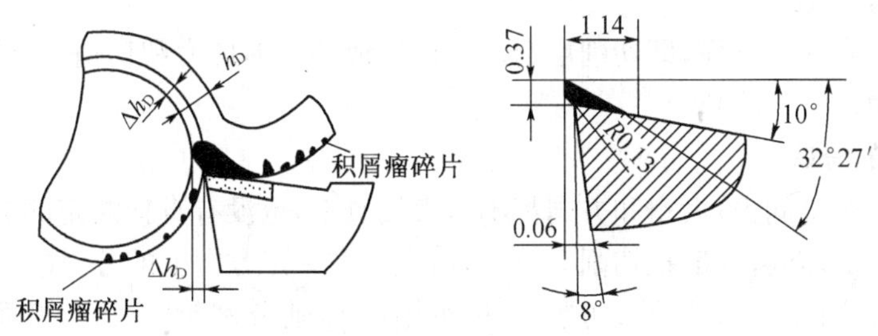

图 1-10　积屑瘤

层，流动速度越低。当温度和压力增加到一定程度，滞流层中底层与前刀面产生了黏结，当切屑底层中剪应力超过金属的剪切屈服强度极限时，底层金属流动速度为零而被剪断，并黏结在前刀面上。该黏结层经过剧烈的塑性变形使硬度提高，在继续切削时，硬的黏结层又剪断软的金属层，这样层层堆积，高度逐渐增加，形成了积屑瘤。

(3) 积屑瘤的脱落与消失。长高了的积屑瘤受外力或振动的作用，可能发生局部断裂或脱落，当温度和压力适合，积屑瘤又开始形成和长大。积屑瘤的产生、长大和脱落是周期性的动态过程。

形成积屑瘤的条件主要取决于切削温度。在切削温度很低和很高时，不易产生积屑瘤；在中温区，例如切削中碳钢的切削温度在 300～380℃时，黏结严重，产生的积屑瘤达到很大的高度值。此外积屑瘤的大小还与刀具与切屑接触面间的压力、前刀面粗糙度值的大小、黏结强度等因素有关。

(4) 积屑瘤的作用。积屑瘤对切削加工的好处是能保护刀刃刃口，增大实际工作前角。坏处是造成过切，加剧了前刀面的磨损，造成切削力的波动，影响加工精度和表面粗糙度。据此可以认为，积屑瘤对粗加工是有利的，对于精加工则相反。

(5) 减小或避免积屑瘤的措施。

① 避免采用易产生积屑瘤的速度进行切削，如图 1-11 所示，当切削速度在 20～30 m/min 时，产生的积屑瘤最大，故宜采用低速或高速切削。

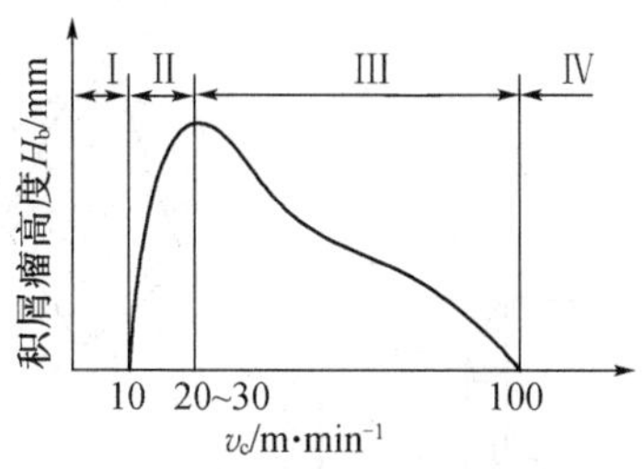

图 1-11　积屑瘤高度与切削速度的关系

② 采用大前角刀具切削，以减少刀具与切屑接触的压力。

③ 提高工件的硬度，减少加工硬化倾向。

④ 其他措施，诸如减小进给量，减小前刀面的粗糙度值，合理使用切削液等。

1.3.2　切削力

切削过程中作用在刀具与工件上的力称为切削力，切削力所做的功就是切削功。

1. 切削力的来源

切削力来源有两个方面，即切削层金属变形形成的变形抗力和切屑、工件与刀具间摩擦形成的摩擦抗力。

2. 切削力的分解

切削力是一个空间力，大小和方向都不易直接测定，也没有直接测定的必要。为了适应设计和工艺分析的需要，一般把切削力分解，研究它在一定方向上的分力。

如图 1－12、图 1－13 所示，切削力 F 可沿坐标轴分解为三个互相垂直的分力 F_c、F_p、F_f。

主切削力 F_c——切削力在主运动方向上的分力。

背向力 F_p——切削力在垂直于工作平面方向上的分力(假定工作平面……)。

进给力 F_f——切削力在进给运动方向上的分力。

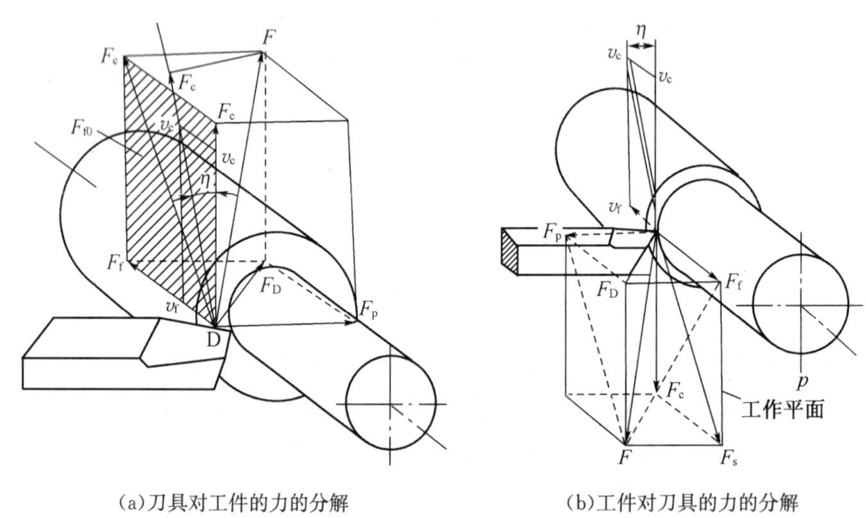

(a)刀具对工件的力的分解 (b)工件对刀具的力的分解

图 1－12 外圆车削时力的分解

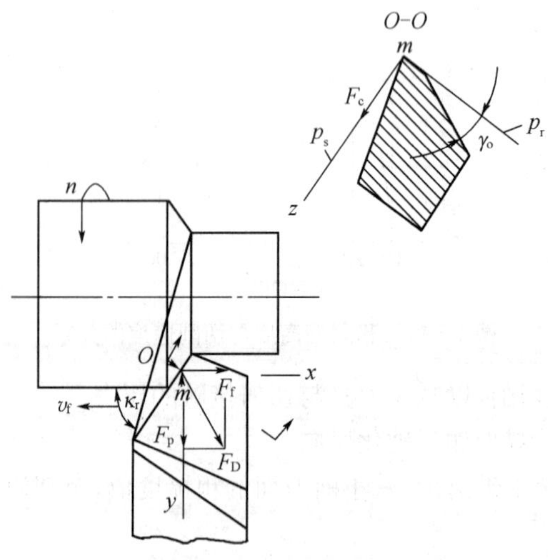

图 1－13 车削力的平面图上的表示

切削力 F 分解为 F_c 与 F_D，F_D 分解为 F_p 与 F_f 的关系是

$$F=\sqrt{F_c^2+F_D^2}=\sqrt{F_c^2+F_p^2+F_f^2}$$
$$F_f=F_D\sin\kappa_r$$
$$F_p=F_D\cos\kappa_r$$

车削时各分力的实际意义如下：

主切削力是最大的一个分力，它消耗切削总功率的95%左右，作用于主运动方向，是计算机床主运动机构强度与刀杆、刀片强度以及设计机床夹具，选择切削用量等的主要依据。

背向力不消耗功率，它作用在工件与机床刚性最差的方向上，易使工件在水平面内变形，影响加工精度，并易引起振动，它是校验机床刚度的主要依据。

进给力作用在机床的进给运动机构上，消耗总功率的5%左右，是验算机床进给机构强度的主要依据。

3. 切削力的计算

实际生产中，常用指数公式来计算切削力，具体计算公式可查阅有关参考资料。

4. 影响切削力的因素

工件材料的强度、硬度愈高，切削力愈大。背吃刀量增大一倍时，切削力约增大一倍；进给量增大一倍时，切削力约增大70%～80%。前角增大，切削力减小；主偏角对三个分力F_c、F_p、F_f都有影响，但对F_p与F_f影响较大。

5. 切削功率

切削功率是指切削时在切削区内消耗的功率。它是主切削力F_c与进给力F_f消耗功率之和。由于进给力F_f消耗功率所占比例很小，故通常略去不计。于是，当F_c与v_c已知时，切削功率P_c为

$$P_c=(F_c v_c\times10^{-3})/60$$

式中，P_c为切削功率，单位为kW；F_c为切削力，单位为N；v_c为切削速度，单位为m/min。

机床电动机所需功率P_E应为

$$P_E=P_c/\eta$$

式中，η为机床传动效率，一般取$\eta=0.75\sim0.85$。

($P_E=P_c/\eta$)为校验与选取机床电动机的主要依据。

1.3.3　切削热与切削温度

1. 切削热

切削层金属在刀具的作用下产生弹性和塑性变形所做的功，切屑与前刀面、工件加工表面与后刀面之间的摩擦所做的功，都转变为切削热。切削热由切屑、工件、刀具和周围介质传导出去。车削时，切削热约有50%～86%由切屑带走，10%～40%传入工件，3%～9%传入刀具，1%传入周围介质；钻削时，约有28%的切削热由切屑带走，15%传入钻头，52%传入工件，5%传入周围介质。

提高切削速度可使切屑带走的热量所占比例增多，传入工件中热量减少，而传入刀具中的热量更少。所以说，在高速切削时，切削温度虽很高，但刀具仍能进行正常工作。

2. 切削温度

切削热是通过切削温度而对工件和刀具产生作用的。切削温度一般指切屑与刀具前刀面接触区域的平均温度。切削温度的高低，取决于该处产生热量的多少和传递散热量的快慢。通过推算和测定可知，在切屑中平均温度最高。前刀面上最高温度不在切削刃上，而在距离切削刃有一小段距离的地方。

3. 影响切削温度的因素

切削速度对切削温度影响最大，切削速度增大，切削温度随之升高；进给量影响较小；背吃刀量影响更小。前角增大，切削温度下降，但前角不宜太大；主偏角增大，切削温度升高。

1.3.4 刀具磨损与刀具耐用度

切削过程中，刀具是在高温高压下工作的，因此，刀具一方面切下切屑，一方面也被磨损。当刀具磨损达到一定值时，工件的表面粗糙度值增大，切屑的形状和颜色发生变化，切削过程发生沉重的声音，并伴有振动，此时，必须对刀具进行修磨或更换新刀。

1. 刀具磨损的形式

刀具磨损是指刀具与工件或切屑的接触面上，刀具材料的微粒被切屑或工件带走的现象，这种磨损现象称为正常磨损。若由于冲击、振动、热效应等原因致使刀具崩刃、碎裂而损坏，称为非正常磨损。刀具的正常磨损形式一般有以下几种：

(1) 前刀面磨损。切削塑性材料时，若切削厚度较大，在刀具前刀面刃口后方会出现月牙洼形的磨损现象(如图 1-14 所示)，月牙洼处是切削温度最高的地方。随着磨损的加剧，月牙洼逐渐加深加宽，当接近刃口时，会使刃口突然崩去。前刀面磨损量的大小，用月牙洼的宽度 KB 和深度 KT 表示。

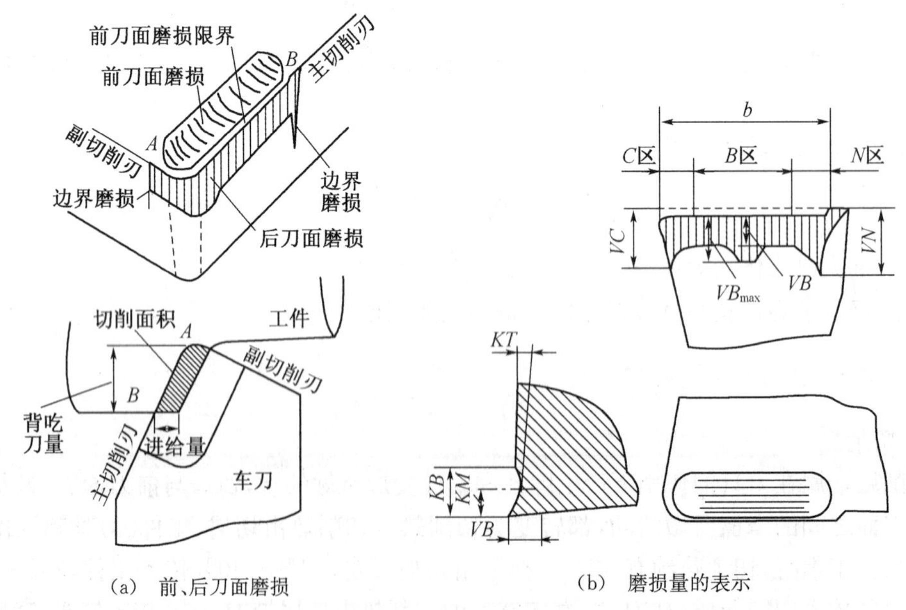

(a) 前、后刀面磨损 (b) 磨损量的表示

图 1-14 刀具磨损

(2) 后刀面磨损。指磨损的部位主要发生在后刀面。后刀面磨损后，形成后角等于零度的小棱面。当切削塑性金属时，若切削厚度较小，或切削脆性金属时，由于前刀面上摩擦

较小，温度较低，因此磨损主要发生在后刀面。后刀面磨损量的大小是不均匀的。如图1-14所示，在刀尖部分（*C*区），其散热条件和强度较差，磨损较大，该磨损量用*VC*表示；在刀刃靠近工件表面处（*N*区），由于毛坯的硬皮或加工硬化等原因，磨损也较大，该磨损量用*VN*表示；只有在刀刃中间（*B*区）磨损较均匀，此处的磨损量用*VB*表示，其最大磨损量用VB_{max}表示。

（3）前后刀面同时磨损。当切削塑性金属时，如果切削厚度适中，则经常会发生前刀面与后刀面同时磨损的磨损形式。

刀具的磨损主要是刀具在高温和高压下，受到机械的和热化学的作用而发生的。一般切削温度越高，刀具磨损越快。

2. 刀具磨损过程

正常磨损情况下，刀具的磨损量随切削时间的增加而逐渐扩大。以后刀面磨损为例，其典型磨损过程如图1-15所示，大致分为三个阶段。

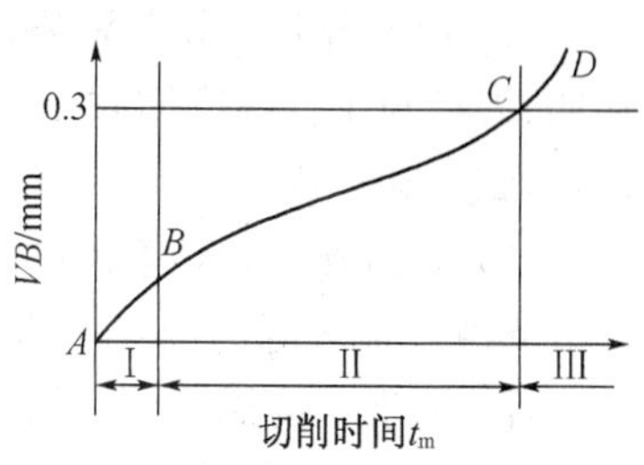

图1-15　刀具后刀面磨损过程

初期磨损阶段（图示*AB*阶段）。在刀具开始切削的短时间内磨损较快。这是因为刀具在刃磨后，刀面的表面粗糙度值大，表层组织不耐磨所致。

正常磨损阶段（图示*BC*阶段）。随着切削时间的增加，磨损量以较均匀的速度加大。这是由于刀具表面高低不平及不耐磨的表层已被磨去，形成一个稳定区域，因而磨损速度较以前缓慢，但磨损量随切削时间而逐渐增加。这一阶段也是刀具工作的有效阶段。

急剧磨损阶段（图示*CD*阶段）。当刀具磨损量达到某一数值后，磨损急剧加速，继而刀具损坏。这是由于切削时间过长，刀具磨损严重，切削温度剧增，刀具强度、硬度降低所致。生产中为合理使用刀具并保证加工质量，应在这阶段到来之时就及时重磨刀具或更换新刀。

3. 刀具磨损限度

刀具磨损限度是指对刀具指定一个允许磨损量的最大值，或称刀具磨钝标准。刀具磨损限度一般规定在刀具后刀面上，以磨损量的平均值*VB*表示。这是因为刀具后刀面对加工质量影响大，而且便于测量。

4. 刀具的耐用度

在实际生产中，不可能经常停机去测量刀具后刀面上的*VB*值，以确定是否达到磨损限度，而是采用与磨钝标准相对应的切削时间，即刀具耐用度来表示。

刀具耐用度的定义为：一把新刃磨的刀具从开始切削至达到磨损限度所经过的总的切削时间，以*T*表示，单位为min。刀具耐用度有时也可用加工同样零件的数量或切削路程长度来表示。粗加工时，多以切削的时间表示刀具耐用度。例如，目前硬质合金车刀的耐用度大约为60 min，高速钢钻头的耐用度为80～120 min，硬质合金面铣刀的耐用度为120～180 min，齿轮刀具的耐用度为200～300 min。精加工时，常以走刀次数或加工零件个数表示刀具耐用度。

刀具寿命则是一把新刀从使用到报废为止的切削时间，它是刀具耐用度与磨刀次数乘积。

用刀具耐用度衡量磨损量的大小，比直接测量磨损量方便得多，因而生产中常采用。

常用车刀的耐用度见表1-4。

表 1-4 车刀耐用度 (min)

刀具材料 耐用度	硬质合金	高速钢	
	普通车刀	普通车刀	成形车刀
T	60	60	120

1.3.5 切削液的合理选择

合理地使用切削液，可以改善切削条件，减少刀具磨损，提高已加工表面质量，也是提高金属切削效益的有效途径之一。

1. 切削液的作用

(1) 冷却作用。切削液浇注到切削区域后，通过切削液的传导、对流和气化，一方面使切屑、刀具与工件间摩擦减小，产生热量减少；另一方面将产生的热量带走，使切削温度降低，起到冷却作用。

(2) 润滑作用。切削液的润滑作用，是通过切削液渗透到刀具与切屑、工件表面之间，形成润滑性能较好的油膜而达到的。

(3) 清洗与防锈作用。切削液的清洗作用是清除黏附在机床、刀具和夹具上的细碎切屑和磨粒细粉，以防止划伤已加工表面和机床的导轨并减小刀具磨损。清洗作用的好坏，取决于切削液的油性、流动性和使用压力。在切削液中加入防锈添加剂后，能在金属表面形成保护膜，使机床、刀具和工件不受周围介质的腐蚀，起到防锈作用。

2. 切削液的种类

(1) 水熔液。水熔液是以水为主要成分并加入防锈添加剂的切削液。由于水的热导率、比热和汽化热较大，因此，水溶液主要起冷却作用，同时由于其润滑性能较差，所以主要用于粗加工和普通磨削加工中。

(2) 乳化液。乳化液是乳化油加 95%～98%水稀释成的一种切削液。乳化油由矿物油、乳化剂配制而成，乳化剂可使矿物油与水乳化形成稳定的切削液。

(3) 切削油。切削油是以矿物油为主要成分并加入一定的添加剂而构成的切削液。用于切削油的矿物油主要包括全系统损耗用油、轻柴油和煤油等，切削油主要起润滑作用。

切削液的种类和选用见表 1-5。

表 1-5 切削液种类和选用

序号	名称	组成	主要用途
1	水溶液	以硝酸钠、碳酸钠等溶于水的溶液，用 100～200 倍的水稀释而成	磨削
2	乳化液	(1) 矿物油很少，主要为表面活性剂的乳化油，用 40～80 倍的水稀释而成，冷却和清洗性能好	车削、钻孔
		(2) 以矿物油为主，少量表面活性剂的乳化油，用 10～20 倍的水稀释而成，冷却和润滑性能好	车削、攻螺纹
		(3) 在乳化液中加入添加剂	高速车削、钻削

（续表）

序号	名称	组成	主要用途
3	切削油	矿物油(L－AN15 或 L－AN32 全损耗系统用油)单独使用	滚齿、插齿
4	其他	液态的 CO_2	主要用于冷却
		二硫化钼＋硬脂酸＋石蜡做蜡笔,涂于刀具表面	攻螺纹

3. 切削液的合理选用和使用方法

(1) 切削液的合理选用。切削液应根据工件材料、刀具材料、加工方法和技术要求等具体情况进行选用。

高速钢刀具耐热性差,需采用切削液。通常粗加工时,主要以冷却为主,同时也希望能减少切削力和降低功率消耗,可采用 3%～5%的乳化液;精加工时,主要目的是改善加工表面质量,降低刀具磨损,减少积屑瘤,可以采用 15%～20%的乳化液。硬质合金刀具耐热性高,一般不用切削液,若要使用切削液,则必须连续、充分地供应,否则因骤冷骤热,产生的内应力将导致刀片产生裂纹。

切削铸铁一般不用切削液。切削铜合金和有色金属时,一般不用含硫的切削液,以免腐蚀工件表面。切削铝合金时不用切削液。

(2) 切削液的使用方法。切削液的合理使用非常重要,其浇注部位、充足的程度与浇注方法的差异,将直接影响切削液的使用效果。

切削液应浇注在切削变形区,该区是发热的核心区,不应该浇注在刀具或零件上。

1.3.6　刀具几何参数的合理选择

刀具是直接进行切削加工的工具,其完善程度对切削加工的质量和效率起着决定性的影响。中国有句古话"工欲善其事,必先利其器",讲的就是这个道理。

所谓刀具合理几何参数,是指在保证加工质量的前提下,能够满足生产率高、加工成本低的刀具几何参数。

刀具合理几何参数的基本内容包括:① 刃形,如直线刃、折线刃、圆弧刃、波形刃等,它们将直接影响切削层的形状。选择合理的切削刃形状,对于提高刀具耐用度、改善工件加工表面质量、提高刀具的抗震性和改变切屑的形态都有直接作用。② 切削刃的剖面型式,如锋刃、负倒棱、消振棱、倒圆刃、刃带等,这些型式的合理选择对于提高切削生产率、表面质量和经济性有重要意义。③ 刀面型式,如卷屑槽、断屑台、台刀面的双重刃磨等,对切削力、切削温度、刀具磨损及刀具耐用度等有直接的影响。④ 刀具角度,包括前角、后角、主偏角、刃倾角及副后角、副偏角等。

刀具几何参数是一个有机的整体,各参数之间既有联系又有制约,各个参数在切削过程中对切削性能的影响,既存在有利的一面,又有不利的一面。因此,在选择刀具几何参数时,应从具体的生产条件出发,抓住主要矛盾,即影响切削性能的主要参数,综合地考虑和分析各个参数之间的相互关系,充分发挥各参数的有利作用,限制和克服不利的影响。

1. 前角及前刀面的选择

(1) 前角的功用。增大前角能减小切削变形和摩擦,降低切削力、切削温度,减少刀具磨损，改善加工质量，抑制积屑瘤等。但前角过大会削弱刀头强度和散热能力，容易造成崩刃。因而前角不能太小，也不能太大，应有一个合理数值，如图 1－16 和图 1－17 所示。

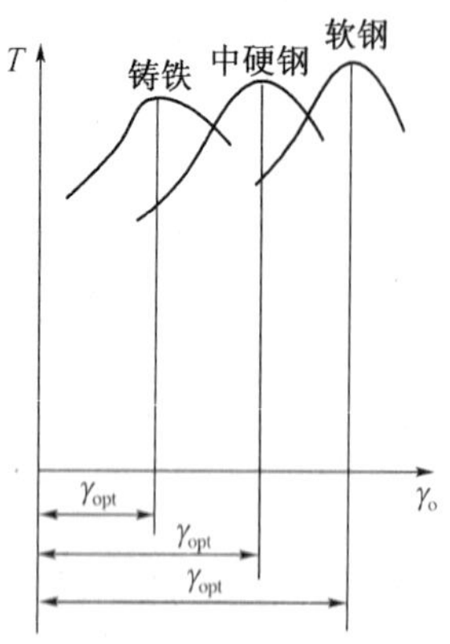

图 1－16　加工材料不同时前角的合理数值

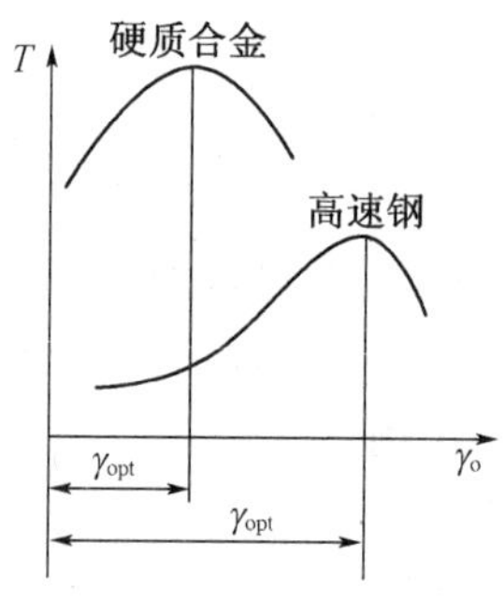

图 1－17　刀具材料不同时前角的合理数值

（2）前角的选择原则。

① 根据工件材料的性质选择前角。由图 1－16 可知，加工材料的塑性愈大，前角的数值应选得愈大，因为增大前角可以减小切削变形，降低切削温度。加工脆性材料，一般得到崩碎切屑，切削变形很小，切屑与前刀面的接触面积小，前角愈大，刀刃强度愈差，为避免崩刃，应选择较小的前角。工件材料的强度、硬度愈高时，为使刀刃具有足够的强度和散热面积，防止崩刃和刀具磨损过快，前角应小些。

② 根据刀具材料的性质选择前角。由图 1－17 可知，使用强度和韧性较好的刀具材料（如高速钢），可采用较大的前角；使用强度和韧性差的刀具材料（如硬质合金），应采用较小的前角。

③ 根据加工性质选择前角。粗加工时，选择的背吃刀量和进给量较大，为了减小切削变形，提高刀具耐用度，本应选择较大的前角，但由于毛坯不规则和表皮很硬等情况，为增强刀刃的强度，应选择较小的前角；精加工时，选择的背吃力和进给量较小，切削力较小，为了使刃口锋利，保证加工质量，可选取较大的前角。

加工不同的工件材料所选择的合理前角参考值见表 1－6。

表 1－6　硬质合金车刀合理前角参考值

工件材料	合理前角	
	粗车	精车
低碳钢	20°～25°	25°～30°
中碳钢	10°～15°	15°～20°
合金钢	10°～15°	15°～20°
淬火钢	－15°～－5°	
不锈钢（奥氏体）	15°～20°	20°～25°
灰铸铁	10°～15°	5°～10°
铜及铜合金	10°～15°	5°～10°
铝及铝合金	30°～35°	35°～40°
钛合金 $\sigma_b \leqslant 1.177$GPa	5°～10°	

(3) 前刀面型式。

① 正前角平面型。如图 1 - 18(a)所示,正前角平面型式的特点为:制造简单,能获得较锋利的刃口,但强度低,传热能力差。一般用于精加工刀具、成形刀具、铣刀和加工脆性材料的刀具。

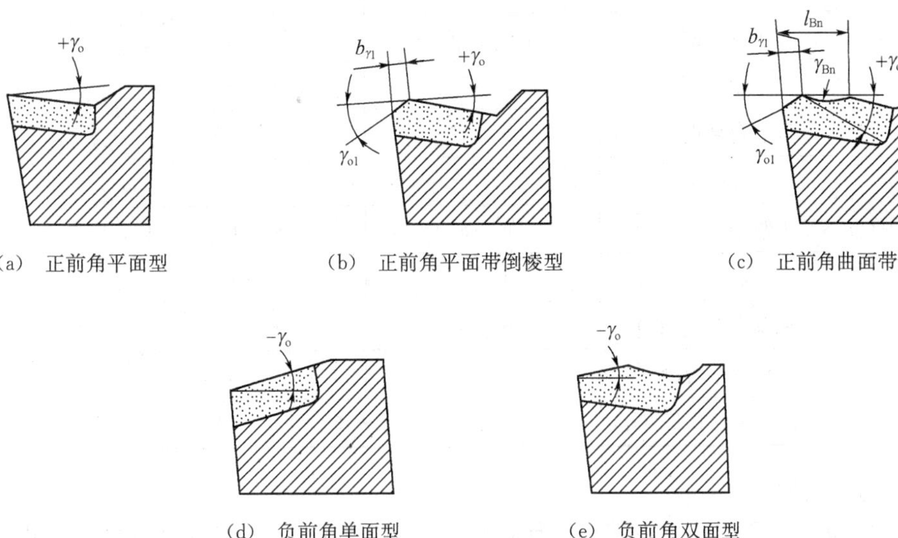

(a)　正前角平面型　(b)　正前角平面带倒棱型　(c)　正前角曲面带倒棱型

(d)　负前角单面型　(e)　负前角双面型

图 1 - 18　前刀面型式

② 正前角平面带倒棱型。如图 1 - 18(b)所示,倒棱是在主切削刃刀口处磨出一条很窄的棱边而形成的。倒棱可以提高刀刃强度、增强散热能力,从而提高了刀具耐用度。倒棱的宽度很窄,在切削塑性材料时,可按 $b_{\gamma_1}=(0.5\sim1.0)f$,$\gamma_{o1}=-5^\circ\sim-15^\circ$选取。此时,切屑仍沿前刀面而不沿倒棱流出。倒棱型式一般用于粗切铸锻件或断续表面的加工。

③ 正前角曲面带倒棱型。如图 1 - 18(c)所示,这种型式是在正前角平面带倒棱的基础上,为了卷屑和增大前角,在前刀面上磨出一定的曲面而形成的。卷屑槽的参数约为:$l_{Bn}=(6\sim8)f$、$r_{Bn}=(0.7\sim0.8)t_{Bn}$。常用于粗加工和精加工的塑性材料的刀具。

④ 负前角单面型。当磨损主要发生在后刀面时,可制成如图 1 - 18(d)所示的负前角单面型。此时刀片承受压应力,应具有好的刀刃强度,因此,常用于切削高硬度(强度)材料和淬火钢材料。但负前角会增大切削力。

⑤ 负前角双面型。如图 1 - 18(e)所示,当磨损同时发生在前、后两个刀面时,制成负前角双面型,可使刀片的重磨次数增多。此时负前角的棱角面应有足够宽度,以保证切屑沿该棱面流出。

2. 后角及后刀面的选择

(1) 后角的功用。增大后角能减小后刀面与过渡表面间的摩擦,减小刀具磨损,还可以减小切削刃钝圆半径,使刀刃锋利,易于切下切屑,可减小表面粗糙度值。但后角过大会降低刀刃强度和散热能力。

(2) 后角的选择原则。后角主要根据切削厚度大小选择。粗加工时,进给量较大、切削厚度较大,后角应取小值;精加工时,进给量较小、切削厚度较小,后角应取大值。工件材料强度、硬度较高时,为提高刃口强度,后角应取小值。工艺系统刚性差,容易产生振动时,应适当减小后角。定尺寸刀具(如圆孔拉刀、铰刀等)应选较小的后角,以增加重磨次数,延长刀具使用寿命。表 1 - 7 是硬质合金车刀合理后角参考值。

表 1 - 7 硬质合金车合理后角参考值

工件材料	合理后角	
	粗车	精车
低碳钢	8°～10°	10°～12°
中碳钢	5°～7°	6°～8°
合金钢	5°～7°	6°～8°
淬火钢	8°～10°	
不锈钢(奥氏体)	6°～8°	8°～10°
灰铸铁	4°～6°	6°～8°
铜及铜合金(脆)	6°～8°	6°～8°
铝及铝合金	8°～10°	10°～12°
钛合金 $\sigma_b \leqslant 1.177$GPa	10°～15°	

(3) 后刀面的型式。

① 双重后角。如图 1 - 19(a)所示，为了保证刃口强度，减小刃磨后刀面的工作量，常在车刀后刀面上磨出双重后角。

② 消振棱。如图 1 - 19(b)所示，为了增加后刀面与过渡表面之间的接触面积，增加阻尼作用，消除振动，可在后刀角上刃磨出一条有负后角的棱面，称为消振棱。

③ 刃带。如图 1 - 19(a)所示，对一些定尺寸刀具，如拉刀、铰刀等，为便于控制外径尺寸，避免重磨后尺寸精度迅速变化，常在后刀面上刃磨出后角为零度的小棱边，称为刃带。刀具上的刃带使刀具起着稳定、导向和消振的作用。刃带不宜太宽，否则会增大摩擦。

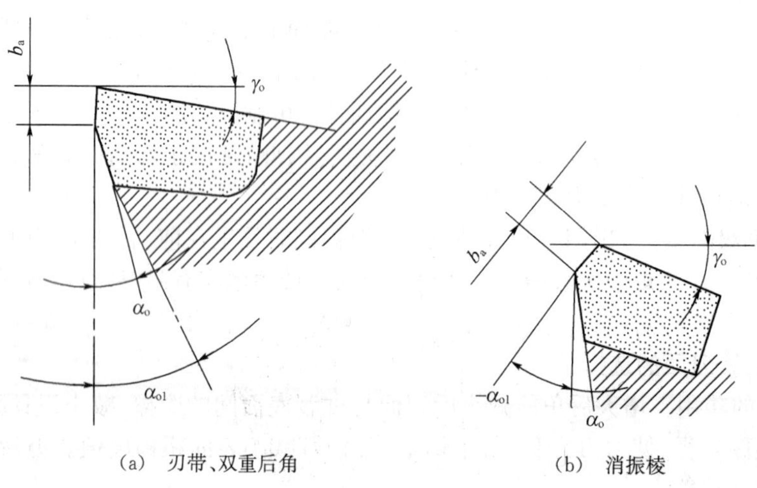

(a) 刃带、双重后角 (b) 消振棱

图 1 - 19 后刀面型式

3. 副后角的选择

副后角通常等于后角的数值。但一些特殊刀具，如切断刀，为了保证刀具强度，可选 $\alpha_o' = 1° \sim 2°$。

4. 主偏角的选择

(1) 主偏角的功用。主偏角 κ_r 影响切削分力的大小，增大 κ_r，会使 F_f 力增加，F_p 力减小；主偏角影响加工表面粗糙度值的大小，增大主偏角，加工表面粗糙度值增大；主偏角影响刀具耐用度，当主偏角增大时，刀具耐用度下降；主偏角也影响工件表面形状，车削阶梯轴时，选用 $\kappa_r=90°$，车削细长轴时，选用 $\kappa_r=75°\sim90°$；为增加通用性，车外圆、端面和倒角可选用 $\kappa_r=45°$。

(2) 主偏角的选择。主偏角的选择原则是，在工艺系统刚性允许的情况下，选择较小的主偏角，这样有利于提高刀具的耐用度。在生产实践中，主要按工艺系统刚性选取，见表1-8。

表1-8　主偏角的参考值

工作条件	主偏角 κ_r
系统刚性大、背吃力量较小、进给量较大、工件材料硬度高	10°～30°
系统刚性大($\frac{l}{d}<6$)，加工盘类零件	30°～45°
系统刚性较小($\frac{l}{d}=6\sim12$)、背吃刀量较大或有冲击时	60°～75°
系统刚性小($\frac{l}{d}>12$)、车台阶轴、车槽及切断	90°～95°

5. 副偏角的选择

(1) 副偏角的功用。减小副偏角，能够增加副切削刃与已加工表面的接触长度，减小表面粗糙度值，并能提高刀具耐用度。但过小的副偏角会引起振动。

(2) 选择原则。主要根据加工性质选取，一般情况下选 $\kappa_r'=10°\sim15°$，特殊情况，如切断刀，为了保护刀头强度，可选 $\kappa_r'=1°\sim2°$。

6. 刃倾角的选择

(1) 刃倾角的功用。

① 控制切屑的流向。如图1-20所示，当 $\lambda_s=0°$时，切屑垂直于切削刃流出；λ_s 为负值时，切屑流向已加工表面；λ_s 为正值时，切屑流向待加工表面。

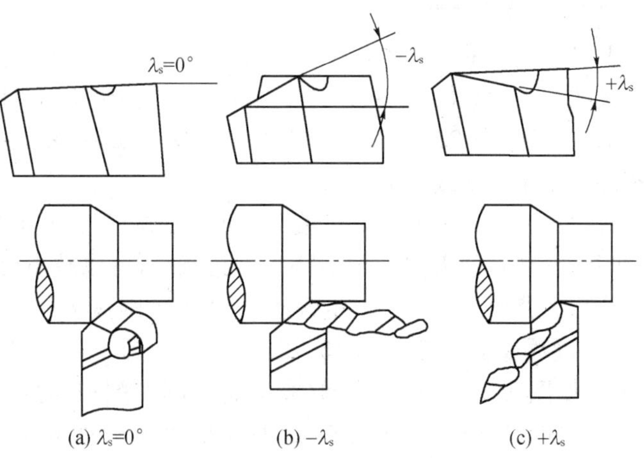

图1-20　刃倾角对切屑流向的影响

② 控制切削刃切入时首先与工件接触的位置。如图 1－21 所示，在切削有断续表面的工件时，若刃倾角为负，刀尖为切削刃上最低点，首先与工件接触的是切削刃上的点，而不是刀尖，这样切削刃承受着冲击负荷，起到保护刀尖的作用；若刃倾角为正值，首先与工件接触的是刀尖，可能引起崩刃或打刀。

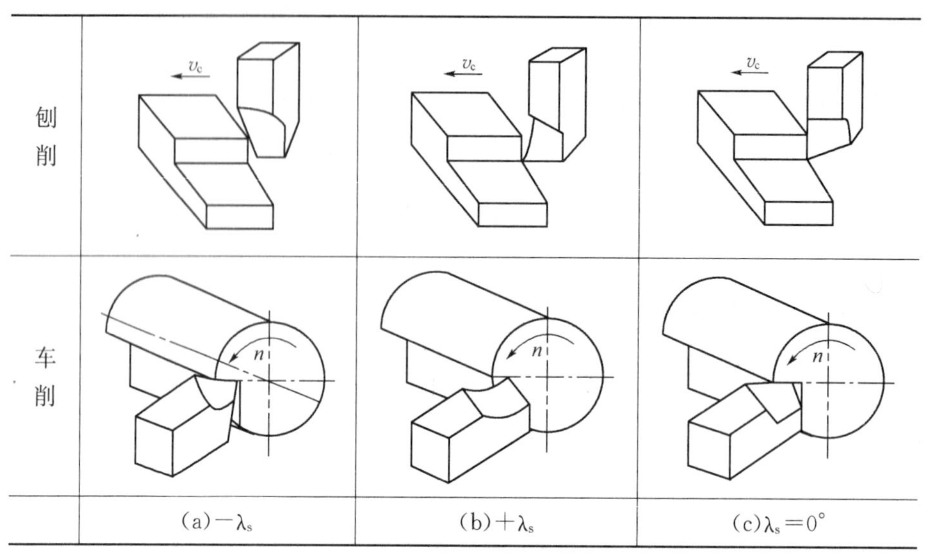

图 1－21　刃倾角对切削刃接触工件的影响

③ 控制切削刃在切入与切出时的平稳性。如图 1－21 所示，继续切削时，若刃倾角为零，切削刃与工件同时接触，同时切离，会引起振动；若刃倾角不等于零，则切削刃上各点逐渐切入工件和逐渐切离工件，故切削过程平衡。

④ 控制背向力与进给力的比值。刃倾角为正值，背向力减小，进给力增大；刃倾角为负值，背向力增大，进给力减小。

(2) 刃倾角的选择。选择刃倾角时，按照具体加工条件进行具体分析，一般情况可按加工性质选取。精车 $\lambda_s=0°\sim5°$；粗车 $\lambda_s=0°\sim-5°$；断续车削 $\lambda_s=-30°\sim-45°$；大刃倾角精刨刀 $\lambda_s=75°\sim80°$。

7. 刀尖型式的选择(过渡刃的选择)

在切削加工过程中，刀尖处的工作条件十分恶劣，存在强度低、散热条件差、容易磨损等问题。因此，提高刀尖的强度、增加刀尖部分的传热面积是提高整个刀具耐用度的关键。

(1) 直接过渡刃。如图 1－22(a)所示，过渡刃的偏角 $\kappa_{r\varepsilon}\approx\kappa_r/2$、长度 $b_{r\varepsilon}\approx(1/4\sim1/5)a_p$，这种过渡刃多用于粗加工或强力切削的车刀上。

(2) 圆弧过渡刃。如图 1－22(b)所示，过渡刃也可磨成圆弧形，它的参数就是刀尖圆弧半径 r_ε。刀尖圆弧半径增大时，使刀尖处的平均主偏角减小，可以减小表面粗糙度值，且能提高刀具耐用度，但会增大背向力并容易产生振动，所以刀尖圆弧半径不能过大。通常高速钢车刀 $r_\varepsilon=0.5\sim5$mm，硬质合金车刀 $r_\varepsilon=0.5\sim2$mm。

(3) 水平修光刃。如图 1－22(c)所示，修光刃是在副切削刃靠近刀尖处磨出一小段 $K'_r=0°$的平行刀刃。其长度 $b'_\varepsilon\approx(1.2\sim1.5)f$，即 b'_ε应略大于进量 f。但 b'_ε过大易引起振动。

(4) 大圆弧刃。如图 1－22(d)所示，大圆弧刃是把过渡刃磨成非常大的圆弧形，它的作用相当于水平修光刃。

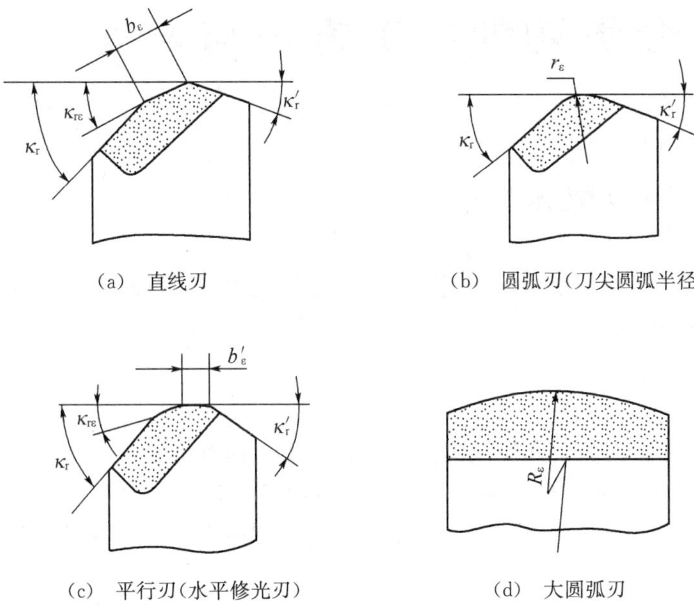

(a)　直线刃　　(b)　圆弧刃(刀尖圆弧半径)

(c)　平行刃(水平修光刃)　　(d)　大圆弧刃

图 1-22　倒角刀尖与刀尖圆弧半径

习　题

1-1　切削层参数包括哪几项内容?

1-2　画图标注外圆车削时的切削层参数。

1-3　对刀具材料有哪些性能要求?它们对刀具的切削性能有何影响?

1-4　试比较普通高速钢和高性能高速钢的性能、用途、主要化学成分,并举出几种常用牌号。

1-5　试比较 YG 类与 YT 类硬质合金的性能、用途、主要化学成分,并举出几种常用牌号。

1-6　按下列用途选用刀具材料种类或牌号,(1) 45 钢锻件粗车;(2) HT200 铸件精车;(3) 低速精车合金钢蜗杆;(4) 高速精车调质钢长轴;(5) 高速精密镗削铝合金缸套;(6) 中速车削淬硬钢轴;(7) 加工 65HRC 冷硬铸铁。

1-7　根据切屑的外形,通常可把切屑分为几种类型?各类切屑对切削加工有何影响?

1-8　试述积屑瘤的成因,它对切削加工的影响以及减小或避免时应采取的主要措施。

1-9　什么是刀具耐用度?刀具耐用度与刀具寿命有何关系?

1-10　常用切削液有哪几种?各有何用途?

1-11　刀具的前角、主偏角如何选取?

1-12　刃倾角有何功用?

第 2 章　金属切削加工方法与设备

2.1　金属切削机床基本知识

金属切削机床的品种和规格繁多，为了便于区别、使用和管理，须对机床加以分类和编制型号。

2.1.1　机床的分类

机床主要是按其加工性质和所用的刀具进行分类。根据国家制定的机床型号编制方法(GB/T15375—2008)，目前将机床分为 11 类，包括：车床、钻床、镗床、磨床、齿轮加工机床、螺纹加工机床、铣床、刨插床、拉床、锯床和其他机床。其中磨床的品种较多，故又细分为三类。见表 2 - 1。

表 2 - 1　机床的类别和分类代号

类别	车床	钻床	镗床	磨床			齿轮加工机床	螺纹加工机床	铣床	刨插床	拉床	锯床	其他机床
代号	C	Z	T	M	2M	3M	Y	S	X	B	L	G	Q
读音	车	钻	镗	磨	二磨	三磨	牙	丝	铣	刨	拉	割	其

除了上述基本分法外，机床还可以按其他特征进行分类。

(1) 按照机床工艺范围(通用性程度)，机床可分为通用机床、专门化机床和专用机床。通用机床可用于加工多种零件的不同工序，其工艺范围较宽，通用性好，但结构复杂，如卧式车床、万能升降台铣床、摇臂钻床、牛头刨床等，这类机床主要适用于单件小批量生产。专门化机床主要用于加工不同尺寸的一类或几类零件的某一道或几道特定工序，其工艺范围最窄，如曲轴车床、凸轮轴车床、精密丝杠车床、花键轴铣床等。专用机床工艺范围最窄，通常只能完成某一特定零件的特定工序，如汽车、拖拉机制造企业中大量使用的各种组合机床，这类机床适用于大批量生产。

(2) 按照机床自动化程度的不同，机床可分为手动、机动、半自动和自动机床。

(3) 按照机床质量和尺寸的不同，机床可分为仪表机床、中型机床、大型机床、重型机床和超重型机床。

(4) 按照机床加工精度的不同，机床可分为普通精度级、精密级和高精度级机床。

(5) 按照机床主要工作部件的多少，机床可分为单轴、多轴机床或单刀、多刀机床等。

2.1.2　机床型号的编制方法

我国现行的机床型号是按 1994 年颁布的标准“GB/T15375—2008 金属切削机床型号编制方法”编制的。此标准规定，机床型号由汉语拼音字母和数字按一定的规律组合而成，它适用于新设计的各类通用及专用金属切削机床、自动线，不包括组合机床、特种加工机床。

通用机床的型号由基本部分和辅助部分组成，中间用“/”隔开，读作“之”。基本部分需统一管理，辅助部分是否纳入型号由企业自定。通用机床型号构成如下：

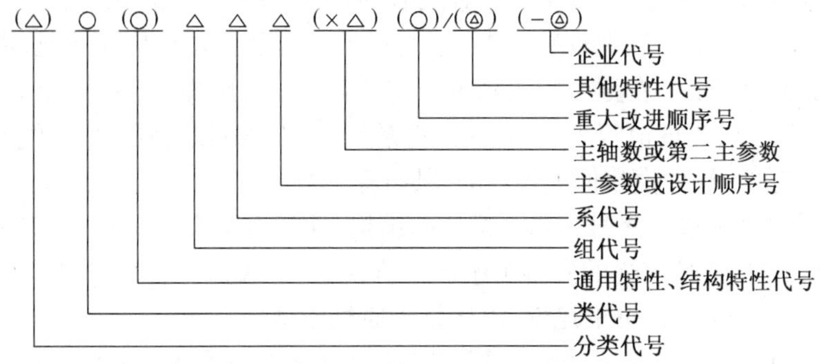

注：1. 有“(　　)”的代号或数字，当无内容时，则不表示；若有内容则不带括号。

2. 有“○”符合者，为大写的汉语拼音字母。

3. 有“△”符号者，为阿拉伯数字。

4. 有“◎”符号者，为大写的汉语拼音字母、或阿拉伯数字、或两者兼有之。

(1) 机床类、组、系的划分及其代号。机床的类代号，用大写汉语拼音字母表示。必要时，每类可分为若干分类。分类代号在类代号之前，作为型号的首位，并用阿拉伯数字表示。第一分类代号前的“1”省略，第“2”“3”分类代号则应予以表示。例如，磨床类又分为 M、2M、3M 三个分类。机床的类别代号和分类代号及其读音见表 2－1。

每类机床又按照工艺特点、布局形式和结构特性的不同，划分为 10 个组，每个组又划分为 10 个系(系列)。在同一组机床中，其主参数含义相同，工件及刀具本身的和相对的运动特点基本相同，而且基本结构及布局形式相同的机床，即为同一系。机床的组，用一位阿拉伯数字表示，位于类代号或通用特性代号、结构特性代号之后。机床的系，用一位阿拉伯数字表示，位于组代号之后。

(2) 机床的通用特性代号和结构特性代号。机床的通用特性代号和结构特性代号，用大写的汉语拼音字母表示，位于类代号之后。当某类型机床除有普通形式外，还有某种通用特征时，则在类代号之后加通用特性代号予以区分。通用特性代号见表 2－2。

表 2－2　通用特性代号

通用特性	高精度	精密	自动	半自动	数控	加工中心(自动换刀)	仿形	轻型	加重型	简式或经济型	柔性加工单元	数显	高速
代号	G	M	Z	B	K	H	F	Q	C	J	R	X	S
读音	高	密	自	半	控	换	仿	轻	重	简	柔	显	速

对于主参数相同而结构、性能不同的机床，在型号中加结构特性代号予以区分。当机床型号中有通用特性代号时，结构特征代号应位于通用特性代号之后。结构特性代号用汉语拼音字母(通用特性代号已用的字母和“I、O”两个字母不能用)表示，当单个字母不够用时，可将两个字母组合起来使用，如 AD、AE、EA、DA 等。

(3) 机床主参数和设计顺序号。机床型号中的主参数代表机床规格的大小，用折算值(主参数乘以折算系数)表示，位于系代号之后。

对于某些通用机床，当无法用一个主参数表示时，则在型号中用设计顺序号表示。设计顺序号由1开始，当设计顺序号小于10时，由01开始编号。

(4) 主轴数和第二主参数的表示方法。对于多轴车床、多轴钻床、排式钻床等机床，其主轴数应以实际数值列入型号，置于主参数之后，用“×”分开，读作“乘”。

第二主参数(多轴机床的主轴数除外)一般不予以表示。如有特殊情况，需在型号中表示的，应按一定手续审批。在型号中表示的第二主参数，一般以折算成两位数为宜，最多不超过三位数。以长度、深度值等表示的，其折算系数为1/100；以直径、宽度等表示的，其折算系数为1/10；以厚度、最大模数值等表示的，其折算系数为1。

(5) 机床的重大改进顺序号。当对机床的结构、性能有更高的要求，并需按新产品重新设计、试制和鉴定时，才按改进的先后顺序选用A、B、C等汉语拼音字母(但“I、O”两个字母不得选用)，加在型号基本部分的尾部，以区别于原机床型号。

(6) 其他特性代号及其表示方法。其他特性代号置于型号辅助部分之首。其中同一型号机床的变型代号，一般应放在其他特性代号之首。

其他特性代号主要用以反映各类机床的特性，如：对于数控机床，可用来反映不同的控制系统等；对于加工中心，可用来反映控制系统、自动交换主轴头、自动交换工作台等；对于柔性加工单元，可用来反映自动交换主轴箱；对于一机多能机床，可用来表示某些功能；对于一般机床，可用来反映同一型号机床的变型等。

其他特性代号，可以用汉语拼音字母(但“I、O”两个字母除外)表示。当单个字母不够用时，可将两个字母合起来使用，如：AB、AC、AD等，或BA、CA、DA等。其他特性代号也可用阿拉伯数字表示，还可用阿拉伯数字和汉语拼音字母组合表示。

(7) 企业代号及其表示方法。企业代号中包括机床生产厂家及机床研究单位代号。企业代号置于辅助部分的尾部，用“—”分开，读作“至”。若在辅助部分中只有企业代号，则不加“—”。

例如：最大棒料直径为50 mm的六轴棒料自动车床，其型号为：C2150×6。

最大磨削直径为320 mm的高精度万能外圆磨床，其型号为：MG1432。

最大回转直径为400 mm的半自动曲轴磨床的第二种变型的型号为：MB8240/2。

工作台面宽度630 mm的单柱坐标镗床，经第一次重大改进后的型号为：T4163A。

2.1.3 机床的运动及传动

1. 机床的运动

机械零件上常见的各种表面，不论其形状如何复杂，都可以分解为几个基本表面的组合，如平面、圆柱面、圆锥面、螺旋面及各种成形表面等，这些表面都可以在各种金属切削机床上通过切削加工的方法获得。

各种类型的金属切削机床在进行切削加工时，都应使刀具和工件按一定的规律作一系列的运动。这些运动的最终目的是保证刀具与工件之间具有正确的相对运动，以便使刀具按一定规律切除工件毛坯上的多余金属，从而获得具有一定几何形状、尺寸精度、位置精度和表面质量的工件。以车床车削外圆柱表面为例(如图2-1所示)，在工件装夹于三爪自定心卡盘并起动之后，首先通过手动将车刀在纵、横向靠近工件(运动Ⅱ和Ⅲ)，然后根据所要求的加工直径d，将车刀横向切入一定深度(运动Ⅳ)，接着通过工件旋转(运动Ⅰ)和车刀的纵向直线运动(运动Ⅴ)，车削出外圆柱表面，当车刀纵向移动所需长度l后，横向退离工件(运动Ⅵ)，并纵向退回至起始位置(运动Ⅶ)。机床在加工过程中所需的运动，可按其功用的不同而分为表面成形运动和辅助运动两类。

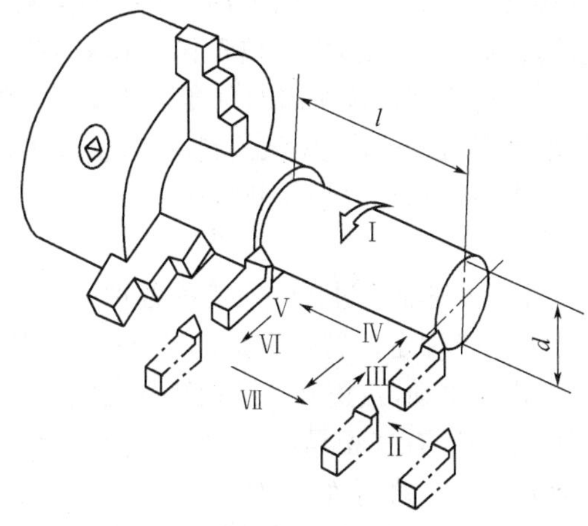

图 2-1　车削外圆柱表面所需运动

(1) 表面成形运动。机床在切削过程中，使工件获得一定表面形状所必需的刀具和工件间的相对运动称为表面成形运动。如图 2-1 所示，工件的旋转运动(运动Ⅰ)和车刀的纵向运动(运动Ⅴ)是形成外圆柱表面的表面成形运动。机床加工时所需的表面成形运动的形式、数目与被加工表面形状、所采用的加工方法和刀具结构有关。例如在车床上采用外圆车刀车削成形表面时，如图 2-2(a)所示，所需的表面成形运动为工件的旋转运动和刀具形成母线的复合运动；而采用成形车刀车削成形表面时，如图 2-2(b)所示，所需的表面成形运动则只需工件的旋转运动和刀具简单的径向进给运动。

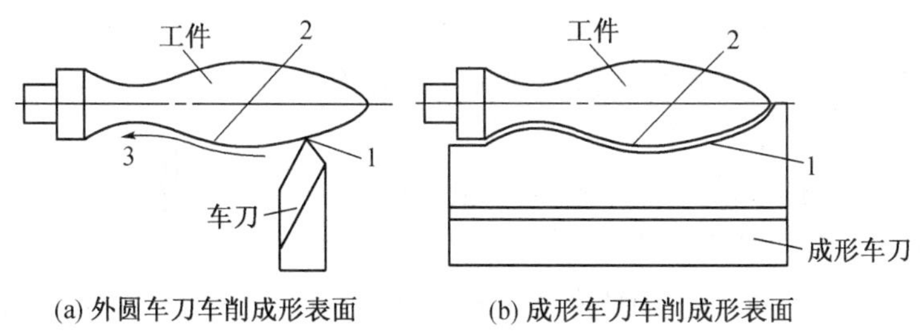

(a) 外圆车刀车削成形表面　(b) 成形车刀车削成形表面

图 2-2　车削成形表面

根据切削过程中所起的作用不同，表面成形运动又可分为主运动和进给运动(有关内容见第1章)。例如，车床上工件的旋转运动、钻床上钻头的旋转运动、镗床上镗刀的旋转运动及牛头刨床上刨刀的直线往复运动等都是主运动。进给运动如车床上车削外圆柱表面时车刀的纵向直线运动、钻床上钻孔时刀具的轴向直线运动、卧式升降台铣床加工时工作台带动工件的纵向或横向直线移动等等。

机床在进行切削加工时，至少有一个主运动，但进给运动可能有一个或有几个，也可能没有，例如拉削加工就只有主运动而没有进给运动。

(2) 辅助运动。除了表面成形运动以外，机床在加工过程中还需完成一系列其他的运动，即辅助运动。如图 2-1 所示，除了工件旋转运动(运动Ⅰ)和刀具纵向直线运动(运动Ⅴ)这两个表面成形运动外，还有车刀纵向靠近工件(运动Ⅱ)，横向切入(运动Ⅲ)，以及横向退离工件(运动Ⅵ)，纵向退回起始位置(运动Ⅶ)等运动。这些运动与外圆柱表面的形成无直接关系，但也是整个加工过程中必不可少的。上述这些运动均属于辅助运动。辅助运动的种类很多，主要包括刀具接近工件、切入工件、退离工件、快速返回启程位置的运动，为使刀具与工件保持相对正确位置的对刀运动，多工位工作台和多工位刀架的周期换位以及逐一加工多个相同局部表面时，工件周期换位所需的分度运动等等。另外，机床的起动、停车、变速、换向以及部件和工件的夹紧、松开等的操纵控制运动，也属于辅助运动。总之，除了表面成形运动外，机床上其他所需的运动都属于辅助运动。

2. 机床的传动

(1) 机床传动的组成。为了实现加工过程中所需的各种运动，机床必须有执行件、运动源和传动装置三个基本部分。执行件是执行机床运动的部件，如刀架、主轴、工作台等。工件或刀具装夹在执行件上，并由其带动，按正确的运动轨迹完成一定的运动。运动源是给执行件提供运动和动力的部件，常用的有三相异步电动机、直流电动机、步进电动机等。传动装置是把运动源的运动和动力传递至执行件，并使其获得一定运动速度和方向的装置。传动装置还可将两个执行件联系起来，使执行件间具有一定的相对运动关系。传动装置一般有机械传动、液压传动、电气传动、气压传动等各种形式。

(2) 机床的传动联系和传动链。机床上为了得到所需的运动，需要通过一系列的传动件把执行件与运动源，或者把执行件与执行件之间联系起来，称为传动联系。使执行件与运动源或使两个有关执行件保持确定运动联系的、按一定规律排列的一系列传动元件就构成了传动链。一条传动链由该链的两端件及两端件之间的一系列传动机构组成。

传动链中包含两类传动机构：一类是传动比和传动方向不变的传动机构，称为定比传动机构，如定比齿轮副、丝杠螺母副、蜗轮蜗杆副等。另一类是根据加工要求可以变换传动比和传动方向的传动机构，称为换置机构，如挂轮变速机构、滑移齿轮变速机构、离合器换向机构等。

根据传动联系的性质，也可将传动链分为以下两类。

① 外联系传动链。外联系传动链是联系运动源和执行件之间的传动链，使执行件得到运动，而且能改变运动的速度和方向，但不要求运动源和执行件之间有严格的传动比关系。如图 2-3 所示，车圆柱螺纹时，从电动机传到车床主轴的传动链“1—2—u_v—3—4”就是外联系传动链，它只决定车螺纹速度的快慢，而不影响螺纹表面的形成。

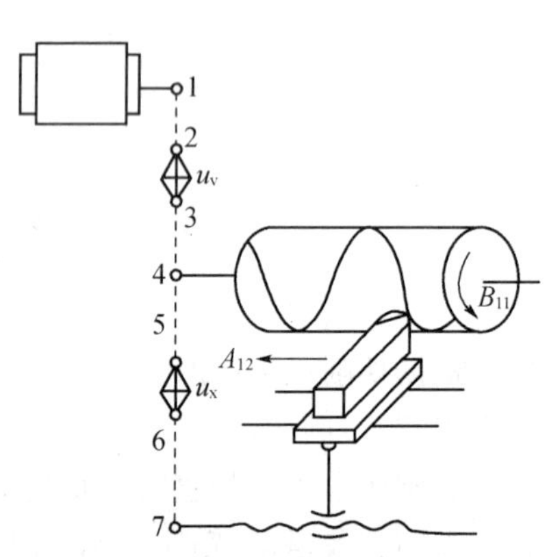

图 2-3 车削圆柱螺纹

② 内联系传动链。当表面成形运动为复合的成形运动时，它是由保持严格的相对运动关系(如严格的传动比)的几个单元运动(旋转或直线运动)所组成的。为完成复合的成形运动，必须由传动链把实现这些单元运动的执行件与执行件之间联系起来，并使其保持确定的运动关系，这种传动链叫作内联系传动链。如图 2-3 所示，车削圆柱螺纹时需要工件旋转 B_{11} 和车刀直线移动 A_{12} 组成的复合运动。这两个运动应保持严格的运动关系：工件每转一转，车刀应准确地移动一个螺旋线导程。为实现这一运动，需用传动链“4—5—u_x—6—7”将两个执行件(主轴和刀架)联系起来，并且传动链的传动比必须准确地满足上述传动关系。为了保证内联系传动链具有准确的传动比，在内联系传动链中不应有摩擦传动和链传动等传

动不准确的传动副。

③ 传动原理图。如图 2 - 3 所示，用一些简单的符号来表明机床传动联系的示意图，称为传动原理图。其中电动机、工件、刀架以较为直接的图形表示，虚线表示定比传动机构，菱形符号表示可以改变传动比的换置机构。车圆柱螺纹时需要两条传动链，主运动传动链和车螺纹传动链。其中主运动传动链由电动机—1—2—u_v—3—4 工件表示，换置机构 u_v 代表主变速机构，改变 u_v 可改变主轴转速；车螺纹传动链由工件 4—5—u_x—6—7—丝杠螺母—刀架表示。换置机构 u_x 代表从主轴到丝杠之间的挂轮机构和滑移齿轮变速机构等，调整 u_x 大小，可以加工各种不同导程的螺纹。

2.2　外圆表面加工

2.2.1　外圆表面常用加工方法

外圆表面是回转体类零件(轴类、套类、盘类)的主要表面，外圆表面常用的机械加工方法有车削、磨削和各种光整加工方法。

车削加工因切削层厚度大、进给量大而成为外圆表面最经济最有效的加工方法。尽管车削加工也能获得很高的加工精度和加工质量，但就其经济精度来看一般适宜作为外圆表面的粗加工和半精加工。

磨削加工切削速度高、切削量较小，是外圆表面最主要的精加工方法。适用于各种高硬度材料和淬火后零件的精加工，但是，在某些情况下，磨削也可以用于粗加工。

光整加工是精加工之后进行的超精密加工方法(如滚压、抛光、研磨等)。适用于某些精度和表面质量要求很高的零件。

2.2.2　外圆表面的车削加工

1. 外圆车削的工艺范围

外圆车削的工艺范围很广，可划分为荒车、粗车、半精车、精车和精细车。各种车削所能达到的加工精度和表面粗糙度各不相同，必须按加工对象、生产类型、生产率和加工经济性等方面的要求合理地选择。

(1) 荒车。当毛坯为自由锻件或大型铸件，其加工余量很大且不均匀时，可安排荒车切除其大部分余量，减少其形状和位置偏差。荒车后工件尺寸精度为 IT18～IT15，表面粗糙度 Ra 值高于 80 μm。

(2) 粗车。中小型锻件和铸件可直接进行粗车，粗车后工件的尺寸精度为 IT13～IT11，表面粗糙度 Ra 值 30～12.5 μm，低精度表面可以粗车作为其最终加工工序。

(3) 半精车。尺寸精度要求不高的工件或精加工工序之前可安排半精车。半精车后工件尺寸精度为 IT10～IT8，表面粗糙度 Ra 值 6.3～3.2 μm。

(4) 精车。一般作为最终加工工序或光整加工的预加工工序。精车后，工件尺寸精度为 IT8～IT7，表面粗糙度 Ra 值 1.6～0.8 μm。对于精度较高的毛坯，可不经过粗车而直接进行精车或半精车。

(5) 精细车。主要用于有色金属加工或要求很高的钢制工件的最终加工。精细车后工件尺寸精度为 IT7～IT6，表面粗糙度 Ra 值 0.4～0.025 μm。

2. 提高外圆表面车削生产率的措施

在轴类、套类和盘类等零件的加工中，外圆车削的劳动量在零件加工的全部劳动量中占有很大的比重，外圆表面的加工余量主要是由车削切除的，所以提高外圆车削生产率是提高劳动生产率的一个重要途径。主要有以下措施。

(1) 高速车削、强力车削。提高切削用量即增大切削速度、进给量和背吃刀量，这是提高外圆车削生产率的最有效措施之一。而限制提高切削用量的主要因素是刀具寿命，其中以切削速度 v 的影响最大，进给量 f 的影响次之，背吃刀量的 a_p 影响最小。目前，硬质合金车刀的切削速度可达 200 m/min，陶瓷刀具的切削速度可达 500 m/min。近年来出现的聚晶金刚石和聚晶立方氮化硼新型刀具材料，切削普通钢材时，切削速度可达 900 m/min，加工 60 HRC以上的淬火钢，切削速度在 900 m/min 以上。高速车削不仅可以提高生产率，而且因不会产生积屑瘤，故可得到较小的表面粗糙度值，提高加工表面质量。

强力车削是利用硬质合金刀具采用加大进给量和背吃刀量来进行车削加工的一种高效率加工方法。其特点是在车刀刀尖处磨出一段副偏角 $\kappa_r=0$、长度 $b_\varepsilon=(1.2\sim1.5\ \mu m)f$ 的修光刃，而进给量是正常进给量的几倍至十几倍，在此种情况下被加工零件的表面仍可获得较低的表面粗糙度值($Ra=5\sim2.5\ \mu m$)。强力车削适用于粗加工刚度较好的轴类零件，同时强力车削亦可用于精加工，它比高速车削的生产率更高，但它不适用于车削细长轴和阶梯轴。

值得注意的是，采用高速车削和强力车削时，车床必须具备良好的刚性以及足够的功率，否则，零件的加工质量很难满足要求。

(2) 提高刀具寿命。在生产实践中，为提高刀具寿命，常采用加热车削法和低温冷冻车削法。

(3) 采用机夹可转位车刀。机夹可转位车刀，简称可转位车刀，这是一种将转位使用的刀片用夹紧元件夹持在刀杆上使用的刀具(图 2-4)。

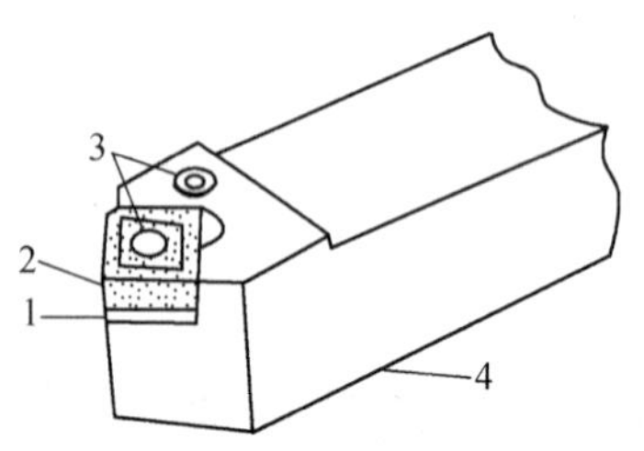

图 2-4 机夹可转位车刀

1—刀垫；2—可转位刀片；3—夹紧元件；4—刀杆

① 可转位车刀的特点。可转位刀片在压制时，制出合理几何形状，在切削用量的一定范围内使用。它有数个切削刃，当一个切削刃用钝后，只需松开夹紧机构转位换一个新的切削刃，重新夹紧即可继续使用。所有切削刃都用钝后，只需换上一个新刀片即可。与焊接的刀具相比，它具有如下特点：

a. 切削性能好，刀具寿命长，精度较高，效率高。刀片硬度高，可提高切削用量，不需焊接与刃磨，只需直接转位或更换，互换性好，重复定位精度高，调刀容易。

b. 简化了工具管理，有利于新型刀具材料的使用。刀杆可多次重复使用，使用寿命长，因此储备量可以减少，有利于刀具的标准化、系列化，也有利于最佳地选择硬质合金的牌号和采用新型复合刀具材料。

② 可转位车刀夹紧机构的要求。夹紧机构的设计必须满足以下要求：

a. 夹紧可靠，刀片在切削过程中承受冲击和振动时不应松动和移位。

b. 刀片定位精度高。

c. 刀片转位和更换新刀片操作简便。

d. 结构简单、紧凑，制造容易

2.2.3　细长轴加工

长度与直径之比大于 25 的轴称为细长轴，如车床上的丝杠、光杠等。由于细长轴刚性很差、车削加工时受切削力、切削热和振动等的作用和影响，极易产生变形，出现直线度、圆柱度等加工误差，不易达到图样上的形位精度和表面质量等技术要求，使切削加工很困难。L/d 值越大，车削加工越困难。

车削细长轴的关键技术是防止加工中的弯曲变形，为此必须从夹具、机床辅具、工艺方法、操作技术、刀具和切削用量等方面采取措施。

1. 改进工件的装夹方法

在车削细长轴时，一般均采用一头夹和一头顶的装夹方法(图 2-5)。用卡盘装夹工件时，在卡爪与工件之间套入一开口的钢丝圈，以减少工件与卡爪轴向接触长度。在尾座上采用弹性顶尖，这样当工件受切削热而伸长时，顶针能轴向伸缩，以补偿工件的变形，减少工件的弯曲。

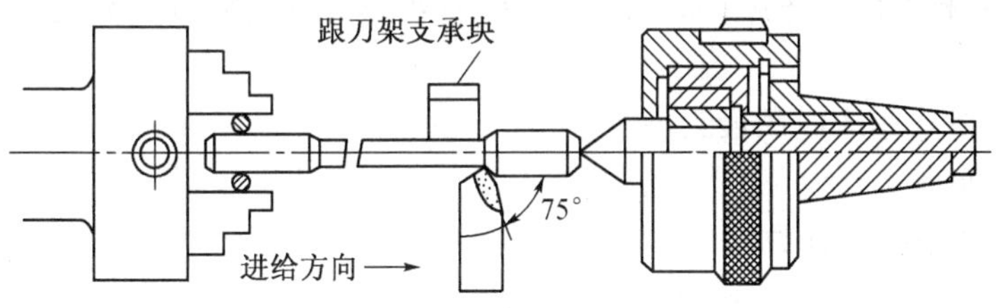

图 2-5　反向进给车细长轴

2. 采用跟刀架

跟刀架为车床的通用附件，它用来在刀具切削点附近支承工件并与刀架溜板一起作纵向移动。跟刀架与工件接触处的支承块一般用耐磨的球墨铸铁或青铜制成。支承爪的圆弧，应粗车后与外圆研配，以免擦伤工件。采用跟刀架能抵消加工时径向切削分力和工件自重的影响，从而减少切削振动和工件变形，但必须注意仔细调整，使跟刀架的中心与机床顶针中心保持一致。

3. 采用反向进给

车削细长轴时，常使车刀向尾架方向做进给运动(图 2-5)。这样车刀施加于工件上的进给力方向朝向尾架，工件已加工部分受轴向拉伸，而工件的轴向变形由尾架上的弹性顶针来补偿，这样就可以大大减少了工件的弯曲变形。

4. 合理选用车刀的几何形状

为减少径向切削力，宜选用较大主偏角；前刀面应磨出 $R=1.5\sim3$ mm 的断屑槽，前角一般取 $\gamma_o=15°\sim30°$；刃倾角 λ_s 取正值，使切屑流向待加工表面；车刀表面粗糙度值要小，并经常保持切削刃锋利。

5. 合理选择切削用量

车削细长轴时，切削用量应比普通轴类零件适当减小。用硬质合金车刀粗车，可按表 2－3 选择切削用量。

表 2－3 硬质合金车刀粗车细长轴切削用量

工件直径/mm	20	25	30	35	40
工件长度/mm	1 000～2 000	1 000～2 500	1 000～3 000	1 000～3 500	1 000～4 000
进给量 f/mm・r^{-1}	0.3～0.5	0.35～0.4	0.4～0.45	0.4	0.4
切削深度 a_P/mm	1.5～3	1.5～3	2～3	2～3	2.5～3
切削速度 v_c/m・min^{-1}	40～80	40～80	50～100	50～100	50～110

精车时，用硬质合金车刀车削 ϕ20～ϕ40 mm，长 1 000～1 500 mm 细长轴时，可选用f= 0.15～0.25 mm/r，a_P=0.2～0.5 mm，v_c=60～100 m/min。

2.2.4 车床

车床的种类很多，按其用途和结构不同，主要可分为卧式车床、立式车床、转搭车床、多刀半自动车床、仿形车床及仿形半自动车床、单轴自动车床、多轴自动车床及多轴半自动车床等。

此外，还有各种专门化车床，如凸轮轴车床、铲齿车床、曲轴车床、高精度丝杠车床、车轮车床等。

其中以普通卧式车床应用最为广泛。

1. CA6140 车床

(1) 机床的主要技术参数。

在床身上最大加工直径/mm	400
在刀架上最大加工直径/mm	210
主轴可通过的最大棒料直径/mm	48
最大加工长度/mm	650 900 1 400 1 900
中心高/mm	205
顶尖距/mm	750 1 000 1 500 2 000
主轴内孔锥度	莫氏 6 号
主轴转速范围/(r・min^{-1})	10～1 400(24 级)
纵向进给量/(mm・r^{-1})	0.028～6.33(64 级)
横向进给量/(mm・r^{-1})	0.014～3.16(64 级)
加工米制螺纹/mm	1～192(44 种)
加工英制螺纹/(牙・$英寸^{-1}$)	2～24(20 种)
加工模数螺纹/mm	0.25～48(39 种)
加工径节螺纹/(牙・$英寸^{-1}$)	1～96(37 种)
主电动机功率/kW	7.5

(2) 机床的主要组成部件和功能。图 2－6 为 CA6140 型卧式车床外观图。该车床的主要组成部件如下：

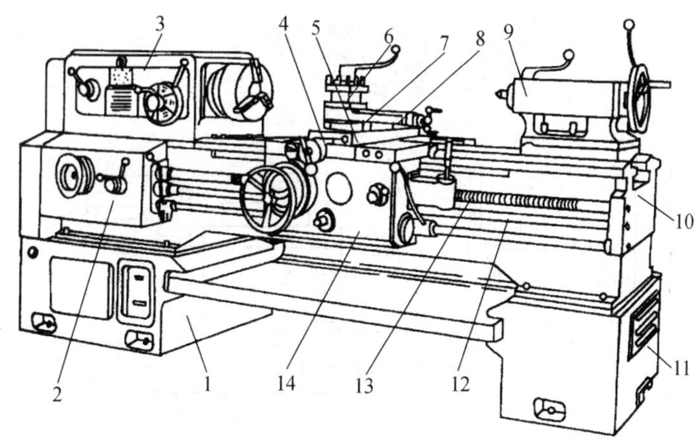

图 2－6　CA6140 型卧式车床的外形

1、11—床腿；2—进给箱；3—主轴箱；4—床鞍；5—中滑板；6—刀架；7—回转盘；8—小滑板；9—尾座；10—床身；12—光杠；13—丝杆；14—溜板箱

① 主轴箱。主轴箱 3 固定在床身 10 的左端。其内装有主轴和变速、变向等机构，由电动机经变速机构带动主轴旋转，实现主运动，并获得所需转速及转向，主轴前端可安装三爪自定心、四爪单动卡盘等夹具，用以装夹工件。

② 进给箱。进给箱 2 固定在床身 10 的左前侧面，它的功用是改变被加工螺纹的导程或机动进给的进给量。

③ 溜板箱。溜板箱 14 固定在床鞍 4 的底部。其功用是将进给箱传来的运动传递给刀架，使刀架实现纵向进给、横向进给、快速移动或车螺纹。在溜板箱上装有各种手柄及按钮，可以方便地操作机床。

④ 床鞍。床鞍 4 位于床身 10 的中部，其上装有中滑板 5、回转盘 7、小滑板 8 和刀架 6，可使刀具做纵、横式斜向进给运动。

⑤ 尾座。尾座 9 安装于床身 10 的尾座导轨上。其上的套筒可安装顶尖，也可安装各种孔加工刀具，用来支承工件或对工件进行孔加工。摇动手轮可使套筒移动，以实现刀具的纵向进给，尾座可沿床身顶面的一组导轨（尾座导轨）作纵向调整移动，然后夹紧在所需的位置上，以适应不同长度的工件的需要。尾座还可以相对其底座沿横向调整位置，以车削较长且锥度较小的外圆锥面。

⑥ 床身。床身 10 固定在左床腿 1 和右床腿 11 上。床身是车床的基本支承件，车床的各主要部件均安装于床身上，并保持各部件间具有准确的相对位置。

2. 其他常见车床简介

(1) 马鞍车床。马鞍车床是普通车床基型品种的一种变型车床（图 2－7），它和普通车床的主要区别在于，马鞍车床在靠近主轴箱一端装有一段形似马鞍的导轨。卸去马鞍导轨可使加工工件的最大直径增大，从而扩大加工工件直径的范围，但由于马鞍经常装卸，其工件精度、刚度都有所下降，所以，这种机床主要用在设备较少的单件小批生产的小工厂及修理车间。

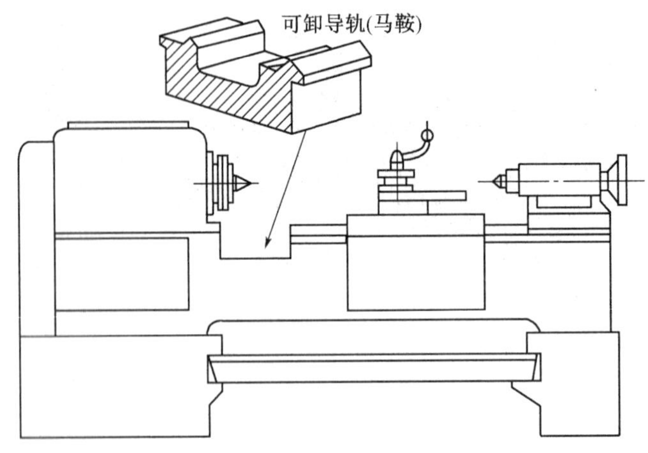

图 2-7 马鞍车床外形

(2) 立式车床。立式车床主要用于加工径向尺寸大而轴向尺寸相对较小，且形状比较复杂的大型或重型零件，是汽轮机、重型电机、矿山冶金等重型机械制造厂不可缺少的加工设备，在一般机械厂使用也比较普遍。立式车床结构的主要特点是主轴垂直布置，并有一个直径很大的圆工作台供安装工件用(图 2-8)。工作台面处于水平位置，故笨重工件的装夹、校正都比较方便。

立式车床分单柱式[图 2-8(a)]和双柱式[图 2-8(b)]两类。

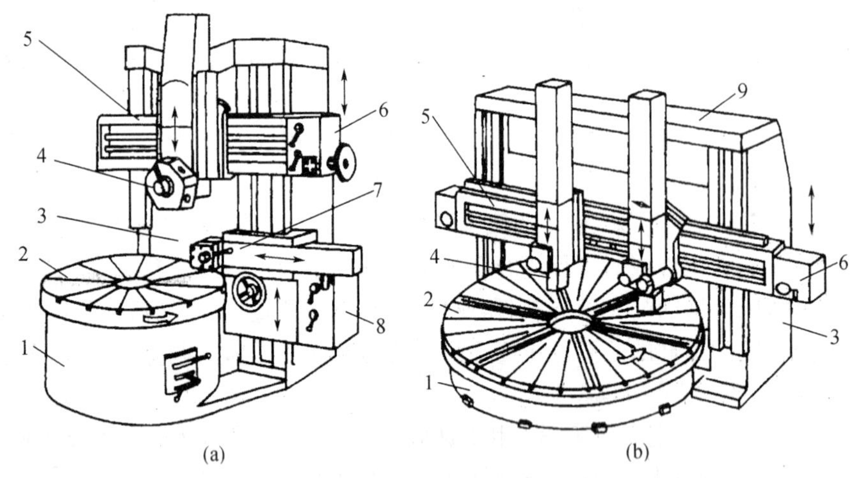

图 2-8 立式车床

1—底座；2—工作台；3—立柱；4—垂直刀架；5—横梁；
6—垂直刀架进给箱；7—侧刀架；8—侧刀架进给箱；9—顶梁

(3) 转塔式车床。卧式车床的加工范围广，灵活性大，但其方刀架最多只能装四把刀具，尾座只能安装一把孔加工刀具，且无机动进给，在用卧式车床加工一些形状较为复杂，特别是带有内孔和内螺纹的工件时，需要频繁换刀、对刀、移动尾座以及试切、测量尺寸等，从而使辅助时间较长，生产率降低，劳动强度增大。特别在批量生产中，卧式车床的这种不足表现尤为突出。为了缩短辅助时间，提高生产效率，在卧式车床的基础上，发展出了转塔车床(图 2-9)。它与卧式车床的主要区别是取消了尾座和丝杠，并在床身尾座部位装有一个可沿床身导轨纵向移动并可转位的多工位刀架，转塔式车床在加工前预先调好所用刀具，加工中多工位刀架周期地转位，使这些刀具依次对工件进行切削加工。因此在成批生产，特别是加工多形状复杂工件时，生产效率比卧式车床高。

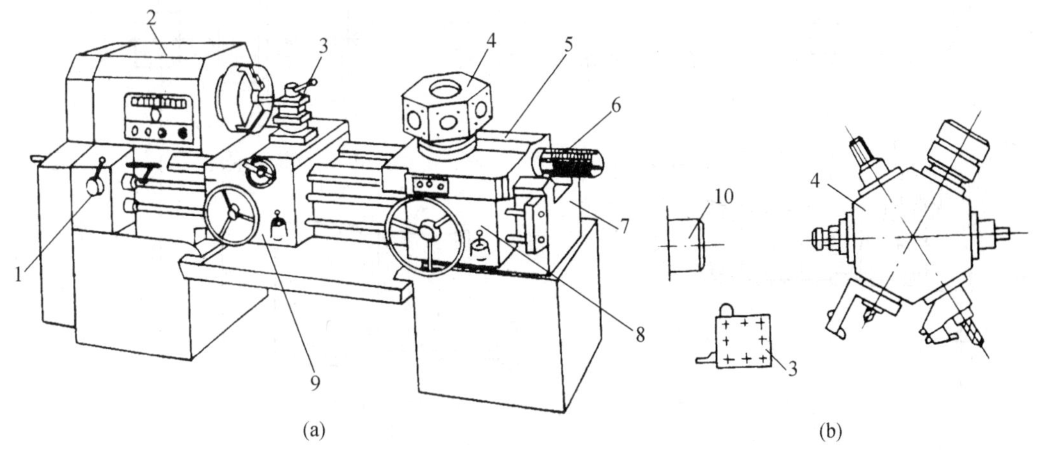

图 2－9　滑鞍转塔车床

1—进给箱；2—主轴箱；3—前刀架；4—转塔刀架；5—纵向溜板；6—定程装置；7—床身；8—转塔刀架溜板箱；9—前刀架溜板箱；10—主轴

2.2.5　外圆磨削

1. 工件的装夹

在外圆磨床上，工件一般用两顶尖或卡盘装夹。

(1) 用两顶尖装夹工件。这是外圆磨床最常用的装夹方法，这种方法的特点是装夹方便，定位精度高。两顶尖固定在头架主轴和尾架套筒的锥孔中，磨削时顶尖不旋转，这样头架主轴的径向圆跳动误差和顶尖本身的同轴度误差就不再对工件的旋转运动产生影响。只要中心孔和顶尖的形状正确，装夹得当，就可以使工件的旋转轴线始终不变，获得较高的圆度和同轴度。

(2) 用卡盘装夹工件。在万能外圆磨床上，利用卡盘在一次装夹中磨削工件的内孔和外圆，可以保证内孔和外圆之间较高的同轴度。

2. 外圆磨削的方法

常用的外圆磨削方法有：纵向磨削法、切入磨削法、分段磨削法和深度磨削法等四种(图 2－10)。

(1) 纵向磨削法。是最常用的磨削方法，磨削时，工作台作纵向往复进给，砂轮作周期性横向进给，工件的磨削余量要在多次往复行程中磨去[图 2－10(a)]。砂轮超越工件两端的长度一般为砂轮宽度的 1/3～1/2，如果太大，工件两端直径会被磨小。磨削轴肩旁外圆时，要细心调整工作台行程，当砂轮磨削至台肩一边时，要使工件台停留片刻，以防止产生锥度。为减少工件表面粗糙度值，可做适当“光磨”，即在不做横向进给的情况下，工作台做纵向往复运动。

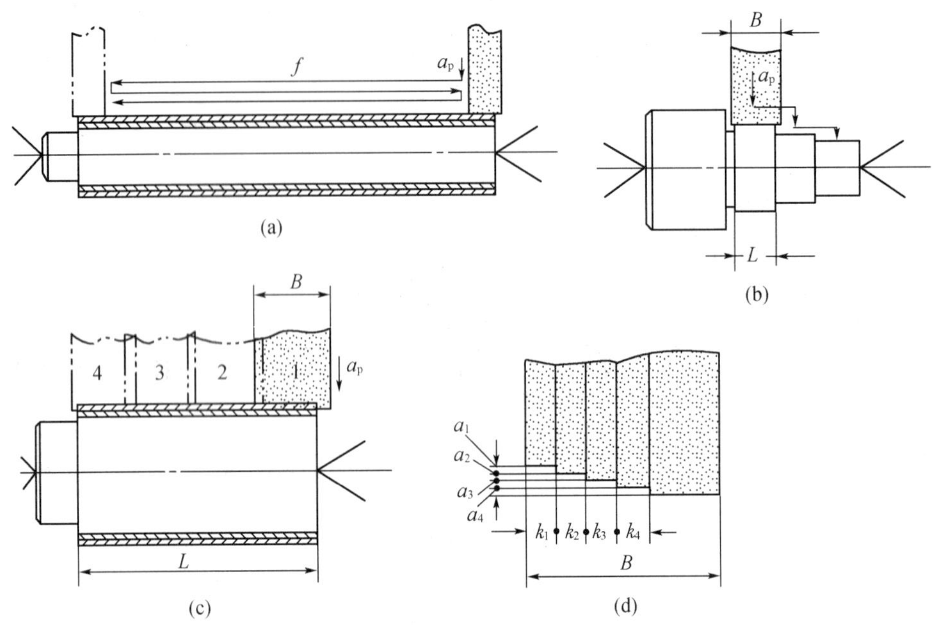

图 2－10　外圆磨削的方法

纵向磨削的特点如下：

① 纵向磨削法磨削力小，散热条件好，可获得较高的加工精度和较小的表面粗糙度。

② 磨削深度较小，工件的磨削余量需经多次纵向进给切除，机动时间较长，生产效率较低。

③ 磨削力较小，适用于加工细长、精密或薄壁的工件。

(2) 切入磨削法。切入磨削法又称横向磨削法。被磨削工件外圆长度应小于砂轮宽度，磨削时砂轮做连续或间断横向进给运动，直到磨去全部余量为止[图 2－10(b)]。砂轮切入磨削时无纵向进给。粗磨可用较高的切入速度；精磨时适当放低，以防止工件的烧伤和发热变形。

(3) 分段磨削法。这种磨削法又称综合磨削法，它是切入法与纵向法的综合应用，即先用切入法将工件分段进行粗磨，留 0.03～0.04 mm 余量，最后用纵磨法精磨至尺寸[图 2－10(c)]。这种磨削法既利用了切入法生产效率高的优点，又有纵磨法加工精度高的优点。分段磨削时，相邻两段间应有 5～10 mm 的重叠。这种磨削方法适用于磨削余量大和刚性较好的工件。

(4) 深度磨削法。这是应用较多的一种方法，即采用较大的磨削深度在一次纵向进给中磨去工件的全部磨削余量，其机动时间短，生产率较高。

由于磨削深度大，磨削时砂轮一端尖角处受力集中，为此，可将砂轮修整成阶梯形。砂轮阶梯台面的前导部分，主要起切削作用。后部较宽的砂轮表面则应精细修整为修光部分，以减小工件表面粗糙度[图 2－10(d)]。

阶梯砂轮的阶梯数及阶梯深度，由工件长度和磨削余量来确定。

深磨法可稳定达到 IT7 级精度，表面粗糙度 Ra 为 0.63 μm，有很高的生产率。

3. 轴肩的磨削方法

工件的轴肩可在磨好外圆以后，用手移动工作台借砂轮端面磨出。磨削时，需将砂轮稍微退出一些，手摇工作台待砂轮与工件端面接触后，作间断的进给，并注意浇注充分的切削液，以免烧伤工件。通常可将砂轮端面修成内凹形，以减小砂轮与工件的接触面积，提高磨削质量。

2.2.6　外圆表面的精密加工

随着科学技术的发展，对产品的加工精度和表面粗糙度要求也越来越高，零件表面质量不仅影响机器的性能，还涉及机器的寿命。外圆表面的精密加工是提高表面质量的重要手段，其方法有高精度磨削、研磨、滚压、抛光等。

1. 高精度磨削

使工件表面粗糙度 Ra 值在 0.16 μm 以下的磨削工艺，称为高精度磨削。高精度磨削又可分为精密磨削（Ra 值 0.16～0.06 μm）、超精密磨削（Ra 值 0.04～0.02 μm）、镜面磨削（Ra 值 0.01 μm）。它是近代发展起来的一种磨削新工艺，较之研磨或超精加工等方法具有生产率高、精度可靠、加工范围广等优点，在光整加工领域中占有重要地位。

高精度磨削的原理。砂轮表面每一颗磨粒就是一个切削刃（简称微刃）。这些微刃不可能在同一个圆周上，如图 2-11(a)所示，磨削时有的微刃参加工作，有的微刃不参加工作，这就是微刃的不等高，参与磨削的微刃少则加工表面粗糙。精细修整砂轮后，磨粒形成能同时进行磨削的许多微刃，微刃趋向等高，如图 2-11(b)所示，磨削时参加切削的微刃多，能磨削出表面粗糙度值小的表面。磨削继续进行，锐利的微刃逐渐钝化到半钝状态，如图 2-11(c)所示，这种半钝化的微刃，切削作用降低，但是在压力作用下，能产生摩擦抛光作用，使工件表面获得更细的表面粗糙度。

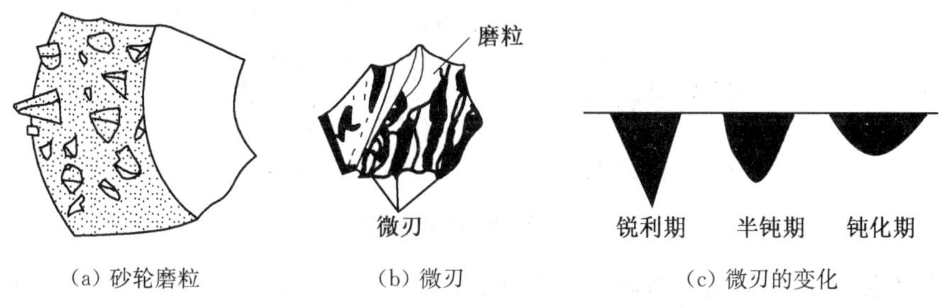

图 2-11　磨粒的微刃及磨削中微刃的变化

掌握高精度磨削的要点如下：

① 仔细修整砂轮以达到微刃等高。

② 机床工作台的速度应小于 10 mm/min，且无“爬行”现象。

③ 机床的回转精度与振幅在 0.001 mm 以下。

④ 机床横向进给机构的灵敏度高，误差应当小于 0.002 mm。

⑤ 磨料应选择易形成微刃的材料，如刚玉类。

⑥ 砂轮的硬度选择应当考虑半钝化期时间长一些。如中软 K 或 L。

⑦ 砂轮结合剂应有弹性，例如树脂或橡胶结合剂，并加入一定量的石墨做填料，可增加润滑性能，有利于减小表面粗糙度值。

2. 研磨

研磨是最早出现亦是最常用的一种光整加工方法。

（1）研磨原理。

研磨外圆时，使用的研具如图 2－12 所示，图 2－12(a)是粗研套，孔内有油槽可储存研磨剂；图 2－12(b)是精研套，孔内无油槽。研磨时工件夹在车床卡盘上或双顶尖支承，做低速转动，研具套在工件上，研具与工件之间加入研磨料，然后用手推动研具做往复运动(手工研磨)。研磨过程中大量磨粒在工件表面浮动，分别起到三种作用：

① 机械切削作用。磨粒在压力作用下滚动、刮擦和挤压，切下细微的金属层，图 2－13(a)为加工韧性材料的情况，图 2－13(b)为加工脆性材料的情况。

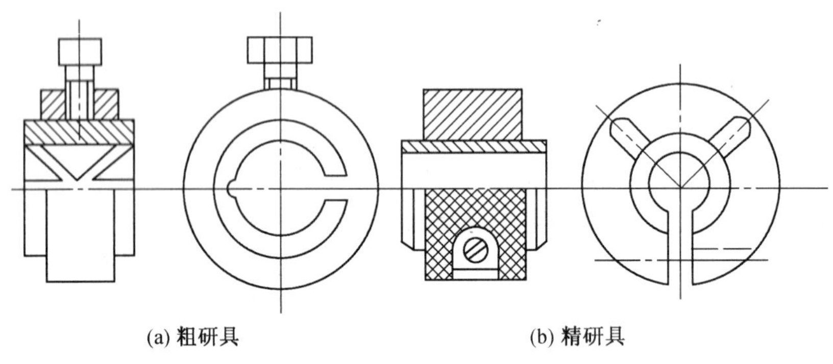
(a) 粗研具　　(b) 精研具

图 2－12 外圆研具

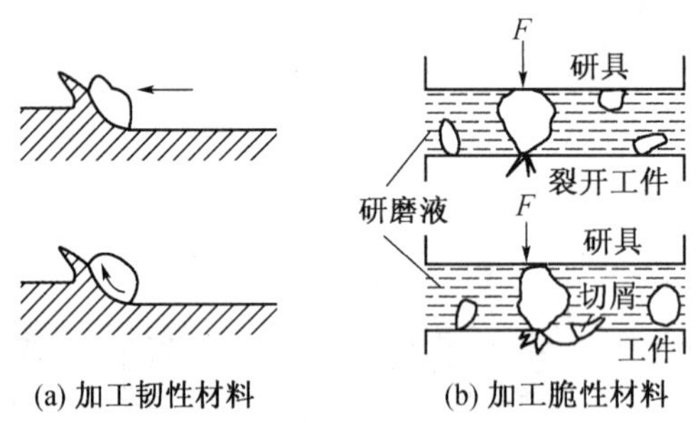

(a) 加工韧性材料　　(b) 加工脆性材料

图 2－13　研磨时磨粒的切削作用

② 物理作用。磨粒与工件接触点局部压强非常大，因而瞬时产生高温、挤压等作用，形成平滑而粗糙度较细的表面。

③ 研磨液中加入硬脂酸或油酸，与工件表面的氧化物薄膜产生化学作用，使被研磨表面软化，提高研磨效果。

（2）研磨方法。

研磨方法可分为手工研磨与机械研磨两种。手工研磨生产率低，劳动强度大，不适应批量大的生产，仅用于超精密零件加工，其加工质量与工人技术熟练程度有关。机械研磨在研磨机上进行，适用于批量生产方式。根据磨料是否嵌入研具，研磨又可分为嵌砂研磨和无嵌砂研磨两种。嵌砂研磨又有自由嵌砂(加工过程中将磨料注入工作区)与强制嵌砂(加工前将磨料压到研具上)之分，所用研具是铸铁等软材料，磨料通常是氧化铝、碳化硅等，研磨过程以磨粒滑动磨削为主。无嵌砂研磨采用的研具比工件硬，常用淬硬钢制造，所用磨料较软(如氧化铬)，加工时，磨料处于自由状态，不嵌入研具表面，切削过程以磨粒滚动为主。

研磨剂包含磨料、研磨液(煤油与机油混合而成)和辅助材料(硬脂酸、油酸或工业甘油)。磨料中氧化铝用于钢制工件;碳化硅用于脆性材料;氧化铬多用于精研。磨料粒度通常取 250～600 号。研磨液在研磨中起到冷却和润滑作用,以及调整磨粒使之分布均匀。辅助材料起增加研磨效果的作用。

(3) 研磨特点。

研磨一般都在低速下进行,研磨过程塑性变形小、切削热小、表面变形层薄、运动复杂、可获得较小的表面粗糙度值(Ra 0.16～0.01 μm)。研磨可提高工件表面形状精度与尺寸精度,但是不能提高表面位置精度,研磨劳动量大,生产率低,一般加工余量为 0.01～0.03 mm。研磨对加工设备的精度要求不高。研磨可加工钢、铸铁、铜、铝、硬质合金等各种金属材料,也可加工玻璃、半导体、陶瓷和塑料等非金属制品。研磨可加工平面、圆柱面、圆锥面、螺纹牙型面及齿轮的齿面等。

3. 滚压加工

(1) 滚压加工原理。

滚压加工是采用硬度比工件高的滚轮或滚珠(图 2-14),对半精加工后的零件表面在常温下加压,使受压点产生弹性变形及塑性变形。其结果不仅能降低表面粗糙度,而且能使表面的金属结构和性能发生变化,晶粒变细,并沿着变形最大的方向延伸(有时呈纤维状),表面留下有利的残余应力。还能使表面层屈服强度增大,显微硬度提高 20%～40%,使零件抗疲劳强度、耐磨和耐腐蚀性都有显著的提高。

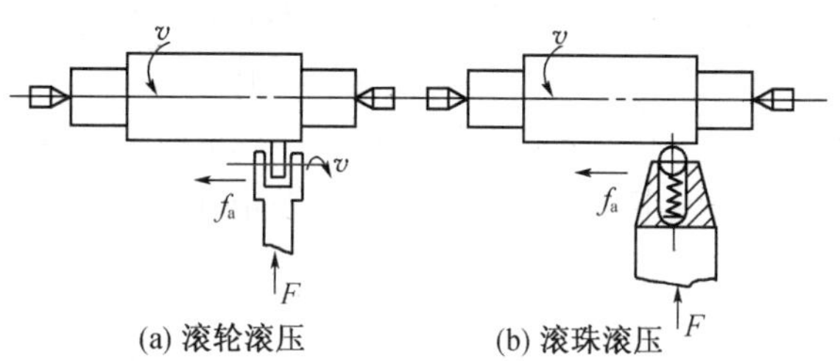

图 2-14　滚压加工示意图

(2) 滚压加工特点。

滚压加工与切削加工相比较有许多优点,常常取代部分切削加工,成为精密加工的一种方法,其特点如下:滚压前的表面要清洁,直径方向加工余量为 0.02～0.03 mm,滚压要求前工序的表面粗糙度 Ra 值不大于 5 μm,滚压后的表面粗糙度 Ra 值为 0.63～0.16 μm。滚压能使零件表面粗糙度值减小,强化其加工表面,而形状及位置精度则取决于上道工序。当滚压对象是塑性金属零件或某些零件上有松软组织(如铸件)时,易产生较大的形状误差。滚压加工生产率高,常常以滚压代替研磨。

2.3　内圆面加工

2.3.1　内圆面加工方法

内圆面的加工方法,有钻孔、扩孔、铰孔、镗孔、拉孔和磨孔等。对于精度要求高的孔,最后还需经珩磨或研磨及滚压等精密加工。

内圆面(孔)的加工与外圆面的加工相比,具有以下特点:

① 孔加工所用的刀具(或磨具)的尺寸受被加工孔的直径的限制。刀具的刚性差,容易产生弯曲变形及振动;孔的直径越小,深度越大,这种影响越显著。

② 大部分孔加工刀具为定尺寸刀具,孔的直径往往取决于刀具的直径,刀具的制造误差及磨损将直接影响孔的加工精度。

③ 加工孔时,切削区在工件的内部,排屑条件、散热条件都差。因此,孔的加工精度和表面质量都不容易控制。

由于内圆面加工的工作条件比外圆加工差得多,因此,加工内圆面要比加工同样要求的外圆面困难些。当一个零件要求内圆面和外圆面必须保持某一正确关系时,一般总是先加工内圆面,然后再以内圆面定位加工外圆面,这样更容易达到加工要求。

2.3.2 钻孔与扩孔

1. 概述

用钻头在实体材料上加工内圆面的方法称为钻孔,用扩孔钻对已有的内圆面再加工以加大孔径的方法称为扩孔,它们统称为钻削加工。钻孔最常用的刀具是麻花钻,用麻花钻钻孔,精度较低,表面较粗糙。因此,钻孔主要用于粗加工,例如精度和粗糙度要求不高的螺钉孔、油孔等。一些内螺纹,在攻丝之前,需要先进行钻孔。精度和粗糙度要求较高的孔,也要以钻孔作为预加工工序。

单件、小批量生产的,中小型工件上的小孔(一般 $D<13$ mm),常用台式钻床加工;中小型工件上直径较大的孔(一般 $D<50$ mm),常用立式钻床加工;大中型工件上的孔,则采用摇臂钻床加工。回转体工件上的孔,多在车床上加工。在成批和大量生产中,为了保证加工精度、提高生产率和降低加工成本,广泛使用钻模、多轴钻或组合机床进行加工。

2. 麻花钻

(1) 麻花钻的结构及几何角度。

① 麻花钻的结构。麻花钻由工作部分、颈部及柄部三部分组成[图 2-15(a)]。

a. 工作部分。工作部分又分为切削部分和导向部分。切削部分担负着切削工作;导向部分的作用是当切削部分切入工件后起引导作用,也是切削部分的后备部分。为了保证钻头必要的刚性与强度,工作部分的钻芯直径 d_c 向柄部方向递增[图 2-15(d)]。

b. 刀柄。钻头的夹持部分,并用来传递扭矩。刀柄有直柄与锥柄两种,前者用于小直径钻头,后者用于大直径钻头。

c. 颈部。在工作部分与刀柄之间,磨柄部时退砂轮之用,也是打印标记的地方。直柄麻花钻一般不制有颈部[图 2-15(b)]。

标准高速钢麻花钻有两个前刀面、两个后刀面、两个主切削刃、两个副切削刃和一个横刃[图 2-15(c)]。

决定麻花钻结构的主要参数有:

a. 外径 d_0。钻头的外径即刃带的外圆直径,它按标准尺寸系列设计。

b. 钻芯直径 d_c。它决定钻头的强度及刚度并影响容屑空间的大小。一般来说 $d_c=(0.125\sim0.15)d_0$。

c. 顶角 2ϕ。它是两条主刃在与它们平行的平面上投影之间的夹角,它决定钻刃长度及刀刃负荷情况。

d. 螺旋角 β。钻头外圆柱面与螺旋槽交线的切线与钻头轴线的夹角。若螺旋槽的导程

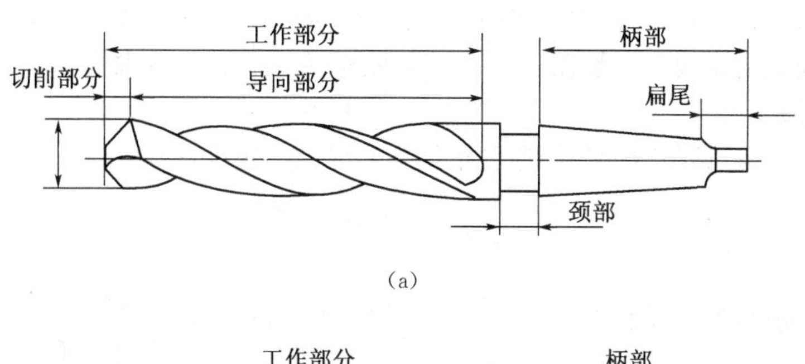

(a)

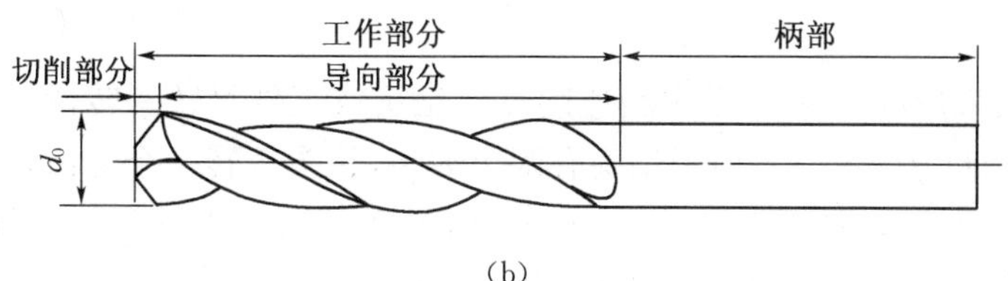

(b)

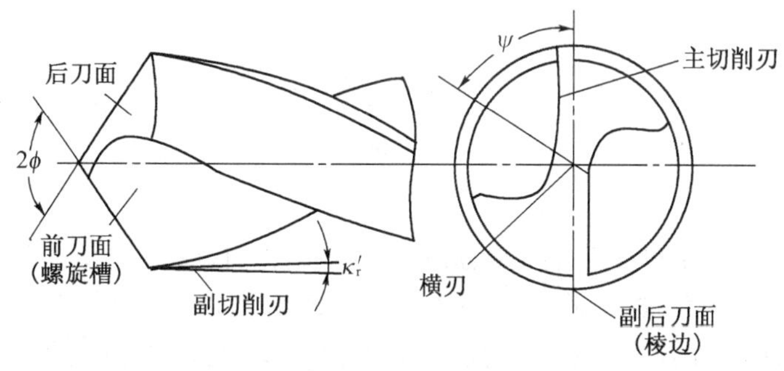

(c)

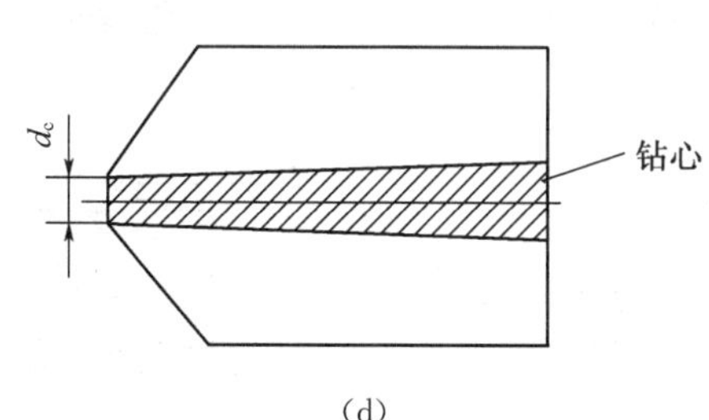

(d)

图 2 - 15　标准高速钢麻花钻

为 L，钻头外径为 d_0，则 $\tan\beta = \frac{\pi d_0}{L} = \frac{2\pi R}{L}$

式中，R 为钻头半径，单位为 mm。

由于螺旋槽上各点的导程相等，在主切削刃上不同半径处的螺旋角就不等。钻头主切削刃上任意点的 y 螺旋角 β_y 可以下式计算：

$$\tan\beta_y = \frac{2\pi R_y}{L} = \frac{R_y}{R} \cdot \tan\beta$$

式中，R_y 为主切削刃上任意点的半径，单位为 mm。

由式可知：钻头外径处螺旋角最大，越接近钻芯处，其螺旋角越小。螺旋角直接影响钻头前角的大小、刀刃强度及钻头排屑性能。它应根据工件材料及钻头直径的大小来选取。标准高速钢麻花钻的螺旋角一般在18°～30°范围内，大直径钻头取大值。

(2) 钻削用量。

① 切削速度 v_c。钻削时的切削速度指钻头外缘处的速度，即

$$v_c = \frac{\pi d_0 n}{1\,000}$$

式中，v_c 为切削速度，单位为 m/min；d_0 为钻头外径，单位为 mm；n 为钻头或工件转速，单位为 r/min。

② 进给量 f、每齿进给量 f_z 及进给速度 v_f。钻头或工件每转一转，它们之间的轴向相对位移量称为进给量 f(mm/r)；由于钻头有两个刀齿，钻头每转一个刀齿，钻头与工件之间轴向相对位移量称为每齿进给量 f_z，$f_z = f/z$(mm)；单位时间内钻头与工件之间轴向相对位移量称为进给速度，以 v_f 表示。它们之间的关系为

$$v_f = nf = 2nf_z$$

③ 背吃刀量 a_{sp}。对钻头而言，它就是钻头直径的一半：

$$a_{sp} = d_0/2$$

3. 扩孔

扩孔是用扩孔钻对工件上已有的孔进行扩大加工。它既可用作孔的最终加工，也可以作为铰孔或磨孔前的预加工，在成批或大量生产时应用较广。扩孔钻与麻花钻比较，其特点是没有横刃且齿数较多，刀体刚性好，因此生产率及加工质量均比用麻花钻钻孔时高。

扩孔钻的结构形式有高速钢整体式[图 2-18(a)]、镶齿套式图[2-18(b)]及硬质合金可转位式[图 2-18(c)]等。

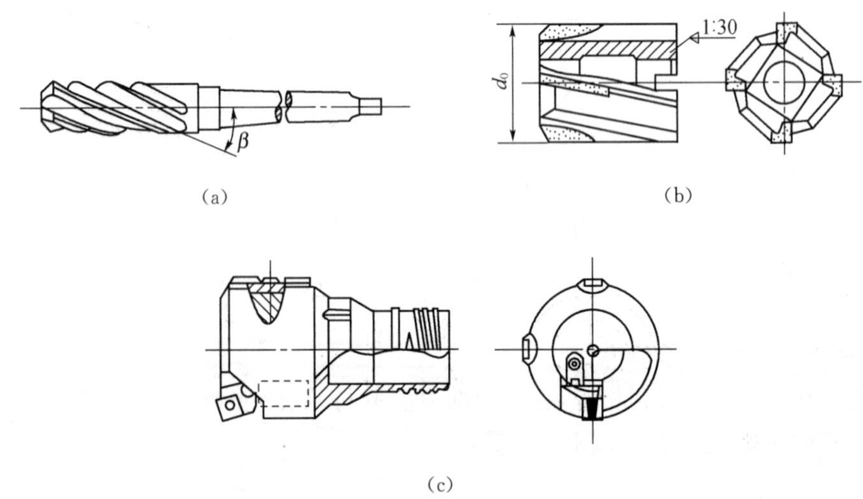

(a) (b)

(c)

图 2-18 扩孔钻

4. 锪孔

锪孔是用锪钻在已加工孔上锪各种沉头和锪孔端面的突出平面。

2.3.3　镗孔

1. 概述

镗孔是常用的孔加工方法之一，其加工范围广泛。镗孔精度可以达到 IT11～IT7 级，甚至达到 IT6 级。表面粗糙度从 *Ra* 80 μm～*Ra* 0.63 μm，甚至更小。根据工件的尺寸形状、技术要求及生产批量的不同，镗孔可以在镗床、车床、铣床、数控机床和组合机床上进行。

镗孔和钻—扩—铰工艺相比，孔径尺寸不受刀具尺寸的限制，且镗孔具有较强的误差修正能力。镗孔不但能够修正上道工序所造成的孔中心线偏斜误差，而且能够保证被加工孔和其他表面（或中心要素）保持一定的位置精度，所以特别适用于孔距有严格要求的箱体零件的孔系加工。

镗孔和车外圆相比由于刀具、刀杆的刚性比较差，如果采用较大的切削用量，容易引起振动。且散热排屑条件比较差，工件和刀具的热变形比较大，因此，镗孔的加工质量和生产率不如车削外圆的高。

2. 镗床

镗床的主要工作是用镗刀进行镗孔，此外，还可以进行钻孔、铣平面和车削等工作。镗床的主要类型有卧式铣镗床、坐标镗床和金刚镗床。

（1）卧式铣镗床。

卧式铣镗床的加工范围广泛（图 2-19），尤其适合大型、复杂的箱体类零件上的孔的加工。除镗孔外，卧式铣镗床还可以加工端面、平面、外圆、螺纹及钻孔等，零件可在一次安装中完成许多表面的加工。

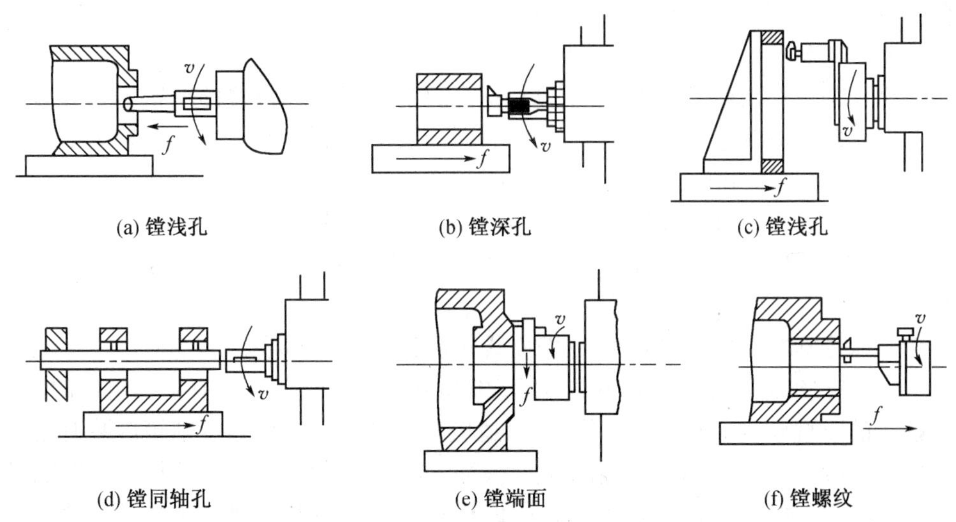

图 2-19　卧式铣镗床上的主要工作

卧式铣镗床的外形如图 2-20 所示。主轴箱 10 可沿前立柱 9 的导轨上下移动。在主轴箱中，装有镗杆 8、平旋盘 7、主运动和进给运动变速机构和操纵机构。工作时，刀具可以装在镗杆 8 或平旋盘 7 上。镗杆 8 做旋转主运动，并可做轴向进给运动；平旋盘只能做旋转主运动。工件安装在工作台 6 上，可以与工作台 6 一起随下滑座 4 或上滑座 5 做纵向或横向移动。工作台还可绕上滑座的圆导轨在水平平面内转位，以便加工互相成一定角度的平面或孔。装在后立柱 1 上的后支架 2，用于支承悬伸长度较大的镗杆悬伸端，以增加刚性。

后支架可沿后立柱上的导轨与主轴箱同步升降，以保持后支架支承孔与镗杆在同一轴线上。后立柱可沿床身的导轩 3 移动，以适应镗杆的不同悬伸。当刀具装在平旋盘 7 的径向刀架上时，径向刀具可带着刀具作径向进给，以车削端面。

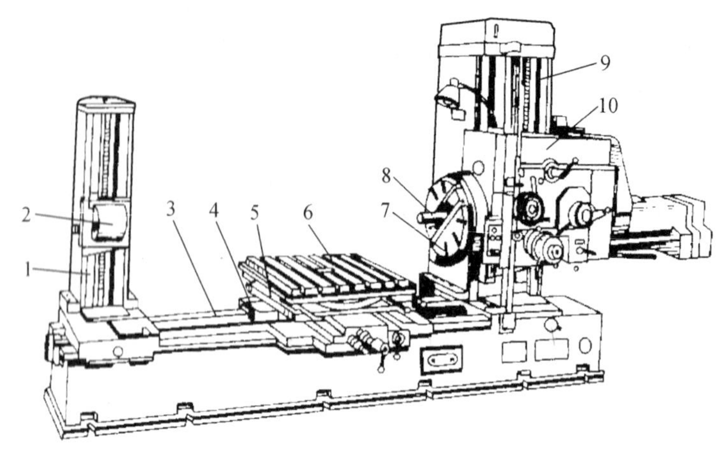

图 2 - 20 卧式镗铣床外形图

1—后立柱；2—后支架；3—导轨；4—下滑座；5—上滑座；
6—工作台；7—平旋盘；8—镗杆；9—前立柱；10—主轴箱

综上所述，卧式镗铣床具有的运动有：镗杆和平旋台的旋转主运动；镗杆的轴向进给运动；主轴箱的竖直进给运动；工作台纵向和横向进给运动；平旋盘上的径向架进给运动。此外，还有主轴、主轴箱及工作台在进给方向上的快速调位运动；后主柱的纵向调位运动；后支架的竖直调位运动；工作台的转位运动等辅助运动。

(2) 坐标镗床。

坐标镗床是一种高精度机床，其主要特征是具有测量坐标位置的精密测量装置。这种机床的主要零部件的制造和装配精度很高，且具有良好的刚性和抗震性。它主要用来镗削精密孔（IT5 级或更高）和位置精度要求很高的孔系（定位精度达 0.002 mm）。

坐标镗床除镗孔外，还可以进行钻孔、扩孔、铰孔、铣端面以及精铣平面和沟槽等加工。此外，因其具有很高的定位精度，故还可用于精密刻线和划线以及进行孔距和直线尺寸的精密测量工作。

坐标镗床按其布局形式有立式单柱、立式双柱和卧式等主要类型。

① 立式单柱坐标镗床。立式单柱坐标镗床如图 2 - 21 所示。装有主轴组件的主轴箱 5 可在主柱 4 的竖直导轨上调整上下位置，以适应不同高度的工件。主轴箱内装有主电机和变速、进给及其操纵机构。主轴由精密轴承支承在主轴套筒中。当进行镗孔、钻孔、铰孔等工作时，主轴由主轴套筒带动，在垂直方向做机动或手动进给运动。工件固定在工作台 3 上，坐标位置由工作台 3 沿床鞍 2 导轨的纵向移动和床鞍 2 沿床身 1 的导轨横向移动来确定。当进行铣削时，则由工作台在纵向或横向移动来完成进给运动。

这类镗床的工作台三向敞开，操作方便。但是，工作台必须实现两个坐标方向的移动，使工作台和床身之间多了一层床鞍，加之主轴箱悬臂安装，从而影响刚度。当机床尺寸较大时，难以保证加工精度。因此，此种型式多为中、小型坐标镗床。

② 立式双柱坐标镗床。立式双柱坐标镗床如图 2 - 22 所示。主轴箱 2 装在可沿立柱上下调整位置的横梁 1 上，工作台 4 直接支承在床身 5 的导轨上。镗孔坐标位置由主轴箱沿

横梁导轨移动和工作台沿床身导轨移动来确定。

两个立柱、顶梁和床身构成龙门框架，工作台和床身之间层次比单柱式的少，主轴中心线离横梁导轨面的悬伸距离也较小，所以刚度较高。因此，双柱式一般为大、中型坐标镗床。

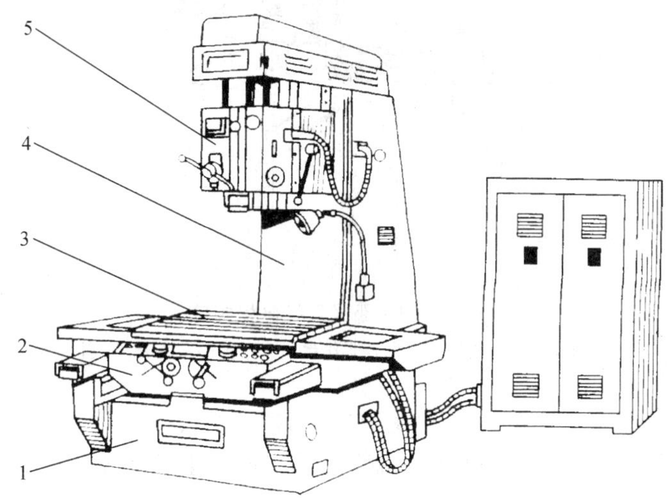

图 2-21　立式单柱坐标镗床

1—床身；2—床鞍；3—工作台；4—立柱；5—主轴箱

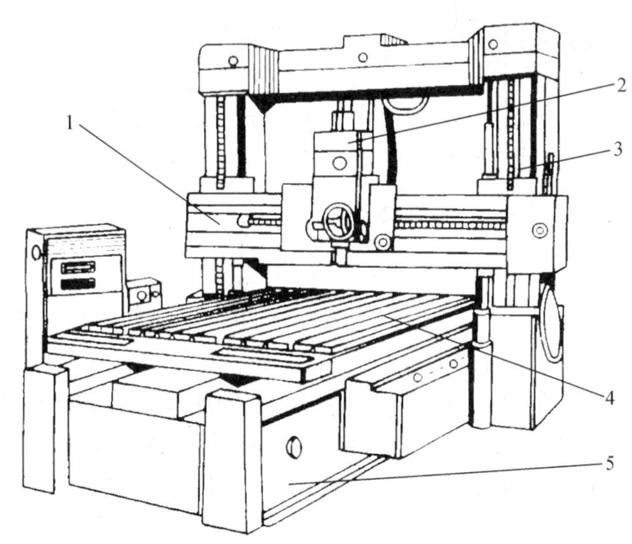

图 2-22　立式双柱坐标镗床

1—横梁；2—主轴箱；3—立柱；4—工作台；5—床身

③ 卧式坐标镗床。卧式坐标镗床如图 2-23 所示，其主轴是水平的。安装工件的工作台由下滑座 1、上滑座 2 以及可作精密分度的回转工作台 3 等组成。镗孔坐标位置由下滑座沿床身导轨的纵向移动和主轴箱沿立柱导轨的垂直方向移动来确定。进行孔加工时的进给运动，可由主轴轴向移动完成，也可由上滑座横向移动完成。

卧式坐标镗床具有较好的工艺性能，工件高度不受限制，且安装方便，利用回转工作台的分度运动，可在一次安装中完成工件几个面上孔与平面等的加工。所以近年来这种类型的坐标镗床应用得越来越多。

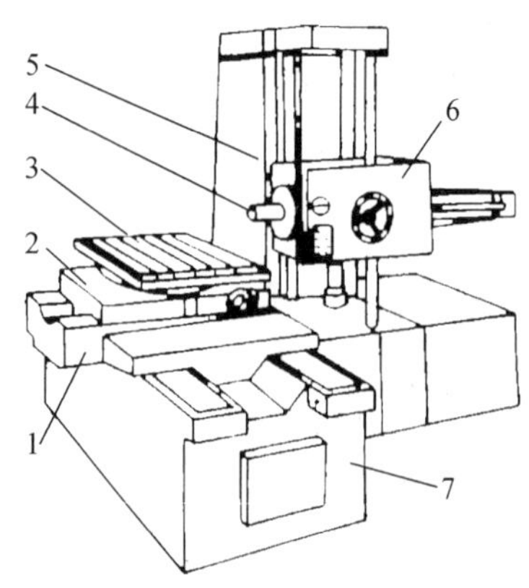

图 2-23 卧式双柱坐标镗床

1—下滑座;2—上滑座;3—回转工作台;4—主轴;5—床身;6—主轴箱

3. 镗刀

镗刀的种类很多,一般可分为单刃镗刀与多刃镗刀两大类。

(1) 单刃镗刀。单刃镗刀结构简单,制造容易,通用性好,故使用较多。单刃镗刀一般均有尺寸调节装置。如图 2-24 所示。

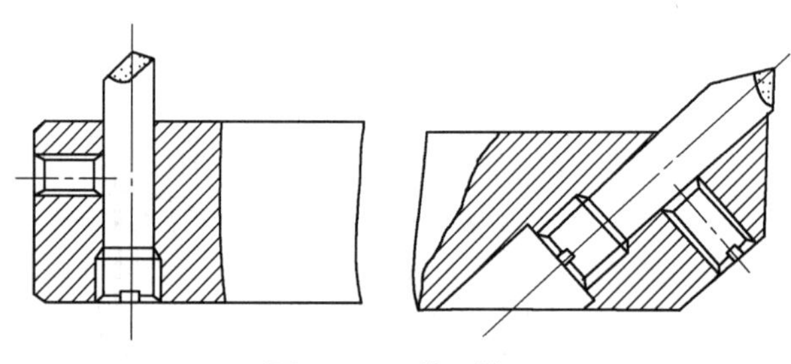

图 2-24 单刃镗刀

在精镗机床上常采用微调镗刀以提高调整精度(图 2-25)。

(2) 双刃镗刀(图 2-26)。双刃镗刀两边都有切削刃,工作时可以消除径向力对镗杆的影响,工件的孔径尺寸与精度由镗刀径向尺寸保证。镗刀上的两个刀片径向可以调整,因此,可以加工一定尺寸范围的孔。双刃镗刀多采用浮动连接结构,刀块 2 以动配合状态浮动地安装在镗杆的径向孔中,工作时,刀块在切削力的作用下保持平衡对中,可以减少镗刀块安装误差及镗杆径向跳动所引起的加工误差。双刃浮动镗应在单刃镗之后进行。

2.3.4 拉孔

1. 拉孔的工艺特点及应用范围

用拉刀对孔进行加工的方法称为拉孔(图 2-27)。拉刀是一种高精度的多齿刀具。由于拉刀从头部向尾部方向其刀齿高度逐齿递增,通过拉刀与工件之间的相对运动,从而能够一层层地从工件上切下金属(图 2-27),以获得较高精度和较好的表面质量。

拉孔与其他孔加工方法比较,具有以下特点:

(1) 生产率高。拉刀是多齿刀具,同时参加工作的刀齿多,切削刃的总长度大,工件与刀具之间的相对运动一般为直线运动,一次行程即完成粗、半精及精加工,因此生产率很高。

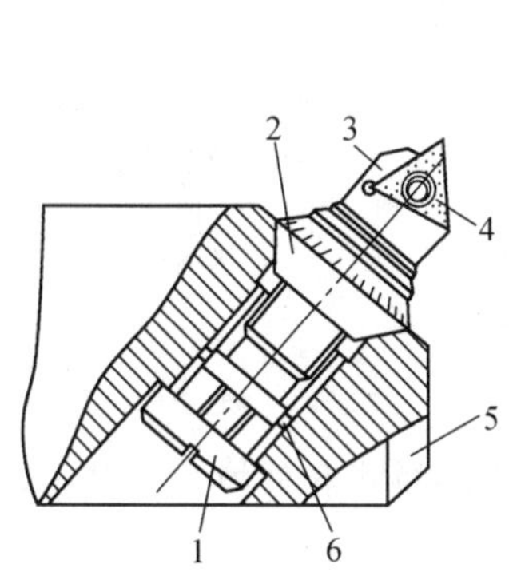

图 2-25　微调镗刀

1—紧固螺钉；2—精调螺母；3—刀块；4—刀片；5—镗杆；6—导向键

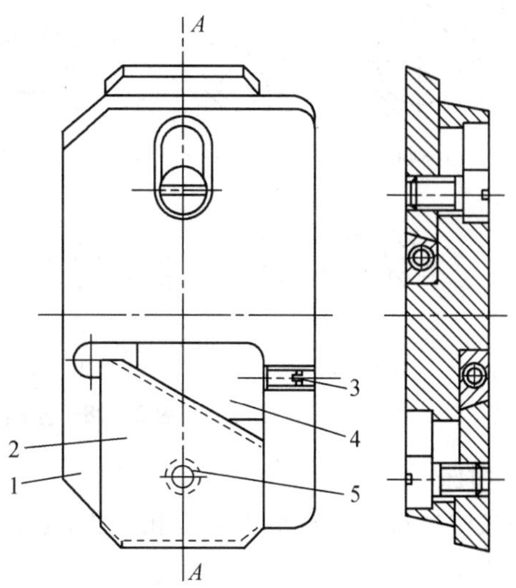

图 2-26　双刃镗刀

1—刀块；2—刀片；3—调节螺钉；4—斜面垫板；5—紧固螺钉

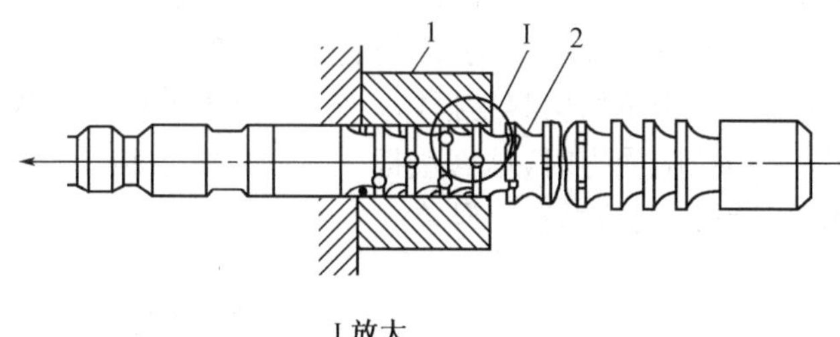

I 放大

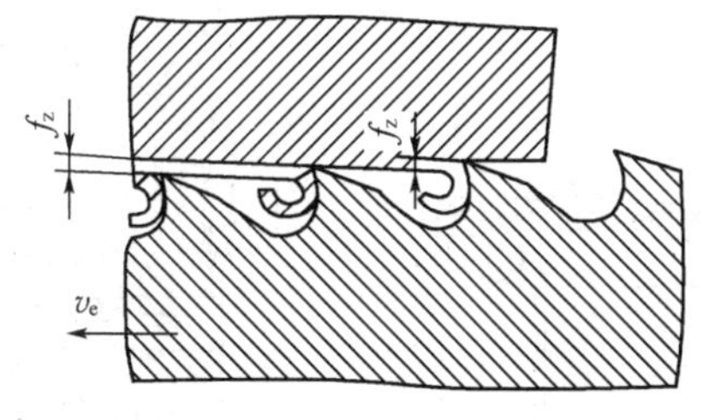

图 2-27　拉刀拉孔过程

1—工件；2—拉刀

（2）拉孔精度与表面质量高。拉孔时的切削速度很低（一般 $v_e=1.02\sim8$ m/min），拉削过程平稳，切削厚度小（一般精切齿的切削厚度 $h_D=0.005\sim0.015$ mm），因此可加工出精度为 IT7，表面粗糙度不大于 Ra 0.8 μm 的工件。

（3）拉削运动简单。拉削只有主运动，拉削过程的进给量即相邻两刀齿的齿高（即齿升量 f_Z）。

（4）拉刀使用寿命长。由于拉削速度很低，而且每个刀齿实际参加切削的时间极短，因此拉刀使用寿命长。

（5）拉削只有主运动，拉床结构简单，操作方便。但拉刀构造比较复杂，制造成本高，因此一般多用于大量或成批生产时加工各种形状的通孔及平面，如图 2-28 所示。

由于受到拉刀制造工艺以及拉床动力的限制，过小或特大尺寸的孔均不适宜拉削加工，盲孔、台阶孔和薄壁孔亦不适宜拉削加工。

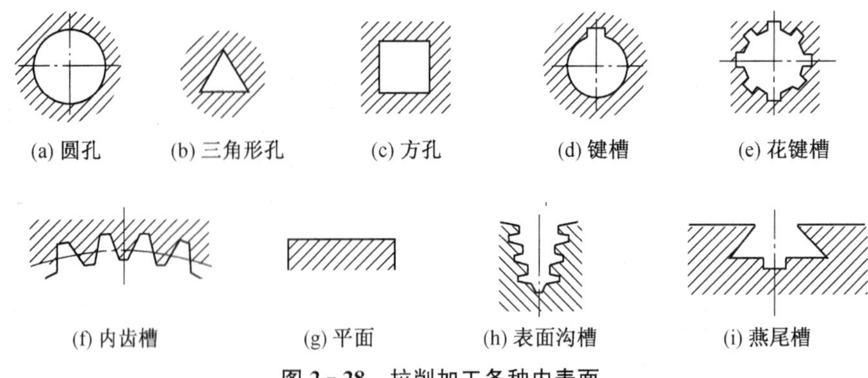

图 2-28　拉削加工各种内表面

2. 拉床

拉床按结构形式可分为卧式和立式，按加工表面可分为内拉式和外拉式。其中，以卧式内拉床应用最普遍。

如图 2-29 所示为卧式内拉床的外形结构。拉刀的切削运动一般采用液压传动。当液压缸 1 工作时，通过活塞杆驱动圆孔拉刀 4，连同拉刀尾部的活动支承 5 一起左移，装在固定支承上的工件 3 即被拉制出符合精度要求的内孔。其拉力通过压力表 2 显示。

工件以端平面定位，垂直支承在拉床的支承板上。工件预制孔的中心线与端平面有一定的垂直度要求，否则拉力受力不均匀容易损坏。为此，拉床支承板上装有自动定心的球面垫板，如图 2-30 所示。当拉削受力时，球面垫板 2 在固定支承板 1 上做微量的转动，以补偿工件端面与预制孔中心线之间的垂直度误差。

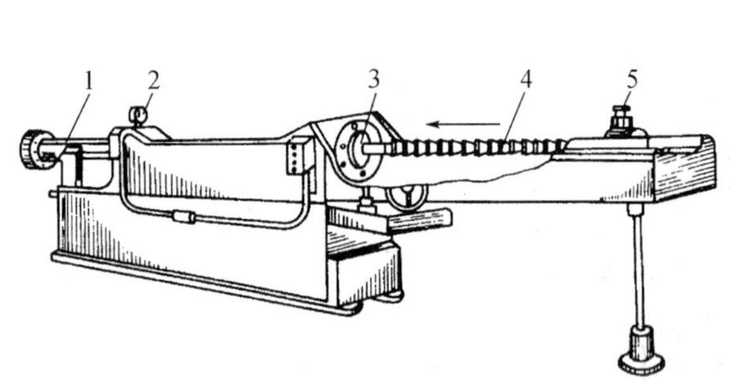

图 2-29　卧式内拉床

1—液压缸；2—压力表；3—工件；4—拉刀；5—活动支承

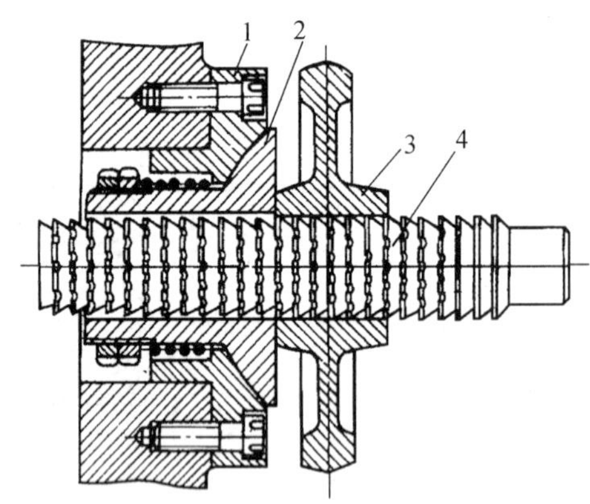

图 2-30　球面支承垫板

1—固定支承板；2—球面垫板；3—工件；4—拉刀

2.3.5　铰孔

1. 铰孔的工艺特点及应用范围

用铰刀从未淬火工件的孔壁上切除微量金属层，以提高其尺寸精度和降低表面粗糙度值的方法，称为铰孔。

铰孔在生产中应用很广。由于铰刀的制造十分精确，加上铰削时切削余量小，切削厚度薄(精铰时仅为 0.01～0.03 mm)，所以铰孔后公差等级一般为 IT9～IT7，表面粗糙度为 $0.63\mu m < Ra \leqslant 5\ \mu m$。

铰孔有如下特点：

(1) 铰刀加工适应性差。铰刀为定尺寸刀具，只能加工一种孔径和尺寸公差等级的孔；孔径、孔形受到一定限制，大直径孔、非标准孔径的孔、台阶孔及盲孔均不适宜铰削加工。

(2) 铰孔易保证尺寸和形状精度，但不能校正位置误差。铰刀作为定径精加工刀具，比精镗容易保证尺寸和形状精度，生产效率高，但铰孔不能校正孔轴线的偏斜，这是因为铰刀为浮动安装的缘故。孔轴线与其他基准要素间的位置精度，需由前道工序或后续工序保证。

铰孔适宜单件小批生产的小孔和锥度孔的加工，也适宜大批量生产中不宜拉削的孔(如锥孔)的加工。钻—扩—铰工艺常常是中等尺寸，公差等级为 IT7 孔的典型加工方案。

2. 铰刀

(1) 铰刀的种类。铰刀的种类较多，主要分为机用铰刀和手用铰刀两大类，如图 2 - 31 所示。

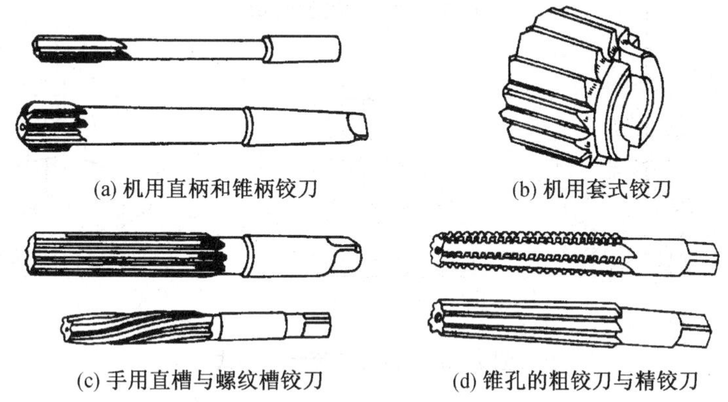

(a) 机用直柄和锥柄铰刀　(b) 机用套式铰刀

(c) 手用直槽与螺纹槽铰刀　(d) 锥孔的粗铰刀与精铰刀

图 2 - 31　铰刀

机用铰刀由机床引导方向，导向性好，故工作部分尺寸短。机用铰刀有直柄和锥柄之分，直柄用于加工直径为 ϕ1 mm～ϕ20 mm 的孔，锥柄则用于加工直径为 ϕ5 mm～ϕ50 mm 的孔[图 2 - 31(a)]。加工大直径孔(ϕ25 mm～ϕ100 mm)时，可采用套式机用铰刀[图 2 - 31(b)]。机用铰刀铰削带有轴向直槽的内孔时，必须采用螺旋槽式铰刀。机用铰刀切削部分的材料用高速钢，也可以镶硬质合金刀片。

手用铰刀的柄部为圆柱形，端部制成方头，以便使用铰手。手用铰刀的加工直径范围一般为 ϕ1 mm～ϕ50 mm。铰刀形式有直槽式和螺旋槽式两种[图 2 - 31(c)]，手用铰刀用碳素工具钢制成。

锥度铰刀用于铰制锥孔。由于铰制余量大，锥铰刀常分粗铰刀和精铰刀，一般做成 2 把或 3 把一套[图 2 - 31(d)]。

(2) 铰刀的结构。图 2 - 32 所示为手用铰刀，在各种铰刀中具有代表性。铰刀由工作部分、颈部及柄部三部分组成。工作部分主要由切削部分及校准部分构成，其中校准部分又分为圆柱部分与倒锥部分。对于手用铰刀，为增强导向作用，校准部分做得长些；对机用铰刀，为减小机床主轴和铰刀轴度误差的影响和避免过大的摩擦，应做得短些。当切削部分的锥角 $\phi \leqslant 30°$时，为了便于切入，在其前端制成(0.5～2.5 mm)×45°的引导锥。铰刀圆周一般分布有 6～12 个刀齿，直径大者取多齿，为了便于测量一般取偶数。铰刀齿背形式有直线齿背[图 2 - 33(a)] 圆弧齿背[图 2 - 33(b)]及折线齿背[图 2 - 33(c)]三种。高速铰刀制成直线齿背或圆弧齿背，硬质合金铰刀多采用折线齿背。当铰刀直径小于 3 mm 时，一般把刀齿制成半圆形、三角形或五角形(图 2-34)。

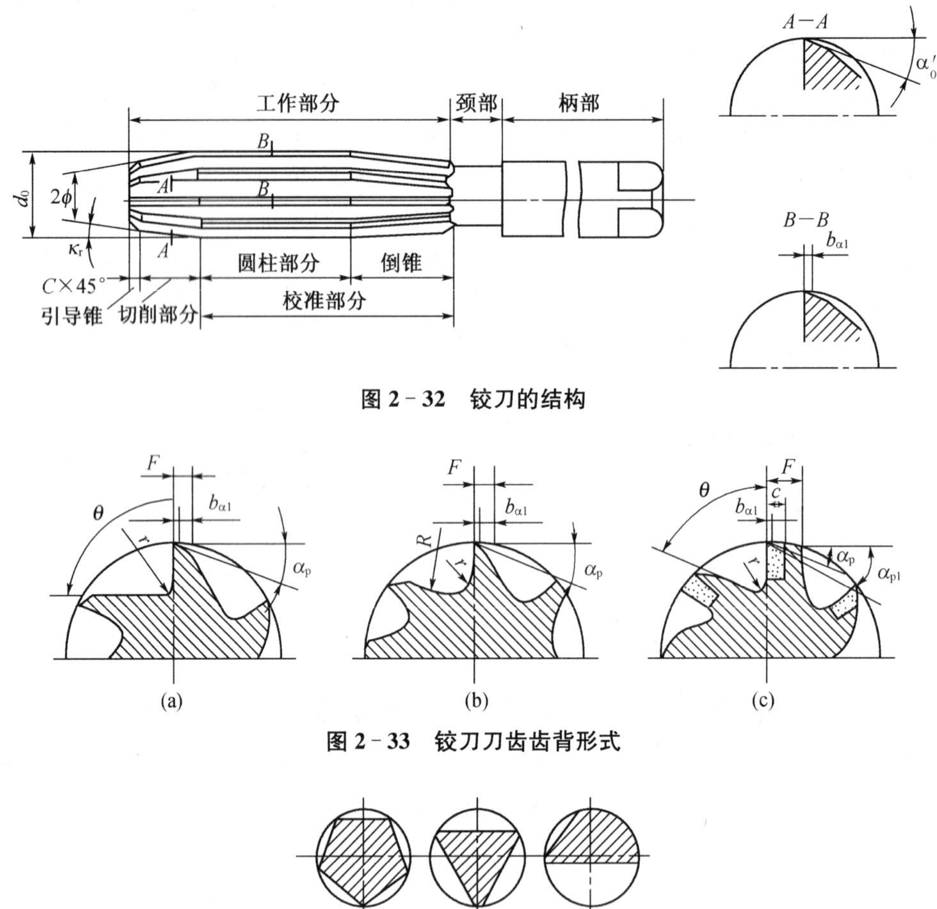

图 2-32 铰刀的结构

图 2-33 铰刀刀齿齿背形式

图 2-34 小直径铰刀齿形

2.3.6 磨孔与孔的精密加工

1. 磨孔

用砂轮(或其他磨具)对工件内表面进行加工的方法称为磨孔,磨孔可以在内圆磨床上进行,也可以在万能外圆磨床上进行。磨孔的精度等级可达 IT9～IT7,表面粗糙度为 $0.32\ \mu m < Ra \leqslant 5\ \mu m$。

(1) 磨孔的工艺特点及应用范围。

内圆磨削与外圆磨削相比工作条件较差,内圆磨削有以下特点:

① 砂轮直径受到工件孔径的限制,尺寸较小,损耗快,需经常修整和更换,影响了磨削生产效率。

② 砂轮轴受到工件孔径与长度的限制,刚性差,容易产生弯曲变形与振动,从而影响加工精度和表面粗糙度。

③ 磨削速度低,砂轮直径较小,即使砂轮转速高达每分钟几万转,要达到砂轮圆周速度 25～30 m/s 也是十分困难的,因此内圆磨削速度要比外圆磨削低得多,磨削效率较低,表面粗糙度值较大。

④ 砂轮与工件接触面积大，单位面积的压力小，砂轮显得硬些，易发生烧伤，要采用较软的砂轮。

⑤ 切削液不易进入磨削区，磨屑排除困难。

虽然内圆磨削有以上缺点，但仍是一种常用的精加工孔的方法。特别对于淬硬的孔、断续表面的孔(带键槽或花键槽的孔)和长度很短的精密孔。和铰孔或拉孔相比，不仅能保护孔本身的尺寸精度和表面质量，还可以提高孔的位置精度和轴线的直线度。用同一砂轮，可以磨削不同直径的孔，灵活性较大。内圆磨削可以磨削通孔、阶梯孔、孔端面、锥孔及成形表面等。

(2) 普通内圆磨床。

内圆磨床的主要类型有普通内圆磨床、无心内圆磨床和行星内圆磨床，普通内圆磨床是生产中应用最广的一种。

磨削时，根据工件的形状及尺寸的不同，可采用纵磨法或切入磨法[图 2-35(a)、(b)]。有些普通内圆磨床上备有专门的端磨装置，可在工件一次装夹中磨削内孔和端面[图 2-35(c)、(d)]，这样不仅容易保证内孔和端面的垂直度，而且生产效率较高。

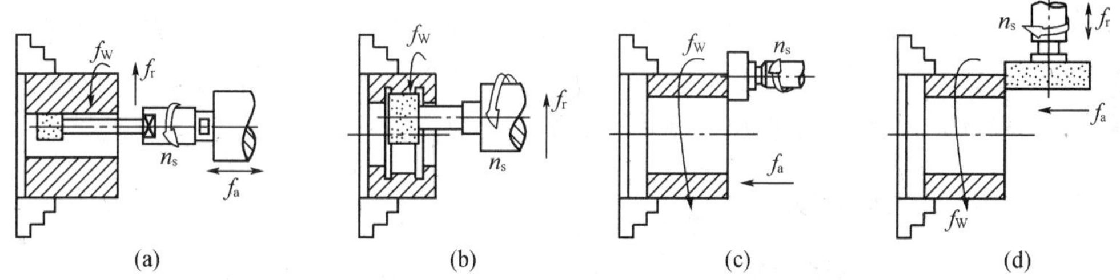

图 2-35　普通内圆磨床的磨削方法

图 2-36 为普通内圆磨床外形圆。它主要由床身 1、工作台 2、头架 3、磨轮架 4 和滑鞍 5 等组成。磨削时，磨轮轴的旋转运动为主运动，头架主轴带动工件的旋转运动为圆周进给运动，工作台带动头架完成纵向进给运动，横向进给运动由砂轮架沿滑鞍的横向移动来实现。磨锥孔时，需将头架转过相应角度。普通内圆磨床的另一种形式为砂轮架安装在工作台上做纵向进给运动。

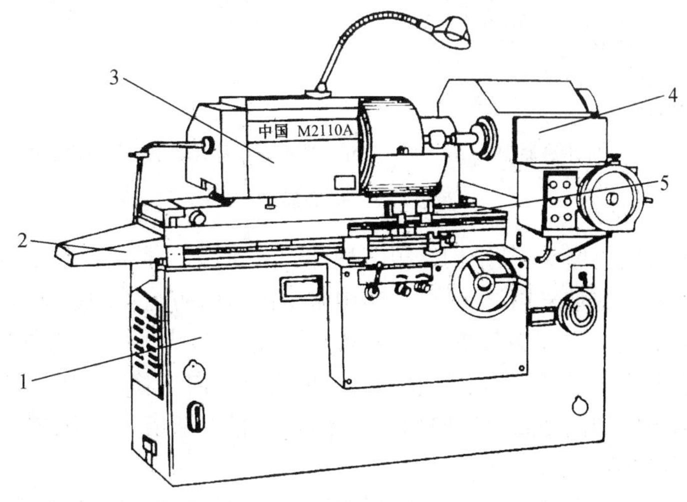

图 2-36　普通内圆磨床

1—床身；2—工作台；3—头架；4—砂轮架；5—滑鞍

砂轮主轴部件(内圆磨具)是内圆磨床的关键部分。由于砂轮外径受被加工孔径的限制,尺寸较小,为了达到有利的磨削速度,砂轮速度必须很高。如何保证砂轮主轴在高转速的情况下具有稳定的旋转精度、足够的刚度和寿命,是内圆磨床发展中仍需进一步解决的问题。目前应用较普遍的中型内圆磨床砂轮主轴,转速一般在 10 000～20 000 r/min 左右,常用普通的交流异步电动机经平带传动。这种内圆磨具构造简单、维护方便、成本低廉,所以应用仍较广泛。但是,在磨小孔(如直径小于 10 mm)时,要求砂轮主轴的转速高达 80 000～120 000 r/min 或更高,此时平带易产生打滑、发热和振动等现象,同时力学性能也受到限制,所以带传动就不适用了。为了满足磨削小孔的需要,目前常采用内连式中频(或高频)电动机驱动的内圆磨具及风动磨具。

2. 孔的精密加工

当孔的加工精度和表面质量要求很高时,在精加工之后还需要对孔进行精密加工。常用的精密加工方法有珩磨、研磨和滚压等。

(1) 珩磨。

珩磨是利用装夹在珩磨头圆周上的若干条细磨粒油石,由胀开机构将油石沿径向撑开,使其压向工件孔壁,与此同时,使珩磨头作回转运动和直线往复运动[图 2－37(a)]对孔进行低速磨削。珩磨头运动的组合,使油石上的磨粒在孔的表面上的切削轨迹成交而不重复的网纹[图 2－37(b)],故而易获得粗糙度较小的加工表面。

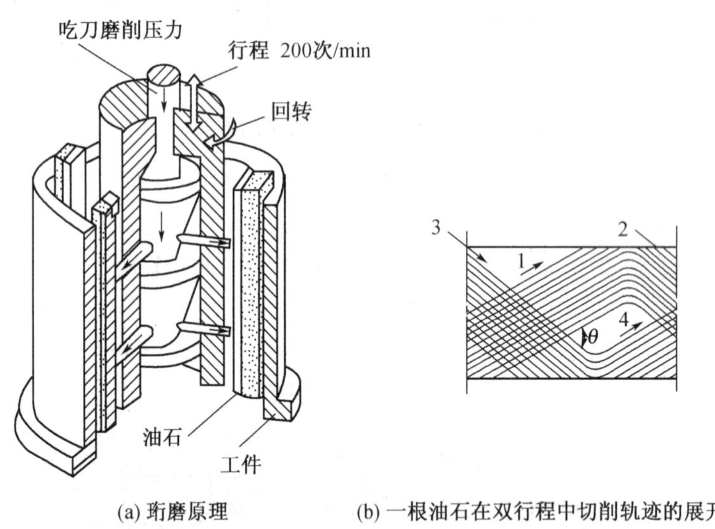

(a) 珩磨原理　　(b) 一根油石在双行程中切削轨迹的展开

图 2－37　珩磨原理

珩磨时用的工具叫珩磨头,其结构有很多种,图 2－38 为一种简单的珩磨头。

珩磨头体与珩磨机主轴采用浮动连接(图中未示出),以防主轴的运动误差传给珩磨头。油石 7 用黏结剂或机械夹固方法与垫块 6 固定,并一起装入头体 5 的圆周等分槽中。各垫块上下两端用弹簧卡箍 8 卡紧。用手转动螺母 1 使锥体 3 向下移动,由于锥面的作用,使各水平顶销 4 均推动垫块加同油石沿径向均匀外胀,使直径逐渐增大,以保持油石和孔壁间具有一定压力,即实现进给运动。

加工时因油石磨损和孔径增大,使接触压力逐渐减弱,因此必须经常调整螺母。手调试珩磨头调整辅助时间长,压力大小难以控制,因此只适用于单件、小批生产。多数珩磨头采用液压调节，工作时自动外胀进给，以保持稳定可靠的工作接触压力。

珩磨时，油石与孔壁接触面积大，参加切削的磨粒很多，因此，每一磨粒上的磨削力很小，加之珩磨的切削速度较低，所以珩磨过程中发热少，孔的表面不易烧伤，而且变形层极薄，因而孔的表面质量很高。

同时，珩磨能够获得很高的尺寸精度和形状精度。珩磨孔的尺寸可达 IT6，圆度和圆柱度可达到 0.003～0.005 mm。但是，由于珩磨余量较小，为保证切削时余量均匀，珩磨头和机床主轴浮动连接，因而珩磨不能修正被加工孔轴线的位置误差和直线度误差。

珩磨时，虽然珩磨头的转速较低，但往复速度较高，参加切削的磨粒又很小，所以能很快地切除金属，生产效率较高。

珩磨的应用范围很广，可加工铸铁、淬硬或不淬硬的钢件，但不宜加工易堵塞油石的韧性金属零件。珩磨可加工孔径为 ϕ15 mm～ϕ1 500 mm 的孔，也可以加工 $L/D>10$ 以上的深孔，不适合加工带键槽的孔、花键孔等断续表面。

珩磨广泛用于发动机的汽缸孔、缸套及连杆孔，各种液压装置的套类零件内孔等的精密加工。

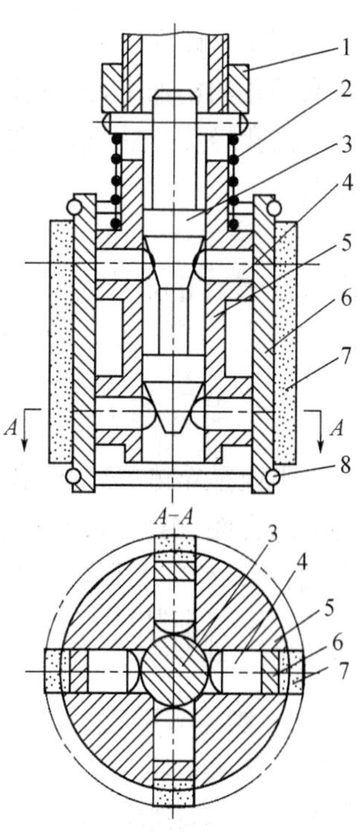

图 2-38　珩磨头的结构

1—螺母；2—顶紧弹簧；3—锥体；4—顶销；5—头体；6—垫块；7—油石；8—弹簧卡箍

(2) 研磨。

研磨孔的原理与研磨外圆相同。研具用比工件软的材料(如低碳钢、铸铁、铜、巴氏合金等)制成。内孔研磨工艺特点：

① 尺寸精度可达 IT6 以上，表面粗糙度 Ra 值 0.16～0.01 μm。

② 孔的位置精度只能由前道工序保证。

③ 生产率较低。研磨之前孔必须经过磨削、精铰或精镗等工序。

(3) 滚压。

滚压是用钢球或滚轮在一定压力下压向被加工表面，使之产生塑性变形，从而得到光整表面的一种精密加工方法。图 2-39 为滚压加工示意图。滚压后的表面能够显著地提高工件的疲劳强度和使用寿命。

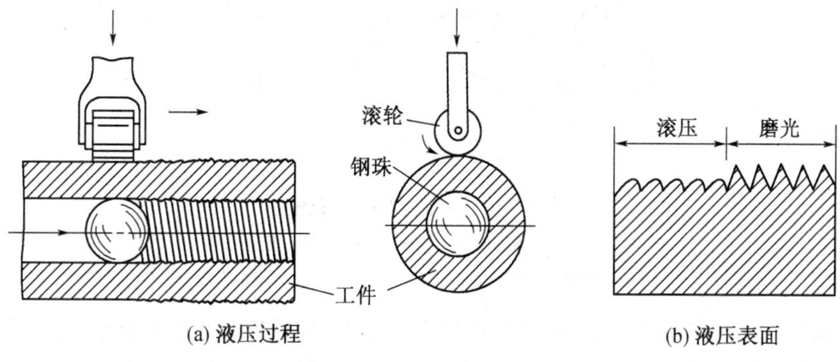

(a) 液压过程　　(b) 液压表面

图 2-39　滚压加工

滚压可以在普通机床上利用滚压装置进行，不需专用设备，所以在生产中应用较多，如活塞销孔的精加工，油缸孔及曲轴颈过渡圆弧的精加工等。

内孔经滚压后，精度在 0.01 mm 以内，表面粗糙度 Ra 值 0.16 μm 或更小，且表面硬化耐磨。

2.4 平面加工

2.4.1 平面加工方法

平面是箱体、盘形体和板形件的主要表面之一。根据平面所起的作用不同，可以将其分为非结合面、结合面、导向平面、测量工具的工作平面等。平面加工的方法通常有刨、铣、拉、车、磨及光整加工等。其中，铣、刨为主要加工方法。

2.4.2 刨削与插削

1. 刨床与插床

刨床类机床按其结构特征可分为牛头刨床、龙门刨床和插床。

(1) 牛头刨床。

牛头刨床主要由床身、滑枕、刀架、工作台、横梁等组成，如图 2-40 所示。因其滑枕和刀架形似牛头而得名。

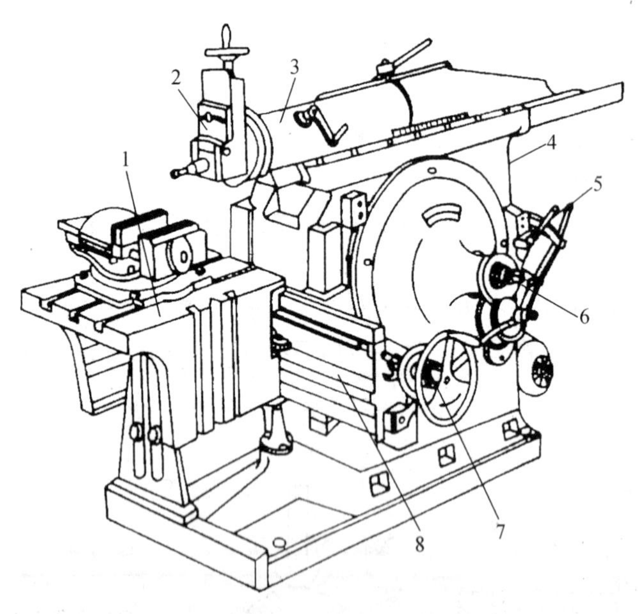

图 2-40 牛头刨床外形图

1—工作台；2—刀架；3—滑枕；4—床身；5—变速手柄；
6—滑枕行程调节柄；7—横向进给手柄；8—横梁

牛头刨床工作时，装有刀架的滑枕 3 由床身内部的摆杆带动，沿床身顶部的导轨作直线往复运动，是使刀具实现切削过程的主运动，通过调整变速手柄 5 可以改变滑枕的运动速度，行程长度则可通过滑枕行程调节柄 6 调节。刀具安装在刀架 2 前端的抬刀板上，转动刀架上方的手轮可使刀架沿滑枕前端的垂直导轨上下移动。刀架还可沿水平轴偏转，用以刨削侧面和斜面。滑枕回程时，抬刀板可将刨刀朝前上方抬起，以免刀具擦伤已加工表面。夹具或工件则安装在工作台 1 上，并可沿梁 8 上的导轨做间歇的横向运动，实现切削过程的进给运动。横梁 8 还可沿床身的竖直导轨上、下移动，以调整工件与刨刀的相对位置。

牛头刨床的主参数是最大刨削长度。它适于单件小批生产或机修车间，用来加工中、小型工件。

(2) 龙门刨床。

图 2 - 41 为龙门刨床的外形图，因它有一个“龙门”式框架而得名。

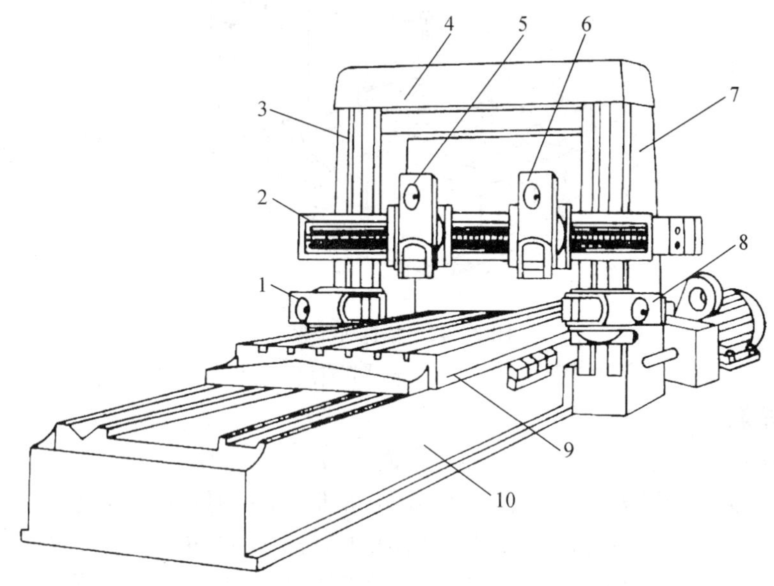

图 2 - 41　龙门刨床外形图

1、8—侧刀架；2—横梁；3、7—立柱；4—顶梁；5、6—立刀架；9—工作台；10—床身

龙门刨床工作时，工件装夹在工作台 9 上，随工作台沿床身导轨做直线往复运动以实现切削过程的主运动。装在横梁 2 上的立刀架 5、6 可沿横梁导轨做间歇的横向进给运动，用以刨削工件的水平面，立刀架上的溜板还可使刨刀上下移动，做切入运动或刨竖直平面。此外，刀架溜板还能绕水平轴调整至一定的角度位置，以加工斜面。装在左、右立柱上的侧刀架 1 和 8 可沿立柱导轨做垂直方向的间歇进给运动，以刨削工件的竖直平面。横梁还可沿立柱导轨升降，以便根据工件的高度调整刀具的位置。另外，各个刀架都有自动抬刀装置，在工作台回程时，自动将刀板抬起，避免刀具擦伤已加工表面。

龙门刨床的主参数是最大刨削宽度。与牛头刨床相比，其形体大、结构复杂、刚性好、传动平衡、工作行程长，主要用来加工大型零件和平面，或同时加工多个中、小型零件，加工精度和生产率都比牛头刨床高。

(3) 插床。

插床实质上是立式刨床，如图 2 - 42 所示。加工时，滑枕 5 带动刀具沿立柱导轨作直线往复运动，实现切削过程的主运动。工件安装在工作台 4 上，工作台可实现纵向、横向和圆周方向的间歇进给运动。工作台的旋转运动，除了做圆周进给外，还可以进行圆周分度。滑枕还可以在垂直平面内相对立柱倾斜 0°～8°，以便加工斜槽和斜面。

插床的主参数是最大插削长度，主要用于单件、小批生产加工工件的内表面，如方孔、各种多边形孔和键槽等，特别适合加工不通孔或有台阶的内表面。

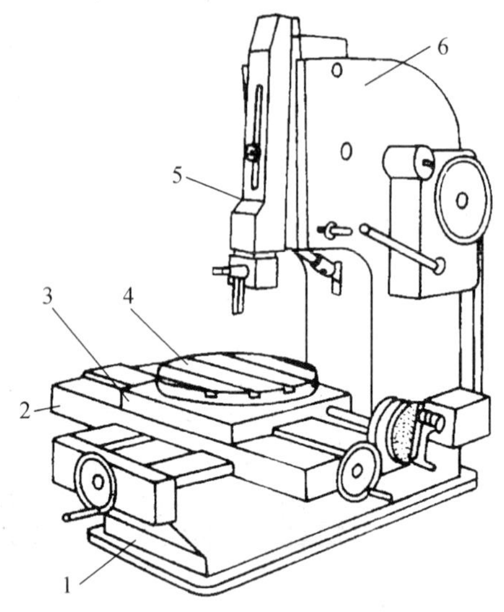

图 2-42　插床外形图

1—床身；2—横滑板 3—纵滑板；4—圆工作台；5—滑枕；6—立柱

2. 刨刀与插刀

刨削所用的工具是刨刀，常用的刨刀有平面刨刀、偏刀、角度刀及成形刀等，如图 2-43 所示。刨刀的几何参数与车刀相似，但是它切入和切出工件时，冲击很大，容易发生“崩刀”或“扎刀”现象。因而刨刀刀杆截面较粗大，以增加刀杆刚性和防止折断，而且往往做成弯头的，这样弯头刨刀刀刃碰到工件上的硬点时，比较容易弯曲变形，而不会像直头刨刀那样使刀尖扎入工件，破坏工件表面和损坏刀具，如图 2-44 所示。

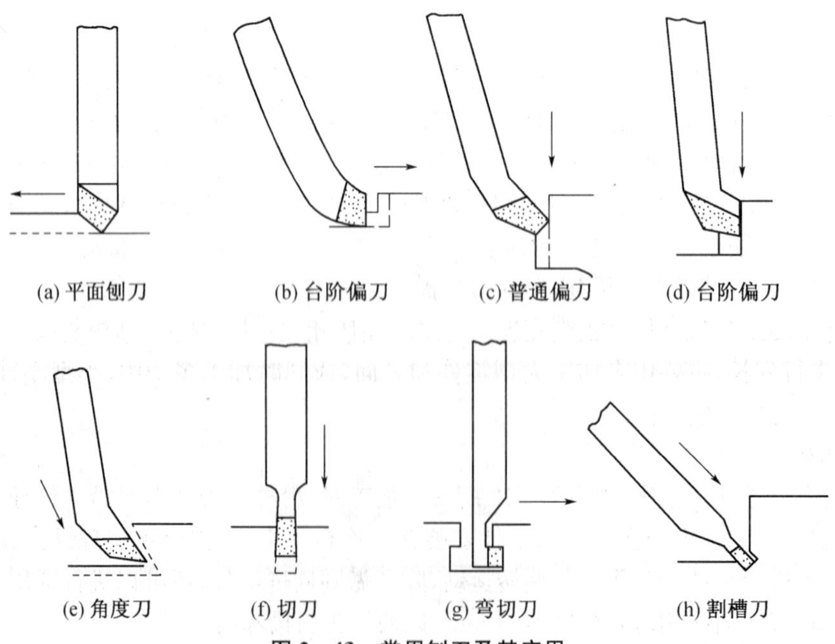

图 2-43　常用刨刀及其应用

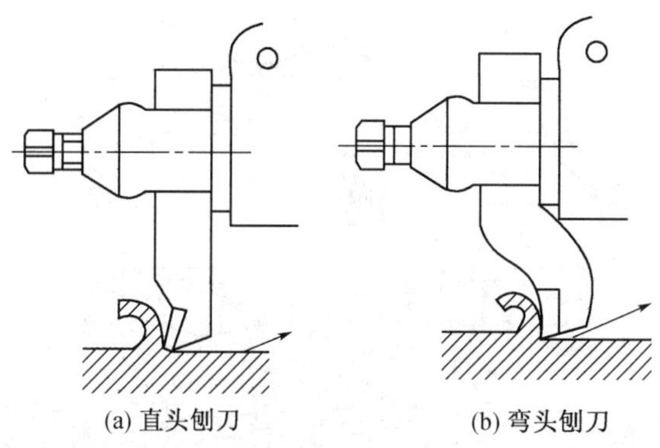

(a) 直头刨刀　(b) 弯头刨刀

图 2-44　直头刨刀和弯头刨刀

3. 刨削加工的应用范围及工艺特点

刨削主要用于加工平面和直槽。如果对机床进行适当的调整或使用专用夹具，还可用于加工齿条、齿轮、花键以及母线为直线的成形面等。刨削加工精度一般可达 IT8～IT7，表面粗糙度 Ra 值可达 6.3～1.6 μm。

刨削加工的工艺特点如下：

(1) 刨床结构简单，调整、操作方便；刀具制造、刃磨容易，加工费用低。

(2) 刨削特别适宜加工尺寸较大的 T 形槽、燕尾槽及窄长的平面。

(3) 刨削加工精度较低。粗刨的尺寸公差等级为 IT13～IT11，表面粗糙度 Ra 值可达 12.5 μm；精刨后尺寸公差等级 IT9～IT7，表面粗糙度 Ra 值可达 3.2～1.6 μm，直线度为 0.04～0.08 mm/m。

(4) 刨削生产率较低。因刨削有空行程损失，主运动部件反向惯性力较大，故刨削速度低，生产率低。但在加工窄长面和进行多件和多刀加工时，刨削生产率却很高。

2.4.3　铣削

铣削是加工平面的一种主要方法，其加工范围与刨削基本相同。但因铣刀是典型的多刃刀具，铣削时有几个刀齿同时参加切削，还可采用高速铣削，所以铣削的生产率一般比刨削高，在机械加工中所占比重比刨削大。

1. 铣床

铣床的种类很多，根据它的结构形式和用途可分为：卧式升降台铣床（简称卧式铣床）、立式升降台铣床（简称立式铣床）、工具铣床和龙门铣床等。

(1) 卧式升降台铣床。

老牌号卧式万能铣床是目前应用最广泛的一种铣床，如图 2-45 所示。床身 2 固定在底座上，在床身内部装有主轴变速机构 1 及主轴部件 3 等，床身顶部的导轨上装有横梁 4，可沿水平方向调整其前后位置，刀杆支承 5 用于支承刀杆的悬伸端，以提高刀杆刚性。升降台 9 安装在床身前侧的垂直导轨上，可上下垂直移动。升降台内装有进给变速机构 10，用于工作台的进给运动和快速移动。在升降台的横向导轨上装有回转盘 7，它可绕垂直轴在±45°范围内调整一定角度。工作台 6 安装在回转盘 7 上的床鞍导轨内，可做纵向移动。横溜板可带动工作台沿升降台横向移动。这样固定在工作台上的工件，可以在三个方向实现任一方向的调整或进给运动。

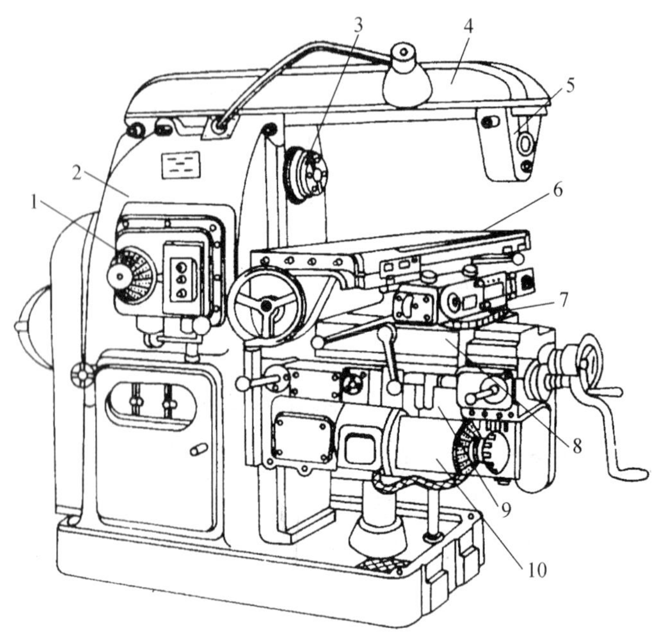

图 2-45 X62W 型铣床

1—主轴变速机构；2—床身；3—主轴；4—横梁；5—刀杆支承；
6—工作台；7—回转盘；8—横滑板；9—升降台；10—进给变速机构

老牌号卧式万能铣床的主要技术参数：

工作台尺寸(宽×长)	320×1 325 mm
工作台最大纵向行程	700 mm
工作台最大升降行程	320 mm
工作台最大回转角度	±45°
主轴转速(18 级)	30～1 500 r/min
主轴锥孔锥度	7∶24
刀轴直径	22、27、32 mm
加工表面平面度	0.02/150 mm

(2) 立式升降台铣床。

这类铣床与卧式升降台铣床的主要区别在于它的主轴是垂直安置的，可用各种面铣刀或立铣刀加工平面、斜面、沟槽、台阶、齿轮、凸轮以及封闭轮表面等。图 2-46 为立式升降台铣床的外形图，其工作台 3、床鞍 4 及升降台 5 与卧式升降台铣床相同。立铣头 1 可根据加工要求在垂直平面内调整角度，主轴 2 可沿轴线方向进行调整。

(3) 工具铣床。

图 2-47 是 X8126 型万能工具铣床的外形图。机床的主要部件有床身 1、水平主轴头架 2、立铣头 5、工作台 8、升降台 9。

床身 1 的顶部有水平导轨，水平主轴头架 2 可沿着它移动。可拆卸的立铣头 5 固定在水平主轴头架前面的垂直平面上，能左右偏转 45°，其垂直主轴可手动轴向进给。当水平主轴工作时，需卸下立铣头，将铣刀心轴装入水平主轴孔中，并用悬梁 4 和支架 6 把铣刀心轴支承起来，就成为卧式铣床。在床身的前面有垂直导轨，升降台 9 可沿着它上升下降。工作

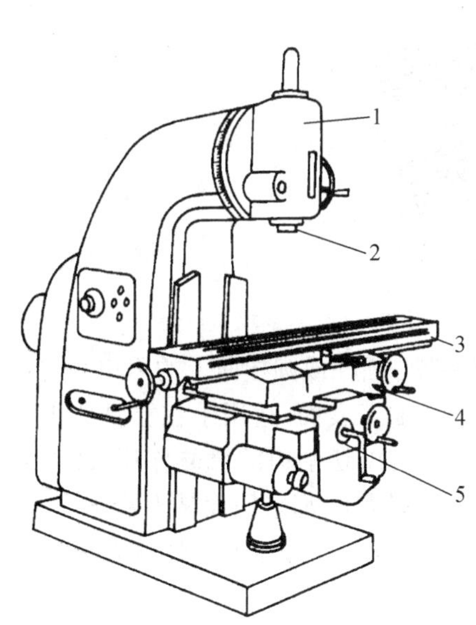

图 2-46　立式升降台铣床

1—立铣头；2—主轴；3—工作台；
4—床鞍；5—升降台

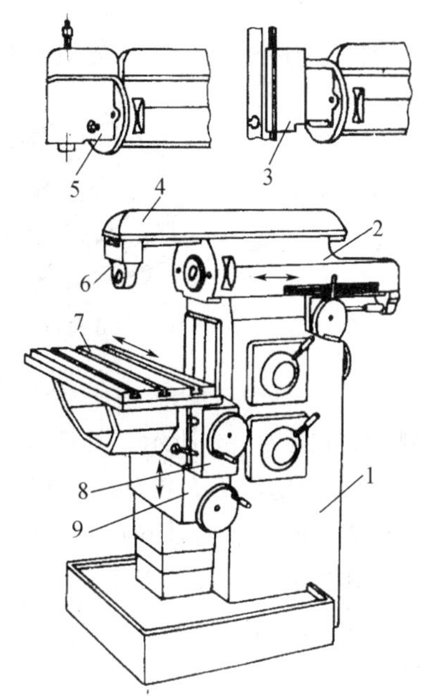

图 2-47　X8126 型万能工具铣床

1—床身；2—水平主轴头架；3—插头附件；4—悬梁；5—立铣头；
6—支架；7—水平角度工作台；8—工作台；9—升降台

台 8 则沿着升降台前面的水平导轨实现纵向进给。工作台前面的垂直平面上，有两条 T 形槽，供安装各种附件之用。

(4) 龙门铣床。

龙门铣床由于床身两侧有立柱和横梁组成的门式框架而得名，如图 2-48 所示。加工时，工件固定在工作台上做直线进给运动。横梁上的两个垂直铣头可在横梁上沿水平方向调整位置。立柱上的两个水平铣头则可沿垂直方向调整位置。各铣刀的吃刀运动，均可由铣头主轴套筒带动铣刀主轴沿轴向移动来实现。有些龙门铣床上的立铣头主轴可以做倾斜调整，以便铣斜面。

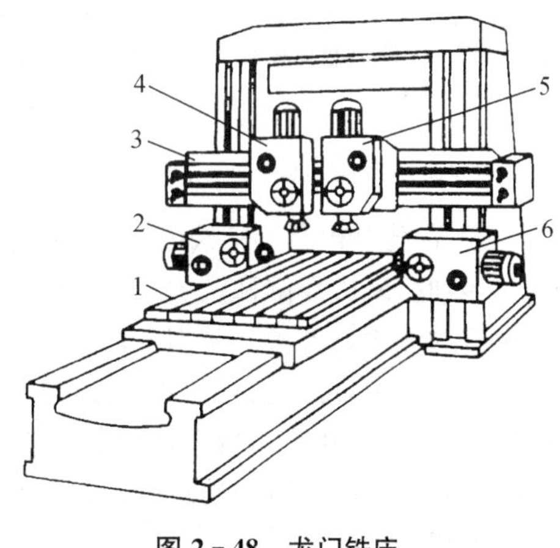

图 2-48　龙门铣床

龙门铣床的刚性好，精度较高，可用几把铣刀同时铣削，所以生产率和加工精度都较高，适宜加工大中型或重型工件。

2. 铣刀

(1) 铣刀的种类。

通用规格的铣刀已标准化，一般均由专业工具厂生产。铣刀种类很多，按用途分类，常用铣刀有如下几种：

① 圆柱铣刀，如图 2-49 所示。螺旋形切削刃分布在圆柱表面，没有副切削刃，主要用于卧式铣床上铣平面。螺旋形的刀齿切削时是逐渐切入和脱离工件的，其切削过程比较平衡，一般适用于加工宽度小于铣刀长度的狭长平面。一般圆柱铣刀都用高速钢制成整体式，

根据加工要求不同有粗齿、细齿之分。粗齿的容屑槽大，用于粗加工，细齿的容屑槽小，用于半精加工。圆柱铣刀外径较大时，常制成镶齿式。

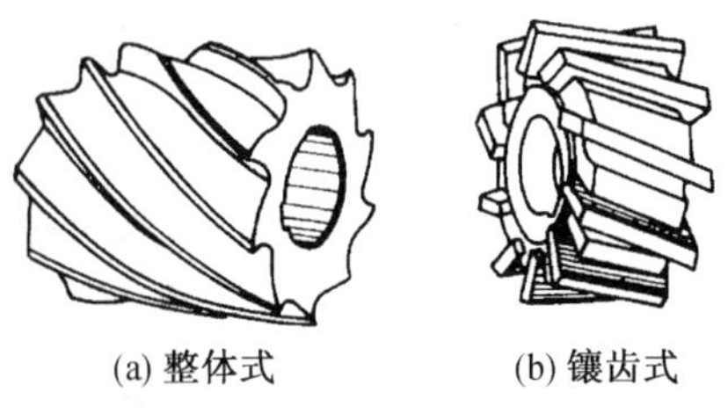

(a) 整体式　　(b) 镶齿式

图 2-49　圆柱铣刀

② 面铣刀，如图 2-50 所示。其切削刃位于圆柱的端头，圆柱或圆柱面上的刃口为主切削刃，端面刀刃为副切削刃。铣削时，铣刀的轴线垂直于被加工表面，适用于在立铣床上加工平面。用面铣刀加工平面，同时参加切削的刃齿较多，又有副切削刃的修光作用，故加工表面的粗糙度值较小，因此，可以用较大的切削用量，大平面铣削时都采用面铣刀铣削，生产率较高。小直径面铣刀用高速钢做成整体式，大直径的面铣刀是在刀体上装焊接式硬质合金刀头，或采用机械夹固式可转位硬质合金刀片。

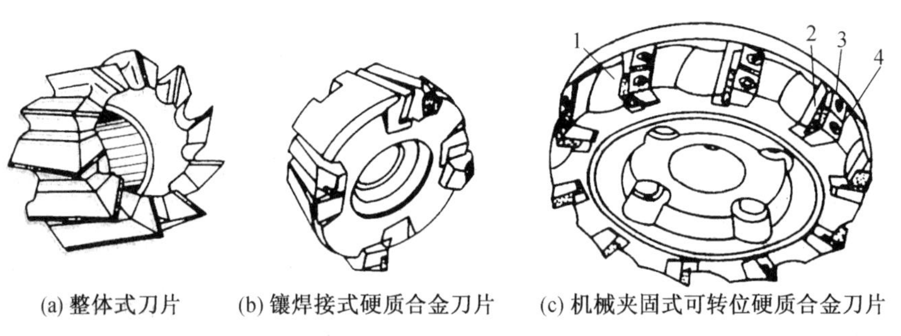

(a) 整体式刀片　(b) 镶焊接式硬质合金刀片　(c) 机械夹固式可转位硬质合金刀片

图 2-50　面铣刀

1—刀体；2—定位座；3—定位座夹板；4—刀片夹板

③ 立铣刀相当于带柄的、在轴端有副切削刃的小直径圆柱铣刀，因此，既可作圆柱铣刀用，又可以利用端部的副切削刃起面铣刀的作用。各种立铣刀如图 2-51 所示，它以柄部装夹在立铣头主轴中，可以铣削窄平面、直角台阶、平底槽等，应用十分广泛。另外，还有粗齿大螺旋角立铣刀、玉米铣刀、硬质合金波形刃立铣刀等，它们的直径较大，可以采用大的进给量，生产效率很高。

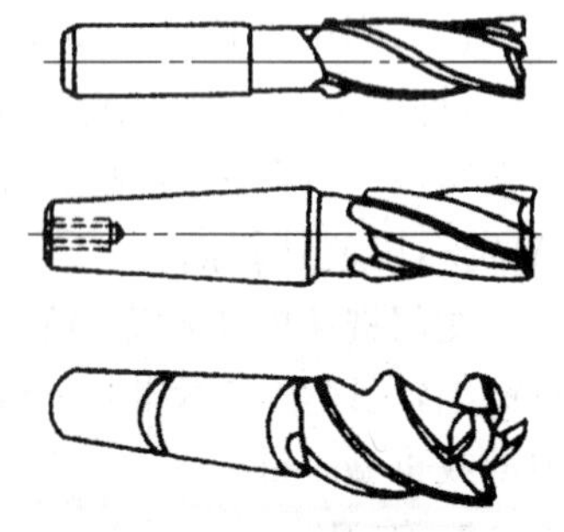

图 2-51　立铣刀

④ 三面刃铣也称盘铣刀，如图 2-52 所示。由于在刀体的圆周上及两侧环形端面上均有刀刃，所以称为三面刃铣刀。它主要用在卧式铣床上加工台阶面和一端或两端贯通的浅沟槽。三面刃铣刀的周围刀刃为主切削刃，侧面刀刃是副切削刃，只对加工侧面起修光作用。三面刃铣刀有直齿和交错齿两种，交错齿三面刃铣刀能改善两侧的切削性能，有利于沟槽的切削加工。直径较大的三面刃铣刀常采用镶齿结构，直径较小的往往用高速钢制成整体式。

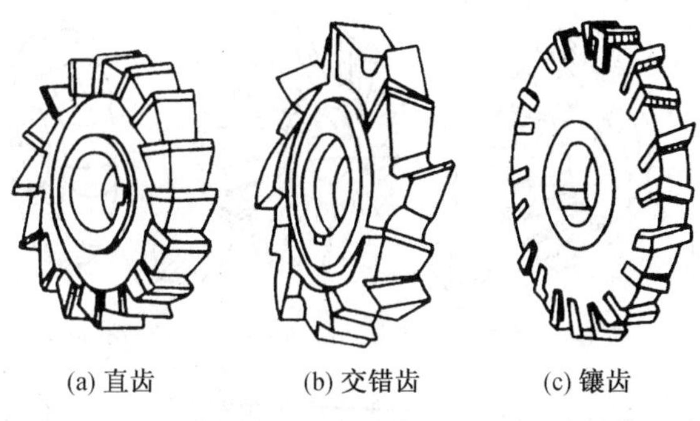

(a) 直齿　(b) 交错齿　(c) 镶齿

图 2－52　三面刃铣刀

⑤ 锯片铣刀，如图 2－53 所示。它本身很薄，只在周围有刀齿，主要用于切断工件和在工件上铣狭槽。为避免夹刀，其厚度由边缘向中心减薄，使两侧形成副偏角。还有一种切口铣刀，它的结构与锯片铣刀相同，只是外径比锯片铣刀小，齿数更多，适用于在较薄的工件上铣狭窄的切口。

⑥ 键槽铣刀，如图 2－54 所示，主要用来铣轴上的键槽。它的外形与立铣刀相似，不同的是它在圆周上只有两个螺旋刀齿，其端面刀齿的刀刃延伸至中心，因此在铣两端不通的键槽时，可以做适量的轴向进给。还有一种半圆键槽铣刀，专用于铣轴上的半圆键槽。

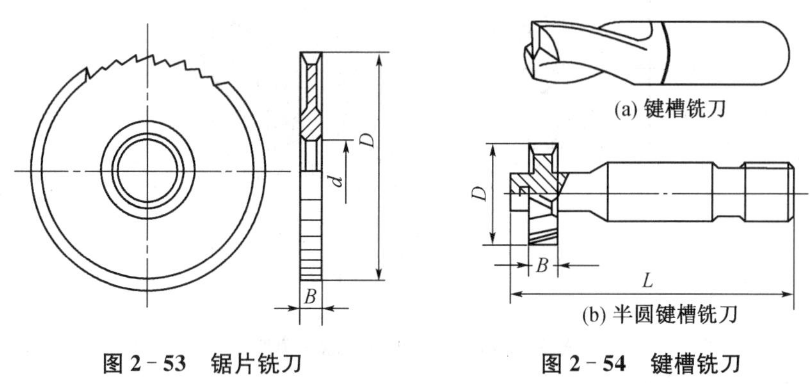

图 2－53　锯片铣刀　　图 2－54　键槽铣刀

除以上几种铣刀外，还有角度铣刀、成形铣刀、T 形槽铣刀、燕尾槽铣刀、仿形铣用的指状铣刀等，它们统称为特种铣刀，如图 2－55 所示。

(2) 铣刀的几何参数。

铣刀的种类、形状虽多，但都可以归纳为圆柱铣刀和面铣刀两种基本形式，每个刀齿可以看作是绕中心旋转的一把简单刀头。因此只要通过对一个刀齿的分析，就可以了解整个铣刀的几何角度。对于以绕自身轴线旋转做主运动的铣刀，它的基面 P_r 是通过切削刃选定点并包含铣刀轴线的平面，并假定主运动方向与基面垂直。

圆柱铣刀各部分名称及标注角度如图 2－56 所示。面铣刀的各部分结构及标注角度如图 2－57 所示。由于铣刀的每一个齿相当于一把车刀，其各角度的定义可参照车刀确定。

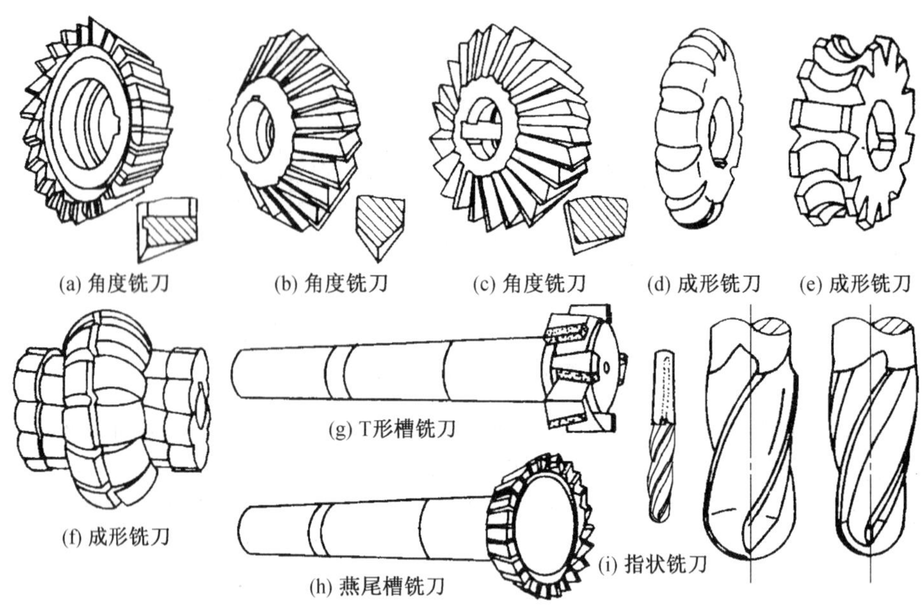

图 2-55 特种铣刀

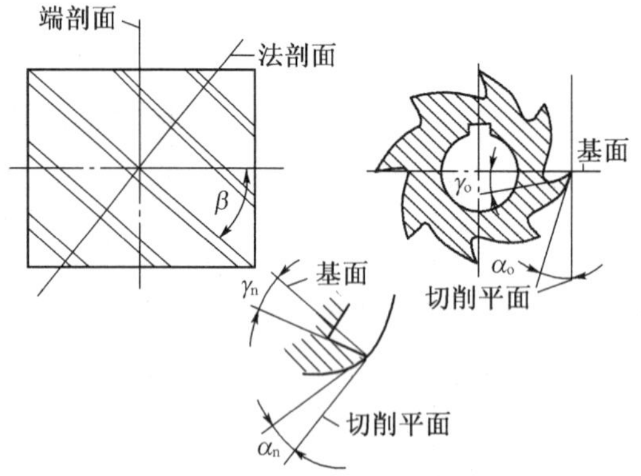

图 2-56 圆柱铣刀的标注角度

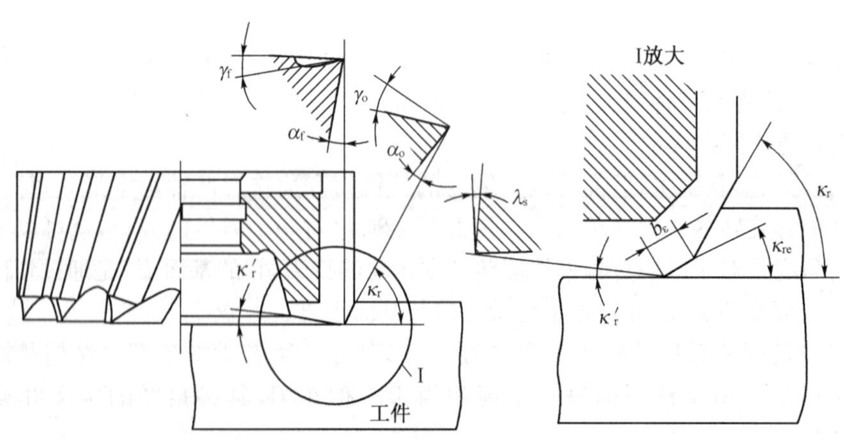

图 2-57 面铣刀的标注角度

3. 铣削方式

(1) 周铣和端铣。用铣刀的圆周刀齿进行切削的称为周铣;用铣刀的端面齿加工垂直于铣刀轴线的表面称为端铣,如图 2-58 所示。

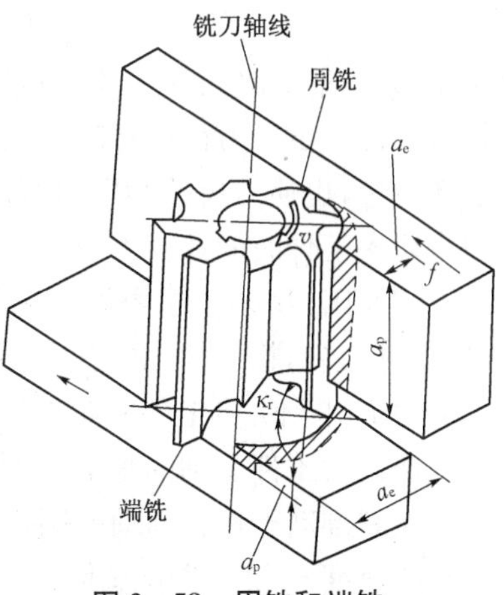

图 2-58　周铣和端铣

a_p—背吃刀量;a_e—侧吃刀量

周铣对被加工表面的适应性较强,不但适于铣狭长的平面,还能铣削台阶面、沟槽和成形表面等。周铣时,由于同时参加切削的刀齿数较少,切削过程中切削力变化较大,铣削的平稳性较差;刀齿刚刚切削时,切削厚度为零,刀尖与工件表面强烈摩擦(用圆柱铣刀逆铣),降低了刀具的耐用度。周铣时,只有圆周刀刃进行铣削,已加工表面实际上是由无数浅的圆沟组成,表面粗糙度较大,如图 2-59 所示。

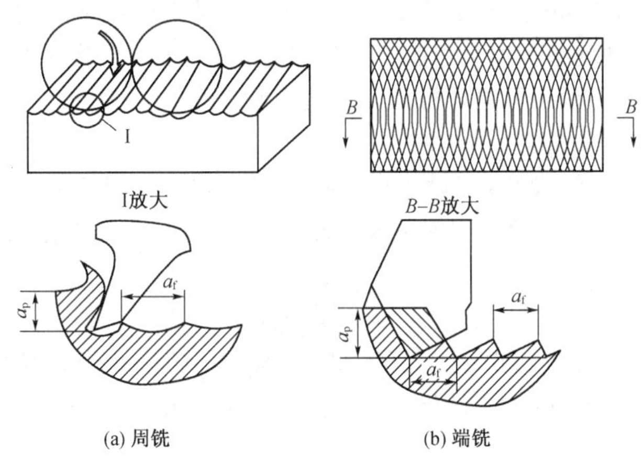

图 2-59　周铣和端铣表面特征

端铣时,同时参加切削的刀齿数较多,铣削过程中切削力变化比较小,铣削比较平稳;端铣的刀齿刚刚切削时,切削厚度虽小,但不等于零,这就可以减轻刀尖与工件表面强烈摩擦,可以提高刀具的耐用度。端铣有副刀刃参加切削,当副偏角 κ_r' 较小时,对加工表面有修光作用,使加工质量好,生产效率高。在大平面的铣削中,大多采用端铣。

(2) 顺铣和逆铣。如前所述,铣床在进行切削加工时,进给方向与铣削力 F 的水平分力 F_x 方向相反,称为逆铣;进给方向与铣削力 F 的水平分力 F_x 方向相同,称为顺铣,如图 2-60 所示。顺铣和逆铣的切削过程有不同特点,现以周铣分析它们的区别。

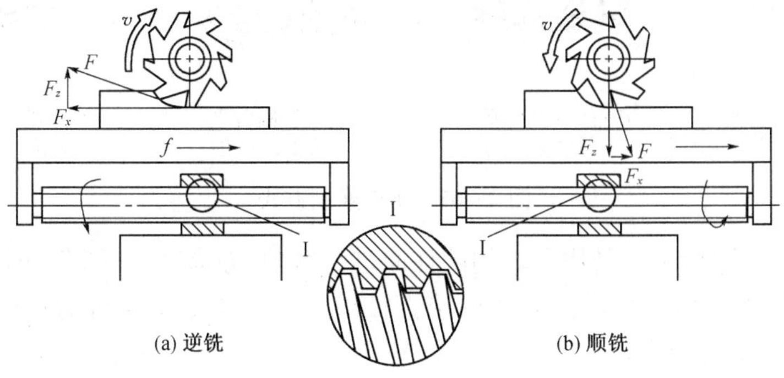

图 2-60　顺铣和逆铣

① 铣削厚度的变化。逆铣时刀齿的切削厚度是由薄到厚，开始时侧吃刀量几乎等于零，刀齿不能立刻切入工件，而是在已加工表面上滑行，待侧吃刀量达到一定数值时，才真正切入工件。由于刀齿滑行时对已加工表面的挤压作用，使工件表面的硬化现象严重，影响了表面质量，也使刀齿的磨损加剧。顺铣时刀齿的切削厚度则是从厚到薄，没有上述缺点，但刀齿切入工件时的冲击力很大，尤其工件待加工表面是毛坯或者有硬皮时，更加显著。

② 切削力方向的影响。逆铣时作用于工件上的垂直切削分力 F_z 向上，有将工件从工作台上挑起的趋势，影响工件的夹紧，铣薄工件时影响更大。顺铣时作用于工件上的垂直切削分力 F_z 向下，将工件压向工作台，对工件的夹紧有利。

逆铣时工件受到的水平分力 F_x 与进给方向相反，丝杆与螺母的传动工作面始终接触，由螺纹副推动工作台运动。顺铣时工件受到水平分力 F_x 与进给方向相同。一般情况是主运动的速度 v 大于进给速度 v_f，因此水平分力 F_x 有使接触的螺纹传动面分离的趋势，当铣刀切到材料上的硬点或因切削厚度变化等原因，引起水平分力 F_x 增大，超过工作台进给摩擦阻力时，原是螺纹副推动的运动形式变成了由铣刀带动工作台窜动的运动形式，引起进给量突然增加。这种窜动现象不但会引起“啃刀”损坏加工表面，严重时还会使刀齿折断、刀杆弯曲或使工件与夹具移位，甚至损坏机床。使用有顺铣机构的铣床，如 X6132 型万能铣床，就不会出现上述现象。

综上所述，若切削用量较小，工件表面没有硬皮，铣床有间隙调整机构，采用顺铣较有利。但一般情况下，由于很多铣床没有间隙调整机构，还是采用逆铣法为宜。

2.4.4 平面的精密加工

当平面加工尺寸公差在 IT6～IT5，直线度在 0.03～0.01 以上，表面粗糙度值低于 Ra 0.8 μm时，就属于平面的精密加工范围。常见的精密加工方法有：平面磨削、平面刮研、研磨平面及抛光等。

1. 平面磨削

平面磨削加工精度等级可达 IT7～IT5，表面粗糙度 Ra 值为 0.8～0.2 μm。

(1) 平面磨削方式。

常见的平面磨削方式有四种，如图 2-61 所示。

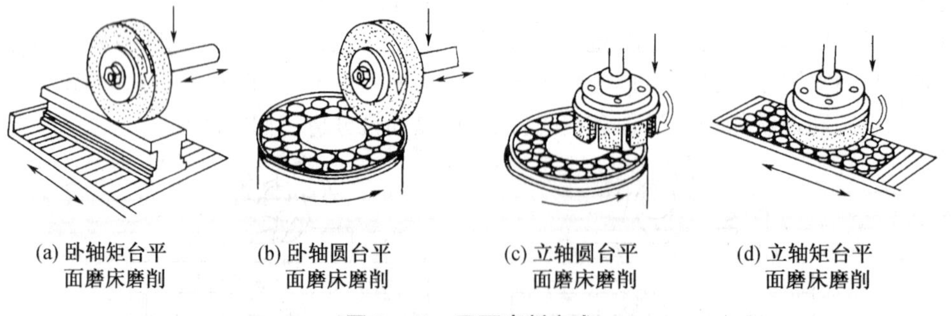

图 2-61 平面磨削方式

图 2-61(a)、(b)所示为利用砂轮的圆柱面进行磨削(即周磨)。图 2-61(c)、(d)所示为利用砂轮的端面进行磨削(即端磨)，其砂轮直径通常大于矩形工作台的宽度和圆形工作台的半径，所以无须横向进给。

周磨时，砂轮与工件的接触面积小，且排屑和冷却条件好，工件发热小，磨粒与磨屑不易落入砂轮与工件之间，因而能获得较高的加工质量，适合于工件的精磨。但因砂轮主轴悬伸，刚性差，不能采用较大的磨削用量，且周磨过程中同时参加磨削的磨粒少，所以生产率较低。

端磨时，磨床主轴受压力，刚性好，可以采用较大的磨削用量，另外，砂轮与工件的接触面大，同时参加切削的磨粒多，因而生产率高。但由于磨削过程中发热量大、冷却、散热条件差、排屑困难，所以加工质量较差。端磨适于粗磨。

(2) 平面磨床。

图 2-62 所示为 M7120A 型平面磨床。该机床主要由床身 10、工作台 8、立柱 6、滑板座 3、砂轮架 2 及砂轮修整器 5 等部件组成。

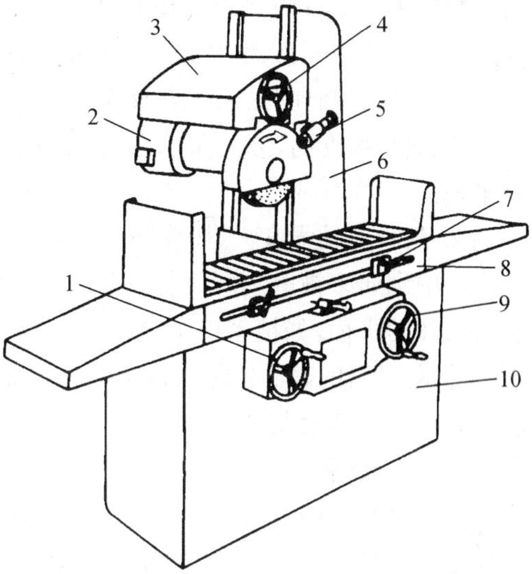

砂轮主轴由内装式异步电动机直接驱动。砂轮架 2 可沿滑板座 3 上的燕尾导轨作横向间歇或连续进给运动，这个进给运动可以由液压驱动，也可由手轮 4 作手动进给。转动手轮 9，可使滑板座连同砂轮架沿立柱 6 的导轨作垂直移动，用来调整吃刀量。工作台 8 由液压驱动沿床身 10 顶面上的导轨作纵向往复运动，其行程长度、位置及换向动作均由工作台前面 T 形槽内的撞块 7 控制。转动手轮 1，即可使工作台作手动纵向移动，工作台上可安装电磁吸盘或其他夹具。

图 2-62　M7120A 型平面磨床

1—工作台纵向移动手轮；2—砂轮架；3—滑板座；4—砂轮横向进给手轮；5—砂轮修整器；6—立柱；7—撞块；8—工作台；9—砂轮垂直进给手轮；10—床身

M7120A 型平面磨床主要技术参数如下：

磨削工件最大尺寸(长×宽×高)	60 mm×200 mm×320 mm
工作纵向移动最大距离	780 mm
砂轮架横向移动量	250 mm
工作台移动速度	1～18 m/min
砂轮尺寸(外径×宽度×内径)	250 mm×25 mm×75 mm

(3) 平面磨削的工艺特征及应用。

和外圆、内圆磨相比，平面磨床的工作运动简单，机床结构也简单，加工系统刚性好，容易保证加工精度。与铣平面、刨平面相比，更适合于精加工。它能加工淬硬工件，以修正热处理变形，且能以最小限度的余量加工带黑硬皮的平面，而铣、刨、拉带硬皮表面的工件，其切深都必须大于黑硬皮的深度。

2. 平面刮研

刮研是利用刮刀在工件表面刮去一层很薄金属的一种光整加工方法，一般在精刨之后进行的。刮研平面的直线度可达 0.01 mm/m，甚至可达 0.005～0.002 5 mm/m，表面粗糙度值 Ra 值为 0.8～0.1 μm。

(1) 平面刮研的方法。

刮研时，先将工件均匀涂上一层红丹油(极细的氧化铁或氧化铝与机油的调和剂)，然后与标准平板或平尺贴紧推磨，将工件上显示出的高点用刮刀逐一刮去。重复多次即可使工件表面的接触点增多，并均匀分布，从而获得较高的形状精度和较小的表面粗糙度值。

刮研可分为粗刮研、细刮研和精刮研。粗刮研主要是为除去铁锈、加工痕迹，以免推磨时刮伤标准平板或平尺，粗刮研一般要求每 25 mm×25 mm 面积上显示 4～5 个高点；细刮研一般要求每 25 mm×25 mm 面积上显示 12～13 个高点；精刮研则要求显示出 20～25 个高点。刮研余量一般为 0.1～0.4 mm，面积小的取小值，面积大的取大值。

(2) 平面刮研的工艺特点及应用。

① 刮研精度高，方法简单，不需复杂的设备和工具，常用于加工各种机床的导轨面及检验平板。

② 刮研劳动强度大，操作技术高，生产率低，常用于单件小批量生产及修理车间。在批量生产中刮研多被磨削所代替，但对于难以用上述方法达到的高精度平面或者是需要良好润滑条件的平面，如精密机床导轨、标准平板、平尺等，仍需采用刮研。

③ 刮研后的表面实际由许多微小凸面(点)所组成，其凹部可贮存润滑油，使滑动配合面具有良好的润滑条件。

3. 平面研磨

研磨也是平面光整加工方法之一。研磨后两平面间的尺寸精度可达 IT5～IT4。表面粗糙度 Ra 值为 0.4～0.025 μm。小型平面研磨后，还可提高其形状精度。

研磨时，一般使用铸铁、青铜等比工件材料软的金属制成的研具，研具工作面应与工件表面形状吻合，在研具和加工表面间加以研磨剂。研磨剂由很细的磨料、润滑油及化学添加剂组成。在磨压力作用下，研磨剂中的部分磨粒会嵌入研具表面，在研具与工件相对运动时，嵌入研具表面的磨粒对加工表面会产生挤压和微量切削作用。其他呈游离状态的磨料微粒则对加工表面产生刮研、滚擦作用。研磨剂中含有硬脂酸使加工表面产生很薄的较软的氧化膜，工件表面上凸起处的氧化膜被首先磨去，然后新的金属表面很快又被氧化，继而又被磨掉。如此反复进行，凸起处被逐渐磨平。研磨时的这一化学作用加快了研磨过程。

研磨常用来加工小型平板、平尺及块规的精密测量平面。在单件小批生产中常用于手工研磨，在大批量生产中则采用机器研磨。

4. 平面抛光

抛光是利用高速旋转的，涂有抛光膏的软质抛光轮对工件进行光整加工的方法。

抛光轮用帆布、皮革、毛毡制成，工作时线速度达 30～50 m/s。根据被加工工件的材料在抛光轮上涂以不同的抛光膏。抛光膏中的硬脂酸使加工表面生成软胶的氧化膜，可加速抛光过程。

抛光设备简单，生产率高，由于抛光轮是弹性体，因此还能用于抛光曲面。通过抛光加工，可使加工表面获得表面粗糙度 Ra 值为 0.1～0.01 μm，光亮度也明显提高。但是抛光不能改善加工表面的尺寸精度。

2.5 圆柱齿轮加工

齿轮加工的关键是齿轮轮齿齿形的加工。由于齿轮的切削加工能得到较高的齿形精度，因此是目前齿轮加工的主要方法。

2.5.1　圆柱齿轮加工的特点和应用

齿轮的加工方法很多，各有特点，但就齿轮加工的工作原理而言，只有成形法和展成法两类。

按成形法原理加工圆柱齿轮时，刀刃的形状与被加工齿轮的齿槽横截面积形状相同。这种成形刀具一般有单齿廓成形铣刀和多齿廓齿轮推刀或齿轮拉刀几种。

展成法加工是把刀具与工件模拟一对齿轮或齿轮与齿条啮合运动（展成运动），在啮合过程中，刀具齿形的运动轨迹逐步包络出工件的齿形。刀具切削刃的形状与被加工齿轮的齿槽截形并不相同，可以使用直线齿廓工具制造齿轮刀具，这为提高齿轮刀具精度和齿轮加工精度提供了有利条件。

这种加工方法可用同一把刀具加工相同模数、相同压力角而齿数不同的齿轮，还可以加工变位齿轮。加工齿轮的精度较高，生产效率也较高，但是，需要有专用的机床设备和专用刀具。一般加工齿轮的专用机床构造较复杂，传动机构较多，设备费用高。

利用展成法原理加工齿形的方法很多，各种方法所使用的刀具及机床均不相同，其加工齿轮的精度及适用范围也不相同，最常用的齿轮加工方法为滚齿和插齿。滚齿通常用的刀具为齿轮滚刀，机床为滚齿机，能加工 6～8 级精度齿轮，生产率较高，通用性较大，除加工直齿、斜齿的外啮合圆柱齿轮外，还可加工蜗轮。插齿用刀具为插齿刀，机床为插齿机，通常能加工 7～9 级精度的齿轮。生产率较高，通用性大，适于加工内、外啮合的直齿圆柱齿轮、多联齿轮、齿条等。齿轮的精加工常用剃齿、珩齿和磨齿，齿轮精度可达 4～7 级，甚至更高，其中磨齿生产率较低，加工成本较高，但能达到的齿轮精度最高。

展成法加工齿轮适用于各种生产类型、精度要求较高的齿轮，是目前齿轮加工的主要方法。下面分别介绍常用的展成法加工齿轮的原理、设备、刀具和加工方法。

2.5.2　滚齿加工

滚齿是齿轮加工方法中应用最广泛的一种，因为它具有通用性好、生产效率高、加工质量好等优点，是目前往往为工艺人员首选的齿轮加工方法。

1. 滚齿加工原理

如图 2 - 63 所示为滚齿加工示意图。滚齿加工时，齿轮滚刀所做的高速旋转运动为主运动，工件与齿轮滚刀按一定比例所做的旋转运动为展成运动。此外，齿轮滚刀还要沿工件的轴向做垂向进给运动。

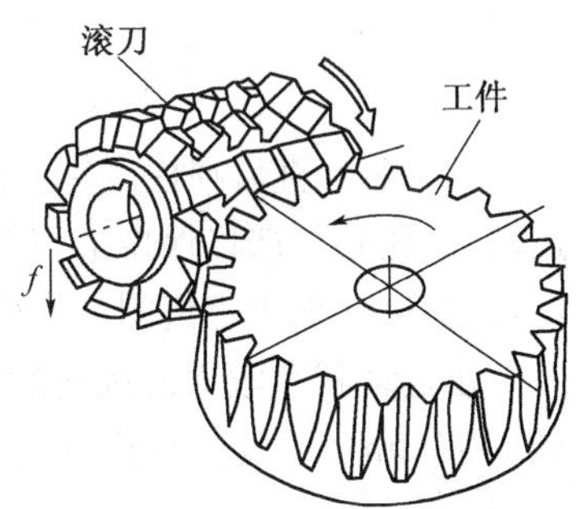

图 2 - 63　滚齿加工示意图

用齿轮滚刀加工齿轮的原理，相当于假想齿条与齿轮相啮合，将其中的齿条做成具有切削能力的齿条工具。而被切齿轮毛坯作为与齿条刀具相啮合的齿轮。齿条与齿轮啮合传动要求齿条每移动一个齿距 $P=\pi m$ 时，齿轮毛坯的分度圆也相应转过一个齿距为 P 的弧长。实际上，齿条刀具长度有限，不能完成全部齿的加工，因此采用类似蜗杆形齿轮滚刀。

齿轮滚刀在其螺旋线法向剖面上的刀齿相当于一根齿条。当滚刀连续转动时，就相当于齿条刀具在连续移动。滚刀转一转，相当于齿条刀具移动一个齿距，使齿轮毛坯相应地转过一个周节，如图 2-64 所示。

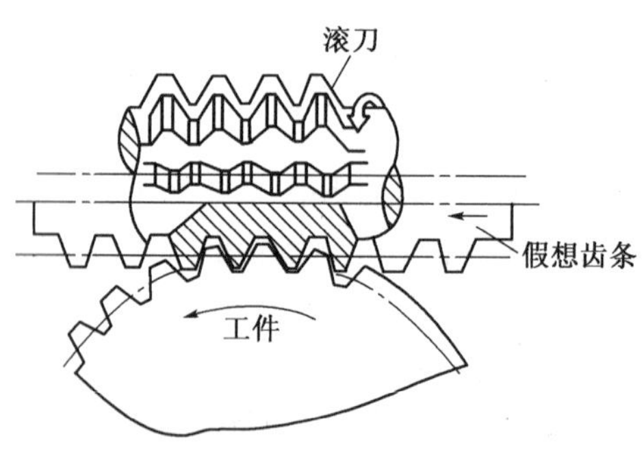

图 2-64 滚刀切齿原理

滚切过程中，工件上的渐开线齿形是由齿轮滚刀参与切削的若干刀齿连续位置的包络线形成的，如图 2-65 所示为齿形曲线形成的情况。由于在形成一个齿槽的过程中，参与切削的刀齿数是有限的，因而，构成的渐开线不是一条光滑的曲线，而是由若干条折线组成的。与理想的渐开线相比，工件存在着齿形包络误差 e，参与切削的刀齿数越多，包络误差的值越小。从图中可以看出参与切削的各刀齿切下的切屑的大小、形状均不相同，各刀齿上的顶刃和侧刃的切削面积与载荷也各不相同。

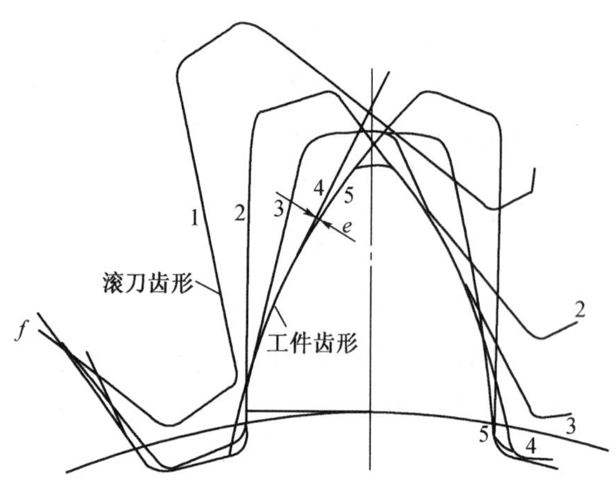

图 2-65 齿形渐开线的形成

1、2、3、4、5—滚切时滚刀齿形轨迹；e—工件齿形上的包络误差

(1) 加工直齿圆柱齿轮。根据展成法滚齿的原理，用滚刀加工齿轮时，除具有切削工作运动外，还必须严格保持滚刀与工件之间的运动关系，这是切制出正确齿形的必要条件。因此，滚齿机在加工直齿圆柱齿轮时的工作运动有：

主运动就是滚刀的旋转运动 $n_刀$(r/min)，它取决于合理的切削速度 v(m/min)和滚刀直径 $D_刀$(mm)。当已知切削速度 v 和滚刀直径 $D_刀$ 时，可确定滚刀的转速 $n_刀$ 即

$$n_刀 = \frac{1\,000v}{\pi D_刀}$$

展成运动就是滚刀与工件之间的啮合运动，两者应准确地保持一对啮合齿轮的传动比关系。如果滚刀头数为 k，工件齿数为 z，则滚刀转一转，工件应转过 k/z 转。

垂向进给运动就是滚刀沿工件轴线方向作连续的进给运动，进而在工件整个齿宽上切

出齿形。其传动关系是工件每转一转，滚刀沿工件轴线方向进给 f(mm/r)。

除上述三种运动外，还需沿工件径向手动调整切齿深度，以便切出齿形全齿高。

滚齿机加工直齿圆柱齿传动原理如图 2-66 所示。主运动传动链的两端件为电动机和滚刀，滚刀的转速可通过改变 u_v 的传动式进行调整。展成运动传动链两端件为滚刀和工作台(工件)，通过调整 u_c 的传动比，保证滚刀转 1 转，工件转 k/z 转，以便实现展成运动。垂向进给传动链的两端件为工件和滚刀，通过调整 u_f 的传动比，使工件转 1 转时，滚刀沿工件轴向进给 f(mm)的进给量。

(2) 加工斜齿圆柱齿轮。和加工直齿圆柱齿轮时一样，加工斜齿圆柱齿轮同样需要主运动、展成运动和垂向进给运动。为了形成螺旋形的轮齿，还需要工件在做展成运动的同时，再附加一个旋转运动，即刀具沿工件轴线方向进给一个螺旋线导程 L，工件应均匀地转一转。所以，在加工斜齿圆柱齿轮时，机床必须具有四条相应的传运链。加工斜齿圆柱齿轮时的传动原理如图 2-67 所示，主运动、展成运动、垂向进给运动传动链与加工直齿圆柱齿轮时基本相同，但增加了附加运动传动链，其变速机构为 u_t。

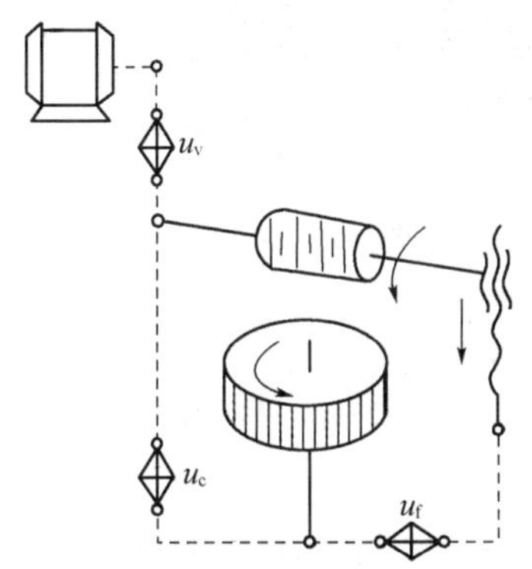

图 2-66　加工直齿圆柱齿轮时

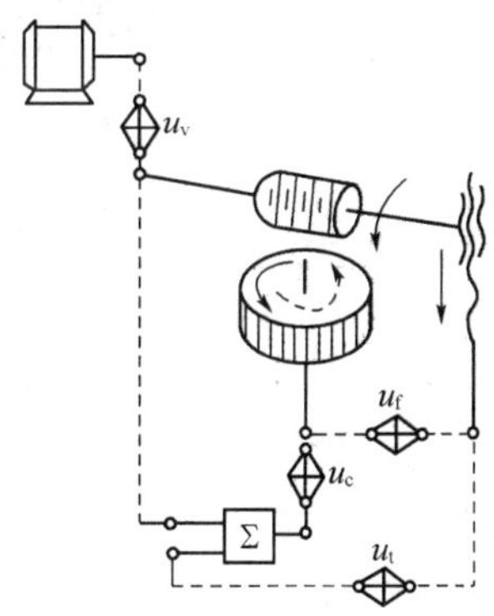

图 2-67　加工斜齿圆柱齿轮时

应当指出，在加工斜齿圆柱齿轮时，展成运动和附加运动这两条传动链需要将两种不同要求的旋转运动同时传给工件。一般情况下，两个运动同时传到同一个传动元件上，运动会发生干涉而破坏该传动元件。所以，在滚齿机上没有把两个任意方向和大小的转动同时传给工作台，而是经运动合成机构(图 2-67 中 Σ)进行合成后才传给工作台。

2. Y3150E 型滚齿机

滚齿机的型号很多，其中 Y3150E 型滚齿机是应用较为普遍的一种，它适用于加工直齿和斜齿圆柱齿轮，并可用于手动径向进给加工蜗轮等。

(1) 主要技术参数。

主参数为加工齿轮最大直径/mm	500
第二主参数为加工齿轮最大模数/mm	8
加工齿轮最大宽度/mm	250
加工齿轮最小齿数	$5k$(k 为滚刀头数)
允许安装最大滚刀尺寸(直径×长度)/mm	$\phi160\times160$

(2) 主要部件及其功能。Y3150E 型滚齿机的外形如图 2-68 所示，机床主要由床身 1、立柱 2、刀架溜板 3、滚刀架 5、后立柱 8 和工作台 9 等部件组成。立柱 2 固定在床身 1 上。刀架溜板 3 带动滚刀架 5 可沿立柱导轨作垂向进给运动或快速移动。滚刀安装在刀杆 4

上，由滚刀架5的主轴带动做旋转为主运动。滚刀架绕自己的水平轴线转动，以便调整滚刀的安装角度。工件装夹在工作台9的心轴7上或直接装夹在工作台上，随同工作台一起做旋转运动。工作台和后立柱8装在同一溜板上，可沿床身的水平导轨移动，以便调整工件的径向位置或作手动径向进给运动。后立柱上的支架6可通过轴套或顶尖支承心轴的上端，以便提高滚切工作的平稳性。

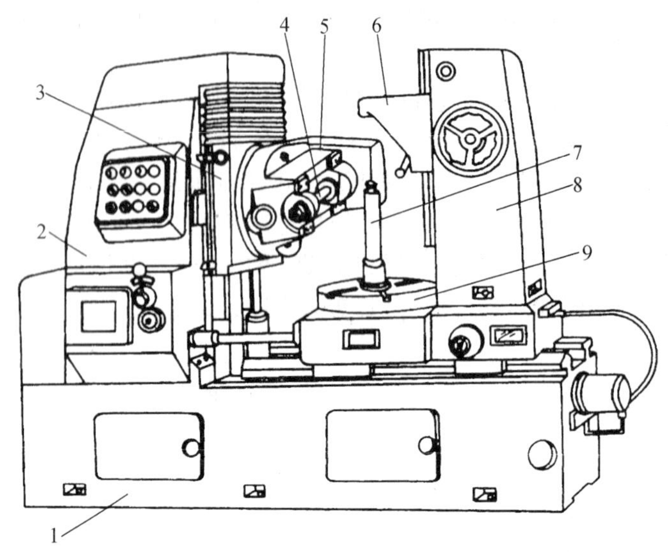

图2-68 Y3150E型滚齿机外形

1—车身；2—立柱；3—刀架溜板；4—刀杆；5—刀架；6—支架；7—心轴；8—后立柱；9—工作台

3. 齿轮滚刀

齿轮滚刀是一个蜗杆状刀具，在其圆周上等分地开有若干垂直于蜗杆螺旋线方向(或平行于滚刀轴线方向)的沟槽，经过齿形铲背，使刀齿具有正确的齿形和后角α_0，再加以淬火和刃磨前面，就形成了一把齿轮滚刀，如图2-69所示。

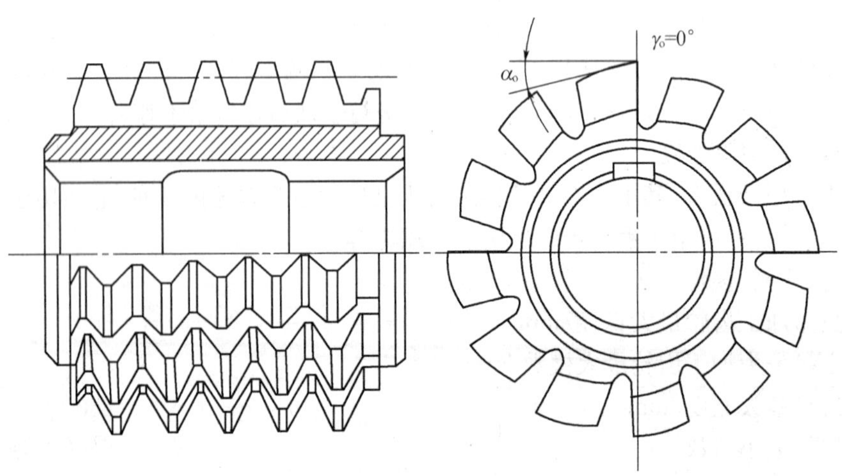

图2-69 齿轮滚刀

齿轮滚刀由若干圈齿组成，每个刀齿都有一个顶刃和左右两个侧刃，顶刃和侧刃都具有一定的后角。刀齿的两个侧刃分布在螺旋面上，这个螺旋面所构成的螺杆称为滚刀的基本蜗杆。

加工渐开线齿轮所用的滚刀，其基本蜗杆理应是渐开线基本蜗杆，但由于渐开线基本蜗杆的轴向、法向剖面的齿形都不是直线形状的，这给滚刀的加工制造及精度控制带来困难。实际生产中，需采用轴向剖面为直线形的阿基米德基本蜗杆滚刀即阿基米德滚刀，以及在齿形任意法向剖面中具有直线齿形的法向直廓基本蜗杆滚刀即法向直廓滚刀。

阿基米德蜗杆和法向直廓蜗杆的制造及检验都比渐开线蜗杆方便，虽然两者的齿形有造形偏差，使用它们加工出来的齿轮齿形有一定的误差，但这一误差很小，不致影响齿轮的加工精度。

标准的齿轮滚刀一般采用阿基米德滚刀。模数为 1～10 mm 的标准齿轮滚刀一般用高速钢整体制造，均用零度前角直槽，它的主要优点是制造、刃磨、检验方便。大模数的标准齿轮滚刀一般可用镶齿式，一是节省高速钢材料，同时也是因为镶齿滚刀刀片锻造方便，金相组织细化、热处理易于保证质量，因而这种滚刀切削性能好，耐用度高。

齿轮滚刀有 AA、A、B、C 四种精度等级。大致上 AA 级滚刀可用于加工 6～7 级精度的齿轮；A 级可加工 7～8 级精度的齿轮；B、C 级分别用于加工 8～9 级和 9～10 级精度的齿轮。

2.5.3　插齿加工

插齿主要用于加工直齿圆柱齿轮，尤其适用于加工不能滚齿加工的内齿轮和多联齿轮。

1. 插齿工作原理及所需运动

插齿是按展成法原理加工齿轮的。插齿刀实质上是一个端面磨有前角，齿顶及齿侧均磨有后角的齿轮，如图 2－70(a)所示。插齿时，插齿刀沿工件轴向作直线往复运动为切削主运动，刀具和工件毛坯作无间隙啮合运动，在工件毛坯上渐渐切出齿轮的齿形，这一啮合传动过程称为展成运动。加工过程中，刀具每往复一次，仅切出工件齿槽的一小部分，齿形曲线是在插齿刀刀刃多次切削中，由刀刃各瞬时位置的包络线形成的，如图 2－70(b)所示。加工直齿圆柱齿轮时，插齿加工应具如下的运动：

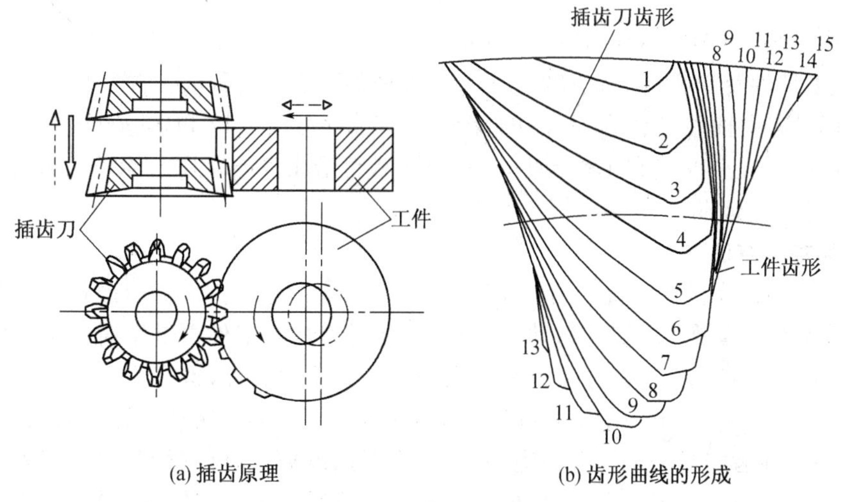

(a) 插齿原理　　(b) 齿形曲线的形成

图 2－70　插齿原理

(1) 主运动。插齿加工的主运动是插齿刀沿工件轴线所做的直线往复运动。刀具垂直向下运动为工作行程，向上为空行程。主运动以插齿刀每分钟的往复行程次数表示，即双行程次数/min。

(2) 圆周进给运动。圆周进给运动是插齿刀绕自身轴线的旋转运动，其旋转速度的快慢决定了工件转动的快慢，也直接关系到插齿刀的切削负荷、被加工齿轮的表面质量、生产率和插齿刀的使用寿命等。圆周进给量用插齿刀每往复行程一次，刀具在分度圆上所转过的弧长表示，单位为 mm/一次双行程。

(3) 展成运动。加工过程中，插齿刀和工件必须保持一对圆柱齿轮做无间隙运动的啮合关系，即插齿刀转过一个齿时，工件也必须转过一个齿。工件与插齿刀所作的啮合旋转运动即为展成运动。

(4) 径向切入运动。为了避免插齿刀因切削负荷过大而损坏刀具和工件，工件应逐渐地向插齿刀作径向切入。当工件被插齿刀切入全齿深时，径向切入运动停止，工件再旋转一整转，便能加工出全部完整的齿形。径向进给量是以插齿刀每往复行程一次，工件径向切入的距离来表示，单位为 mm/一次双行程。

(5) 让刀运动。插齿刀空程向上运动时，为了避免擦伤工件齿面和减少刀具磨损，刀具和工件间应让开约 0.5 mm 的距离，而在插齿刀向下开始工作行程之前，又迅速恢复到原位，以便刀具进行下一次切削，这种让开和恢复原位的运动称为让刀运动。让刀运动可以由装夹工件的工作台移动来实现，也可由刀具主轴摆动得到。由于工作台的惯量比刀具主轴大，让刀运动产生的振动大，不利于提高切削速度，所以普遍采用刀具主轴摆动实现让刀运动。

2. Y5132 插齿机

(1) 主要技术参数。

主参数为加工外齿轮最大分度圆直径/mm	320
加工内齿轮最大外径/mm	500
加工外齿轮最大宽度/mm	80
加工内齿轮最大宽度/mm	50
插齿刀双行程	12 级
双速主电动机　功率/kW、转速/($r \cdot min^{-1}$)	3/4　960/1 440

(2) 主要部件及其功能。Y5132 型插齿机外形如图 2-71 所示。它主要由床身 1、立柱 2、刀架 3、插齿刀主轴 4、工作台 5、工作台溜板 7 等部件组成。立柱固定在床身上，插齿刀安装在刀具主轴上，工件装夹在工作台上，工作台溜板可沿床身导轨作工件径向切入进给运动及快速接近或快退运动。

3. 插齿加工方法

用 Y5132 型插齿机加工直齿圆柱齿轮时，插齿刀与工件一方面做展成运动，同时，工件要相对于插齿刀连续做径向切入运动，直至全齿深时刀具与工件再继续对滚至工件转完一转，全部轮齿就切削完毕，这种方法称为一次切入法。除此之外，也有采用二次或三次切入法的。用两次切入法时，第一次切入量为全齿深的 90%，在第一次切入结束时，径向切入运动停止，工件和插齿刀对滚至工件转完一转，完成粗插齿加工，再进行第二次切入，此时，径向切入运动连续进行，直到全齿深时，插齿刀和工件再对滚至工件转完一转，完成精插齿加工。三次切入法和二次切入法类似，只是第一次切入量为全齿深的 70%，第二次切入量为全齿深的 27%，第三次切入量为全齿深的 3%。

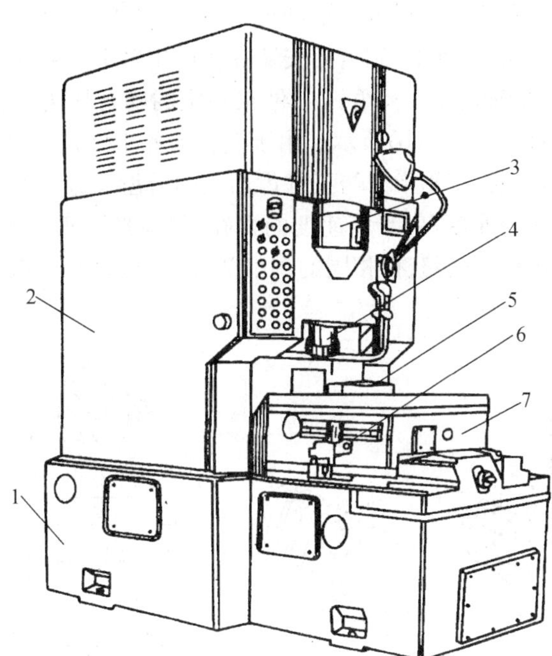

图 2-71　Y5132 型插齿机外形图

1—床身；2—立柱；3—刀架；4—主轴；5—工作台；6—挡块支架；7—工作台溜板

4. 插齿加工和滚齿加工比较

(1) 插齿刀的齿形没有近似造型偏差，刀齿可通过高精度的磨齿机磨削获得精确的渐开线齿形，因此，插齿加工的齿形精度高。

(2) 插齿时，插齿刀是沿轮齿的全长连续地切下切屑；而滚齿时，滚刀切削刃每次只在轮齿长度方向上切出一小段齿形，整个齿长是由滚刀多次断续切削而成。所以，插齿加工获得的表面粗糙度较小。

(3) 滚齿时，工件同一齿廓的渐开线是由较少数目(滚刀圆周齿数)的折线包络而成，齿形精度不高。而插齿时，可通过减少圆周进给量来增加形成渐开线齿形包络线的折线数量，从而提高工件的齿形精度及减小表面粗糙度。

(4) 由于插齿刀本身制造时的齿距累积误差，刀具的安装误差及插齿机上带动插齿刀旋转的蜗轮的齿距误差，使插齿刀旋转时会出现较大的转角误差。因此，插齿加工的公法线长度变动量比滚齿加工要大。

(5) 插齿时，由于刀具做直线往复运动，使速度的提高受到限制，并且有空行程，因此一般情况下，插齿加工生产率低于滚齿加工生产率。

(6) 插齿加工斜齿圆柱齿轮很不方便，必须更换成倾斜导轨，辅助时间较长，并且插齿不能加工蜗轮。

2.5.4　剃齿加工

剃齿加工是对未经淬火的圆柱齿轮齿形进行精加工的方法之一。剃齿精度一般可达 6～7 级，表面粗糙度为 Ra 0.8～0.2 μm。剃齿的生产率很高，在成批、大量生产中得到广泛的应用。剃齿加工在原理上也属于展成法。剃齿加工的展成运动相当于一对螺旋齿轮啮合。剃齿刀实质上是一个高精度的螺旋齿轮。在它的齿面上沿渐开线方向开出一些梳形槽，这些梳形槽侧面与齿面的交棱形成了切削刃，如图 2－72(a)所示。剃齿加工时，工件装夹在机床上的两顶尖之间的心轴上，剃齿刀安装在机床主轴上并由主轴带动旋转，实现主运动。剃齿刀的轴线与工件轴线成一夹角 β，工件在一定的啮合压力下被带动，与剃齿刀作无侧隙的自由啮合运动，如图 2－72(b)所示。由于剃齿刀和工件是一对螺旋齿轮啮合，因而在啮合点处的速度方向不一致，使剃齿刀与工件齿面之间沿齿宽方向产生相对滑动，这个滑动速度 $v_{At}=v_A\sin\beta$ 就是切削速度，由于该速度的存在，使梳形刀刃从工件齿面上切下微细的切屑。为了使工件齿形的两侧能获得相同的剃削效果，剃齿刀在剃齿过程中，应交替变换转动方向。

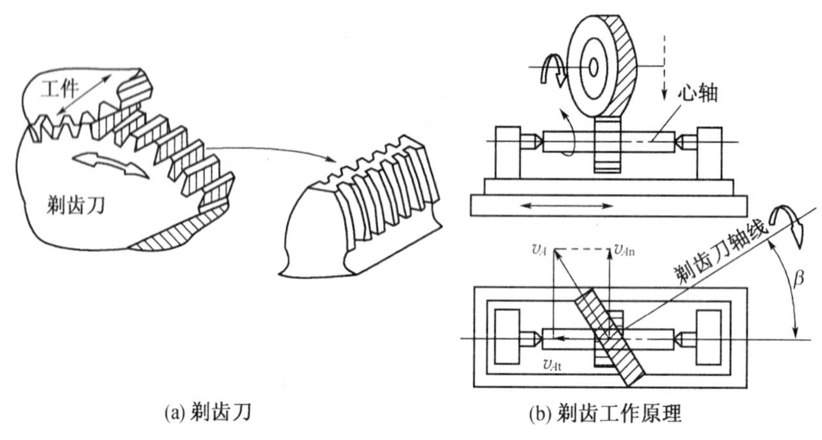

(a) 剃齿刀　　(b) 剃齿工作原理

图 2－72　剃齿刀及剃齿原理

剃齿加工时，为了剃齿形的全宽，工作台必须做纵向往复运动。工作台每次单向行程后，剃齿刀反转，工作台反向，剃削齿轮的另一侧面。工作台双向行程后，剃齿刀沿工件径向间歇进给一次，逐渐剃去齿面的余面。

剃齿的制造精度分为 A、B、C 三级，可分别加工 6、7、8 级精度的齿轮。

剃齿可加工直齿、斜齿圆柱齿轮，也可以加工多联齿轮。

2.5.5　磨齿加工

磨齿加工主要用于对高精度齿轮或淬硬的齿轮进行齿形的精加工，齿轮的精度可达 6 级以上。按齿形的形成方法，磨齿也有成形法和展成法两种，但大多数磨齿均以展成法原理来加工齿轮。

1. 连续分度展成法磨齿原理

连续分度展成法磨齿是利用蜗杆形砂轮来磨削齿轮轮齿，其工作原理和滚齿相同，如图 2－73 所示，其轴向进给运动一般由工件完成。由于在加工过程中，蜗杆形砂轮是连续地磨削工件的齿形，所以其生产率是最高的。这种磨齿方法的缺点是砂轮修磨困难，不易达到较高的精度，磨削不同模数的齿轮时需要更换砂轮；各传动件转速很高，机械传动易产生噪声，磨损较快。这种磨齿方法适用于中小模数齿轮的成批和大量生产。

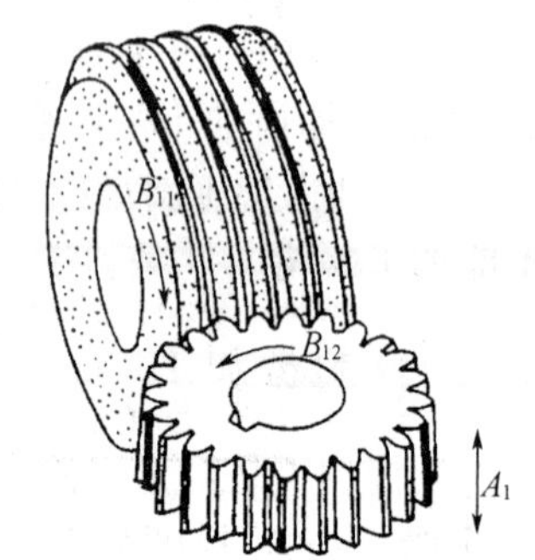

图 2－73　蜗杆砂轮磨齿工作原理

2. 单齿分度展成法磨齿原理

单齿分度展成法磨齿可根据砂轮形状不同有锥形砂轮磨齿

和蝶形砂轮磨齿两种方法。它们的工作原理都是利用齿条和齿轮的啮合原理来磨削齿轮的。磨齿时被加工齿轮每往复滚动一次，完成一个或两个齿面的磨削，因此，须经多次分度及加工，才能完成全部齿轮齿面的加工。双片蝶形砂轮磨齿是用两个蝶形砂轮的端平面来形成假想齿条的两个齿侧面，如图 2-74(a)所示，同时磨削齿槽的左右齿面。磨削过程中，主运动为砂轮的高速旋转运动 B_1；工件既做旋转运动 B_{31}，同时又做直线往复移动 A_{32}，工件的这两个运动就是形成渐开线齿形所需的展成运动。为了要磨削整个齿轮宽度，工件还需要作轴向进给运动 A_2；在每磨完一个齿后，工件还需进行分度。

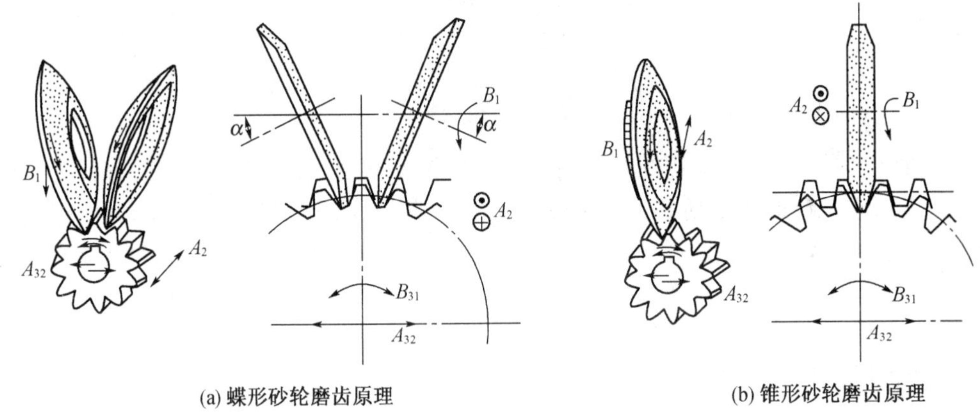

(a) 蝶形砂轮磨齿原理　　(b) 锥形砂轮磨齿原理

图 2-74　单齿展成法磨齿工作原理

双片蝶形砂轮磨齿加工精度较高，由于砂轮工作棱边很窄，磨削接触面积小，磨削力和磨削热都很小，磨齿精度最高可达 4 级，是磨齿精度最高的。但砂轮刚性较差，磨削用量受到限制，生产效率较低。

锥形砂轮磨齿的方法是用锥形砂轮的两侧面来形成假想齿条一个齿的两齿侧来磨削齿轮的，如图 2-74(b)所示。磨削过程中，砂轮除了做高速旋转主运动 B_1 外，还做纵向直线往复运动 A_2，以便磨出整个齿宽。其展成运动是由工件作旋转运动 B_{31} 的同时又做直线往复运动 A_{32} 来实现的。工件往复滚动一次，磨完一个齿槽的两侧面后，再进行分度，磨削下一个齿槽。

锥形砂轮刚度较高，可选用较大的切削用量，因此，生产率比碟形砂轮磨齿要高。但锥形砂轮形状不易修整得准确，磨损较快且不均匀，因而磨削加工效率较低。

2.5.6　珩齿加工

珩齿加工是对淬硬齿形进行精加工的一种方法。它主要用于去除热处理后齿面上的氧化皮，减小轮齿表面粗糙度，从而降低齿轮传动的噪声。

珩齿所用的刀具——珩轮是一个含有磨料的塑料螺旋齿轮。珩齿的运动与剃齿相同。珩齿加工时，珩轮与工件在自由啮合中，靠齿面间的压力和相对滑动，由磨料进行切削。

珩轮由轮坯及齿圈构成，如图 2-75 所示，轮坯为钢质，齿圈部分是用磨料(氧化铝、碳化硅)、合结剂(环氧树脂)和固化剂(乙二胺)浇注而成，结构与磨具相似，只是珩齿的切削速度远低于磨削，但大于剃削。因此，珩齿过程实际上是低速磨削，所以修正误差的能力较差。珩齿后表面的粗糙度值为 Ra 1.25～0.16 μm。

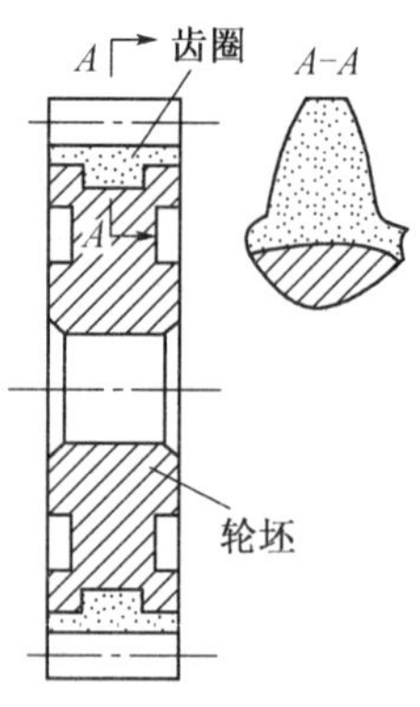

图 2-75 珩轮结构

在大批量生产中，广泛应用蜗杆珩轮珩齿。珩轮外形为一大直径蜗杆，其直径为ϕ200～500 mm，齿形在螺纹磨床上精磨到 5 级以上。由于其齿形精度高，珩削速度高，所以对工件误差的修正能力较强，特别是对于工件的齿形误差、基节偏差及齿圈径向跳动都能有较好的修正。可将齿轮从 8～9 级精度直接珩到 6 级精度，有可能取消珩前剃齿工序。

2.6 磨削加工

2.6.1 磨削的特点与应用

所有以磨料磨具如砂轮、砂带、油石、研磨剂等为工具进行切削加工的机床都属于磨削类机床，凡是在磨床上用砂轮等磨料磨具对工件进行切削，使其在形状、精度和表面粗糙度等方面能满足预定要求的加工方法统称为磨削加工。

磨削加工的方法很多，如外圆磨削、无心外圆磨削、内孔磨削、平面磨削、成形磨削、螺纹磨削、齿轮磨削等，如图 2-76 所示，几乎各种表面都可用磨削进行加工，磨床是种类最为繁多的一种机床。

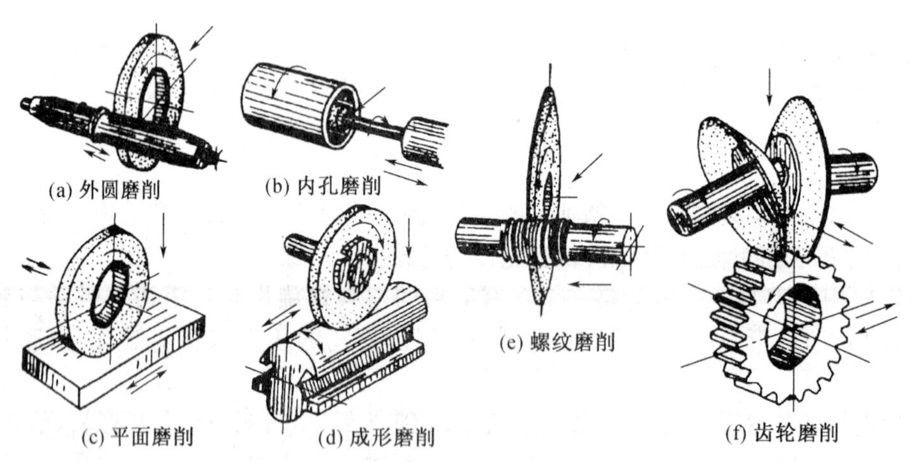

图 2-76 磨削加工方式

磨削加工与其他切削方法如车削、铣削等比较，具有以下一些特点：

（1）能获得很高的加工精度，通常的加工精度为 IT5～IT6，表面粗糙度可达 Ra 1.25～0.32 μm；高精度外圆磨床的精密磨削尺寸精度可达 0.2 μm，圆度可达 0.1 μm，表面粗糙度可控制到 Ra 0.01 μm。

（2）不但可以加工软材料，如未淬火钢、铸铁和有色金属等，而且还可以加工硬度很高的材料，如淬火钢、各种切削刀具以及硬质合金等，这些材料用金属刀具很难加工甚至根本不能加工。

（3）一般情况下，磨削时的切削深度较小，在一次行程中所能切除的金属层较薄。

由于以上的特点，磨削主要用于对机器零件、刀具、量具等进行精加工，也就是先用其他加工方法去除大部分余量，留下很小的余量，由磨削加工去除，以获得较高的精度和很小的表面粗糙度。经过淬火的零件，几乎只能用磨削来进行精加工。

另外磨削加工也可以用于粗加工，如粗磨工件表面，切除钢锭和铸件上的硬皮表面，清理锻件上的飞边，打磨铸件上的浇口、冒口表面等。也可以用薄片砂轮切断管料及各种硬度高的型材。

由于现代机器上零件的精度要求不断提高，表面粗糙度要求越来越小，很多零件必须用磨削来进行最后精加工，所以磨削在现代机器制造中占有很大比重。而且随着精密毛坯制造技术的发展和高生产磨削方法的应用，使某些零件不需经其他切削加工，而直接由磨削加工完成，这将使磨削加工在大批量生产中得到广泛的应用。

2.6.2　磨床

磨床的种类很多，根据用途不同，可分为外圆磨床、内圆磨床、平面磨床、螺纹磨床、齿轮磨床、导轨磨床和工具磨床等。以上各类磨床，由于磨削方式及使用的性能不同，每一类还可分为很多品种，如外圆磨床还可细分为万能外圆磨床、普通外圆磨床、无心外圆磨床等。此外，还有为数很多的专门化磨床，如花键轴磨床、曲轴磨床、轧辊磨床等，它们只能加工一种类型的零件，磨床的详细分类可参阅机床型号编制表。

1. M1432A 型万能外圆磨床

M1432A 型万能磨床属于普通精度级，加工精度可达 IT6～IT7，表面粗糙度在 Ra 1.25～0.08 μm 之间，它的万能性大，但磨削效率不高，自动化程度低，适用于工具车间、机修车间和单件小批量生产的车间使用。

（1）机床主要技术参数。

外圆磨削直径/mm	8～320
外圆最大磨削长度（三种规格）/mm	1 000、1 500、2 000
内孔磨削直径/mm	30～100
内孔最大磨削长度/mm	125
磨削工件最大质量/kg	150
砂轮尺寸/mm	$\phi400\times50\times\phi203$
砂轮转速/$(r \cdot min^{-1})$	1 670
内圆砂轮转速/$(r \cdot min^{-1})$	10 000、15 000
头架主轴转速/$(r \cdot min^{-1})$	6 级 25、50、80、112、160、224
头架主轴转速/$(m \cdot min^{-1})$	0.05～4（液压无级调速）
机床外形尺寸（三种规格）	

长度/mm	3 200、4 200、5 200
宽度/mm	1 800～1 500
高度/mm	1 420
机床质量(三种规格)/kg	3 200、4 500、5 800

(2) 主要部件和功能。M1432A 型万能磨床外形如图 2 - 77 所示,其主要部件如下:

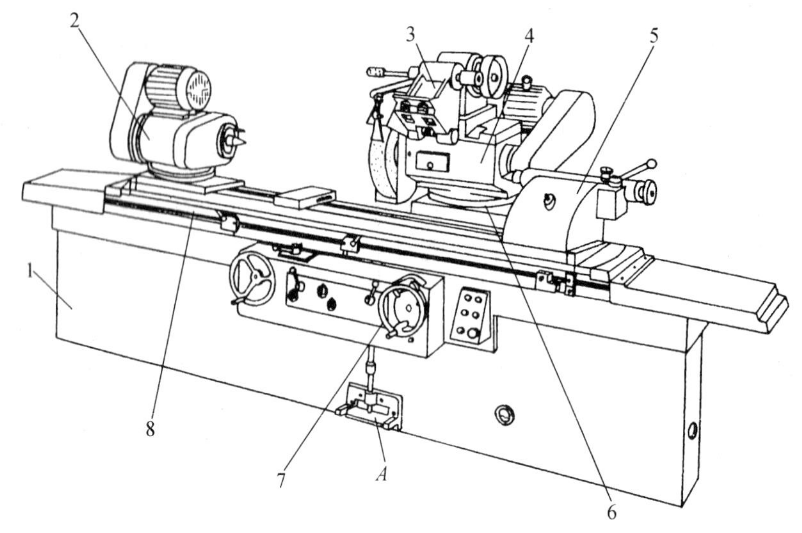

图 2 - 77 M1432A 型万能外圆磨床外形图

1—床身;2—头架;3—内圆磨具;4—砂轮架;5—尾座;6—滑鞍;7—手轮;8—工作台

(1) 床身。是磨床的基础支承件,用以支承机床的各部件,使它们在工作时保护准确的相对位置。

(2) 头架。用于装夹工件并带动工件转动,当头架体座回转一个角度时,可磨削短圆锥面;当头架逆时针回转 90°,可磨削小平面。

(3) 砂轮架。用以支承并传动砂轮主轴高速旋转,砂轮架装在滑鞍上,可回转角度为 ±30°,当需要磨削短圆锥面时,砂轮架可调至一定的角度位置。

(4) 内圆磨具。它用于支承磨内孔的砂轮主轴。内圆磨具主轴由单独的内圆砂轮电动机驱动。

(5) 尾座。尾座上的后顶尖和头架前顶尖一起,用于支承工件。

(6) 工作台。由上、下工作台两部分组成,上工作台可绕下工作台的心轴在水平面内转比较小的角度以便磨削锥度较小的长圆锥面。工作台台面上装有头架和尾座,它们一起随工作台做纵向往复运动。

(7) 滑鞍及横向进给机构。转动横向进给手轮 7,通过横向进给机构,带动滑鞍 6 及砂轮架作横向移动;也可利用液压装置,使砂轮架作快速进退或周期性自动切入进给。

2. 普通外圆磨床

普通外圆磨床与万能外圆磨床的结构基本相同,所不同的是:普通外圆磨床的头架和砂轮架都不能绕垂直轴调整角度;头架主轴固定不动;没有内圆磨具。因此,普通外圆磨床只能用于磨削外圆柱面和锥度较小的圆锥面。

普通外圆磨床的万能性虽不如万能外圆磨床。但是,部件的层次减少了,使机床的结构简化,刚性好,可采用较大的磨削用量,故生产率较高。另外,头架主轴用螺钉直接固定在箱壁上不动，工件支承在"死"顶尖上，可以提高头架主轴部件的刚度和工件的旋转精度，易于保证磨削精度和表面粗糙度。

3. 内圆磨床

内圆磨床的类型有普通内圆磨床、半自动内圆磨床、无心内圆磨床等。

内圆磨床用于磨削各种圆柱孔(通孔、盲孔、阶梯孔和断续表面的孔等)和圆锥孔，按其磨削方法的不同有下列几种：

(1) 普通内圆磨削[图2－78(a)]。磨削时，工件用卡盘或其他夹具装夹在机床主轴上，由主轴带动旋转作圆周进给运动 $f_{周}$，砂轮高速旋转 $n_{内}$ 为主运动，同时砂轮或工件往复移动作纵向进给运动 $f_{纵}$，在每次(或几次)往复行程后，砂轮或工件做一次横向进给 $f_{横}$。这种磨削方法适用于形状规则便于旋转的工件。

(2) 无心内圆磨削[图2－78(b)]。磨削时，工件支承在滚轮1和导轮3上，压紧轮2使工件紧靠导轮3，工件由导轮3带动旋转，实现圆周进给运动。砂轮除了完成主运动外，还作纵向进给运动和周期横向进给运动。加工结束时，压紧轮沿箭头 A 方向摆开，以便装卸工件。这种磨削方式适用于大批量生产，外圆表面已精加工的薄壁工件，如轴承套等。

(3) 行星内圆磨削[图2－78(c)]。磨削时，工件固定不转，砂轮除了绕其自身轴线高速旋转实现主运动 $n_{内}$ 外，同时还绕被磨内孔的轴线公转，以实现圆周进给运动 $f_{周}$。纵向往复运动 $f_{纵}$ 由砂轮或工件完成。周期性地改变与被磨内孔轴线间的偏心矩，即增大砂轮公转运动的旋旋半径，可实现横向进给运动 $f_{横}$。这种磨削方式适用于磨削大型或形状不对称且不便于旋转的工件。

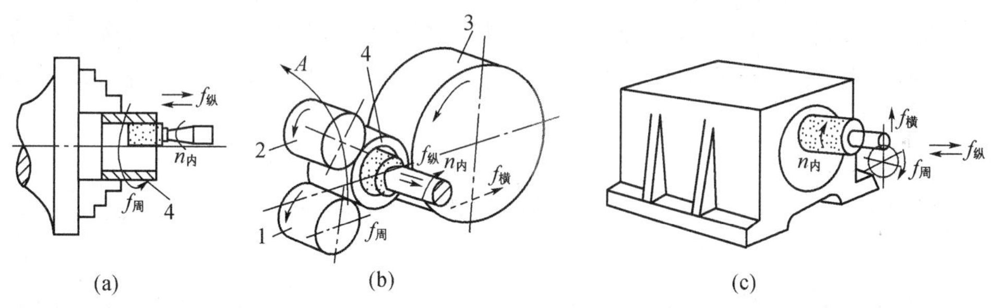

图2－78　内圆磨削方式

1—滚轮；2—压紧轮；3—导轮 4—工件

4. 平面磨床

平面磨床用于磨削各种零件的平面。根据砂轮的工作面不同，平面磨床可分为用砂轮轮缘(圆周)和砂轮端面进行磨削两类。用砂轮轮缘磨削的平面磨床的砂轮主轴常处于水平位置(卧式)；而用砂轮端面磨削的平面磨床的砂轮主轴通常为立式的。根据工作台的形状不同，平面磨床又可分为矩形工作台和圆形工作台两类。

因此，根据砂轮工作面和工作台形状的不同，普通平面磨床可分为四类：卧轴矩台式平面磨床[图2－79(a)]；卧轴圆台式平面磨床[图2－79(b)]；立轴矩台式平面磨床[图2－79(c)]；立轴圆台式平面磨床[图2－79(d)]。

在平面磨床中，用砂轮端面磨削的平面磨床的砂轮，往往比用轮缘磨削的平面磨床砂轮直径大，能同时磨出工件的全宽，磨削面积较大，生产率较高，但端面磨削时，冷却困难，切屑也不易排出，所以加工精度和表面质量不高。圆台式平面磨床与矩台式平面磨床相

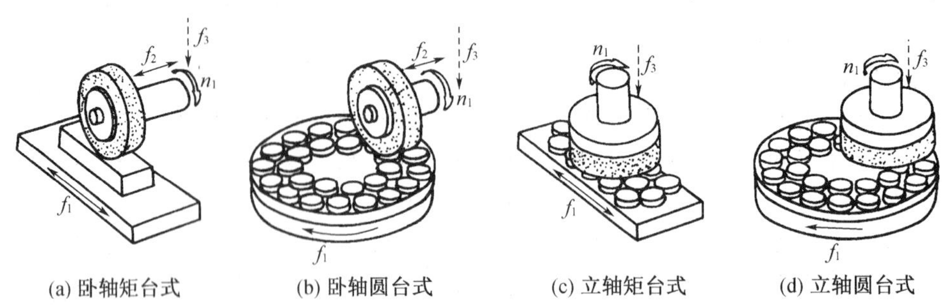

图 2-79　平面磨床加工床加工示意图

比，由于圆台式是连续进给的，生产率较高，但只适用于磨削小零件和大直径的环形零件端面，不能磨削长零件；而矩台式平面磨床可方便地磨削各种常用零件，包括直径小于矩台宽度的环形零件。在机械制造企业中，用得较多的是卧轴矩台式平面磨床和立轴圆台式平面磨床。

2.6.3　砂轮

砂轮具有特殊的结构，磨粒依靠结合剂构成的“桥”支持着，承受磨削力作用，砂轮内的网状空隙起到容纳磨屑和散热作用。磨粒、结合剂、网状空隙构成砂轮结构的三要素。

砂轮的种类很多，不仅有各种形状和尺寸，而且由于磨粒和结合剂的材料及砂轮制造工艺不同，而具有不同的性能，每一种砂轮，都只有一定的适应范围。在进行任何一项磨削加工时都要根据具体条件，如工件材料、形状、热处理方法、加工要求等，选用相应的砂轮，以保证加工质量、降低成本和提高生产率。为了能正确地选用砂轮，就必须了解砂轮的性能。

1. 砂轮的特性

砂轮的特性包括以下几个方面：磨料、粒度、结合剂、硬度、组织、强度、形状和尺寸等。

(1) 磨料。砂轮中磨削的材料称为磨料。在磨削过程中，磨料担负着切削工作，它要经受剧烈的挤压、摩擦以及高温的作用，磨料必须具备很高的硬度、耐热性以及一定的韧性，同时还要具有比较锋利的几何形状，以便切入金属。

磨料分天然磨料和人造磨料两大类，天然磨料有刚玉类，金刚石等。天然刚玉含杂质多且不稳定，天然金刚石价格昂贵，很少采用，目前制造砂轮用的磨料主要是人造磨料。其种类特性如下：

① 刚玉类。刚玉类磨料主要成分是氧化铝(Al_2O_3)，适合磨削抗拉强度较高的材料，如各种钢材。

② 碳化硅类。碳化硅类磨料的硬度和脆性比刚玉类磨料高，磨粒也更锋利，不宜磨削钢类等韧性金属，适用于磨削脆性材料，如铸铁、硬质合金等，碳化硅类不宜磨削钢类的另一个原因是：在高温下碳化硅中的碳原子要向钢的铁素体中扩散。

③ 超硬类。超硬类磨料是近年来发展起来的新型磨料。如：人造金刚石、立方氮化硼等。此类磨料硬度高，主要用于高硬度材料的磨削。

常用磨料的力学机械性能及适用范围见表 2-4。

表 2-4　几种磨料的物理力学性能及范围

系别	磨料	代号	化学成分	显微硬度 HV	特性	适用范围
刚玉类	棕刚玉	A	$w_{Al_2O_3}>95.0\%$ $w_{SiO_2}<2\%$ $w_{Fe_2O_3}<1\%$	2 000～2 200	棕褐色、硬度高、韧性大、价格便宜	磨削碳钢，合金钢，可锻铸铁，硬青铜
	白刚玉	WA	$w_{Al_2O_3}>98.5\%$ $w_{SiO_2}<1.2\%$ $w_{Fe_2O_3}<0.15\%$	2 000～2 400	白色、硬度比棕刚玉高，韧性较棕刚玉低	磨削淬火钢，高速钢，高碳钢及薄壁零件
	铬刚玉	PA	$w_{Al_2O_3}>97.5\%$ $w_{SiO_2}<1.0\%$ $w_{Fe_2O_3}<0.01\%$ $w_{Cr_2O_3}>1.15\sim1.3\%$	2 000～2 200	玫瑰色或紫红色、韧性比白刚玉好，磨削粗糙度细	磨削淬火钢，高速钢，高碳钢及薄壁零件
	微晶刚玉	MA	与棕刚玉相似	2 000～2 200	硬度和韧性高于白刚玉，呈浅黄色或白色	磨削不锈钢，轴承钢和特种球墨铸韧性大的材料
	单晶刚玉	SA	与白刚玉相似		硬度有光泽、硬度比白刚玉高，呈浅黄色或白色	磨削不锈钢，高钒高速钢等强度高、韧性大的材料
碳化硅类	黑碳化硅	C	$w_{SiC}>98.5\%$ $w_C<0.2\%$ $w_{SiO_2}<0.5\%$ $w_{Fe_2O_3}<0.6\%$	2 840～3 320	黑色有光泽、硬度比白刚玉高，性脆而锋利、导热性、导电性良好	磨削铸铁、黄铜、铝、耐火材料及非金属材料
	绿碳化硅	GC	$w_{SiC}>99.0\%$ $w_C<0.2\%$ $w_{SiO_2}<0.3\%$ $w_{Fe_2O_3}<0.35\%$	2 840～3 320	绿色，硬度和脆性比黑碳化硅高，具有良好的导热性、导电性	磨削硬质合金、宝石、陶瓷、玉石、玻璃等材料
超硬磨料	人造金刚石	SD	C	10 060～11 000	无色透明或淡黄色，黄绿色，比天然金刚石脆	磨硬脆材料，硬质合金，宝石，光学玻璃，半导体，切割石材等以及制造各种钻头（地质石油钻头等）
	立方氮化硼	CBN	BN	8 000～9 000	黑色或淡白色，立方晶体，硬度仅次于金刚石，耐磨性高，发热量小	磨削各种高温合金，高钼，高钒，高钴钢，不锈钢等

(2) 粒度。粒度是表示磨粒尺寸大小的参数，对磨削表面的粗糙度和磨削效率有很大影响，粒度粗，即磨粒大，磨削深度可以增加，效率高，但磨削的表面质量差，反之粒度细，磨粒小，在砂轮工作表面上的单位面积上的磨粒多，磨粒切削刃的等高性好，可以获得粗糙度小的表面，但磨削效率比较低，另外，粒度细，砂轮与工件表面之间的摩擦大，发热量大，易引起工件烧伤。

根据 GB2476—94 磨料标准规定，粒度用 41 个代号表示，见表 2-5。

表 2-5　磨粒粒度

粒度号	磨料颗粒尺寸/μm	粒度号	磨料颗粒尺寸/μm	粒度号	磨料颗粒尺寸/μm
4	5 600～4 750	40	500～425	W50	50～40
5	4 750～4 000	46	425～355	W40	40～28
6	4 000～3 350	54	355～300	W28	28～20
7	3 350～2 800	60	300～250	W20	20～14
8	2 800～2 360	70	250～212	W14	14～10
10	2 360～2 000	80	212～180	W10	10～7
12	2 000～1 700	90	180～150	W7	7～5
14	1 700～1 400	100	150～125	W5	5～3.5
16	1 400～1 180	120	125～106	W3.5	3.5～2.5
20	1 180～1 000	150	106～90	W2.5	2.5～1.5
22	1 000～850	180	90～75	W1.5	1.5～1.0
24	850～710	220	75～63	W1.0	1.0～0.5
30	710～600	240	63～50	W0.5	0.5 及更细
36	600～500	W63	63～50		

粒度有两种表示方法。颗粒尺寸大于 50 μm 的磨粒(W63 除外)，用筛网筛分的方法测定，粒度号代表的是磨粒所通过的筛网在每英寸长度上所含的孔目数，例如，60# 粒度是指它可以通过每英寸长度上有 60 个孔目的筛网，用这种方法表示的粒度号越大，磨粒就愈细。

磨粒尺寸很小时就成为微粉。微粉用显微镜测量的方法确定粒度，粒度号 W 表示微粉，阿拉伯数字表示磨粒的实际宽度尺寸。例如，W40 表示颗粒大小为 40～28 μm。

(3) 结合剂。结合剂是将磨粒粘结成各种砂轮的材料。结合剂的种类及其性质，决定了砂轮的硬度、强度以及耐腐蚀的能力。常用的结合剂分有机结合剂和无机结合剂两大类。其中无机结合剂最常用的是陶瓷结合剂，目前应用最广。有机结合剂最常用的有树脂结合剂和橡胶结合剂两种。

(4) 硬度。砂轮的硬度是指结合剂黏结磨粒的牢固程度，也就是磨粒从砂轮表面上脱落下来的难易程度。磨粒不易脱落的，称为硬砂轮，易脱落的称为软砂轮。

砂轮的硬度对磨削生产率和加工的表面质量影响极大。如果太软，磨粒还很锋利就脱落，加快了砂轮的损耗。如果太硬，磨粒变钝后仍不能脱落，磨削力和磨削热会显著增加。

为了适应不同的加工需要，砂轮硬度分为超软、软、中软、中、中硬、硬、超硬七级，分别用不同的字母表示。

(5) 组织。组织是表示砂轮内部结构松紧程度的参数。砂轮的松紧程度与磨粒、结合剂和气孔三者的体积比例有关。砂轮组织号是以磨粒占砂轮体积的百分比划分的，共分十五级。见表 2-6。

表 2-6　砂轮组织等级

组织号	0	1	2	3	4	5	6	7	8	9	10	11	12	13	14
磨粒占砂轮体积/%	62	60	58	56	54	52	50	48	46	44	42	40	38	36	34

由表 2-6 可知，砂轮组织号数越低，组织越紧密，磨粒占砂轮体积的百分比也越大，因而磨粒与磨粒之间的空隙越小。一般外圆、内圆、平面、无心磨以及刃磨用砂轮都采用组织中等的砂轮。

2. 砂轮的选用

每种砂轮都有一定的适用范围，一般应根据工件的材料、形状、热处理方法、加工精度、表面粗糙度、磨削用量以及磨削形式等选用。

(1) 磨料的选择。按工件材料及其热处理方法选择。即使磨料本身的硬度与工件材料的硬度相对应。其一般选择原则为，工件材料为一般钢材，可选用棕刚玉；工件材料为淬火钢、高速钢，可选用白刚玉或铬刚玉；工件材料为硬质合金，可选用人造金刚石或绿色碳化硅；工件材料为铸铁、黄铜，可选用黑色碳化硅，见表 2-4。

(2) 粒度的选择。按工件表面粗糙度和加工精度选择。细粒度的砂轮可磨出光洁的表面，粗粒度则相反，但由于其颗粒粗大，砂轮的磨削效率高。一般常用 46# ～80# 。粗磨时选用粗粒度砂轮，精磨时选用细粒度砂轮，可参考表 2-7。

表 2-7　粒度的选择　(单位：μm)

粒度代号	适用范围	工件表面粗糙度 *Ra*
24# ～60#	一般磨削	3.2～0.8
60# ～80#	半精磨或精磨	0.8～0.20
100# ～240#	精密磨削	0.20～0.10
240# ～W20#	超精密磨削	0.05～0.025
W14# ～W10#	超精密磨削，镜面磨削	0.025～0.012

(3) 砂轮硬度的选择。砂轮硬度的选择，决定于工件材料、磨削方式和性质等因素。选择主要原则如下：

① 工件材料硬度高，磨料易磨钝，为使磨钝的磨粒及时脱落，应选较软的砂轮；反之，软材料应选较硬的砂轮，但是磨削很软很韧的材料时，如铜、铝、韧性黄铜、软钢等，为了避免砂轮堵塞，砂轮的硬度也应软一些。磨削硬度很高的零件，砂轮的硬度也不能太低，否则磨粒过分容易脱落，切削能力降低，也不易保证表面粗糙度要求。通常磨削淬火的碳素钢、合金钢、高速钢、可选硬度 H～K(R2～ZR1)，磨削未淬火的钢，可用硬度 K～L(ZR1～ZR2)。

② 磨削容易烧伤、变形的工件，如导热性差的工件，薄壁薄片工件等，应选较软砂轮。

③ 砂轮与工件接触面积较大时，因发热量多，冷却条件差，为了避免工件烧伤或变形，应选用较软的砂轮，例如内圆磨削、平面磨削比外圆磨削的接触面积大，选用砂轮时应有所区别。

④ 精磨时的硬度应比粗磨时的硬度适当高一些，成形磨削为了较好地保持砂轮外形轮廓，应该用较硬砂轮。

⑤ 磨断续表面，如花键轴、有键槽的外圆等，由于有撞击作用，容易使磨粒脱落，应选较硬砂轮。

(4) 结合剂的选择。结合剂的选择主要与磨削方式、加工表面质量要求有关，其选择原则如下：

① 在绝大多数磨削工序中，一般采用陶瓷结合剂砂轮。

② 在下列工序中常用树脂结合剂：

a. 荒磨和粗磨等冲击较大的工序。

b. 需要减少发热量，避免工件发生烧伤和变形的工序。

③ 在下列工序中常用树脂结合剂或橡胶结合剂：

a. 切断与开槽。

b. 有些高级的精细磨削、超精磨削以及滚动轴承内外沟槽的磨削等。

(5) 砂轮强度的选择。在实际工作中，除高速磨削需要按磨削速度订购特殊的高速砂轮外，其余情况下一般都采用安全线速为 25～35 m/s 的砂轮，使用时必须注意检验砂轮的实际线速度是否超过了安全线速度。在砂轮尺寸与转速可以变换的磨床(如内圆磨床)上工作时，应特别注意这一点。

习　题

2-1　解释下列机床型号：X4325、CM6132、CG1107、C1336、Z5140、TP619、B2021A、Z3140×16、MGK1320A、X62W、T68、Z35。

2-2　什么是表面成形运动？什么是辅助运动？各有何特点？

2-3　外圆表面常用的加工方法有哪些？如何选用？

2-4　可转位车刀有何特点？

2-5　细长轴加工的难点是什么？如何解决？

2-6　什么是砂轮的硬度？应如何选择？

2-7　标准高速钢麻花钻由哪几部分组成？切削部分包括哪些几何参数？

2-8　试分析钻孔、扩孔和铰孔三种孔加工方法的工艺特点并说明这三种孔加工工艺之间的联系。

2-9　为什么牛头刨床很少使用硬质合金刀具？若使用硬质合金刀具，可否实现高速刨削，为什么？

2-10　何谓逆铣和顺铣？各有何特点？各应用在何种条件下？

2-11　周磨和端磨相比，哪种方法的加工质量较高？为什么？

2-12　试述齿轮滚刀的切削原理。

2-13　滚齿和插齿各有何特点？

2-14　剃齿、珩齿、磨齿各有何特点？用于什么场合？

第3章　机械加工工艺规程的制订

制订机械加工工艺规程，是机械制造技术的重要内容之一，也是机械企业工艺技术人员的主要工作内容之一。机械加工工艺规程的制订与生产实际有着密切的联系，它要求制订者有一定的生产实践知识和专业基础知识。本章着重阐述制订机械加工工艺规程的基本原理和主要问题。

3.1　基本概念

3.1.1　生产过程和工艺过程

1. 生产过程

生产过程是指机械产品制造时，将原材料转变成为成品的所有劳动过程的总和。这种成品可以是一台机器、一个部件，或者是某一种零件。对于机器的制造而言，其生产过程包括：

(1) 生产技术准备工作。如产品的开发和设计、工艺规程的编制、专用工装设备的设计和制造、各种生产资料的准备和生产组织等方面的工作。

(2) 原材料和成品的供应、运输与保管。

(3) 毛坯的制造。

(4) 零件的机械加工、热处理和其他表面处理。

(5) 产品的装配、调试、检验、油漆和包装等。

在现代工业生产中，一台机器的生产往往是由许多企业以专业化生产的方式合作完成的。这时，某工厂所用的原材料，却是另一工厂的产品。例如，机床的制造，就是利用轴承制造企业、电机生产企业、液压元件生产企业、仪器仪表制造企业等许多专业化生产企业的产品，由机床制造企业完成关键零部件的生产，并装配而成的。采用专业化生产有利于零部件的标准化、通用化和产品系列化，从而能有效地保证质量、提高生产率和降低成本。

2. 工艺过程

在机械产品生产过程中，那些与原材料变为成品直接有关的过程称为工艺过程，例如毛坯制造、零件的机械加工与热处理、装配等。工艺过程是生产过程的主要部分。其中，采用机械加工的方法，直接改变毛坯的形状、尺寸和表面质量使其成为零件的过程，称为机械加工工艺过程（为叙述方便，以下将机械加工工艺过程简称为工艺过程）。

3.1.2　工艺过程的组成

在机械加工工艺过程中，针对零件的结构特点和技术要求，要采用不同的加工方法和设备，按照一定的顺序依次进行加工才能完成由毛坯到零件的过程。因此，工艺过程是由一系列顺序排列的加工方法即工序组成的。工序又包含安装、工位和工步。

1. 工序

工序是指一个或一组工人在一个工作地点或一台机床上,对同一个或几个零件进行加工所连续完成的那部分工艺过程。工序是组成工艺过程的基本单元,也是生产计划和经济核算的基本单元。

区分是否为同一个工序的主要依据是:工作地点(或机床)是否变动和加工是否连续。加工地点变动或者是不连续,即构成另一个工序。例如图 3-1 所示的阶梯轴,当加工工件数量较少时,其工艺过程及工序的划分见表 3-1,由于加工不连续和机床变换而分为三个工序。当加工工件数量较多时,其工艺过程及工序的划分见表 3-2,共有五个工序。

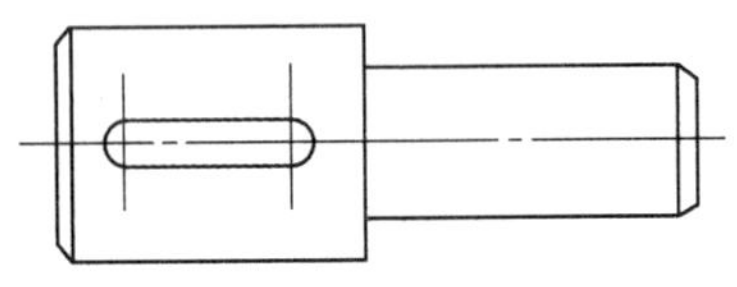

图 3-1 阶梯轴

表 3-1 单件小批生产的工艺过程

工序号	工序内容	设备
1	车一端面,钻中心孔;调头车另一端面,钻中心孔	车床
2	车大外圆及倒角;调头车小外圆及倒角	车床
3	铣键槽 去毛刺	铣床

表 3-2 大批大量生产的工艺过程

工序号	工序内容	设备
1	铣端面、钻中心孔	机床
2	车大外圆及倒角	车床
3	车小外圆及倒角	车床
4	铣键槽	键槽铣床
5	去毛刺	钳工台

在零件的加工工艺过程中,有一些工作并不改变零件形状、尺寸和表面质量,但却直接影响工艺过程的完成,如检验、去毛刺、打标记等,一般称完成这些工作的工序为辅助工序。

2. 安装

工件在加工前,先要把工件位置放准确,确定工件在机床上或夹具中占有正确位置的过程称为定位。使定位后的工件在加工过程中的位置保持不变的操作称为夹紧。将工件在机床上或夹具中定位后并加以夹紧的过程称为安装。在一个工序中,要完成加工,工件可能安装一次,也可能需要安装几次。如表 3-1 中的工序 1 和工序 2 均有两次安装,而表 3-2 中的工序只有一次安装。

工件在加工时,应尽量减少安装次数,因为多一次安装,就会增加安装工件的辅助时间,降低生产率,同时也增加安装误差,降低精度。

3. 工位

为了减少由于多次安装而带来的误差及时间损失,又能在一个工序中实现多次或多面加工,常采用回转工作台、回转夹具及移动夹具,使工件在一次安装中,先后处于几个不同的位置进行加工。工件在机床上所占据的每一个位置称为工位。图 3-2 为一利用回转工作台,在一次安装中一次完成装卸工件、钻孔、扩孔、铰孔四个工序的例子。采用多工位加工方法，既减少了安装次数，各工位的加工与工件的装卸又是同时进行的，可以缩短辅助时间，提高生产率。

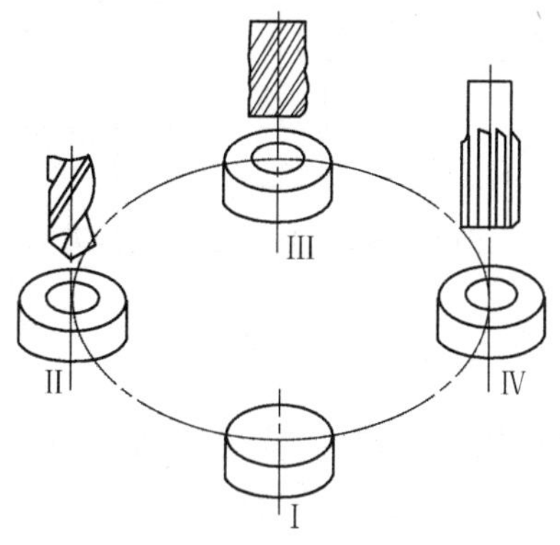

图 3-2　多工位加工

工位Ⅰ—装卸工件；工位Ⅱ—钻孔；工位Ⅲ—扩孔；工位Ⅳ—铰孔

4. 工步

在一个工序中，往往需要采用不同的刀具和切削用量加工不同的表面，所以将工序进一步划分为工步。在加工表面不变、加工工具不变、切削用量中的进给量和切削速度不变的情况下所完成的那部分工序内容，称为工步。在一个工序中，以上三种因素中任一因素改变，即成为新的工步。一个工序可包含有一个或几个工步，如表 3-1 中的工序 1 和工序 2 均加工四个表面，所以各有四个工步，表 3-2 中的工序 4 只有一个工步。

为提高生产率，采用多把刀同时加工一个零件的几个表面时，也看作一个工步，称为复合工步，如图 3-3 所示。另外，为简化工艺文件，对于那些连续进行的若干相同的工步，通常也看作一个工步。如图 3-4 所示，在一次安装中，用一把钻头连续钻削四个 ϕ15 mm 的孔，则可算作钻 4-ϕ15 mm 孔工步。

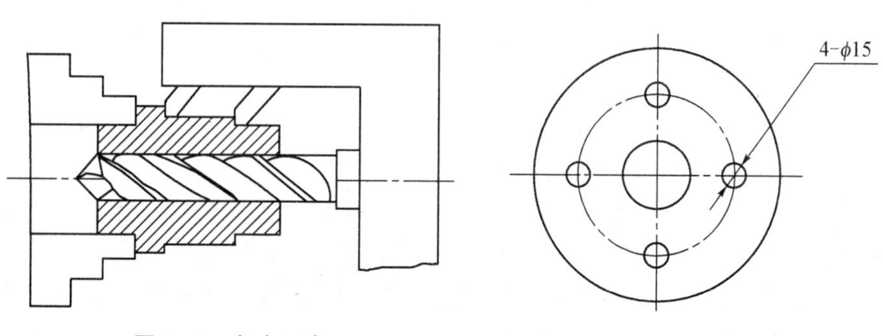

图 3-3　复合工步　　**图 3-4　加工四个相同表面的工步**

5. 走刀

在一个工步内，若被加工表面需切除的余量较大，一次切削无法完成，则可分几次切削，每进行一次切削就称为一次走刀。一个工步可包括一次或几次走刀。

图 3-5 表示了工序、安装、工位之间和工序、工步、走刀之间的关系。

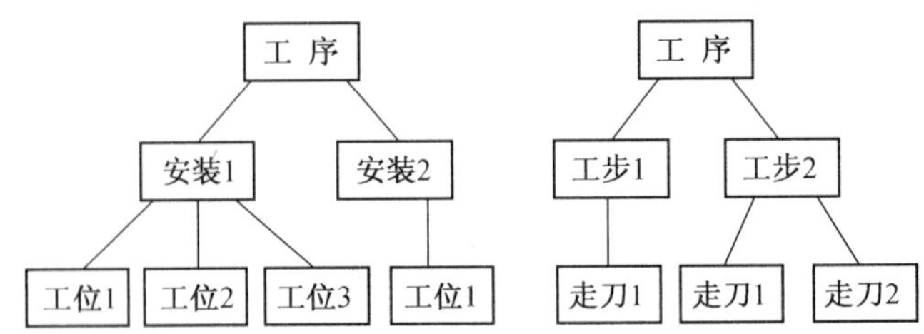

图 3-5 工序与安装、工位及工步、走刀间的关系

3.1.3 生产纲领与生产类型及其工艺特征

不同的机械产品，其结构、技术要求不同，但它们的制造工艺却存在着很多共同的特征。这些共同的特征取决于企业的生产类型，企业的生产类型又由产品的生产纲领来决定。

1. 生产纲领

生产纲领是指企业在计划期内应生产的产品产量。计划期通常定为 1 年。因此机器的生产纲领常理解为企业该机器的年产量。对于零件而言，除了制造机器所需要的数量以外，还要包括一定的备品和废品，所以，零件的生产纲领是指包括备品和废品在内的零件年产量，可按下式计算：

$$N=Qn(1+a\%)(1+b\%)$$

式中，N 为零件的生产纲领(件/年)；Q 为机器的生产纲领(台/年)；n 为每台机器中含该零件的数量(件/台)；$a\%$为零件备品率；$b\%$为零件废品率。

2. 生产类型

生产类型是指企业生产专业化程度的分类。根据生产纲领和产品的大小，可分为单件生产、大量生产、成批生产三大类。

(1) 单件生产。单件生产是指同一产品的数量很少，工作地点的加工对象经常改变，很少重复或不重复的生产类型。例如重型机械生产、专用设备制造和新产品试制等均属于单件生产。

(2) 大量生产。大量生产是指产品数量很大，大多数工作地点重复地进行某一零件的某一道工序的加工。例如汽车、拖拉机、轴承、自行车等的生产。

(3) 成批生产。成批生产是指一年中分批轮流地生产几种不同的产品，工作地点的加工对象周期地重复。例如机床、电动机的生产。成批生产也叫批量生产。

成批生产中，每批投入生产的同一种产品(或零件)的数量称为批量。按照批量的大小，成批生产又可分为小批生产、中批生产和大批生产。小批生产的工艺特点与单件生产相似，常合称为单件小批生产。大批生产与大量生产相似，常合称为大批大量生产。

在企业中，生产纲领决定了生产类型，但产品大小也对生产类型有影响。表 3-3 列出了各种不同情况的生产类型与生产纲领的关系。

表 3－3　生产类型与生产纲领的关系

生产类型		生产纲领/(台/年)或(件/年)			工作地每月担负的工序数(工序数/月)
		重型机械或重型零件(＞100 kg)	中型机械或中型零件(10～100 kg)	小型机械或轻型零件(＜10 kg)	
单件生产		5	10	100	不做规定
成批生产	小批	5～100	10～200	100～500	＞20～40
	中批	100～300	200～500	500～5 000	＞10～20
	大批	300～1 000	500～5 000	5 000～50 000	＞1～10
大量生产		＞1 000	＞5 000	＞50 000	＞1

随着科学技术的进步和人们对产品性能要求的不断提高，产品更新换代周期越来越短，品种规格不断增多，多品种小批量的生产类型将会越来越多。

3. 工艺特征

不同的生产类型具有不同的工艺特点，即在毛坯制造、机床及工艺装备的选用、经济效果等方面均有明显区别。表 3－4 列出了不同生产类型的主要工艺特点。

表 3－4　各种生产类型的主要工艺特点

项目	单件生产	成批量生产	大量生产
加工对象	经常变换	周期性变换	固定不变
工艺规程	简单的工艺路线卡	有比较详细的工艺规程	有详细的工艺规程
毛坯的制造方法及加工余量	木模手工造型或自由锻，毛坯精度低，加工余量大	金属模造型或模锻，毛坯精度与余量中等	广泛采用模锻或金属模机器造型，毛坯精度高、余量少
机床设备	采用通用机床，部分采用数控机床。按机床种类及大小采用“机群式”排列	通用机床及部分高生产率机床。按加工零件类别分工段排列	专用机床、自动机床及自动线，按流水线形式排列
夹具	多用标准附件，极少采用夹具，靠划线及试切法达到精度要求	广泛采用夹具和组合夹具，部分靠加工中心一次安装	采用高效率专用夹具，靠夹具及调整法达到精度要求
刀具与量具	通用刀具和万能量具	较多采用专用刀具及专用量具	采用高生产率刀具和量具，自动测量
对工人的要求	技术熟练的工人	一定熟练程度的工人	对操作工人的技术要求较低，对调整工人技术要求较高
零件的互换性	一般是配对生产，无互换性，主要靠钳工修配	多数互换，少数用钳工修配	全部具有互换性，对装配要求较高的配合件，采用分组选择装配
成本	高	中	低
生产率	低	中	高

3.1.4 获得加工精度的方法

零件加工后的实际几何参数(尺寸、形状、位置)与理想几何参数的符合程度称为加工精度。零件加工精度包括尺寸精度、形状精度和表面相互位置精度。

1. 获得尺寸精度的方法

(1) 试切法。通过试切出一小段—测量—调刀—再试切,反复进行,直到达到规定尺寸再进行加工的加工方法称为试切法。图 3-6 所示是一个车削的试切法例子。试切法的生产率低,加工精度取决于工人的技术水平,故常用于单件小批生产。

(2) 调整法。先调整好刀具相对于工件的位置,然后以不变的位置加工一批零件的方法称为调整法。如图 3-7 所示是用对刀块和塞尺调整铣刀位置的方法。调整法加工生产率较高,精度较稳定,常用于成批、大量生产。

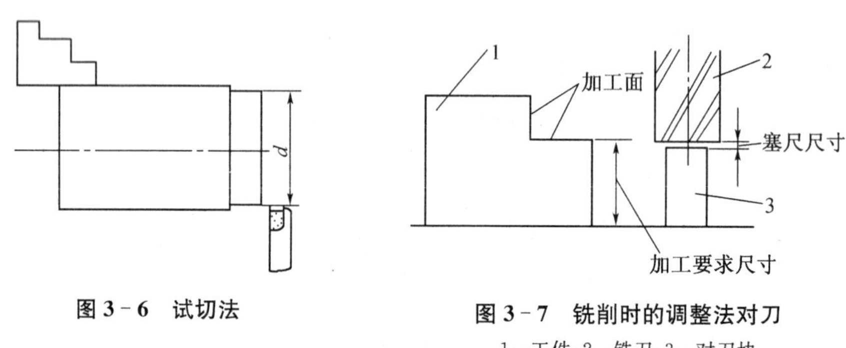

图 3-6 试切法

图 3-7 铣削时的调整法对刀

1—工件;2—铣刀;3—对刀块

(3) 定尺寸刀具法。通过刀具的尺寸来保证加工表面的尺寸精度,这种方法叫定尺寸刀具法。如用钻头、铰刀、拉刀来加工孔均属于定尺寸刀具法。这种方法操作简便,生产率较高,加工精度也较稳定。

(4) 自动获得尺寸法。自动获得尺寸法是通过自动测量和数字控制装置,在达到尺寸精度时自动停止加工的一种尺寸控制方法。这种方法加工质量稳定,生产率高,是机械制造业的发展方向。

2. 获得形状精度的方法

(1) 刀尖轨迹法。通过刀尖的运动轨迹来获得形状精度的方法称为刀尖轨迹法。所获得的形状精度取决于刀具和工件间相对成形运动的精度。车削、铣削、刨削等均属于刀尖轨迹法。

(2) 成形法。利用成形刀具对工件进行加工获得形状精度的方法称为成形法。所获得的形状精度取决于成形刀具的形状精度和其他成形运动精度。

(3) 仿形法。刀具按照仿形装置进给对工件进行加工的方法称为仿形法。仿形法所得到的形状精度取决于仿形装置的精度以及其他成形运动的精度。在液压仿形车床上加工阶梯轴就属于仿形法加工。随着数控机床的使用越来越广泛,仿形法的应用将日益减少。

(4) 展成法。利用刀具和工件作展成切削运动形成包络面,从而获得形状精度的方法称为展成法(或称包络法)。如滚齿、插齿就属于展成法加工。

3. 获得位置精度的方法(工件的安装方法)

当零件较复杂、加工面较多时,需要经过多道工序的加工,其位置精度取决于工件的安装方式和安装精度。工件安装常用的方法如下。

（1）直接找正安装。在机床上用划针、百分表等工具直接找正工件位置并加以夹紧的方法称直接找正安装法。如图 3－8 所示用四爪卡盘安装工件，要保证加工后的 B 面与 A 面的同轴度要求，先用百分表按外圆 A 进行找正，夹紧后车削外圆 B，从而保证 B 面与 A 面的同轴度要求。此法生产率低，精度取决于工人技术水平和测量工具的精度，一般只用于单件小批生产。

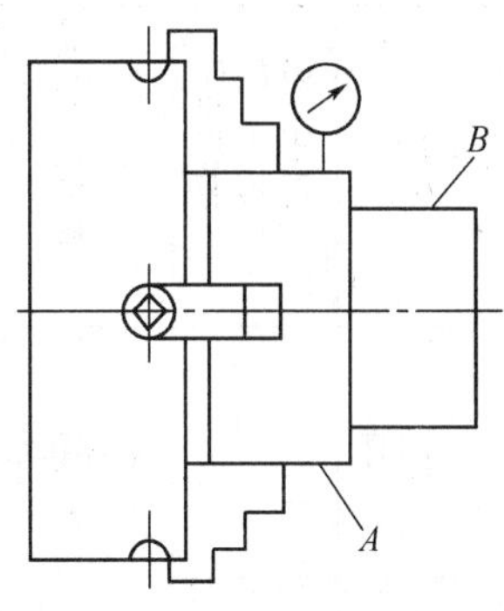

图 3－8　直接找正定位安装

（2）按划线找正安装。先用划针画出要加工表面的位置，再按划线用划针找正工件在机床上的位置并加以夹紧。由于划线既费时，又需要技术高的划线工，精度不高，所以一般用于批量不大，形状复杂而笨重的工件或低精度毛坯的加工。

（3）用夹具安装。将工件直接安装在夹具的定位元件上的方法。这种方法安装迅速方便，定位精度较高而且稳定，生产率较高，广泛应用于批量和大量生产。

3.1.5　机械加工工艺规程

用表格的形式将机械加工工艺过程的内容表示出来，成为指导性技术文件，就是机械加工工艺规程（简称工艺规程）。其内容主要包括：机械零件加工工序内容、切削用量、工时定额以及各工序所采用的设备和工艺装备等。

1. 工艺规程的作用

工艺规程是机械制造企业主要的技术文件之一，是工厂规章条例的重要组成部分。其具体作用如下：

（1）它是指导生产的主要技术文件。工艺规程是最合理的工艺过程的表格化，工人按照工艺规程进行生产，能够保证产品质量和较高的生产率以及较好的经济效果。不过，为了更好地指导生产，工艺规程必须进行不断地改进和完善。

（2）它是组织和管理生产的基本依据。在产品投产前要根据工艺规程进行有关的技术准备和生产准备工作，如安排原材料和毛坯的供应、通用工装设备的准备、专用工装设备的设计与制造、生产计划的编排、经济核算等工作。生产中对工人业务的考核也是以工艺规程为主要依据的。

（3）它是新建和扩建工厂的基本资料。新建或扩建工厂（或车间）时，要根据工艺规程来确定所需要的机床设备的品种和数量、机床的布置、占地面积、辅助部门的安排等。

2. 工艺规程的格式

工艺规程是通过工艺文件体现出来的。目前，工艺文件还没有统一的格式，各企业都是按照一些基本的内容，根据具体情况自行确定。常用的有以下几种工艺文件。

（1）机械加工工艺过程卡。工艺过程卡主要列出了零件加工所经过的整个路线（称为工艺路线），以及工装设备和工时等内容。它是编制其他工艺文件的基础。但由于各工序的说明不够具体，故一般不能直接指导工人操作，而多作为生产管理方面资料使用。只有在单件小批生产中，不再编制其他工艺文件，而以这种卡片指导生产。工艺过程卡的基本格式见表3－5。

表 3-5 机械加工工艺过程卡片

<table>
<tr><td rowspan="4">(工厂名)</td><td rowspan="4">机械加工工艺过程卡片</td><td colspan="2">产品名称及型号</td><td></td><td colspan="2">零件名称</td><td></td><td colspan="2">零件图号</td><td colspan="2"></td></tr>
<tr><td rowspan="3">材料</td><td>名称</td><td></td><td rowspan="2">毛坯</td><td>种类</td><td></td><td rowspan="2">零件质量/kg</td><td>毛重</td><td></td><td>第 页</td></tr>
<tr><td>牌号</td><td></td><td>尺寸</td><td></td><td>净重</td><td></td><td>共 页</td></tr>
<tr><td>性能</td><td></td><td colspan="2">每料件数</td><td></td><td>每台件数</td><td></td><td>每批件数</td><td></td></tr>
</table>

<table>
<tr><td rowspan="2">工序号</td><td rowspan="2">工序内容</td><td rowspan="2">加工车间</td><td rowspan="2">设备名称及编号</td><td colspan="3">工艺装备名称及编号</td><td rowspan="2">技术等级</td><td colspan="2">时间定额/min</td></tr>
<tr><td>夹具</td><td>刀具</td><td>量具</td><td>单件</td><td>准备—终结</td></tr>
<tr><td></td><td></td><td></td><td></td><td colspan="3"></td><td></td><td colspan="2"></td></tr>
<tr><td rowspan="3">更改内容</td><td colspan="9"></td></tr>
<tr><td colspan="9"></td></tr>
<tr><td colspan="9"></td></tr>
</table>

<table>
<tr><td>编制</td><td></td><td>抄写</td><td></td><td>校对</td><td></td><td>审核</td><td></td><td>批准</td><td></td></tr>
</table>

(2) 机械加工工艺卡。工艺卡是以工序为单位,详细说明零件工艺过程的工艺文件。它用来指导工人操作,帮助管理人员及技术人员掌握零件加工过程,广泛用于批量生产的零件和小批生产的重要零件。工艺卡的基本格式见表 3-6。

表 3-6 机械加工工艺卡片

<table>
<tr><td rowspan="4">(工厂名)</td><td rowspan="4">机械加工工艺卡片</td><td colspan="2">产品名称及型号</td><td></td><td colspan="2">零件名称</td><td></td><td colspan="2">零件图号</td><td colspan="2"></td></tr>
<tr><td rowspan="3">材料</td><td>名称</td><td></td><td rowspan="2">毛坯</td><td>种类</td><td></td><td rowspan="2">零件重量/kg</td><td>毛重</td><td></td><td>第 页</td></tr>
<tr><td>牌号</td><td></td><td>尺寸</td><td></td><td>净重</td><td></td><td>共 页</td></tr>
<tr><td>性能</td><td></td><td colspan="2">每料件数</td><td></td><td>每台件数</td><td></td><td>每批件数</td><td></td></tr>
</table>

<table>
<tr><td rowspan="2">工序</td><td rowspan="2">安装</td><td rowspan="2">工步</td><td rowspan="2">工序内容</td><td rowspan="2">同时加工零件数</td><td colspan="4">切削用量</td><td rowspan="2">设备名称及编号</td><td colspan="3">工艺装备名称及编号</td><td rowspan="2">技术等级</td><td colspan="2">时间定额/min</td></tr>
<tr><td>背吃刀量/mm</td><td>进给量/(mm/r)或/(mm/min)</td><td>切削速度/(r/min)或双行程数/(双程/min)</td><td>切削速度/(m/min)</td><td>夹具</td><td>刀具</td><td>量具</td><td>单件</td><td>准备—终结</td></tr>
<tr><td></td><td></td><td></td><td></td><td></td><td colspan="4"></td><td></td><td colspan="3"></td><td></td><td colspan="2"></td></tr>
<tr><td rowspan="3" colspan="3">更改内容</td><td colspan="14"></td></tr>
<tr><td colspan="14"></td></tr>
<tr><td colspan="14"></td></tr>
</table>

<table>
<tr><td>编制</td><td></td><td>抄写</td><td></td><td>校对</td><td></td><td>审核</td><td></td><td>批准</td><td></td></tr>
</table>

(3) 机械加工工序卡。工序卡是用来具体指导工人操作的一种最详细的工艺文件。工序卡每工序需填写一张，要画出工序简图，注明该工序的加工表面及应达到的尺寸精度和粗糙度要求、工件的安装方式、切削用量、工装设备等内容。在大批大量生产时都要采用这种卡片，其基本格式见表 3－7。

表 3－7　机械加工工序卡片

(工厂名)	机械加工工序卡片	产品名称及型号	零件名称	零件图号	工序名称	工序号	第　页
							共　页

(画工序简图处)	车间	工段	材料名称	材料牌号	力学性能
	同时加工件　数	每料件数	技术等级	单件时间/min	准备—终结时间/min
	设备名称	设备编号	夹具名称	夹具编号	工作液
	更改内容				

工步号	工步内容	计算数据/mm			走刀次数	切削用量				工时定额/min			刀具、量具及辅助工具				
		直径或长度	进给长度	单边余量		背吃刀量/mm	进给量/(mm/r)或/(mm/min)	切削速度/(r/min)或双行程数/(双程/min)	切削速度/(m/min)	基本时间	辅助时间	工作地服务时间	工步号	名称	规格	编号	数量

编制		抄写		校对		审核		批准	

工序简图的绘制方法是：按比例绘制，以最少的视图表达，视图中与本工序无关的次要结构和线条略去不画，主视图的方向与工件在机床上的安装方向一致，本工序加工表面用粗实线表示，其他表面用细实线表示，图中要标注本工序加工后的表面尺寸、精度和粗糙度，用规定的符号表示出工件的定位和夹紧情况。要注意的是，后面工序才加工出的结构形状不能提前反映出来。

3. 制订工艺规程的原则

工艺规程制订的原则是：所制订的工艺规程，能在一定的生产条件下，以最高的生产率、最少的劳动量和最低的成本，可靠地加工出符合要求的零件。同时，还应在充分利用本企业现有生产条件的基础上，尽可能采用国内外先进工艺技术和经验，并保证有良好的劳动条件。

工艺规程是直接指导生产和操作的重要文件，在编制时还应做到正确、完整、统一和清晰，所用术语、符号、计量单位和编号都要符合相应标准。

4. 制订工艺规程的原始资料

在制订工艺规程时，必须有下列原始资料：

(1) 产品的全套装配图和零件的工作图；

(2) 产品验收的质量标准；

(3) 产品的生产纲领；

(4) 毛坯生产条件及毛坯图等资料；

(5) 企业现有生产条件。为了使制订的工艺规程切实可行，一定要结合现场的生产条件。因此要深入实际，了解加工设备和工艺装备的规格及性能、工人的技术水平、专用设备及工艺装备的制造能力等；

(6) 国内外新技术新工艺及其发展前景。工艺规程的制订，要研究国内外有关先进的工艺技术资料，积极引进适用的先进工艺技术，不断提高工艺技术水平；

(7) 有关的工艺手册及图册。

5. 制订工艺规程的步骤

(1) 分析零件图和产品装配图；

(2) 选择毛坯；

(3) 选择定位基准；

(4) 拟定工艺路线；

(5) 确定加工余量和工序尺寸；

(6) 确定切削用量和工时定额；

(7) 确定各工序的设备、刀夹量具和辅助工具；

(8) 确定各工序的技术要求及检验方法；

(9) 填写工艺文件。

3.2 零件图的分析

零件图是制订工艺规程最主要的原始资料，在制订工艺规程时，必须首先认真分析。要通过研究产品的总装图和部件装配图，了解产品的用途、性能及工作条件，熟悉零件在产品中的功能和零件各表面的功用，以及材料的选择是否合理等。对零件图进行工艺分析，还包括以下内容：

1. 检查零件图的完整性和正确性

在了解零件形状和结构之后，应检查零件视图是否正确、完整，表达是否直观、清楚，绘制是否符合国家标准，尺寸、公差以及技术要求的标注是否齐全、合理等。

2. 零件的技术要求分析

零件的技术要求包括下列几个方面：

(1) 加工表面的尺寸精度、形状精度、相互位置精度；

(2) 加工表面的粗糙度以及表面质量方面的其他要求；

(3) 热处理要求；

(4) 其他要求(如动平衡、未注圆角或倒角、去毛刺、毛坯要求等)。

要特别注意分析主要技术要求及其制订的依据，分析这些要求在保证使用性能的前提下是否经济合理，在现有生产条件下能否实现。

3. 零件的结构工艺性分析

零件结构工艺性对加工工艺过程的影响非常大，不同结构的两个零件尽管都能满足使用性能要求，但它们的加工方法和制造成本却可能有很大的差别。良好的结构工艺性就是指在满足使用性能的前提下，能以较高的生产率和最低的成本加工出来。零件结构工艺性审查是一项复杂而细致的工作，要有丰富的实践经验。审查时，发现问题应向设计部门提出修改意见。表 3－8 列出了零件结构工艺性对比的一些实例。

表 3－8　结构工艺性示例

序号	结构改进前	结构改进后
1	孔距箱壁太近：① 需加长钻头才能加工；② 钻头在圆角处容易引偏 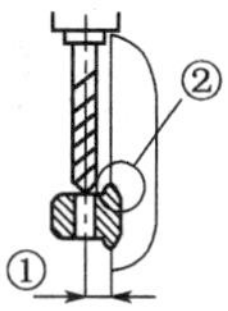	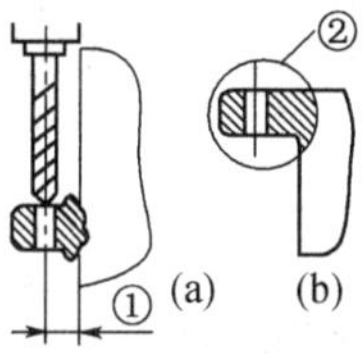 ① 加长箱耳，不需加长钻头即可加工；② 结构上允许，将箱耳设计在某一端，不需加长箱耳 (a) (b)
2	车螺纹时，螺纹根部不易清根，且工人操作紧张，易打刀 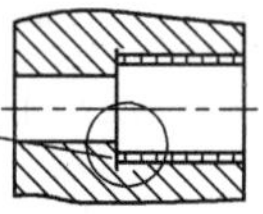	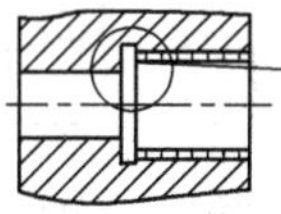 留有退刀槽，可使螺纹清根，工人操作相对容易，可避免打刀
3	插键槽时，底部无退刀空间，易打刀 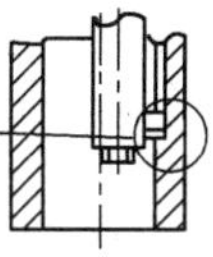	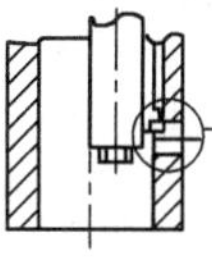 留出退刀空间，可避免打刀
4	插齿无退刀空间，小齿轮无法加工 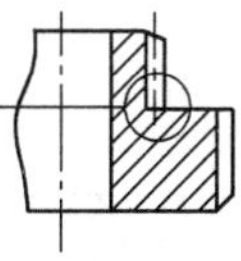	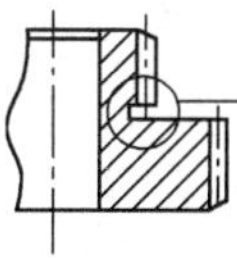 留出退刀空间，小齿轮可以插齿加工
5	两端轴颈需磨削加工，因砂轮圆角不能清根 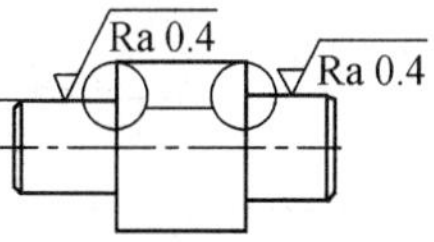 Ra 0.4 Ra 0.4	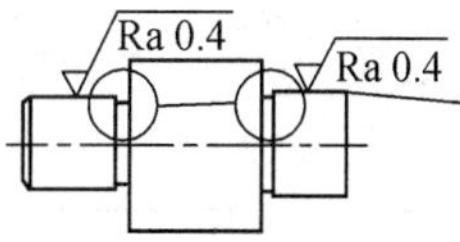 留有退刀槽，磨削时可以清根 Ra 0.4 Ra 0.4
6	锥面磨削加工时，易碰伤圆柱面，且不能清根 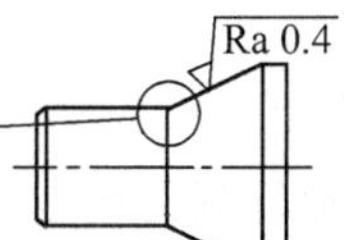 Ra 0.4	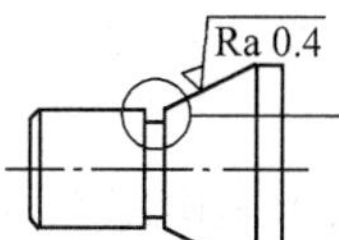 留出砂轮越程空间，可方便地对锥面进行磨削加工 Ra 0.4

（续表）

序号	结构改进前	结构改进后
7	斜面钻孔，钻头易引偏 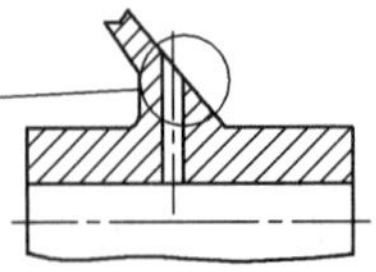	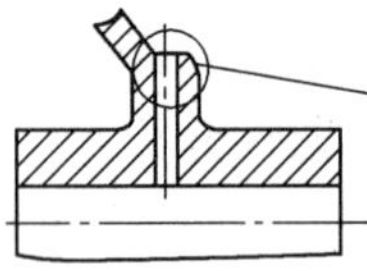 只要结构允许，留出平台，钻头不易偏斜
8	孔壁出口处有台阶面，钻孔时钻头易引偏，易折断 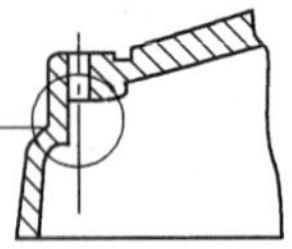	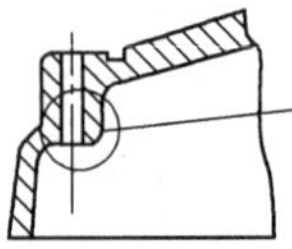 只要结构允许，内壁出口处作成平面，钻孔位置容易保证
9	钻孔过深，加工量大，钻头损耗大，且钻头易偏斜 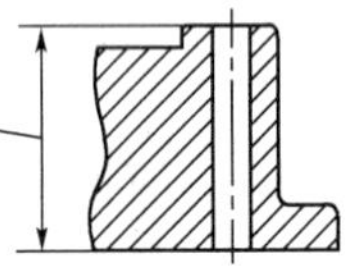	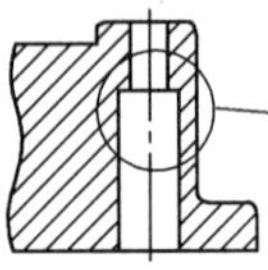 钻孔一端留空刀，减小钻孔工作量
10	加工面高度不同，需两次调整加工，影响加工效率 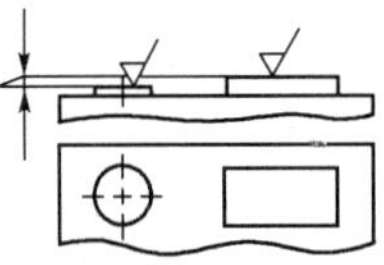	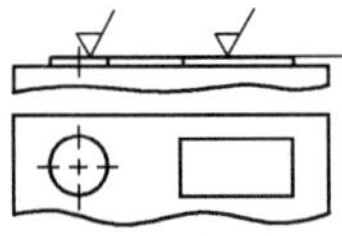 加工面在同一高度，一次调整可完成两个平面加工
11	三个空刀槽宽度不一致，需使用三把不同尺寸的刀具进行加工 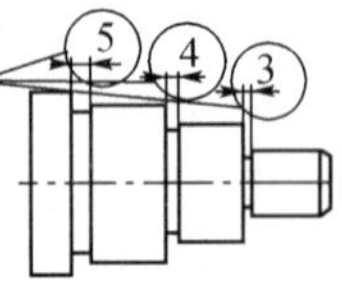 5 4 3	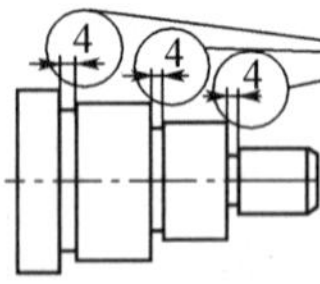 空刀槽宽度尺寸相同，使用一把刀具即可加工 4 4 4
12	键槽方向不一致，需两次装夹才能完成加工 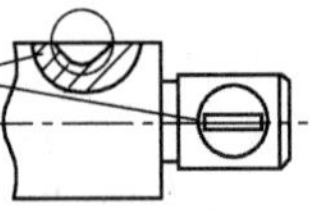	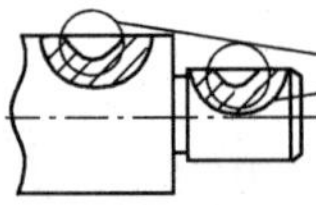 键槽方向一致，一次装夹即可完成加工
13	加工面大，加工时间长，平面度要求不易保证 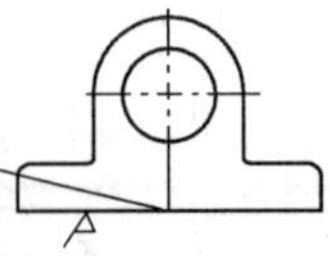	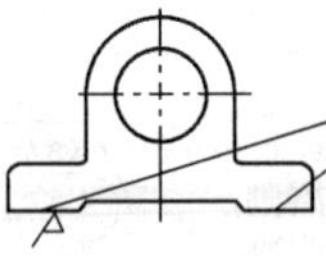 加工面减小，加工时间短，平面度要求容易保证

3.3 毛坯的选择

选择毛坯的基本任务是确定毛坯的种类及其制造精度。毛坯的选择不仅影响毛坯的制造工艺和费用，而且影响到零件机械加工工艺及其生产率和经济性。如选择高精度的毛坯，可以减少机械加工劳动量和材料消耗，提高机械加工生产率，降低加工的成本。但是，却提高了毛坯的费用。因此，选择毛坯要从机械加工和毛坯制造两方面综合考虑，以求得到最佳效果。

1. 毛坯的种类

机械加工中常用的零件毛坯有以下几种：

(1) 铸件。铸件适用于形状较复杂的零件毛坯，其铸造方法有砂型铸造、精密铸造、金属型铸造、压力铸造等。较常用的是砂型铸造。当毛坯精度要求低、生产批量较小时，采用木模手工造型法；当毛坯精度要求高、生产批量很大时，采用金属型机器造型法。铸件材料有铸铁、铸钢及铜、铝等有色金属。

(2) 锻件。锻件适用于强度要求高、形状比较简单的零件毛坯。其锻造方法有自由锻和模锻两种。自由锻毛坯精度低、加工余量大、生产率低，适用于单件小批生产以及大型零件毛坯。模锻毛坯精度高、加工余量小、生产率高，但成本也高，适用于中小型零件毛坯的大批大量生产。

(3) 型材。型材有热轧和冷拉两种。热轧适用于尺寸较大、精度较低的毛坯；冷拉适用于尺寸较小、精度较高的毛坯。

(4) 焊接件。焊接件是根据需要将型材或钢板焊接而成的毛坯件，它简单方便，生产周期短。但需经时效处理后才能进行机械加工。

2. 毛坯选择时应考虑的因素

在选择毛坯时应考虑下列一些因素：

(1) 零件的材料及机械性能要求。由于材料的工艺特性，决定了其毛坯的制造方法，当零件的材料选定后，毛坯的类型就大致确定了。例如材料为灰铸铁的零件必须用铸造毛坯；重要的钢质零件，为获得良好的力学性能，应选用锻件，在形状较简单及机械性能要求不太高时可用型材毛坯；有色金属零件常用型材或铸造毛坯。

(2) 零件的结构形状与大小。大型且结构简单的零件毛坯多用砂型铸造或自由锻；结构复杂的毛坯多用铸造；小型零件可用模锻件或压力铸造毛坯；板状钢质零件多用锻件毛坯；轴类零件的毛坯，如直径和台阶相差不大，可用棒料，如各台阶尺寸相差较大，则宜选择锻件。

(3) 生产纲领的大小。当零件的生产批量较大时，应选用精度和生产率均较高的毛坯制造方法，如模锻、金属型机器造型和精密铸造等。当单件小批生产时，则应选用木模手工造型铸造或自由锻造。

(4) 现有生产条件。确定毛坯时，必须结合具体的生产条件，如现场毛坯制造的实际水平和能力、外协的可能性等。

(5) 充分利用新工艺、新材料。为节约材料和能源，提高机械加工生产率，应充分考虑精炼、精锻、冷轧、冷挤压、粉末冶金和工程塑料等在机械中的应用，这样，可大大减少机械加工量，甚至不需要进行加工，大大提高经济效益。

3. 毛坯的形状与尺寸的确定

毛坯上的加工表面一般都留有加工余量，以便通过机械加工来达到质量要求。这样毛坯尺寸与零件尺寸就不同，其差值称为毛坯加工余量，毛坯制造尺寸的公差称为毛坯公差，它们的值可通过查阅工艺手册来确定。下面仅从机械加工工艺角度来分析在确定毛坯形状和尺寸时应注意的问题。

(1) 为了加工时安装工件的方便,有些铸件毛坯需铸出工艺搭子,如图 3-9 所示。工艺搭子在零件加工完毕后可以切除。

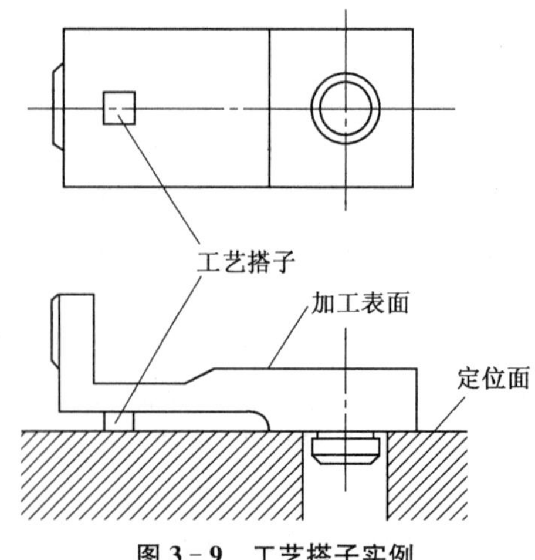

图 3-9 工艺搭子实例

(2) 装配后需要形成同一工作面的两个相关零件,为保证加工质量并使加工方便,常将这些分离零件先做成一个整体毛坯,加工到一定阶段再切割分离。例如图 3-10 所示车床走刀系统中的开合螺母外壳,其毛坯是两件合制的。

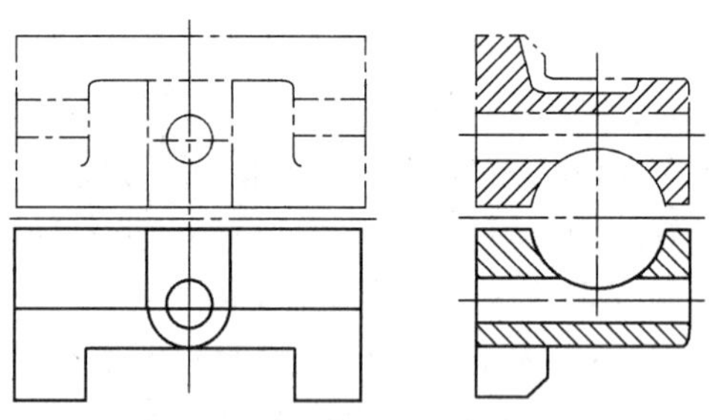

图 3-10 车床开合螺母外壳简图

(3) 对于形状比较规则的小型零件,为了提高机械加工的生产率和便于安装,应将多件合成一个毛坯,当加工到一定阶段后,再分离成单件。例如图 3-11 所示的滑键,对毛坯的各平面加工好后切离为单件,再对单件进行加工。

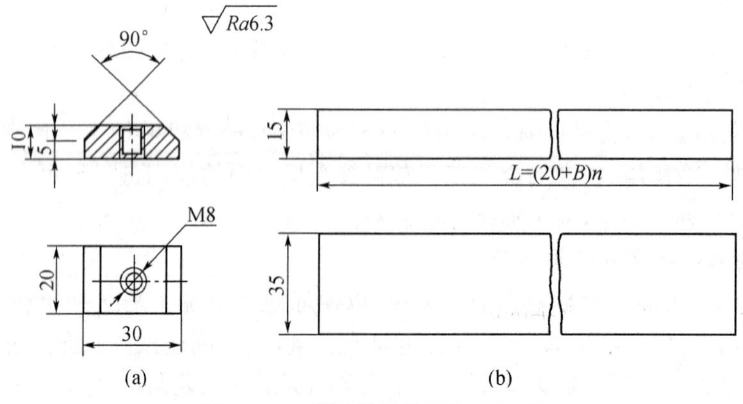

图 3-11 滑键的零件图与毛坯图

4. 毛坯图

确定毛坯后，要绘制毛坯图。毛坯图的内容包括毛坯的结构形状、加工余量、尺寸及公差、机械加工的粗基准、毛坯技术要求等。具体绘制步骤为：

(1) 绘制零件的简化图。将零件的外形轮廓和内部线条绘出，对一些次要表面如：倒角、螺纹、槽、小孔等一般可不画出。在绘制时不需加工的表面用粗实线，需要加工的表面用双点划线。

(2) 附加余量层。将加工余量按比例用粗实线画在加工表面上，剖切处的余量打上网纹线，以区别剖面线。

要注意的是，毛坯图实际上就是毛坯的零件图，毛坯上的所有结构都必须在图上清楚地表示出来。

(3) 标注尺寸和技术要求。

① 尺寸标注。标出毛坯的所有表面的尺寸和需加工表面的毛坯余量。

② 技术要求标注。标注内容包括：材料的牌号、内部组织结构、毛坯的精度等级、检验标准、对毛坯的质量要求、粗基面。

如图 3-12 所示，分别为齿轮和阶梯轴的毛坯图的示例。

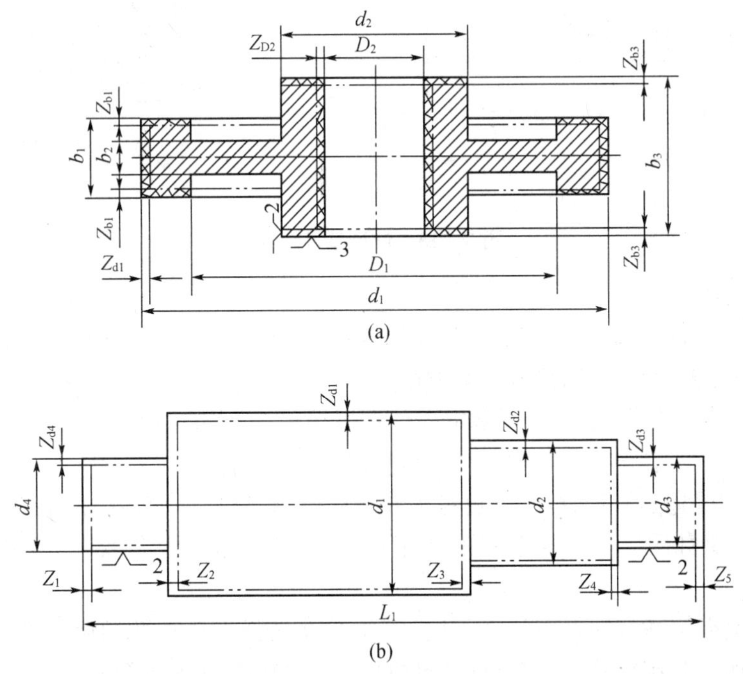

图 3-12　毛坯图实例

3.4　定位基准的选择

在制订工艺规程时，定位基准的选择是否合理，不仅影响工艺路线制订，使零件各表面间的加工顺序安排不同，而且影响到夹具结构设计，使夹具结构的复杂程度不同。因此，定位基准的选择是一个很重要的工艺问题，将直接影响到工件的加工精度、生产率和加工成本。

3.4.1 基准的概念及其分类

基准是零件上用以确定其他点、线、面位置所依据的那些点、线、面。它往往是计算、测量或标注尺寸的起点或中心线、对称线等。根据基准功用的不同,可以分为设计基准和工艺基准两大类。

1. 设计基准

设计基准是在零件图上用以确定其他点、线、面位置的基准。它是标注设计尺寸的起点。如图 3-13(a)所示的零件,平面 B、C 的设计基准是平面 A,平面 E、F 的设计基准均是平面 D,孔 7 的设计基准是平面 A 和平面 D;如图 3-13(b)所示的齿轮,齿顶圆、分度圆和内孔直径的设计基准是孔轴心线。

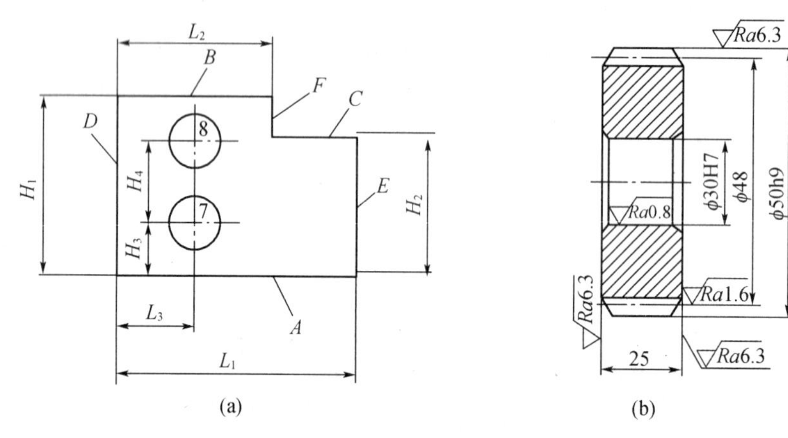

图 3-13 设计基准分析

2. 工艺基准

在零件加工、测量和装配过程中所使用的基准,称为工艺基准。按用途不同工艺基准又可分为定位基准、工序基准、测量基准和装配基准。

(1) 定位基准。在加工时,用以确定零件在机床夹具上的正确位置所采用的基准,称为定位基准。它是工件上与夹具定位元件直接接触的点、线或面。如图 3-13(a)所示零件,加工平面 F 和 C 时是通过平面 A 和 D 放在夹具上定位的,所以,平面 A 和 D 是加工平面 F 和 C 的定位基准。又如图 3-13(b)所示的齿轮,加工齿形时是以内孔和一个端面作为定位基准的。

根据工件上定位基准的表面状态不同,定位基准又分为精基准和粗基准。精基准是指已经经过机械加工的定位基准,而没有经过机械加工的定位基准为粗基准。

(2) 工序基准。在工艺文件上用以标定被加工表面位置的基准,称为工序基准。如图 3-13(a)所示零件,加工平面 C 时按尺寸 H_2 进行加工,则平面 A 即为工序基准,加工尺寸 H_2 叫作工序尺寸。

(3) 测量基准。零件检验时,用以测量已加工表面尺寸及位置的基准,称为测量基准。

(4) 装配基准。装配时用于确定零件在机器中位置的基准,称为装配基准。

需要说明的是:作为基准的点、线、面在工件上并不一定具体存在。例如轴心线、对称平面等,它们是由某些具体存在的表面来体现的,用以体现基准的表面称为基面。例如图 3-13(b)中齿轮的轴心线是通过内孔表面来体现的,内孔表面就是基面。

3.4.2　定位基准的选择

定位基准的选择应先选择精基准，再根据精基准的加工选择粗基准。

1. 精基准的选择原则

选择精基准时，主要应考虑保证加工精度和工件安装方便可靠。其选择原则如下：

（1）基准重合原则。即选用设计基准作为定位基准，以避免定位基准与设计基准不重合而引起的基准不重合误差。当设计基准与定位基准不重合时，在加工误差中将会增加一个误差值，其值大小等于设计基准和定位基准之间的尺寸误差，这就是基准不重合误差。当基准重合时，则没有基准不重合误差。

（2）基准统一原则。应采用同一组基准定位加工零件上尽可能多的表面，这就是基准统一原则。这样做可以简化工艺规程的制订工作，减少夹具设计、制造工作量和成本，缩短生产准备周期，由于减少了基准转换，便于保证各加工表面的相互位置精度。例如加工轴类零件时，采用两中心孔定位加工各外圆表面，就符合基准统一原则。箱体零件采用一面两孔定位，齿轮的齿坯和齿形加工多采用齿轮的内孔及一端面为定位基准，均属于统一原则。

（3）自为基准原则。某些要求加工余量小而均匀的精加工工序，选择加工表面本身作为定位基准，称为自为基准原则。例如图3-14所示的导轨面磨削，因导轨面要求加工余量均匀以使磨损均匀，在磨削时用百分表找正导轨面相对机床运动方向的正确位置，然后进行磨削，满足对导轨面的质量要求。还有浮动镗刀镗孔、珩磨孔、无心磨外圆等也都是自为基准的实例。

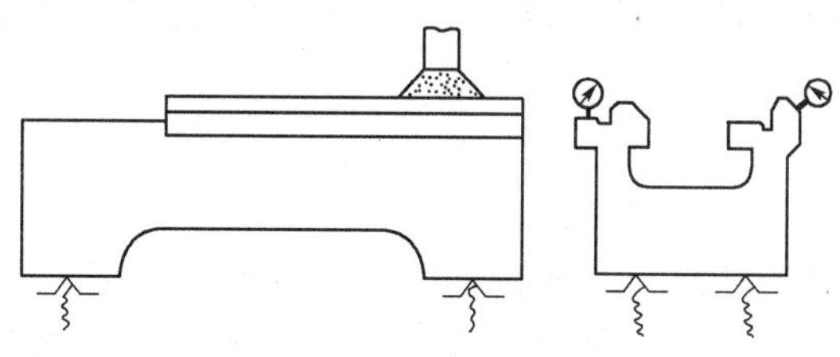

图3-14　自为基准实例

（4）互为基准原则。当工件上两个加工面间的相互位置精度要求很高时，需要用两个表面互相作为基准，反复进行加工，以保证位置精度要求。例如要保证精密齿轮的齿圈跳动精度，在齿面淬硬后，先以齿圈定位磨内孔，再以内孔定位磨齿面，从而保证位置精度。

（5）便于安装的原则。所选精基准应保证工件定位可靠，夹具设计简单、操作方便。一般精基准应选面积较大、精度较高的安装表面，而且要考虑工人安装工件时操作简单。

2. 粗基准选择原则

选择粗基准时，主要考虑尽快获得精基面并保证各加工面有足够的余量。在具体选择时应考虑下列原则：

（1）选择要求加工余量小而均匀的重要表面为粗基准。例如，车床床身粗加工时，为保证导轨面有均匀的金相组织和较高的耐磨性，应使其加工余量适当而且均匀，因此应选择导轨面作为粗基准先加工床脚面，再以床脚面为精基准加工导轨面。如图3-15所示。

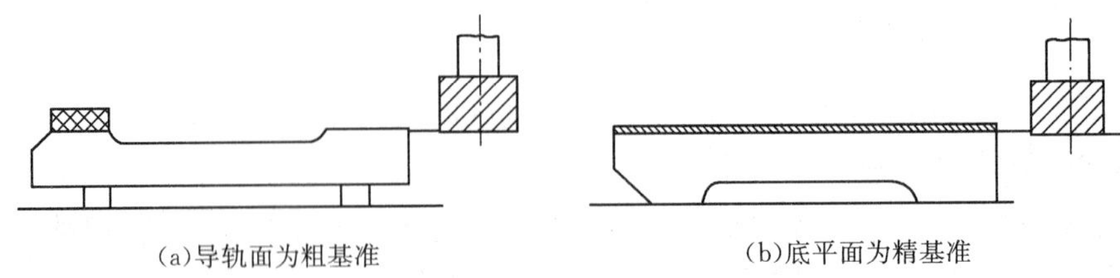

图 3-15 床身加工的粗基准选择

(2) 选择与加工面有相互位置要求的不加工面作为粗基准。如图 3-16 所示零件,选不加工的外圆 A 为粗基准,从而保证加工孔与外圆同心,使壁厚均匀。

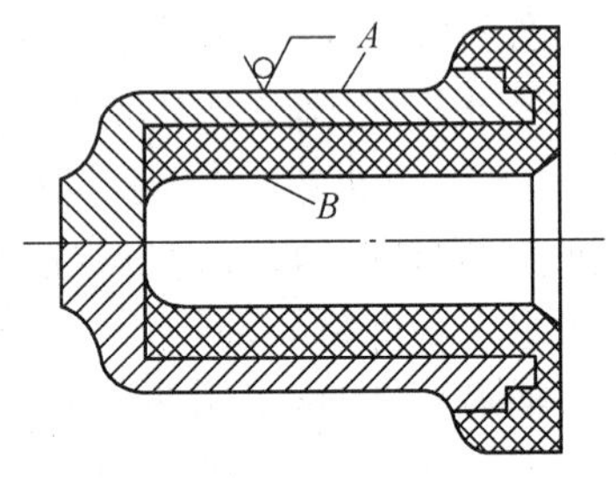

图 3-16 粗基准选择的实例

如果工件上有好几个不加工面,则应选其中与加工面位置要求较高的不加工面为粗基准,以便于保证精度要求,使外形对称等。

如果零件上每个表面都要加工,则应选加工余量最小的表面为粗基准,以避免该表面在加工时因余量不足而留下部分毛坯面,造成工件废品。

(3) 选择平整光洁、面积较大的表面作粗基准,以使工件定位可靠。

(4) 粗基准在同一尺寸方向上通常只能使用一次,因为毛坯面粗糙且精度低,重复使用将产生较大的误差。

实际上,无论精基准还是粗基准的选择,上述原则都不可能同时满足,有时还是互相矛盾的。因此,在选择时应根据具体情况进行全面分析,抓住主要矛盾,正确选择。

3.5 工艺路线的拟定

拟定工艺路线是制订工艺规程的核心内容,主要包括选择各表面的加工方法、安排工序的先后顺序、确定工序集中与分散程度等。在制订工艺路线时一般应制订几种方案进行分析比较,从中选择最佳方案。目前还没有一套通用而完整的工艺路线拟定方法,只总结出一些综合性原则,在具体运用这些原则时,要根据具体条件综合分析。

3.5.1 表面加工方法的选择

选择表面的加工方法,就是确定零件上各个需要加工表面的加工方案。零件表面有外圆、内孔、平面和成形面等类型,不同的表面加工方法往往不同,而同一种表面可能有多种加工方法。在选择时,要考虑零件加工要求、性能要求、结构大小、生产纲领等情况,并结合各种加工方法的经济精度综合进行选择。

为了正确选择表面加工方法,必须了解各种加工方法的经济精度以及不同表面常用的加工方案。

在正常的生产条件下所能达到的加工精度就是经济精度,所能达到的粗糙度即为经济粗糙度。所谓正常的生产条件是指采用标准的工装设备和标准技术等级的工人,加工环境与一般企业生产车间相同,不增加工时,不采用特别的工艺方法。

表 3-9、表 3-10、表 3-11 分别列出了外圆、平面和内孔的加工方案及其经济精度和经

济粗糙度，表 3－12 列出了孔加工的位置精度，可供选择时参考。

表 3－9　外圆柱面加工方案

序号	加工方法	经济精度（公差等级表示）	表面粗糙度值 Ra/μm	适用范围
1	粗车	IT11～13	10～50	适用于淬火钢以外的各种金属
2	粗车—半精车	IT8～10	2.5～6.3	
3	粗车—半精车—精车	IT7～8	0.8～1.6	
4	粗车—半精车—精车—滚压（或抛光）	IT7～8	0.025～0.2	
5	粗车—半精车—磨削	IT7～8	0.4～0.8	主要用于淬火钢，也可用于未淬火钢，但不宜加工有色金属
6	粗车—半精车—粗磨—精磨	IT6～7	0.1～0.4	
7	粗车—半精车—粗磨—精磨—超精加工（或轮式超精磨）	IT5	0.012～0.1（或 Rz0.1）	
8	粗车—半精车—精车—精细车（金刚车）	IT6～7	0.025～0.4	主要用于要求较高的有色金属加工
9	粗车—半精车—粗磨—精磨—超精磨（或镜面磨）	IT5	0.006～0.025（或 Rz0.05）	极高精度的外圆加工
10	粗车—半精车—粗磨—精磨—研磨	IT5	0.006～0.1（或 Rz0.05）	

表 3－10　平面加工方案

序号	加工方法	经济精度（公差等级表示）	表面粗糙度值 Ra/μm	适用范围
1	粗车	IT11～13	12.5～50	端面
2	粗车—半精车	IT8～10	3.2～6.3	
3	粗车—半精车—精车	IT7～8	0.8～1.6	
4	粗车—半精车—磨削	IT6～8	0.2～0.8	
5	粗刨（或粗铣）	IT11～13	6.3～25	一般不淬硬平面（端铣表面粗糙度 Ra 值较小）
6	粗刨（或粗铣）—精刨（或精铣）	IT8～10	1.6～6.3	
7	粗刨（或粗铣）—精刨（或精铣）—刮研	IT6～7	0.1～0.8	精度要求较高的不淬硬平面；批量较大时宜采用宽刃精刨方案
8	以宽刃精刨代替上述刮研	IT7	0.2～0.8	
9	粗刨（或粗铣）—精刨（或精铣）—磨削	IT7	0.2～0.8	精度要求高的淬火硬平面或不淬硬平面
10	粗刨（或粗铣）—精刨（或精铣）—磨削	IT6～7	0.025～0.4	

（续表）

序号	加工方法	经济精度（公差等级表示）	表面粗糙度值 $Ra/\mu m$	适用范围
11	粗铣—拉	IT7～9	0.2～0.8	大量生产，较小的平面（精度视拉刀精度而定）
12	粗铣—精铣—磨削—研磨	IT5 以上	0.006～0.1（或 Rz0.05）	高精度平面

表 3-11　孔加工方案

序号	加工方法	经济精度（公差等级表示）	表面粗糙度值 $Ra/\mu m$	适用范围
1	钻	IT11～13	12.5	加工未淬火钢及铸铁的实心毛坯，也可用于加工有色金属，孔径小于 15～20 mm
2	钻—铰	IT8～10	1.6～6.3	
3	钻—粗铰	IT7～8	0.8～1.6	
4	钻—扩	IT10～11	6.3～12.5	加工未淬火钢及铸铁的实心毛坯，也可用于加工有色金属，孔径大于 15～20 mm
5	钻—扩—铰	I T8～9	1.6～3.2	
6	钻—扩—粗铰—精铰	IT7	0.8～1.6	
7	钻—扩—机铰—手铰	IT6～7	0.2～0.4	
8	钻—扩—拉	IT7～9	0.1～1.6	大批大量生产（精度由拉刀的精度而定）
9	粗镗（或扩孔）	IT11～13	6.3～12.5	除淬火钢外各种材料，毛坯有铸出孔或锻出孔
10	粗镗（粗扩）—半精镗（精扩）	IT9～10	1.6～3.2	
11	粗镗（粗扩）—半精镗（精扩）—精镗（铰）	IT7～8	0.8～1.6	
12	粗镗（粗扩）—半精镗（精扩）—精镗—浮动镗刀精镗	IT6～7	0.4～0.8	
13	粗镗（扩）—半精镗—磨孔	IT7～8	0.2～0.8	主要用于淬火钢，也可用于未淬火钢，但不宜用于有色金属
14	粗镗（扩）—半精镗—粗磨—精磨	IT7～8	0.1～0.2	
15	粗镗—半精镗—精镗—精镗—精细镗（金刚镗）	IT6～7	0.05～0.4	主要用于精度要求高的有色金属
16	钻—（扩）—粗铰—精铰—珩磨；钻—（扩）—拉—珩磨；粗镗—半精镗—精镗—珩磨	IT6～7	0.025～0.2	精度要求很高的孔
17	以研磨代替上述方法中的珩磨	IT5～6	0.006～0.1	

表 3 - 12　轴线平行的孔的位置精度(经济精度)

加工方法	工具的定位	两孔轴线间的距离误差或从孔轴线到平面的距离误差/mm	加工方法	工具的定位	两孔轴线间的距离误差或从孔轴线到平面的距离误差/mm
立钻或摇臂钻上钻孔	用钻模	0.1～0.2	卧式镗床上镗孔	用镗模	0.05～0.08
	按划线	1.0～3.0		按定位样板	0.08～0.2
立钻或摇臂钻上镗孔	用镗模	0.05～0.03		按定位器的指示读数	0.04～0.06
车床上镗孔	按划线	1.0～2.0		用块规	0.05～0.1
	用带有滑座的角尺	0.1～0.3		用内径规或用塞尺	0.05～0.25
坐标镗床上镗孔	用光学仪器	0.004～0.015		用程度控制的坐标装置	0.04～0.05
金刚镗床上镗孔		0.008～0.02		用游标尺	0.2～0.4
多轴组合机床上镗孔	用镗模	0.03～0.05		按划线	0.4～0.6

为了使用方便,表 3 - 13～表 3 - 15 列出了各种加工方法所能达到的加工精度及其误差值,可供参考。

表 3 - 13　外圆表面加工精度

直径基本尺寸/mm	车					磨				研磨	用钢球或滚柱工具滚压			
	粗车	半精车或一次加工		精车		一次加工	粗磨	精磨						
	加工的公差等级/μm													
	IT12～13	IT12～13	IT11	IT10	IT8	IT7	IT8	IT7	IT6	IT5	IT10	IT8	IT7	IT6
1～3	100～140	120	60	40	14	10	14	10	6	4	40	14	10	6
>3～6	120～180	160	75	48	18	12	18	12	8	5	48	18	12	8
>6～10	150～220	200	90	58	22	15	22	15	9	6	58	22	15	9
>10～18	180～270	240	110	70	27	18	27	18	11	8	70	27	18	11
>18～30	210～330	280	130	84	33	21	33	21	13	9	84	33	21	13
>30～50	250～390	340	160	100	39	25	39	25	16	11	100	39	25	16
>50～80	300～460	400	190	120	46	30	46	30	19	13	120	46	30	19
>80～120	350～540	460	220	140	54	35	54	35	22	15	140	54	35	22
>120～180	400～630	530	250	160	63	40	63	40	25	18	160	63	40	25
>180～250	460～720	600	290	185	72	46	72	46	29	20	185	72	46	29
>250～315	520～810	680	320	210	81	52	81	52	32	23	210	81	52	32
>315～400	570～890	760	360	230	89	57	89	57	36	25	230	89	57	36
>400～500	630～970	850	400	250	97	63	97	63	40	27	250	97	63	40

表 3-14 孔的加工精度

孔径基本尺寸/mm	钻孔			扩孔					铰孔					拉孔						镗孔						磨孔			研磨	用钢球或挤压杆校正，用钢球或滚柱扩孔器挤扩孔				
	无钻模		有钻模	粗扩	铸孔或锻孔的一次扩孔			精扩	半精铰		精铰	细铰		粗拉铸孔或锻孔			粗拉或钻孔后精拉孔			粗镗	半精镗	精镗	细镗（金刚镗）			粗磨	精磨							
	加工的公差等级/μm																																	
	IT12～IT13	IT11	IT12～IT13	IT11	IT12～IT13	IT12～IT13	IT11	IT10	IT10	IT11	IT9	IT8	IT7	IT6	IT11	IT10	IT9	IT8	IT7	IT12～IT13	IT11	IT10	IT9	IT8	IT7	IT6	IT9	IT8	IT7	IT6	IT10	IT9	IT8	IT7
1～3	—	60	—	60	—	—	—	—	—	—	—	—	—	—	—	—	—	—	—	—	—	—	—	—	—	—	—	—	—	—	—	—	—	—
>3～6	—	75	—	75	—	—	—	—	75	48	30	18	12	8	—	—	—	—	—	—	—	—	—	—	—	—	—	—	—	—	—	—	—	—
>6～10	—	90	—	90	—	—	—	—	90	58	36	22	15	9	—	—	—	—	—	—	—	—	—	—	—	—	—	—	—	—	—	—	—	—
>10～18	220	—	—	110	220	—	110	70	110	70	43	27	18	11	—	—	43	27	18	220	110	70	43	27	18	11	43	27	18	11	70	43	27	18
>18～30	270	—	—	130	270	—	130	84	130	84	52	33	21	—	—	—	52	33	21	270	130	84	52	33	21	13	52	33	21	13	84	52	33	21
>30～50	320	—	320	—	320	320	160	100	160	100	62	39	25	—	160	100	62	39	25	320	160	100	62	39	25	16	62	39	25	16	100	62	39	25
>50～80	—	—	380	—	380	380	190	120	190	120	74	46	30	—	190	120	74	46	30	380	190	120	74	46	30	19	74	46	30	19	120	74	46	30
>80～120	—	—	—	—	440	440	220	140	220	140	87	54	35	—	220	140	89	54	35	440	220	140	87	54	35	22	87	54	35	22	140	87	54	35
>120～180	—	—	—	—	—	—	—	—	250	160	100	63	40	—	250	160	100	63	40	510	250	160	100	63	40	—	100	63	40	25	160	100	63	40
>180～250	—	—	—	—	—	—	—	—	290	185	115	72	46	—	—	—	—	—	—	590	290	185	115	72	46	—	115	72	46	29	185	115	72	46
>250～315	—	—	—	—	—	—	—	—	320	210	160	81	52	—	—	—	—	—	—	660	320	210	130	81	52	—	130	81	52	32	210	130	81	52
>315～400	—	—	—	—	—	—	—	—	—	—	—	—	—	—	—	—	—	—	—	730	360	230	140	89	57	—	140	89	57	36	230	140	89	57

注：1. 孔加工精度与工具的制造精度有关。

2. 用钢球或挤压杆校正适用于 50 mm 以下的孔径。

表 3 - 15　平面加工精度

高或厚的基本尺寸/mm	刨削，用圆柱铣刀及端铣刀铣削									拉削					磨削					研磨	用钢球或滚柱工具滚压		
	粗			半精或一次加工		精	细			粗拉		精拉			一次加工		粗磨	精磨	细磨				
	加工的公差等级/μm																						
	IT14	IT12～13	IT11	IT12～13	IT11	IT10	IT8～9	IT7	IT6	IT11	IT10	IT8～9	IT7	IT6	IT8～9	IT7	IT8～9	IT7	IT6	IT5	IT10	IT8～9	IT7
10～18	430	220	110	220	110	70	35	18	11	—	—	—	—	—	35	18	35	18	11	8	70	35	18
>18～30	520	270	130	270	130	84	45	21	13	130	84	45	21	13	45	21	45	21	13	9	84	45	21
>30～50	620	320	160	320	160	100	50	25	16	160	100	50	25	16	50	25	50	25	16	11	100	50	25
>50～80	710	380	190	380	190	120	60	30	19	190	120	60	30	19	60	30	60	30	19	13	120	60	30
>80～120	870	440	220	440	220	140	70	35	22	220	140	70	35	22	70	35	70	35	22	15	140	70	35
>120～180	1 000	510	250	510	250	160	80	40	25	250	160	80	40	25	80	40	80	40	25	18	160	80	40
>180～250	1 150	590	290	590	290	185	90	46	29	290	185	90	46	29	90	46	90	46	29	20	185	90	46
>250～515	1 130	660	320	960	320	210	100	52	32	—	—	—	—	—	100	52	100	52	36	23	210	100	52
>315～400	1 400	730	360	730	360	230	120	57	36	—	—	—	—	—	120	57	120	57	40	25	230	120	57

注：1. 表内资料适用于尺寸<1 m、结构刚性好的零件加工，用光洁的加工表面作为定位基面和测量基面。
2. 端铣刀铣削的加工精度在相同的条件下大体上比圆柱铣刀铣削高一级。
3. 细加工仅用于端铣刀。

在确定表面加工方法时，要综合考虑下列因素：

(1) 加工表面的技术要求、生产率及经济性。一般在选择时要先根据表面的精度和粗糙度选定最终加工方法，再确定表面的整个加工方案，由于满足同一表面相同技术要求的加工方案往往有几种，还要考虑生产率和经济性的要求进行选择。

(2) 工件的材料和性能。例如，淬硬钢零件的精加工要用磨削的方法；有色金属零件的精加工应采用精细车或精细镗等加工方法，而不应采用磨削，避免软的材料堵塞砂轮。

(3) 工件的结构和尺寸。例如，对于 IT7 级精度的孔可以采用拉削、铰削、镗削和磨削等多种加工方法进行加工。但是箱体上的孔一般不宜采用拉或磨，而常常采用铰孔和镗孔；一般小孔常采用钻、扩、铰，而大孔常采用镗的方法加工。

(4) 生产类型。选择加工方法要与生产类型相适应，大批大量生产应选用生产率高和质量稳定的加工方法。例如，平面和孔采用拉削加工，单件小批生产则采用刨削、铣削平面和钻、扩、铰孔。又如为保证质量可靠和稳定，保证有高的成品率，在大批大量生产中采用珩磨和超精加工工艺加工较精密零件。

(5) 具体生产条件。应充分利用现有设备和工艺手段，发挥群众的创造性，挖掘企业潜力，还要重视新工艺和新技术的应用。

3.5.2　加工顺序的安排

零件各表面的加工方案确定以后，就要安排加工顺序，即先加工什么表面，后加工什么表面，同时还要确定热处理工序、检验工序的位置。因此，在拟定工艺路线时，要全面地把切削加工、热处理和辅助工序三者一起加以考虑，现分别阐述如下。

1. 切削工序的安排原则

切削工序安排总原则是：前面工序为后续工序创造条件。具体原则如下：

(1) 先粗后精。在零件的加工中，一般包括粗加工、半精加工、精加工和光整加工。在安排加工顺序时，应将所有表面的粗加工集中在一起首先进行，再依次集中进行各表面的半精加工和精加工，最后进行光整加工，这样就使整个加工过程明显地形成先粗后精的若干加工阶段。这些加工阶段包括：

粗加工阶段——主要是切除各表面上的大部分余量。

半精加工阶段——完成次要表面的加工，并为主要表面的精加工做准备。

精加工阶段——保证各主要表面达到设计要求。

光整加工阶段——对于表面粗糙度要求很细和尺寸精度要求很高的表面(IT5、IT6 级以上，$Ra \leqslant 0.2\ \mu m$)，还需要进行光整加工阶段。这个阶段一般不能用于提高形状精度和位置精度。

应当指出，加工阶段的划分是指零件加工的整个过程而言，不能以某一表面的加工或某一工序的性质来判断，同时，在具体应用时，也不可以绝对化，对有些重型零件或余量小、精度不高的零件，则可以在一次安装中完成表面的粗加工和精加工。

零件加工要划分加工阶段的原因如下：

① 利于保证加工质量。工件在粗加工时，由于加工余量大，所受的切削力、夹紧力也大，将引起较大的变形，如不分阶段连续进行粗精加工，上述变形没有恢复，将影响加工精度。所以，需要划分加工阶段，逐步恢复和修正变形，逐步提高加工质量。

② 便于合理使用设备。粗加工可以采用刚性好、生产率高而精度较低的机床，精加工则可以采用精度高的机床。划分加工阶段后，可以避免以精代替粗，充分发挥机床的性能，延长使用寿命。

③ 便于安排热处理工序和检验工序。如粗加工阶段后，一般要安排去应力的热处理，以消除内应力，还应安排检验工序。精加工前要安排淬火等最终热处理，其变形可以通过精加工予以消除。

④ 便于及时发现毛坯缺陷，避免损伤已加工表面。毛坯粗加工阶段后，缺陷即已暴露，可以及时发现和处理，以免进行精加工后才发现而浪费工时。同时，精加工工序安排在最后，可以避免加工好的表面在搬运和夹紧中受损伤。

(2) 先主后次。零件的加工应先安排加工主要表面，后加工次要表面。因为主要表面往往要求精度较高，加工面积较大，容易出废品，应放在前阶段进行加工，以减少工时浪费，次要表面加工面积小，精度也一般较低，又与主要表面有位置要求，应在主要表面加工之后进行加工。

(3) 先面后孔。应先加工平面，然后再加工孔。因为平面平整、轮廓尺寸较大，先加工好平面，就能以平面定位加工孔，利于保证孔的位置精度，此外，也给平面上的孔加工带来方便，能改善孔加工刀具的初始工作条件。

(4) 先基面后其他。用作精基准的表面，要安排在初始工序进行加工，以便为其他表面的加工提供统一的精基准。

2. 热处理工序的安排

热处理可以改善金属的切削性能、消除残余应力以及提高材料的力学性能。在制订工艺路线时，应根据零件的技术要求和材料的性质，合理地安排热处理工序。按照热处理的目的，可分为预备热处理和最终热处理。

(1) 预备热处理。

① 正火、退火。目的是消除内应力、改善加工性能。一般安排在粗加工之前，有时也安排在粗加工之后进行。

② 时效处理。以消除内应力、减少工件变形为目的。一般安排在粗加工之前后，对于精密零件，要进行多次时效处理。

③ 调质。对零件淬火后再高温回火，能消除内应力、改善加工性能并能获得较好的综合力学性能，一般安排在精加工之前进行。对一些性能要求不高的零件，调质常作为最终热处理。

(2) 最终热处理。

常用的有：淬火、渗碳淬火、渗氮等。它们的主要目的是提高零件的硬度和耐磨性，常安排在精加工(磨削)之前进行，其中渗氮由于热处理温度较低，零件变形很小，也可以安排在精加工之后。

3. 辅助工序的安排

检验工序是主要的辅助工序，对于除每道工序由操作者自行检验外，在粗加工之后，精加工之前，零件转换车间时以及重要工序之后和全部加工完毕后，一般都要安排检验工序。

除检验外，其他辅助工序有：去毛刺、表面强化、倒棱、清洗、防锈等均应根据需要安排。

3.5.3　工序的集中与分散

零件加工的工步内容、顺序已经排定，如何将这些工步组成工序，就需要考虑采用工序集中还是工序分散的方法。

1. 工序集中

工序集中就是指每道工序加工内容很多，工艺路线短，其主要特点是：

(1) 可以采用高效机床和工艺装备，生产率高。

(2) 设备数量、操作工人和占地面积较少，节省人力物力。

(3) 工件安装次数减少，利于保证表面间的位置精度。

(4) 采用的工装设备结构复杂，调整维修较困难，生产准备工作量大。

2. 工序分散

工序分散就是指每道工序的加工内容很少，甚至一道工序只含一个工步，工艺路线很长。其主要特点是：

(1) 设备和工艺装备比较简单，调整方便，容易适应产品的变换。

(2) 可以采用最合理的切削用量，减少机动时间。

(3) 所需设备和工装的数目多，操作工人多，占地面积大。

是采取工序集中还是工序分散，主要取决于生产类型、零件的结构特点和技术要求，有时，还要考虑各工序生产节拍的一致性。一般情况下，单件小批生产时，一般采用通用设备，要在一台机床上加工出尽量多的表面，只能工序集中；大批大量生产时，既可以采用多刀、多轴等高效、自动机床，将工序集中，但有的工件因结构复杂等原因不便于集中加工，也可以按工序分散原则组织流水线生产。批量生产应尽可能采用效率较高的半自动机床，使工序适当集中。对于重型零件，为了减少工件装卸和运输的劳动量，工序应适量集中；对于刚性差且精度高的精密工件，则工序应适当分散。从发展趋势来看，随着数控技术的不断发展，越来越倾向于采用工序集中的方法来组织生产。

3.6 加工余量的确定

工艺路线拟定之后，就要对每道工序进行详细的设计，首先必须定出各表面的加工余量。

3.6.1 加工余量的概念

加工余量是指加工时从加工表面上切去的金属层厚度。加工余量可分为工序余量和总余量两种。

1. 工序余量

工序余量是指某一表面在一道工序中被切除的金属厚度。

（1）工序余量的计算。

工序余量等于前后两道工序基本尺寸之差。

对于非对称加工表面(平面)，工序余量是单边余量，其值是本道工序和上道工序的工序尺寸之差。而内孔、外圆等旋转表面的工序余量是双边余量，其值是前后两工序的直径尺寸差。

对于被包含面(尺寸越加工越小的表面，如轴类)的工序余量计算是前道工序的工序尺寸减本工序的工序尺寸。

对于包含面(尺寸越加工越大的表面，如孔类)的工序余量等于本工序的工序尺寸减前道工序的工序尺寸。

如一个工序中有几个工步，则相邻两工步尺寸之差就是工步余量。

（2）基本余量、最大余量、最小余量及余量公差。

由于各个工序尺寸都存在着误差，因此，工序余量也是变动值。当工序尺寸用基本尺寸计算时，所得的加工余量称为基本余量或称公称余量。

最小余量(Z_{min})是保证该工序加工表面的精度和质量所需切除的金属层最小厚度。最大余量(Z_{max})是该工序余量的最大值。下面以图 3－17 所示的表面加工为例来计算，其他各类表面的情况与此相类似。

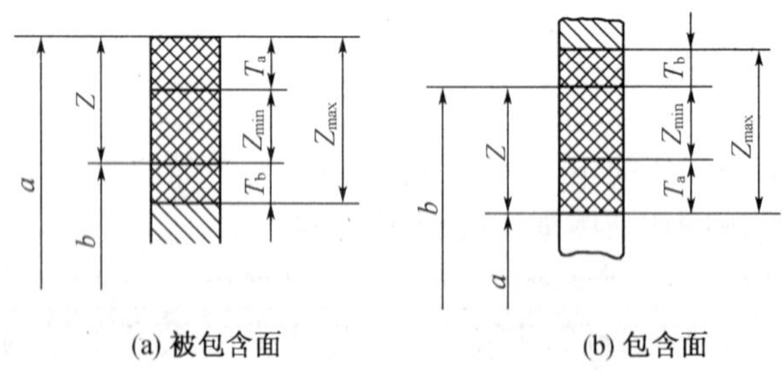

(a) 被包含面　　(b) 包含面

图 3－17　工序余量与工序尺寸及其公差的关系

当尺寸 a、b 均等于工序基本尺寸时，基本余量为

$$Z=a-b$$

则最小余量　$Z_{min}=a_{min}-b_{max}$

而最大余量　$Z_{max}=a_{max}-b_{min}$

图 3-17 表示了工序尺寸及其公差与加工余量间的关系。从图中看出，工序余量和工序尺寸公差的关系如下：

$$Z=Z_{\min}+T_{a}$$

$$Z_{\max}=Z+T_{b}=Z_{\min}+T_{a}+T_{b}$$

式中，T_a 为前工序的工序尺寸公差；T_b 为本工序的工序尺寸公差。

余量公差是加工余量的变动范围，其值为

$$T_{z}=Z_{\max}-Z_{\min}=(a_{\max}-a_{\min})+(b_{\max}-b_{\min})=T_{a}+T_{b}$$

式中，T_z 为本工序余量公差。

所以，余量公差等于前道工序与本工序的工序尺寸公差之和。

工序尺寸的公差带，一般都采用“单向、入体”原则标注。即对于被包容面，公差标成下偏差，取上偏差为零，工序基本尺寸即为最大工序尺寸；对于包容面（孔类），公差都标成上偏差，取下偏差为零。但是，孔中心距尺寸和毛坯尺寸的公差带一般都取双向对称布置。

2. 加工总余量

加工总余量是指从毛坯变为成品时从某一表面所切除的金属层总厚度。其值等于某一表面的毛坯尺寸与零件设计尺寸之差，也等于该表面各工序余量之和。即：

$$Z_{总}=\sum_{i=1}^{n}Z_{i}$$

式中，Z_i 为第 i 道工序的工序余量；n 为该表面总共加工的工序数。

总加工余量也是个变动值，其值及公差一般是从有关手册中查得或凭经验确定。

图 3-18 表示了内孔和外圆面多次加工时，总加工余量、工序余量与加工尺寸的分布图。

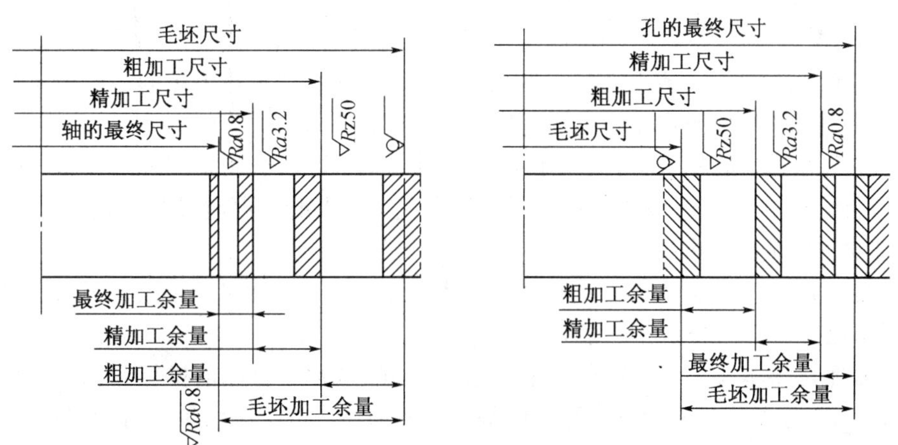

图 3-18　加工余量和加工尺寸分布图

3.6.2　加工余量的确定

加工余量的大小，直接影零件的加工质量和生产率。加工余量过大，不仅增加机械加工的劳动量，降低生产率，而且增加材料、工具和电力的消耗，增加成本。但是，加工余量过小，又不能消除前工序的各种误差和表面缺陷，甚至产生废品。因此，必须合理地确定加工余量。其确定方法有下列三种。

1. 经验估计法

经验估计法即根据工艺人员的经验来确定加工余量。为避免产生废品，所确定的加工余量一般偏大，常用于单件小批生产。

2. 查表修正法

此法是根据有关工艺手册，查得加工余量的数值，然后根据实际生产情况进行适当修正。这种方法应用比较广泛。

3. 分析计算法

这是对影响加工余量的各种因素进行分析，然后根据一定的计算关系式来计算加工余量的方法。此法确定的加工余量较合理，但需要全面的试验资料，计算也较复杂，故很少采用。

表 3－16 和表 3－17 列出了铸铁件的加工总余量及毛坯尺寸偏差，可供参考。

在确定加工余量时，要分别确定加工总余量(毛坯余量)和工序余量。加工总余量的大小与所选择的毛坯制造精度和加工尺寸有关，可见表 3－16 和表 3－17。用查表法确定工序余量时，粗加工工序余量不能用查表法得到，而是由总余量减去其他各工序余量之和得到。

3.7 工序尺寸及其公差的确定

工件上的设计尺寸一般要经过几道工序的加工才能得到，每道工序加工后要达到的尺寸就是工序尺寸，它们是逐步向设计尺寸接近的，直到最后一次加工才直接保证设计尺寸。编制工艺规程的一个重要工作就是要确定每道工序的工序尺寸及公差。下面分两种方法介绍工序尺寸和公差的计算。

3.7.1 余量法

同一表面多次加工时，工序基准、定位基准或测量基准不变，其工序尺寸及公差的计算是比较容易的，例如轴、孔或平面的多次加工，计算时只需考虑各工序的加工余量和所能达到的精度。其计算顺序是由最后一道工序开始向前推算，计算步骤为：

(1) 定毛坯总余量和工序余量。铸件毛坯的总余量可以从表 3－16 和 3－17 中查得，其他毛坯总余量和半精加工、精加工的余量可以通过工艺手册查得，粗加工的余量必须用总余量减去其他工序余量来求出。

(2) 定工序公差。最后一次加工的工序尺寸公差等于设计尺寸公差。其余工序公差按经济精度确定(表 3－13～表 3－15)。

(3) 求工序基本尺寸。从零件图上的设计尺寸开始，一直往前推算到毛坯尺寸。对于被包含面，某工序基本尺寸等于后道工序基本尺寸加上后道工序余量。对于包含面，某工序基本尺寸等于后道工序基本尺寸减去后道工序余量。

(4) 标注工序尺寸公差。最后一道工序的公差按设计尺寸标注，其余工序尺寸公差按入体原则标注。

【例 3－1】 某零件孔的设计要求为 $\phi100^{+0.035}_{0}$ mm，Ra 值为 0.8 μm，毛坯为铸件，其加工工艺路线为：毛坯—粗镗—半精镗—精镗—浮动镗。求各工序尺寸。

【解】 列出表 3－18。首先，通过查表确定毛坯总余量及其公差值、工序余量、工序的经济精度及其公差值并填入表中，其中，粗镗的工序余量 $Z_{粗}=8-0.1-0.5-2.4=5$(mm)；然

表 3-16　铸铁件的机械加工余量

(mm)

铸件最大尺寸	浇注时位置	基本尺寸																
		1 级精度						2 级精度						3 级精度				
		≤50	>50~120	>120~260	>260~500	>500~800	>800~1 250	≤50	>50~120	>120~260	>260~500	>500~800	>800~1 250	≤120	>120~260	>260~500	>500~800	>800~1 250
≤120	顶　面	2.5	2.5					3.5	4.0					4.5				
	底面及侧面	2	2					2.5	3.0					3.5				
>120~260	顶　面	2.5	3.0	3.0				4.0	4.5	5.0				5.0	5.5			
	底面及侧面	2	2.5	2.5				3.0	3.5	4.0				4.0	4.5			
>260~500	顶　面	3.5	3.5	4.0	4.5			4.5	5.0	6.0	6.5			6.0	7.0	7.0		
	底面及侧面	2.5	3.0	3.5	3.5			3.5	4.0	4.5	5.0			4.5	5.0	6.0		
>500~800	顶　面	4.5	4.5	5.0	5.5	5.5		5.0	6.0	6.5	7.0	7.5		7.0	7.0	8.0	9.0	
	底面及侧面	3.5	3.5	4.0	4.5	4.5		4.0	4.5	4.5	5.0	5.5		5.0	5.0	6.0	7.0	
>800~1 250	顶　面	5.0	5.0	6.0	6.5	7.0	7.0	6.0	7.0	7.0	7.5	8.0	8.5	7.0	8.0	8.0	9.0	10.0
	底面及侧面	3.5	4.0	4.5	4.5	5.0	5.0	4.0	5.0	5.0	5.5	5.5	6.5	5.5	6.0	6.0	7.0	7.5

表 3-17　铸铁件尺寸偏差

(mm)

<table>
<tr><th rowspan="3">铸件最大尺寸</th><th colspan="18">基本尺寸</th></tr>
<tr><th colspan="6">1 级精度</th><th colspan="6">2 级精度</th><th colspan="6">3 级精度</th></tr>
<tr><th>≤50</th><th>>50~120</th><th>>120~260</th><th>>260~500</th><th>>500~800</th><th>>800~1 250</th><th>≤50</th><th>>50~120</th><th>>120~260</th><th>>260~500</th><th>>500~800</th><th>>800~1 250</th><th>≤50</th><th>>50~120</th><th>>120~260</th><th>>260~500</th><th>>500~800</th><th>>800~1 250</th></tr>
<tr><td>≤120</td><td>±0.2</td><td>±0.3</td><td></td><td></td><td></td><td></td><td rowspan="2">±0.5</td><td rowspan="2">±0.8</td><td rowspan="2">±1.0</td><td rowspan="2"></td><td rowspan="2"></td><td rowspan="2"></td><td rowspan="3">±1.0</td><td rowspan="3">±1.5</td><td rowspan="3">±2.0</td><td rowspan="3">±2.5</td><td rowspan="3"></td><td rowspan="3"></td></tr>
<tr><td>>120~260</td><td>±0.3</td><td>±0.4</td><td>±0.6</td><td></td><td></td><td></td></tr>
<tr><td>>260~500</td><td>±0.4</td><td>±0.6</td><td>±0.8</td><td>±1.0</td><td></td><td></td><td>±0.8</td><td>±1.0</td><td>±1.2</td><td>±1.5</td><td></td><td></td></tr>
<tr><td>>500~1 250</td><td>±0.6</td><td>±0.8</td><td>±1.0</td><td>±1.2</td><td>±1.4</td><td>±1.6</td><td>±1.0</td><td>±1.2</td><td>±1.5</td><td>±2.0</td><td>±2.5</td><td>±3.0</td><td>±1.2</td><td>±1.8</td><td>±2.2</td><td>±3.0</td><td>±4.0</td><td>±5.0</td></tr>
</table>

后，计算工序基本尺寸，例如：浮动镗的基本尺寸为 100，精镗的基本尺寸为浮动镗的尺寸 100 减去浮动镗的余量 0.1，即为 99.9；最后，标出工序尺寸，偏差按入体原则标注，其中最后一道工序的偏差需按设计尺寸标注。

表 3-18 工序尺寸及公差的计算 (mm)

工序名称	工序余量	工序的经济精度	工序基本尺寸	工序尺寸及公差
浮动镗	0.1	H7 ($^{+0.035}_{0}$)	100	$\phi 100^{+0.035}_{0}$
精镗	0.5	H9 ($^{+0.087}_{0}$)	100−0.1=99.9	$\phi 99.9^{+0.087}_{0}$
半精镗	2.4	H11 ($^{+0.22}_{0}$)	99.9−0.5=99.4	$\phi 99.4^{+0.22}_{0}$
粗镗	8−0.1−0.5−2.4=5	H13 ($^{+0.54}_{0}$)	99.4−2.4=97	$\phi 97^{+0.54}_{0}$
毛坯	8	(±1.2)	97−5=92	ϕ92±1.2

3.7.2 工艺尺寸链法

当零件加工时，多次转换工艺基准，引起测量基准、定位基准或工序基准与设计基准不重合，这时，需要利用工艺尺寸链原理来进行工序尺寸及其公差的计算。

1. 工艺尺寸链的基本知识

(1) 工艺尺寸链的概念和特征。

在零件加工或测量过程中，由一系列相互联系的尺寸所形成的尺寸封闭图形称为工艺尺寸链。

如图 3-19(a)所示，假设零件图上标注设计尺寸 A_1 和 A_2，当用调整法最后加工表面 3 时，(1、2 面已加工完成)，为了使工件定位可靠和夹具结构简单，常选 1 面为定位基准，按尺寸 A_2 对刀加工 3 面，间接保证尺寸 A_0。则 A_1、A_2 和 A_0 这些相互联系的尺寸就形成一个尺寸封闭图形，即为工艺尺寸链。如图 3-19(c)所示。

以如图 3-19(b)所示零件为例，设计尺寸为 A_1、A_0，在加工过程中，因 A_0 不便直接测量，只有按照容易测量的 A_2 进行加工，以间接保证尺寸 A_0 的要求，则 A_1、A_2、A_0 也同样形成一个工艺尺寸链。

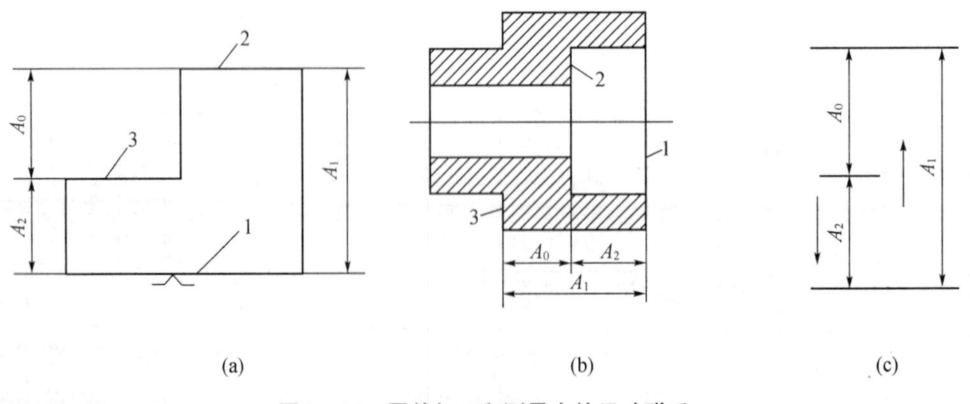

图 3-19 零件加工和测量中的尺寸联系

通过以上分析可以知道，工艺尺寸链的主要特征是：封闭性和关联性。封闭性是指尺寸链中各个尺寸相互连接组成一个封闭图形，不封闭就不成为尺寸链。关联性是指任何一个直接保证的尺寸及其精度的变化，都将影响间接保证的尺寸和其精度。如上尺寸链中，A_1、A_2 的变化，都将引起 A_0 的变化。

(2) 工艺尺寸链的组成。

工艺尺寸链中的每一个尺寸称为尺寸链的环，如图 3－19(c)所示中的 A_1、A_2、A_0 都是尺寸链的环。环又可分为封闭环和组成环。

① 封闭环。在加工(或测量)过程中，间接获得、最后保证的尺寸。如图 3－19 中的 A_0，是间接获得的，为封闭环。封闭环用下标“0”表示。每个尺寸链只能有一个封闭环。

② 组成环。除封闭环以外的其他环，称为组成环。组成环的尺寸是直接保证的，它又影响到封闭环的尺寸。按其对封闭环的影响不同又可分为增环和减环。

a. 增环。尺寸链中，其余组成环不变，该环增大(或减小)使封闭环随之增大(或减小)的环，称为增环。如图 3－19(c)所示中的 A_1 即为增环，为简明起见，可标成$\overrightarrow{A_1}$。

b. 减环。尺寸链中，其余组成环不变，该环增大(或减小)反而使封闭环随之减小(或增大)的环，称为减环。如图 3－19(c)所示中的尺寸 A_2 即为减环，标记成$\overleftarrow{A_2}$。

(3) 工艺尺寸链的建立。

利用工艺尺寸链进行工序尺寸及其公差的计算，关键在于正确找出尺寸链，并正确区分增、减环和封闭环。其方法和步骤如下：

① 封闭环的确定。正确确定封闭环是解算工艺尺寸链最关键的一步，封闭环确定错了，整个尺寸链的解算将是错误的。

对于工艺尺寸链，要认准封闭环是“间接、最后”获得的尺寸这一关键点。在大多数情况下，封闭环是零件图中的一个设计尺寸或者是加工余量值。

封闭环的确定与零件的加工方案有直接关系，如加工方案改变，则封闭环也将可能改变。如图 3－19(b)所示零件，当以表面 3 定位车削表面 1，获得尺寸 A_1，然后以表面 1 为测量基准车削表面 2 获得尺寸 A_2 时，则间接获得的尺寸 A_0 即为封闭环。但是，如果改变加工方案，以加工过的表面 1 为测量基准直接获得尺寸 A_2，然后调头以表面 2 为定位基准，采用定距装刀的调整法车削表面 3 直接保证尺寸 A_0 时，则 A_1 成为间接获得，是封闭环。

② 组成环的查找。从封闭环两端开始，按照零件表面间的联系，逆向循着工艺过程的顺序，分别向前查找该表面最近一次加工的加工尺寸，之后再找出该尺寸另一端表面的最后一次加工尺寸，直至两边汇合为止，所经过的尺寸都为该尺寸链的组合环。需要注意的是：所建立的尺寸链，必须使组成环数最少，这样能更容易满足封闭环的精度或者使各组成环的加工更容易、更经济。

③ 区分增减环。对于环数少的尺寸链，可以根据增、减环的定义来判别。对于环数多的尺寸链，可以采用箭头法，即从 A_0 开始，在尺寸的上方(或下方)画箭头，然后顺着各环依次画下去，凡箭头方向与封闭环 A_0 的箭头方向相同的环为减环，相反的为增环。

(4) 工艺尺寸链计算的基本公式。

① 封闭环的基本尺寸计算。封闭环的基本尺寸等于所有增环的基本尺寸之和减去所有减环的基本尺寸之和。即

$$A_0 = \sum_{i=1}^{m} \overrightarrow{A_i} - \sum_{j=m+1}^{n-1} \overleftarrow{A_j}$$

式中,m 为增环的环数;n 为包括封闭环在内的总环数。

② 封闭环极限尺寸的计算。封闭环的最大极限尺寸等于所有增环的最大极限尺寸之和减去所有减环的最小极限尺寸之和,即

$$A_{0\max}=\sum_{i=1}^{m}\overrightarrow{A}_{i\max}-\sum_{j=m+1}^{n-i}\overleftarrow{A}_{j\min}$$

封闭环的最小极限尺寸等于所有增环的最小极限尺寸之和减去所有减环的最大极限尺寸之和,即

$$A_{0\min}=\sum_{i=1}^{m}\overrightarrow{A}_{i\min}-\sum_{j=m+1}^{n-i}\overleftarrow{A}_{j\max}$$

③ 封闭环上下偏差的计算。封闭环的上偏差等于所有增环的上偏差之和减去所有减环的下偏差之和,即

$$\mathrm{ES}(A_0)=\sum_{i=1}^{m}\mathrm{ES}(\overrightarrow{A}_i)-\sum_{j=m+1}^{n-i}\mathrm{EI}(\overleftarrow{A}_j)$$

封闭环的下偏差等于所有增环的下偏差之和减去所有减环的上偏差之和,即

$$\mathrm{EI}(A_0)=\sum_{i=1}^{m}\mathrm{EI}(\overrightarrow{A}_i)-\sum_{j=m+1}^{n-i}\mathrm{ES}(\overleftarrow{A}_j)$$

④ 封闭环的公差计算。封闭环的公差等于所有组成环公差之和,即

$$T_0=\mathrm{ES}(A_0)-\mathrm{EI}(A_0)=\sum_{i=1}^{n-i}T_i$$

(5) 尺寸链的计算形式。

在工艺尺寸链解算时,有以下三种情况:

① 正计算。已知各组成环尺寸,求封闭环尺寸,其计算结果是唯一的。这种情况主要用于设计尺寸校核,即检验工序尺寸是否满足设计尺寸要求。

② 反计算。已知封闭环尺寸求各组成环尺寸。这种情况实际上是将封闭环的公差值合理地分配给各组成环,分配时一般按照各组成环的经济精度来确定组成环的公差值,加以适当调整后,使各组成环公差之和等于或小于封闭环公差。它主要用于根据机器装配精度要求,确定各零件尺寸及公差,没有特殊要求时,各组成环偏差按入体原则标注。

③ 中间计算。已知封闭环和部分组成环,求某一组成环。此法应用最广,广泛用于加工中基准不重合时工序尺寸的计算。

2. 工艺尺寸链的应用和解算

应用工艺尺寸链计算工序尺寸的关键是找出要保证的设计尺寸与有关的工序尺寸之间的内在关系,即找出尺寸链,然后确定封闭环和增、减环。在此基础上利用工艺尺寸链计算公式进行具体运算。下面通过几种典型实例,介绍工艺尺寸链的建立和计算方法。

(1) 测量基准与设计基准不重合时的工序尺寸计算。

在零件加工时,有时会遇到一些表面加工之后设计尺寸不便直接测量的情况,这时不得不在零件上另选一个易于测量的表面作测量基准进行测量,以间接检验设计尺寸是否达到要求。

【例 3-2】 图 3-20(a)所示套筒零件，两端面已加工完毕，加工孔底面 C 时，要保证尺寸 $16_{-0.35}^{0}$ mm，因该尺寸不便测量，试标出测量尺寸。

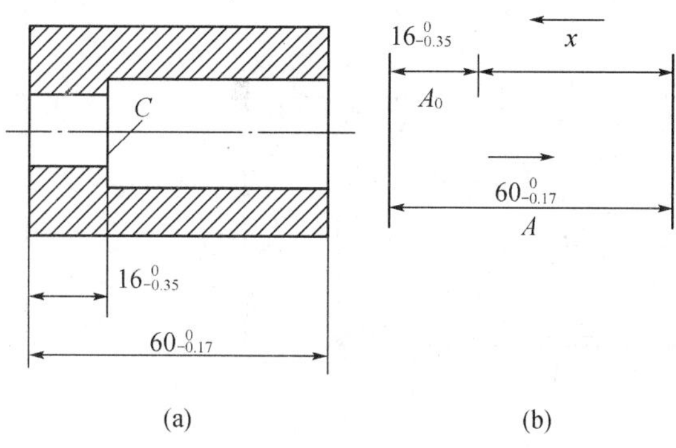

图 3-20　测量尺寸的换算

【解】 由于孔深度可以用深度游标卡测量，因而尺寸 $16_{-0.35}^{0}$ mm 可以通过尺寸 $A=60_{-0.17}^{0}$ mm 和孔深尺寸 x 间接计算出来，列出尺寸链如图 3-20(b)所示。尺寸 $16_{-0.35}^{0}$ mm 显然是封闭环。

由基本尺寸计算公式得　$16=60-x$　则 $x=44$

由上偏差计算公式得　$0=0-EX(x)$　则 $EX(x)=0$

由下偏差计算公式得　$-0.35=-0.17-ES(x)$　则 $ES(x)=+0.18$ mm

所以测量尺寸　$x=44_{0}^{+0.18}$ mm

通过分析以上计算结果，可以发现，由于基准不重合而进行尺寸换算，将带来两个问题：

① 提高了组成环尺寸的测量精度要求和加工精度要求。如果能按原设计尺寸进行测量，则测量公差和加工时的公差为 0.35 mm，换算后的测量尺寸公差为 0.18 mm，按尺寸 x 加工使加工公差减小了 0.17 mm，从而提高了测量和加工的难度。

② 假废品问题。在测量零件尺寸 x 时，如 A 的尺寸在 $60_{-0.17}^{0}$ mm 之间，x 尺寸在 $44_{-0.18}^{0}$ mm 之间，则 A_0 必在 $16_{-0.35}^{0}$ mm 之间，零件为合格品。但是，如果 x 的实测尺寸超出 $44_{0}^{+0.18}$ mm 的范围，假设偏大或偏小 0.17 mm，即为 44.35 mm 或 43.83 mm，从工序上看，此件应报废. 但如将此零件的尺寸 A 再测量一下，只要尺寸 A 也相应为最大 60 mm 或最小 59.83 mm，则算得 A_0 的尺寸相应为(60－44.35)mm＝15.65 mm 和(59.83－43.83)mm＝16 mm，零件实际上仍为合格品，这就是工序上报废而产品仍合格的所谓“假废品”问题。由此可见，只要实测尺寸的超差量小于另一组成环的公差时，就有可能出现假废品。为了避免将实际合格的零件报废而造成浪费，对换算后的测量尺寸(或工序尺寸)超差的零件，应重新测量其他组成环的尺寸，再计算出封闭环的尺寸，以判断是否为废品。

(2) 定位基准与设计基准不重合的工序尺寸换算。

在零件表面加工过程中，有时无法用设计基准做定位基准，只能从方便定位的角度考虑选择适合的表面做定位基准。在这种定位基准与设计基准不重合的情况下，需要利用工艺尺寸链计算出工序尺寸，并通过保证该工序尺寸来间接保证设计尺寸的精度。

【例 3-3】 图 3-21(a)所示零件以底面 N 为定位基准镗 O 孔，确定 O 孔位置的设计基准是 M 面(设计尺寸 100±0.15 mm)，用镗夹具镗孔时，镗杆相对于定位基准 N 的位置(即 L_1 尺寸)预先由夹具确定。这时设计尺寸 L_0 是在 L_1、L_2 尺寸确定后间接得到的。问如何

确定 L_1 尺寸及公差，才能使间接获得的 L_0 尺寸在规定的公差范围之内？

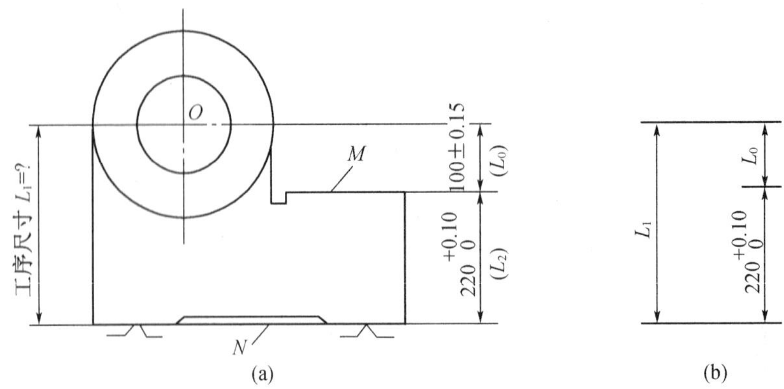

图 3-21 定位基准与设计基准不重合的尺寸换算

【解】 ① 根据题意可看出尺寸 100±0.15 mm 是封闭环。

② 工艺尺寸链如图 3-20(b)所示，其中尺寸 $220^{+0.10}_{0}$ 为减环，L_1 为增环。

③ 按公式计算工序尺寸。

由 $L_0 = L_1 - L_2$ 即 $100 = L_1 - 220$ 得 $L_1 = 320$ mm

由 $ES_0 = ES_1 - EI_2$ 即 $+0.15 = ES_1 - 0$ 得 $ES_1 = +0.15$ mm

由 $EI_0 = EI_1 - ES_2$ 即 $-0.15 = EI_1 - 0.10$ 得 $EI_1 = -0.05$ mm

因而 $L_1 = 320^{+0.15}_{-0.05}$ mm。

当定位基准与设计基准不重合进行尺寸换算时，也需要提高本工序的加工精度，使加工更加困难。同时，也会出现假废品的问题。

(3) 从尚需继续加工的表面上标注的工序尺寸计算。

在零件加工过程中，有些加工表面的工序基准是尚需继续加工的表面，当对该工序基准进行加工时，会同时影响两个设计尺寸，为此，需要进行工序尺寸的换算。

【例 3-4】 图 3-22(a)所示齿轮内孔，孔径设计尺寸为 $\phi 40^{+0.06}_{0}$ mm，键槽设计深度 $43.2^{+0.36}_{0}$ mm，加工顺序如下：

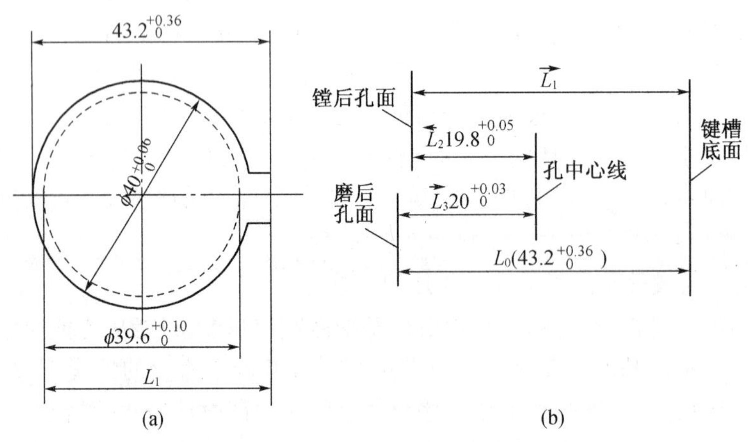

图 3-22 内孔和键槽加工的工艺尺寸链

① 镗内孔至 $\phi 39.6^{+0.1}_{0}$ mm；

② 插键槽至尺寸 L_1；

③ 淬火；

④ 磨内孔至设计尺寸 $\phi 40^{+0.06}_{0}$ mm，同时要求保证键槽深度为 $43.2^{+0.36}_{0}$ mm。

试求：插键槽深度尺寸 L_1，以保证得到合格产品。

【解】 ① 先列出尺寸链如图 3-22(b)所示。最后工序同时要保证两个尺寸，在这种情况下，工艺上应安排直接保证尺寸精度要求较高的那个设计尺寸(即孔径尺寸)，另一个尺寸间接获得。因此，键槽深度尺寸为封闭环，从加工过程可知，其他的尺寸都是直接得到的，为组成环。其中 L_1、尺寸 $\phi 40^{+0.06}_{0}$ 为增环，尺寸 $\phi 39.6^{+0.1}_{0}$ 为减环。

③ 按公式计算工序尺寸。

由公式 $L_0 = L_1 + L_3 - L_2$　即 $43.2=(L_1+20)-19.8$　得 $L_1 = 43$ mm

由公式 $ES_0 = ES_1 + ES_3 - EI_2$　即 $0.36=(ES_1+0.03)-0$　得 $ES_1 = 0.33$ mm

由公式 $EI_0 = EI_1 + EI_3 - ES_2$　即 $0=(EI_1+0)-0.05$　得 $EI_1 = 0.05$ mm

因而 $L_1 = 43^{+0.33}_{+0.05}$ mm，即为插键槽工序尺寸。

(4) 保证渗碳或渗氮层深度的工艺尺寸计算。

有些表面需要进行渗碳或渗氮处理，而且要求精加工后还要保留规定的渗层深度。为此，可以利用工艺尺寸链计算渗前有关的工序尺寸及热处理时的渗层深度。

【例 3-5】 一批圆轴工件如图 3-23 所示，其加工过程为：车外圆至 $\phi 20.6^{0}_{-0.04}$ mm；渗碳淬火；磨外圆至 $\phi 20^{0}_{-0.02}$ mm。试计算保证磨后渗碳层深度为 0.7～1.0 mm 时，渗碳工序的渗入深度及其公差。

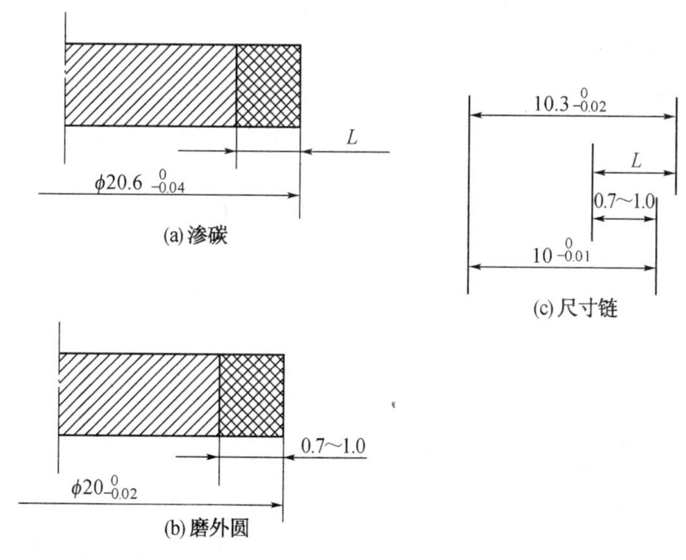

图 3-23　保证渗碳层深度的尺寸换算

【解】 ① 由题意可知，磨后保证的渗碳层深度 0.7～1.0 mm($0.7^{+0.3}_{0}$)是间接获得的尺寸，确定为封闭环。

② 工艺尺寸链如图 3.23(c)所示，其中尺寸 L、$10^{0}_{-0.01}$ 为增环，尺寸 $10.3^{0}_{-0.02}$ 为减环。

③ 按公式计算工序尺寸。

由 $0.7=L+10-10.3$　得 $L=1$ mm

由 $0.3= ES_L +0-(-0.02)$　得 $ES_L = 0.28$ mm

由 $0 = EI_L + (-0.01) - 0$　　　　得 $EI_L = 0.01$ mm

因此 $L = 1^{+0.28}_{+0.01}$ mm

(5) 从靠火花磨削时的工序尺寸计算。

靠火花磨削是一种定量磨削，是指在磨削工件端面时，由工人根据砂轮靠磨工件时产生的火花的大小来判断磨去余量的多少，从而间接保证加工尺寸的一种磨削方法。

【例 3-6】 如图 3-24(a)所示阶梯轴，图 3-24(b)、(c)为加工工序简图，加工顺序为：

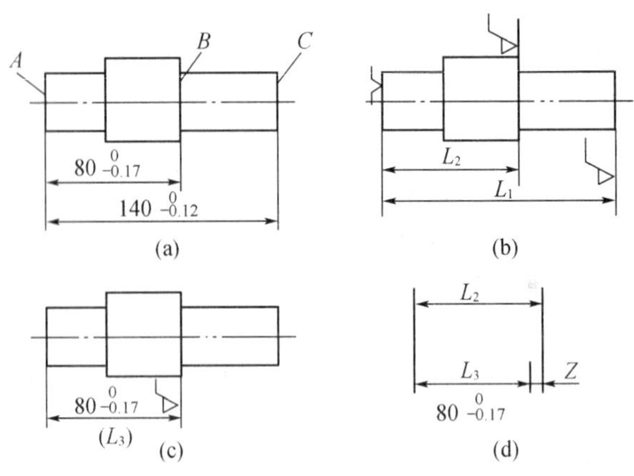

图 3-24　靠火花磨削的尺寸链换算

Ⅰ. 精车各端面，保持工序尺寸 L_1 和 L_2；

Ⅱ. 靠火花磨削 B 面，保证设计尺寸 $80_{-0.17}^{0}$ mm。

求：精车时的工序尺寸 L_1 和 L_2。

【解】 精车端面 A、C 时，工序尺寸直接保证设计尺寸，所以 $L_1 = 140_{-0.12}^{0}$ mm。

工序尺寸 L_2 与设计尺寸 $80_{-0.17}^{0}$ mm 只相差一个磨削余量 Z，画出尺寸链如图 3-24(d)。由于是定量磨削，所以磨削余量 Z 是组成环，要保证的设计尺寸 $L_3 = 80_{-0.17}^{0}$ mm 是封闭环。其中的靠磨余量按经验数值确定为 $Z = 0.1 \pm 0.02$ mm，现在按平均尺寸计算法求解工序尺寸 L_2。

$$L_3 = 80_{-0.17}^{0} = 79.915 \pm 0.085$$

则 L_2 的基本尺寸为　　$L_2 = 79.915 + 0.1 = 80.015$

L_2 的偏差为　　$(\pm 0.085 - \pm 0.02) = \pm 0.065$

所以　　$L_2 = 80.015 \pm 0.065 = 80.08_{-0.13}^{0}$ mm

靠火花磨削具有以下特点：

① 靠火花磨削能保证磨去最小余量，无须测量，因此，生产率较高。

② 在尺寸链中，磨削余量是直接控制的，为组成环，而需要保证的设计尺寸为封闭环。

③ 靠磨后尺寸的误差比靠磨前相应尺寸的误差增大一个余量公差值，尺寸精度更低。因而，要求靠磨前的工序尺寸公差应比设计尺寸公差缩小一个适当的数值。

3.8　机械加工生产率和技术经济分析

在制订机械加工工艺规程时，必须在保证零件质量要求的前提下，提高劳动生产率和降低成本，也就是说，必须做到优质、高产、低消耗。因此，必须对工艺过程进行技术经济分析，探讨提高劳动生产率的工艺途径。

3.8.1　机械加工劳动生产率分析

劳动生产率是指工人在单位时间内制造的合格品数量，或者指制造单件产品所消耗的劳动时间。劳动生产率一般通过时间定额来衡量。

1. 时间定额

时间定额是在一定的生产条件下，规定生产一件产品或完成一道工序所必须消耗的时间。时间定额是衡量劳动生产率的指标，也是安排生产计划、进行成本核算、考核工人完成任务情况、新建或扩建工厂(或车间)时计算设备和工人数量的依据。

完成一个零件的一道工序的时间称为单件时间，完成一个零件一道工序的时间定额，称为单件时间定额。它包括下列组成部分。

(1) 基本时间($T_{基本}$)指直接改变生产对象的形状、尺寸、相对位置与表面质量等所耗费的时间。对机械加工来说，则为切除金属层耗费的时间(包括刀具的切入和切出时间)，又称机动时间。可通过计算求出，以车外圆为例：

$$T_{基本}=\frac{L+L_1+L_2}{nf}i=\frac{\pi D(L+L_1+L_2)}{1\,000vf}\frac{Z}{a_p}$$

式中，L 为零件加工表面的长度(mm)；L_1、L_2 为刀具的切入和切出长度(mm)；n 为工件每分钟转数(r/min)；f 为进给量(mm/r)；i 为进给次数(决定于加工余量 Z 和切削深度 α_p)；v 为切削速度(min)；$T_{基本}$ 为基本时间(min)。

(2) 辅助时间($T_{辅助}$)指在每个工序中，为保证完成基本工艺工作而用于辅助动作所耗费的时间。包括：装卸工件、开停机床、调整切削用量、试切和测量零件尺寸等所耗费的时间。

基本时间($T_{基本}$)和辅助时间($T_{辅助}$)的总和称为操作时间($T_{操作}$)。

(3) 工作地点服务时间($T_{服务}$)指工人在工作时为照管工作地点及保持正常工作状态所耗费的时间。例如，在加工过程中调整、更换和刃磨刀具、润滑和擦拭机床、清除切屑、收拾工具等所耗费的时间。工作地点服务时间 $T_{服务}$ 可取操作时间的 2%～7%。

(4) 休息和自然需要时间($T_{休息}$)指工人在工作时间内为恢复体力和满足生理需要所消耗的时间。一般可取操作时间的 2%。

上述时间的总和为单件时间。即

$$T_{单件}=T_{基本}+T_{辅助}+T_{服务}+T_{休息}$$

(5) 准备终结时间($T_{准终}$)指工人为了生产一批零件，进行加工前的准备工作和加工完毕后的结束工作所耗费的时间。准备工作有：熟悉工艺文件、领料、领取工艺装备、安装夹具、调整机床等。结束工作有：拆卸和归还工艺装备，送交成品等。因该时间对一批零件(批量为 N)只消耗一次，故分摊到每个零件上的时间为 $T_{准终}/N$。

批量生产时单件时间定额为上述时间之和。即

$$T_{定额}=T_{基本}+T_{辅助}+T_{服务}+T_{休息}+T_{准终}/N$$

在大量生产时，因 N 值很大，$T_{准终}/N\approx 0$，可忽略不计。所以，大量生产时的单件时间定额为

$$T_{定额}=T_{单件}=T_{基本}+T_{辅助}+T_{服务}+T_{休息}$$

2. 提高机械加工生产率的工艺措施

劳动生产率是衡量生产效率的一个综合技术经济指标。提高劳动生产率，必须正确处

理好质量、生产率和经济性三者之间的关系，应在保证质量的前提下，提高生产率，降低成本。它不是一个单纯的工艺技术问题，而与产品设计、生产组织和管理工作有关。下面仅讨论与机械加工有关的一些提高劳动生产率的工艺措施。

(1) 缩减时间定额。

缩减时间定额，主要是缩减时间定额中占比例较大的部分，如单件小批生产时主要应缩减辅助时间，大批大量生产时主要应缩减基本时间。

① 缩减基本时间。

a. 提高切削用量 n、f、a_p。增加切削用量将使基本时间减小，但会增加切削力、切削热和工艺系统的变形以及刀具磨损等。因此，必须在保证质量的前提下采用，同时要提高机床的承受能力特别是刀具的耐用度。

b. 减少切削长度。在切削加工时，可以通过采用多刀加工、多件加工的方法减少切削长度。

如图 3－25 所示为多刀加工，图 3－25(a)所示为采用三把刀具同时切削同一表面，切削行程约为工件长度的 1/3。

图 3－25(b)所示为合并走刀，用三把刀具一次性地完成三次走刀，切削行程约可减少 2/3。

图 3－25(c)所示的复合工步加工，也可大大减少切削行程长度。

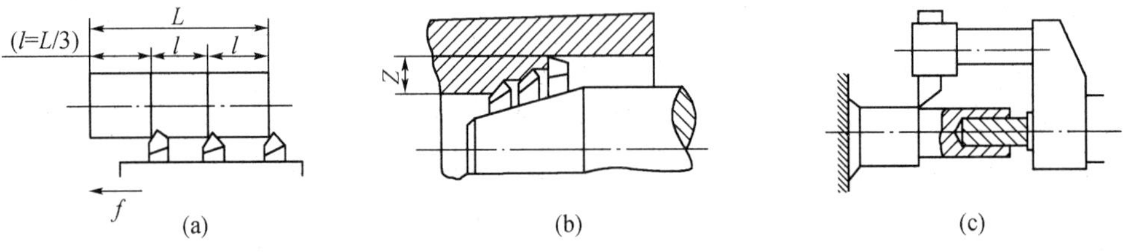

图 3－25　采用多刀加工减小切削行程长度

如图 3－26 所示为多件加工，图 3－26(a)为顺序多件加工，这样可减少刀具的切入和切出长度。这种方式多见于龙门刨床、镗削及滚齿加工中。

图 3－26(b)所示为平行多件加工，一次走刀可同时加工几个零件，所需基本时间与加工一个零件时基本相同。这种方式常用铣床和平面磨床上。

图 3－26(c)所示为平行顺序多件加工，这种加工方式能非常显著地减少基本时间。常见于立轴式平面磨削和铣削加工。

另外，将纵向进给改成横向进给也是减少刀具切削长度的一个有效办法。

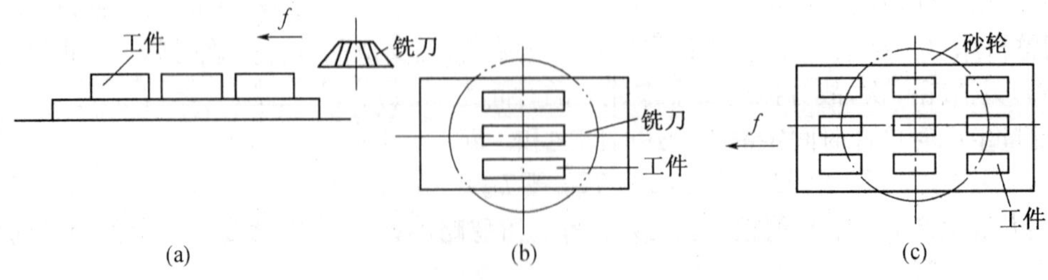

图 3－26　采用多件加工减少切削行程长度

② 缩减辅助时间。缩减辅助时间的方法主要有二个，一是要实现机械化和自动化，二是使辅助时间与基本时间重合。具体措施有：

a. 采用先进高效夹具。在大批大量生产时，采用高效的气动或液压夹具，在单件小批生产和中批生产时，采用组合夹具、可调夹具或成组夹具，都将减少装卸工件的时间。

b. 采用多工位连续加工方法。采用回转工作台和转位夹具，在切削的同时进行工件装卸，使辅助时间与基本时间重合。如图 3－27 所示利用回转工作台的多工位立铣以及图 3－28 所示的双工位转位夹具。

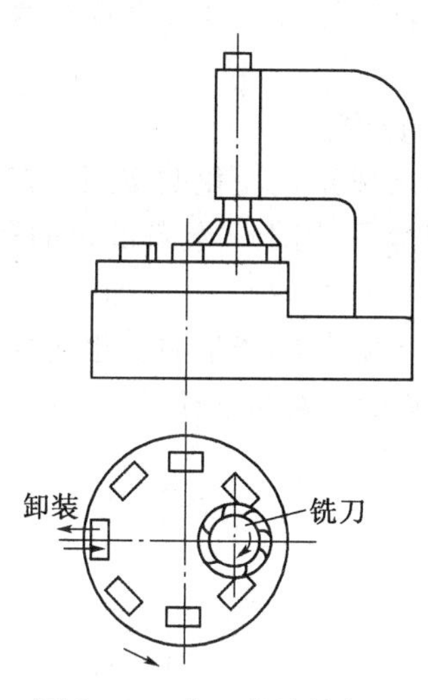

图 3－27　多工位连续加工

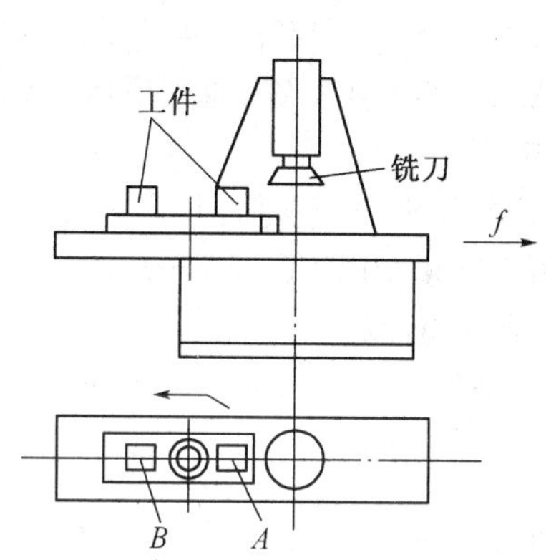

图 3－28　双工位夹具

c. 采用主动检验或数字显示自动测量装置，可以大大减少停机测量工件的时间。

③ 缩减工作地点服务时间。缩减工作地点服务时间主要是要缩减调整和更换刀具的时间，提高刀具或砂轮的耐用度。主要方法是采用各种快换刀夹、自动换刀装置、刀具微调装置以及不重磨硬质合金刀片等，以减少工人在刀具的装卸、刃磨、对刀等方面所耗费的时间。

④ 缩减准备终结时间。在批量生产时，应尽量使零件通用化和标准化，或者采用成组技术，以尽量增加零件的生产批量。同时应设法缩减安装工具、调整机床的时间。

(2) 采用先进工艺方法。

采用先进的工艺方法是提高劳动生产率的有效手段，主要有以下几种。

① 采用先进的毛坯制造方法。例如粉末冶金、失蜡铸造、压力铸造、精密锻造等新工艺，可提高毛坯精度，减少切削加工的劳动量，提高生产率。

② 采用少、无切屑新工艺。如用挤齿代替剃齿，生产率可提高 6～7 倍。还有滚压、冷轧等工艺，都能有效地提高生产率。

③ 采用特种加工。对于某些特硬、特脆的材料及复杂型面等，采用特种加工能极大地提高生产率。如用电解或电火花加工锻模型腔，用线切割加工冲模等，可减少大量的钳工劳动量。

④ 改进加工方法。采用数控加工，用拉削代替镗、铰孔，用精刨、精磨代替刮研等，都可大大提高生产率。

3.8.2　工艺过程的技术经济分析

制订机械加工工艺规程时，在满足加工质量的前提下，要考虑降低成本，注重其经济性。所谓经济性好，就是指能用最低的成本制造出合格的产品。因此，就要对满足质量要求的几种加工方案进行技术经济分析，比较其生产成本，选择一个经济性最好的方案。

1. 生产成本

制造一个零件(或产品)所耗费的费用总和叫生产成本。生产成本可分为两类费用:一类是与工艺过程直接有关的费用,称为工艺成本,如工装设备费用、材料费用、工人工资等,工艺成本约占生产成本的70%~75%;另一类是与工艺过程没有直接关系的费用,如行政人员的开支、厂房折旧费、空调等。由于在同一生产条件下与工艺过程无关的费用基本上是相等的,因此对零件工艺方案进行经济分析时,只要分析与工艺过程直接有关的工艺成本即可。

2. 工艺成本的组成

按照工艺成本与零件年产量的关系,可分为两部分费用。

(1) 可变费用 V——与零件年产量直接有关,并与之成正比变化的费用。它包括:毛坯材料及制造费、操作工人工资、通用机床折旧费和修理费、通用工艺装备的折旧费和修理费以及机床电费等。

(2) 不变费用 S——与零件年产量没有直接关系,不随着年产量的变化而变化的费用。它包括:专用机床和专用工艺装备的折旧费和修理费、调整工人的工资等。

3. 工艺成本的计算

零件加工全年工艺成本可按下式计算:

$$E=VN+S(\text{元/年})$$

式中,E 为一种零件全年的工艺成本(元/年);V 为可变费用 (元/件);N 为零件年产量(件/年);S 为不变费用 (元/年)。

每个零件的工艺成本可按下式计算:

$$E_d=V+\frac{S}{N}(\text{元/件})$$

式中,E_d 为单件工艺成本(元/件)。

年工艺成本与年产量的关系可用图 3-29 表示,E 与 N 呈线性关系,说明年工艺成本随着年产量的变化而成正比地变化。

单件工艺成本与年产量是双曲线的关系,如图 3-30 所示。在曲线的 A 段,N 值很小,设备负荷低,E_d 就高,当年产量 N 略有变化时,E_d 将有很大的变化,说明在零件加工数量少时,增大年产量将能较大地降低成本。在曲线的 C 段,N 值很大,大多采用专用设备(S 较大、V 较小),且 S/N 值小,故 E_d 较低,N 值的变化对 E_d 影响很小,说明在零件加工数量较大时,年产量的变化对成本影响不是太大。

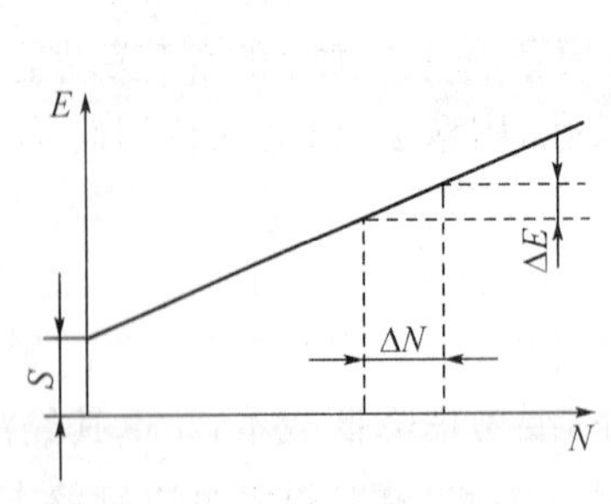

图 3-29 全年工艺成本与年产量的关系

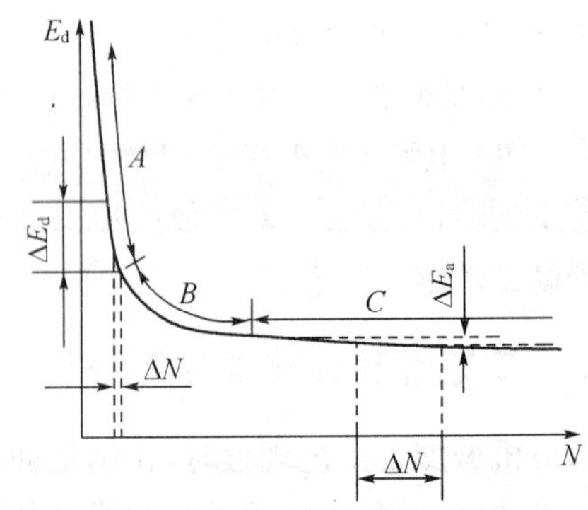

图 3-30 单件工艺成本与年产量的关系

以上分析表明，当 S 值一定时，就应该有一个相适应的零件年产量。所以，在单件小批生产时，因 S/N 值占的比例大，就不适合使用专用工装设备（以降低 S 值）；在大批大量生产时，因 S/N 值占的比例小，最好采用专用工装设备。

3.9　零件工艺规程制订实例

3.9.1　轴类零件的工艺规程制订

1. 轴类零件的分析

(1) 轴类零件的功用与结构特点。

轴类零件是常见的典型零件，在机器中，它的主要作用是用来支承传动零件、传递运动和扭矩。

轴类零件是回转体零件，其长度大于直径，主要表面是同轴线的若干个外圆柱面、圆锥面、内孔以及螺纹、花键、键槽、沟槽等。根据轴类零件的结构特点，可将轴分为光滑轴、台阶轴、空心轴和异形轴（包括曲轴、凸轮轴、偏心轴等）四大类。若按轴的长度和直径的比例来分，又可分为刚性轴（$L/d<15$）和挠性轴或细长轴（$L/d>15$）。

(2) 轴类零件的主要技术要求。

① 加工精度。

a. 尺寸精度。轴类零件的尺寸精度主要是指直径和长度的尺寸精度。对于有配合要求的直径尺寸，常常规定有较严格的公差，主要轴颈的直径尺寸精度根据使用要求通常为 IT6～IT9。至于长度方向的尺寸大多情况下要求不那么严格，可以只规定其基本尺寸。

b. 几何形状精度。一般是轴颈的圆度、圆柱度，因这些误差将影响其与配合件的接触质量。

c. 相互位置精度。轴类零件的相互位置精度主要有装配传动零件的配合轴颈对于装配轴承的支承轴颈的同轴度，以及定位端面与轴心线的垂直度。

② 表面粗糙度。

随着对机器质量的要求越来越高，要求轴类零件的表面粗糙度也越来越小。一般支承轴颈的表面粗糙度为 $Ra0.63 \sim 0.16\mu m$，配合轴颈的表面粗糙度为 $Ra2.5 \sim 0.63\mu m$。

(3) 轴类零件的材料和毛坯。

① 轴类零件的材料。一般轴类零件的材料常用 45 号钢，并根据工作条件不同采用不同的热处理工艺（如正火、调质、淬火等），以获得要求的强度、韧性和耐磨性。

对于中等精度、转速较低的轴类零件，可选 40Cr 等合金钢，通过调质和表面淬火处理后，具有较高的综合力学性能。精度和转速都较高的轴，有时还用轴承钢 GCr15 和弹簧钢 65Mn 等材料，它们通过调质和表面淬火处理后，具有更高的耐磨性和耐疲劳性能。对于在高转速、重载荷等条件下工作的轴，可选用 20CrMnTi、20Mn2B、20Cr 等低碳合金钢或 38CrMnA1A 等氮化钢，它们通过热处理后，有很高的表面硬度和心部强度。

② 轴类零件常用的毛坯是圆棒料和锻件，对于某些大型的、结构复杂的轴可以采用铸件。棒料适用于直径相差不大的阶梯轴或光轴，锻件适用于要求强度较高或者阶梯较大的轴。

2. 轴类零件加工的工艺路线

轴类零件的加工工艺路线主要考虑外圆的加工顺序，并将次要表面的加工合理穿插其中。

(1) 基本加工路线。

外圆加工的方法很多，基本加工路线可归纳为四条。

① 粗车—半精车—精车。

对于一般常用材料，这是外圆表面加工采用的最主要的工艺路线。

② 粗车—半精车—粗磨—精磨。

对于黑色金属材料，精度要求高和表面粗糙度值要求较小、零件需要淬硬时，其后续工序只能采用磨削的加工路线。

③ 粗车—半精车—精车—金刚石车。

对于有色金属，不能用磨削加工，其最终工序多用精车和金刚石车。

④ 粗车—半精车—粗磨—精磨—光整加工。

对于黑色金属材料的淬硬零件，精度要求高和表面粗糙度值要求很小，常用此加工路线。

(2) 典型加工工艺路线。

轴类零件的主要加工表面是外圆表面，也还有常见的特殊形表面，要针对各种精度等级和表面粗糙度要求，按经济精度选择加工方法。

对普通精度的轴类零件加工，其典型的工艺路线如下：

备料—锻造—正火—车端面、钻中心孔—粗车—半精车、精车—最终热处理—粗磨—铣键槽(花键槽、沟槽)—精磨—终检。

(3) 轴类零件加工的定位基准选择和安装。

根据加工的轴不同，需要采用不同的定位基准和安装方式。

① 以工件的中心孔定位。在轴类零件中，零件各外圆表面、锥孔、螺纹表面的同轴度，端面对旋转轴线的垂直度是其相互位置精度的主要项目，这些表面的设计基准一般都是轴的中心线，若用两中心孔定位，符合基准重合的原则。中心孔不仅是车削时的定位基准，也是其他加工工序的定位基准和检验基准，又符合基准统一原则。当采用两中心孔定位时，还能够最大限度地在一次安装中加工出多个外圆和端面。

② 以外圆和中心孔作为定位基准(一夹一顶)。用两中心孔定位虽然定心精度高，但刚性差，尤其是加工较重的工件时不够稳固，切削用量也不能太大。粗加工时，为了提高零件的刚度，可采用轴的外圆表面和一中心孔作为定位基准来加工。这种定位方法能承受较大的切削力矩，也是轴类零件最常见的一种定位方法。

③ 以两外圆表面作为定位基准。在加工空心轴的内孔时(例如，机床上莫氏锥度的内孔加工)，不能采用中心孔作为定位基准，可用轴的两外圆表面作为定位基准。当工件是机床主轴时，常以两支撑轴颈(装配基准)为定位基准，可保证锥孔相对支撑轴颈的同轴度要求，消除基准不重合而引起的误差。

④ 以带有中心孔的锥堵作为定位基准。在加工空心轴的外圆表面时，往往还采用锥堵或锥套心轴作为定位基准，如图 3-31 所示。

锥堵或锥套心轴应具有较高的精度，锥堵和锥套心轴上的中心孔即是其本身制造的定位基准，又是空心轴外圆精加工的基准。因此必须保证锥堵或锥套心轴上锥面与中心孔有较高的同轴度。在安装中应尽量减少锥堵的安装次数,减少重复安装误差。实际生产中,锥堵安装后,中途加工一般不得拆下和更换,直至加工完毕。

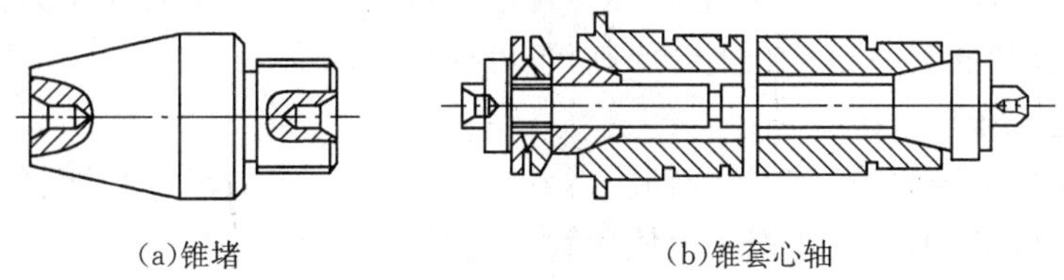

图 3-31　锥堵和锥套心轴

(4) 车床传动轴加工工艺规程制订。

下面分析图 3-32 所示的车床传动轴的工艺规程的制订,生产类型为单件小批生产。

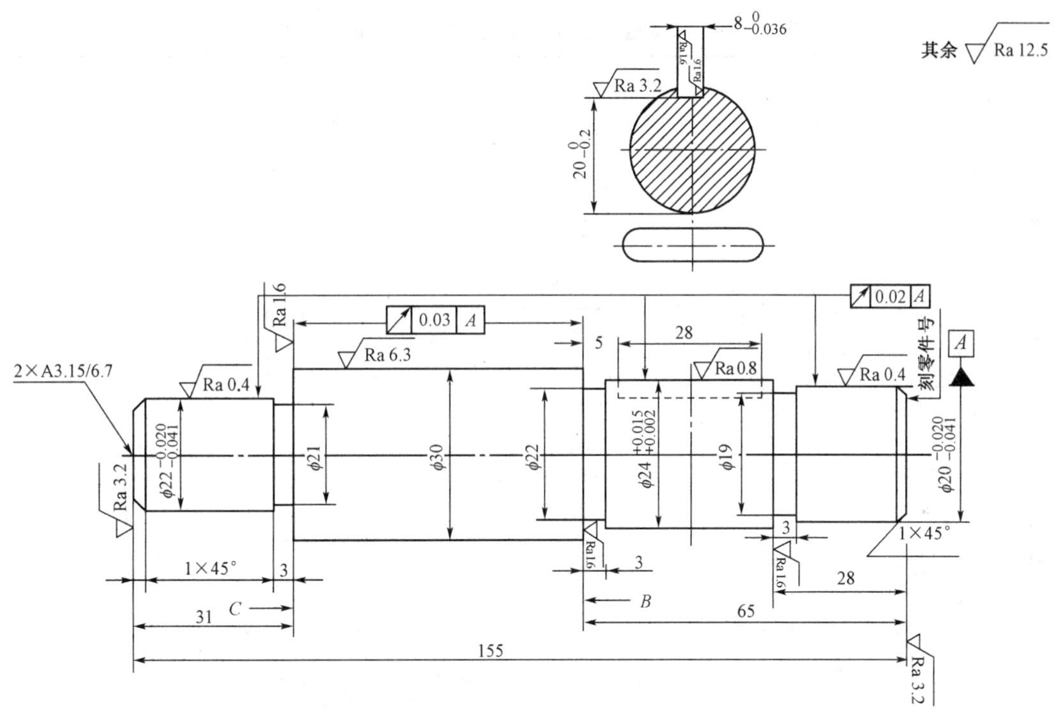

图 3-32　车床传动轴

① 传动轴的功用和结构。

车床的传动轴的功用是安装齿轮、传递运动和动力。传递轴是阶梯实心轴,结构简单,直径差较小,轴上有键槽和退刀槽。

② 传动轴技术要求分析。

在 $\phi 24_{+0.002}^{+0.015}$ 的轴段上装一个双联齿轮,为传递运动和动力,轴上开有键槽。轴上左、右两端 $\phi 22_{-0.041}^{-0.020}$ 和 $\phi 20_{-0.041}^{-0.020}$ 为轴颈,支承在溜板箱箱体的轴承孔中。$\phi 22_{-0.041}^{-0.020}$ 、$\phi 24_{+0.002}^{+0.015}$ 和 $\phi 20_{-0.041}^{-0.020}$ 等配合面对轴线 A 的径向圆跳动允差为 0.02 mm,端面 C 和 B 对轴线 A 的端面跳动允差不大于 0.03 mm。支承轴颈表面粗糙度为 Ra 0.4μm,配合轴颈表面粗糙度为 Ra 0.8μm,支承端面和键槽配合面的粗糙度为 Ra 1.6μm。

③ 传动轴的材料、热处理和毛坯。

工件材料为45钢，两端轴颈淬火硬度为40～45HRC，选用圆棒料做毛坯。

④ 选择定位基准。

为保证各主要外圆表面和端面的相互位置精度，选用两端的中心孔作为粗、精加工定位基准。这样，符合基准统一和基准重合原则，也可提高生产率。

⑤ 加工工艺分析。

该零件主要加工表面是三个配合轴颈，各加工面均有一定的尺寸精度、位置精度和粗糙度要求。轴上的键槽，可在立式铣床上使用键槽铣刀铣出。

支承轴颈的尺寸精度为IT7，*Ra* 0.4μm，从前表"外圆表面加工方案"中查得，可采用"粗车—半精车—粗磨—精磨"的加工方案。因是单件小批生产，故尽量采用工序集中的方式安排加工。

⑥ 其加工工艺过程见表3-19。

表3-19 传动轴机械加工工艺过程（单件小批生产）

工序号	工序名称	工序内容	工序简图	设备
1	车	1. 车一端面，钻中心孔； 2. 切断，长度为157 mm； 3. 车另一端面至长度155 mm，钻中心孔	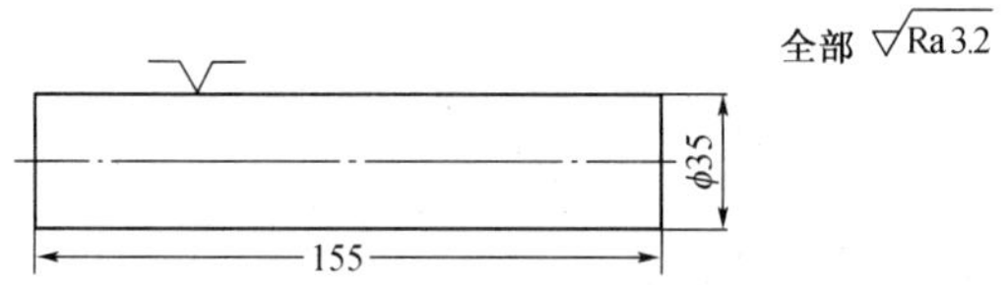 全部 Ra 3.2 φ35 155	卧式车床
2	车	1. 粗车一端外圆分别至φ32×98，φ24×30； 2. 半精车该端外圆分别至φ30×94，$\phi 22.4_{-0.21}^{0}\times 31$； 3. 车槽φ21×3； 4. 倒角1.2×45°； 5. 粗车另一端外圆分别至φ26×64，φ22×27； 6. 半精车该端外圆分别至$\phi 24.4_{-0.21}^{0}\times 65$，$\phi 20.4_{-0.21}^{0}\times 28$； 7. 车槽分别至φ22×3，φ19×3； 8. 倒角1.2×45°	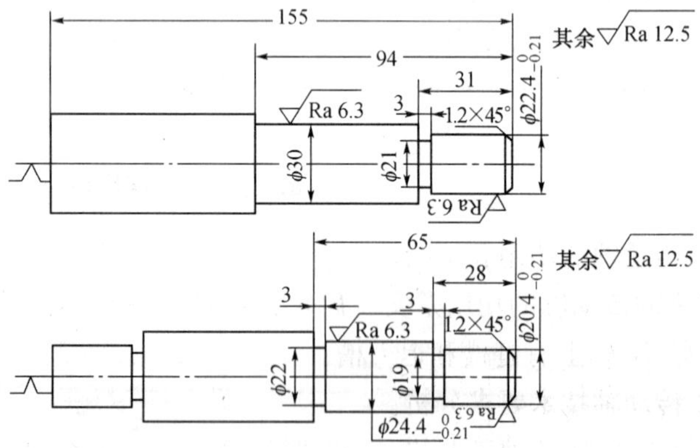 155 94 31 3 其余 Ra 12.5 Ra 6.3 1.2×45° $\phi 22.4_{-0.21}^{0}$ φ30 φ21 Ra 6.3 65 28 3 3 其余 Ra 12.5 Ra 6.3 1.2×45° $\phi 20.4_{-0.21}^{0}$ φ22 φ19 Ra 6.3 $\phi 24.4_{-0.21}^{0}$	卧式车床
3	钳	划键槽线		钳工

（续表）

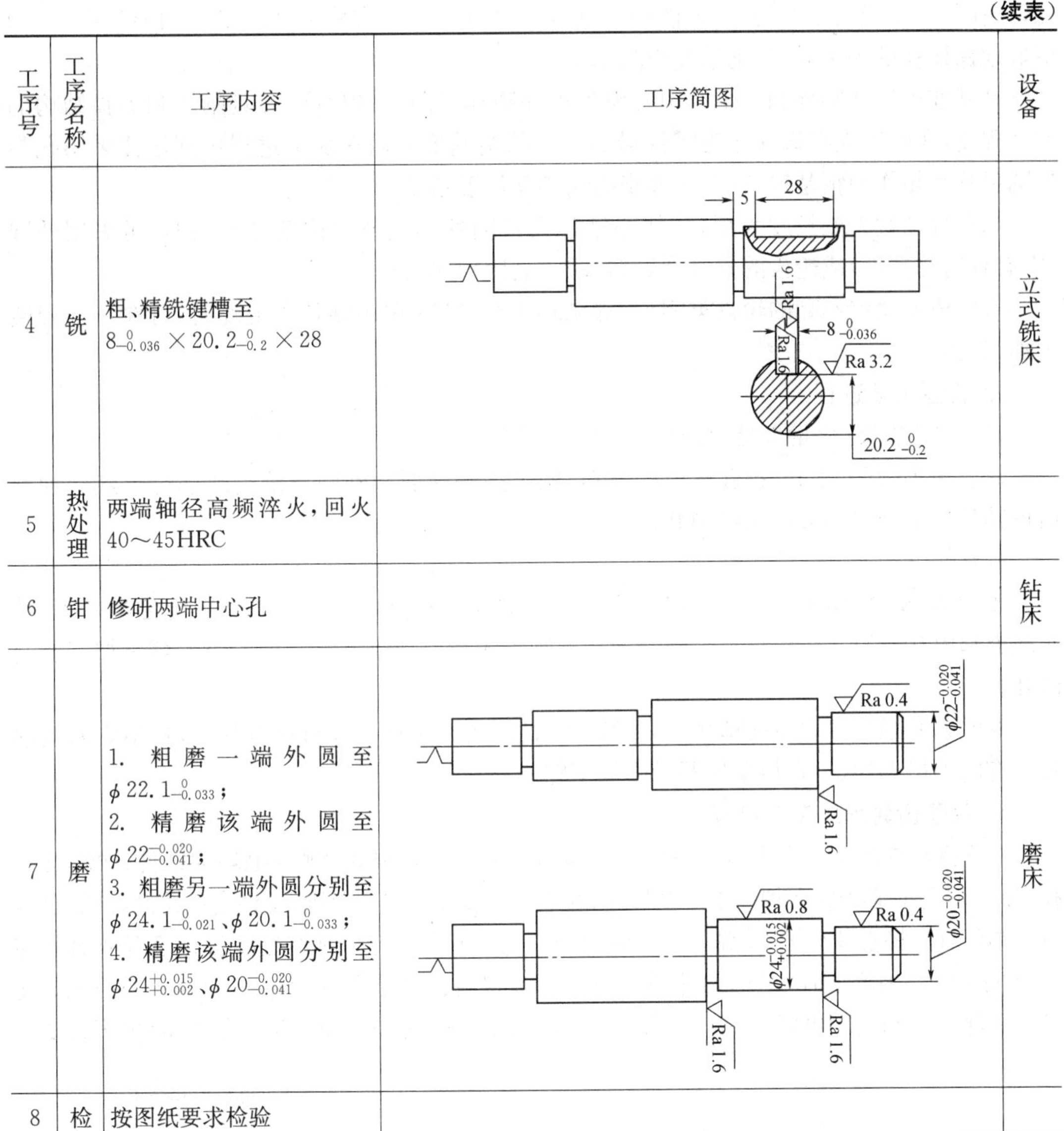

工序号	工序名称	工序内容	工序简图	设备
4	铣	粗、精铣键槽至 $8_{-0.036}^{\ 0}\times 20.2_{-0.2}^{\ 0}\times 28$		立式铣床
5	热处理	两端轴径高频淬火，回火 40～45HRC		
6	钳	修研两端中心孔		钻床
7	磨	1. 粗磨一端外圆至 $\phi 22.1_{-0.033}^{\ 0}$； 2. 精磨该端外圆至 $\phi 22_{-0.041}^{-0.020}$； 3. 粗磨另一端外圆分别至 $\phi 24.1_{-0.021}^{\ 0}$、$\phi 20.1_{-0.033}^{\ 0}$； 4. 精磨该端外圆分别至 $\phi 24_{+0.002}^{+0.015}$、$\phi 20_{-0.041}^{-0.020}$		磨床
8	检	按图纸要求检验		

3.9.2　轮盘类零件的工艺规程制订

轮盘类零件在机械中应用很广，其种类也很多，如齿轮、带轮和端盖等。轮盘类零件的功用和受力情况相差很大，因此毛坯种类也不相同。一般，齿轮毛坯常用锻件，也可用铸件；带轮、端盖等形状较复杂的零件，常用灰铸铁件；直径较小的轮盘类零件也可用棒料为毛坯。

轮盘类零件的结构一般由孔（光孔或花键孔）、外圆、端面和沟槽等组成，有的零件上尚有齿形。技术要求除表面本身的尺寸精度、形状精度和粗糙度外，还可能有内、外圆间的同轴度、端面与孔轴线的垂直度等位置精度要求。这类零件孔的精度一般要求较高，孔的表面粗糙度值 Ra 为 1.6 μm 或更小；外圆的精度一般比孔低，粗糙度值比孔大些。

1. 机械加工工艺特点

轮盘类零件一般以孔为设计基准，以一个主要端面为轴向尺寸的设计基准。一般均选用外圆作粗基准，这是因为多数中小型轮盘类零件在加工前尚未铸出或锻出孔，或虽有毛坯孔，但孔径太小或余量不匀等，无法作粗基准。当有些零件有较大和较准确的毛坯孔时，为更好地保证孔的加工质量，则选孔作粗基准。

精基准可选孔和外圆。生产中考虑到内外圆加工的难易程度、刀具刚性和夹具结构的复杂程度，实际上大都选孔作为零件最后加工的精基准。而在加工过程中则往往采用孔与外圆反复互相作为精基准，以利于逐步提高相互位置精度。

当孔直径过小或长度太短，易使心轴等夹具刚性不足或定位精度不高时，可采用外圆（需有较高的精度）或轮齿的分度圆做精基准，最后精加工孔。

有些精度要求不高的轮盘类零件，如结构上允许，或选用棒料为毛坯时，可在一次安装中加工完毕。

2. 典型工艺过程

(1) 拉孔方案（大批大量生产）。

调质—车端面、钻孔、扩孔—拉孔—粗、精车另一端面和外圆—滚齿或插齿—热处理—齿形精整加工—以齿形定位磨内孔。

(2) 车孔方案。

车端面、钻孔、粗车孔—以孔定位粗车另一端面及外圆—调质—以外圆定位半精车、精车端面和内孔—以孔定位精车另一端面和外圆—滚齿或插齿—热处理—齿形精整加工—磨内孔。

有的方案最后一次热处理采用高频淬火，此时可以不进行齿形精整加工，也不需磨削内圆。有的无齿形加工，在精车外圆后即加工完毕。

3. 双联齿轮加工工艺过程

双联齿轮如图 3-33 所示，成批生产（每批 100 件）；材料为 40Cr；毛坯为锻件；两端孔口 ϕ34 成 15°倒角，必须在粗加工中车至尺寸，并应考虑精车余量。否则，工件套在花键心轴上后，精车端面时会将心轴车坏，或端面车不平；因花键孔在拉削时定位基准是浮动的，无法保证孔与外圆的同轴度，因此车削齿坯时，先粗车齿坯各外圆和端面，各留精车余量 1～2 mm，待拉削好花键孔后，套上花键心轴再精车各部分至尺寸，以保证孔与外圆的同轴度，以及孔与端面的垂直度。

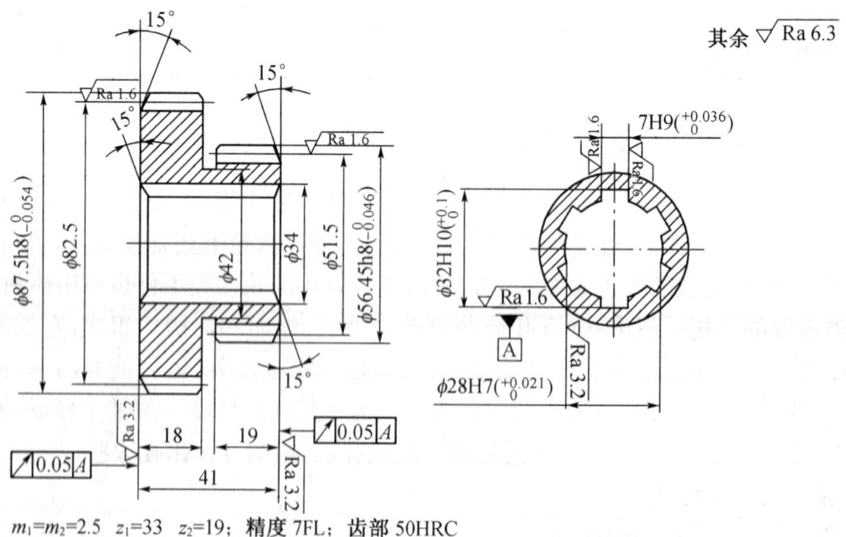

图 3-33　双联齿轮

双联齿轮的加工工艺过程见表 3－20。

表 3－20　双联齿轮加工工艺过程

工序号	工序名称	工序内容	设备
1	锻	锻造并退火，检查	模锻锤
2	热处理	调质(250HBS)，检查	
3	车	三爪卡盘夹 ϕ87.5h8 毛坯外圆，校正。 车端面；粗车外圆 ϕ56.5h8 至 ϕ57.5，粗车沟槽至 ϕ43×3，尺寸 19 车至 19.5；倒角	卧式车床
4	车	三爪卡盘夹 ϕ56.5h8 粗车后的外圆表面。 车端面，尺寸 41 车至 42，粗车外圆 ϕ87.5h8 至 ϕ88.5，钻孔至 ϕ27，车孔至 ϕ27.80，铰孔 ϕ28H7 至尺寸；两端孔口 ϕ34 成 15°倒角；检查	卧式车床
5	拉	拉花键孔 6×28×32×7 至尺寸，检查	拉床
6	车	套花键心轴，装夹于二顶尖间。 车外圆 ϕ87.5h8($^{0}_{-0.054}$) 至尺寸；车外圆 ϕ56.5h8($^{0}_{-0.046}$) 至尺寸；车两端面至尺寸 41；车沟槽 ϕ42 至尺寸，保持尺寸 18、19；齿部倒角；检查	卧式车床
7	插齿	工件以花键孔定位于心轴上，校正心轴。 按图样要求插齿 $Z_1=33$、$Z_2=19$，检查	插齿机
8	倒角	工件以花键孔定位于心轴上，校正。 按图样要求齿部倒角	齿轮倒角机
9	热处理	高频感应淬火，齿部淬硬(50HRC)，检查	
10	珩齿	工件以花键孔定位于花键心轴上。珩齿 $Z_1=33$、$Z_2=19$ 至尺寸，检查	齿轮珩磨机
11	钳	去毛刺，清洗，涂防锈油，入库	

习　题

3－1　什么是生产过程、工艺过程、工序、工步、走刀、安装、工位？

3－2　什么是生产纲领和生产类型？单件生产和大量生产的工艺特征是什么？

3－3　某厂年产 4105 型柴油机 2 600 台，已知连杆的备品率为 5%，加工废品率为 1%，试计算连杆的生产纲领，说明其生产类型和主要工艺特点。

3－4　什么是工艺规程？工艺规程的作用和制订原则各有哪些？

3－5　如题图 3－1 所示零件，单件小批生产时其工艺过程为：在刨床上分别刨削六个外表面，达到图纸要求；粗刨导轨面 A，因厚度大分两次切削；刨两越程槽；精刨导轨面 A；钻孔；扩孔；铰孔；去毛刺。试分析其工艺过程的组成(包括工序、工步、走刀、安装)。

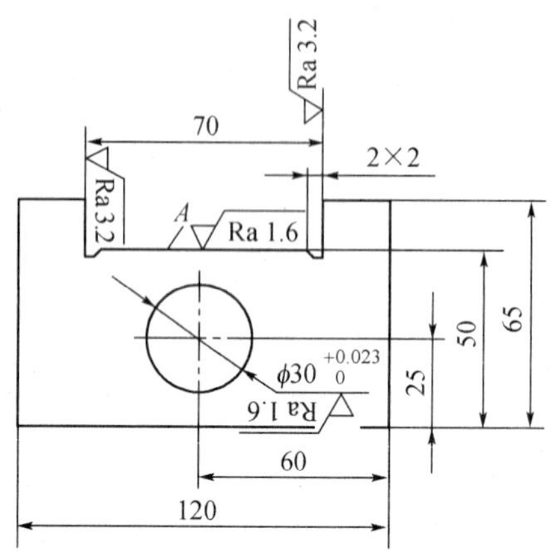

题图 3-1

3-6 获得尺寸精度的机械加工方法有哪些？各有何特点？

3-7 何谓设计基准、定位基准、工序基准、测量基准、装配基准？并举例说明。

3-8 试分析下列加工过程中的定位基准：

(1) 浮动铰刀铰孔；(2) 拉齿坯内孔；(3) 无心磨削销轴外圆；(4) 磨削床身导轨面；(5)箱体零件攻螺纹；(6) 珩磨连杆大头孔。

3-9 什么叫精基准和粗基准？精基准的选择原则有哪些？

3-10 机械加工工艺过程划分哪几个加工阶段？划分的原因是什么？

3-11 切削加工工序的安排原则是什么？为什么要遵循这些原则？

3-12 试叙述零件在机械加工工艺过程中，安排热处理工序的目的、常用的热处理方法及其在工艺过程中安排的位置。

3-13 何谓毛坯余量？何谓工序余量和总余量？加工余量的确定方法有哪些？

3-14 一小轴，毛坯为热轧棒料，大量生产的工艺路线为粗车—精车—淬火—粗磨—精磨，外圆设计尺寸为 $\phi 30_{-0.013}^{\ 0}$ mm，已知各工序的加工余量和经济精度，试确定各工序尺寸及其偏差和粗车余量，并填入下表：

工序名称	工序余量	经济精度	工序基本尺寸	工序尺寸及偏差
精磨	0.1	0.013(IT6)		
粗磨	0.4	0.033(IT8)		
精车	1.5	0.084(IT10)		
粗车		0.21(IT12)		
毛坯尺寸	8	±1.2		

3-15 什么叫工艺尺寸链？举例说明封闭环、组成环、增环、减环的概念？

3-16 在车床上按调整法加工一批如题图 3-2 所示零件，现以加工好的 1 面定位加工端面 2 和 3，试分别计算加工 2 面和 3 面的工序尺寸及其偏差，并对加工 2 面的工序尺寸进行假废品分析。

3-17 如题图 3-3 所示工件，$A_1 = 50_{-0.2}^{-0.1}$ mm，$A_2 = 40_{-0.05}^{\ 0}$ mm，$A_3 = 15_{+0.05}^{+0.32}$ mm，因 A_3

不便测量，试重新标出测量尺寸及其偏差。

3－18　如题图3－4所示零件已加工好外圆、内孔和端面，现用调整法在铣床上铣出右端缺口，试分别求出调整刀具时的尺寸 A 和 H 及其偏差。

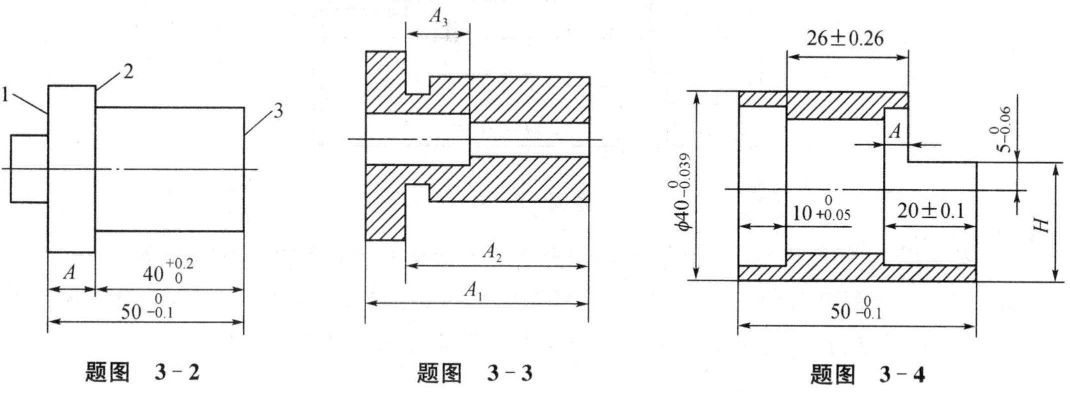

题图　3－2　　题图　3－3　　题图　3－4

3－19　如题图3－5(a)所示为轴套零件简图，其内孔、外圆和各端面均已加工完毕，试分别计算按图(b)中三种定位方案钻孔时的工序尺寸及偏差。

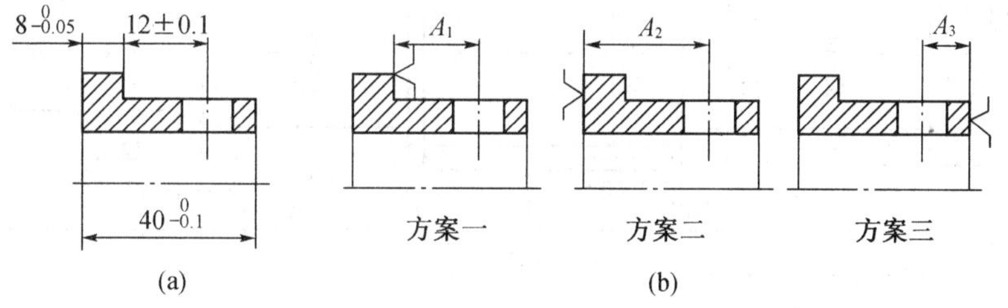

题图　3－5

3－20　如题图3－6所示带键槽轴的工艺过程为：车外圆至 $\phi 30.5^{0}_{-0.1}$ mm，铣键槽深度为 H^{+TH}_{0}，热处理，磨外圆至 $\phi 30^{+0.036}_{+0.016}$ mm。求保证键槽深度设计尺寸 $4^{+0.2}_{0}$ mm 的铣槽工序尺寸 H^{+TH}_{0}。

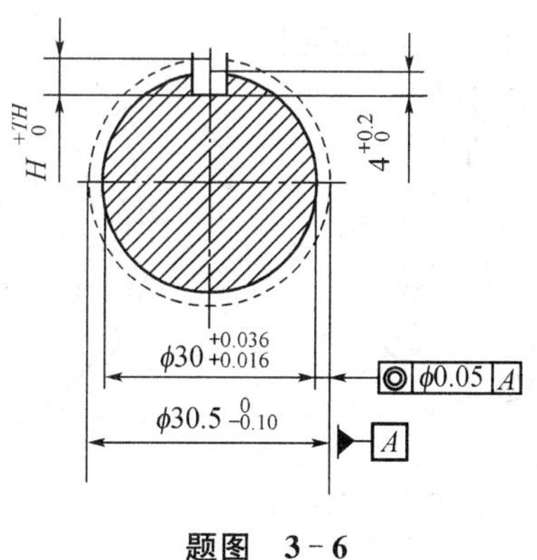

题图　3－6

3－21　零件图规定某段外圆直径为 $\phi 36^{0}_{-0.05}$ mm，渗碳深度为0.5～0.8 mm。该外圆精车后进行渗碳时因需和另一工件同炉进行渗碳，限定其渗碳深度为0.8～1 mm，再经过磨削达到设计要求。求渗碳前精车时的直径尺寸及偏差。

3-22　如题图3-7所示阶梯轴，精车后靠火花磨削M、N面达到设计尺寸，试计算试切法精车M面和N面时的工序尺寸(靠磨余量$Z=0.1\pm0.02$ mm)。

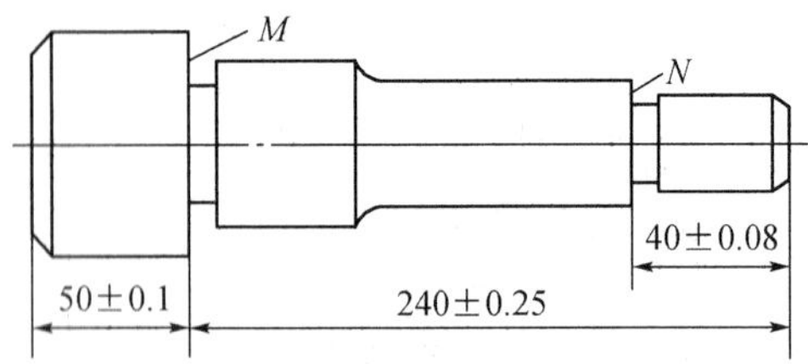

题图　3-7

3-23　什么是时间定额？批量生产和大量生产时的时间定额分别怎样计算？

3-24　试分别制订如题图3-8所示零件在单件小批生产中的加工工艺过程(按工序号、工序名称、工序内容、定位面及装夹方法和所用设备等内容列表说明)。

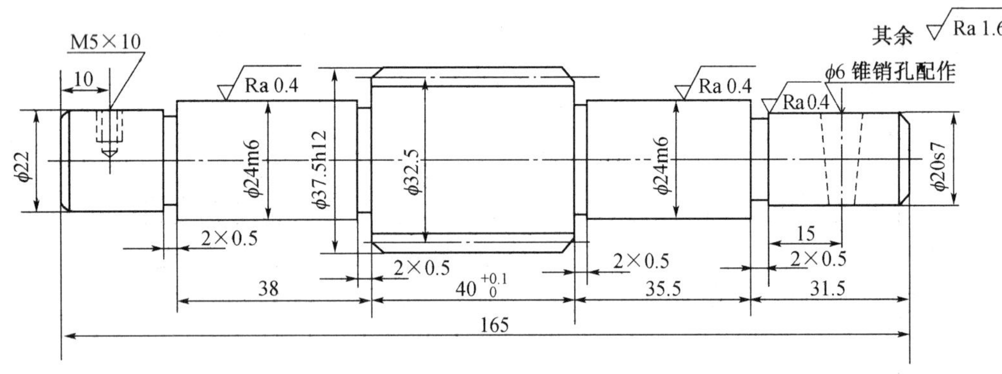

(a)齿轮轴

材料45钢;m=2.5,z=13,α=20°;精度7GM;调质22~26HRC

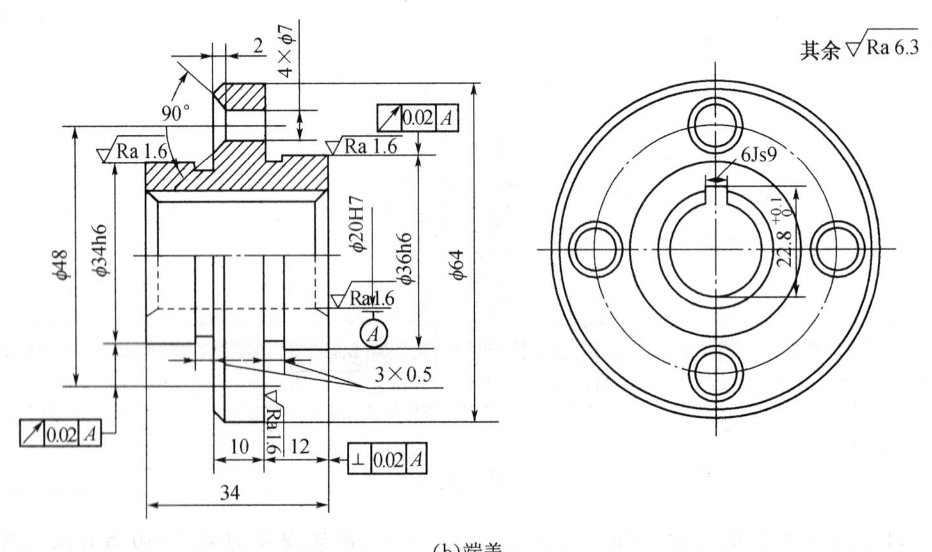

(b)端盖

材料HT200;倒角1×45°

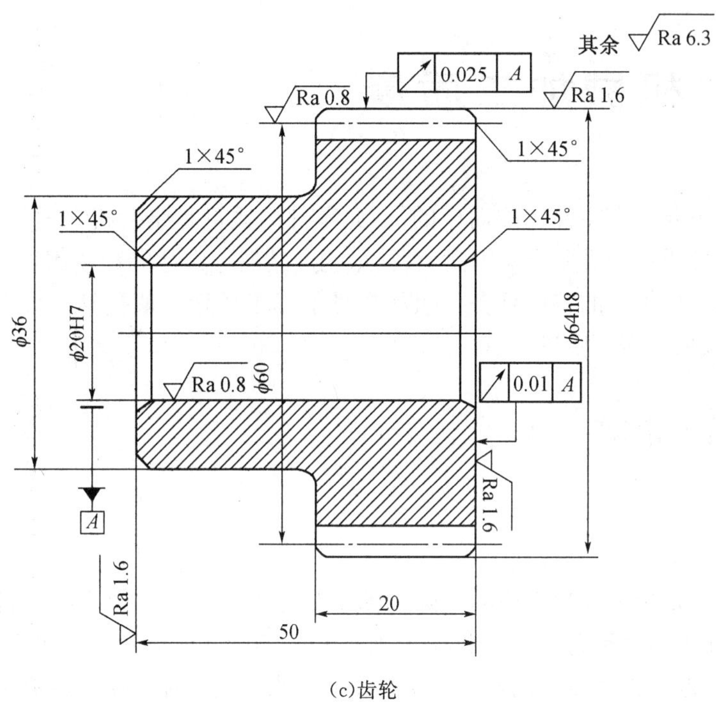

(c)齿轮

材料 HT200；$m=2$，$z=30$，$\alpha=20°$；精度 655FL

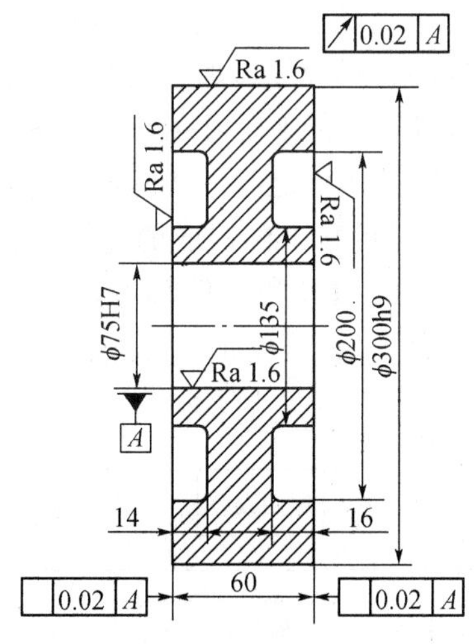

(d)齿轮坯

材料 HT200；φ75H7 已铸出毛坯孔 φ65

题图　3-8

第 4 章　机械加工质量

机械产品是由若干个零件装配而成的，因此零件的质量是整台机器质量的基础。零件的加工质量是零件质量的重要影响因素，直接影响产品的工作性能和使用寿命，保证零件的质量要求是机械零件加工的首要任务。机械零件的加工质量一般包括两大类：一是机械加工精度；二是机械加工表面质量。

4.1　机械加工精度

4.1.1　概述

机械加工精度是指零件加工后的实际几何参数与理想几何参数之间相符合的程度，符合的程度越好，加工精度越高。实际上，零件加工后的实际几何参数与理想几何参数之间总是有差值的，这个差值称为加工误差。加工误差的大小反映了加工精度的高低，误差越大加工精度越低，误差越小加工精度越高，在生产实践中就是用控制加工误差的方法来保证加工精度。研究加工精度的目的，就是研究如何把各种误差控制在允许的范围内（即公差范围之内），弄清各种因素对加工精度的影响规律，从而找出降低加工误差，提高加工精度的措施。

加工精度包括三个方面：

（1）尺寸精度，指加工后零件的实际尺寸与理想尺寸相符合程度。

（2）形状精度，指加工后的零件表面的实际几何形状与理想的几何形状相符合的程度。

（3）位置精度，指加工后零件有关表面之间的实际位置与理想位置相符合程度。

在机械加工时，由机床、夹具、刀具和工件构成的完整的机械加工系统称为工艺系统。工艺系统的各个部分——机床、夹具、刀具和工件都存在误差，统称为原始误差。原始误差必然产生加工误差，是影响零件加工精度的主要因素。原始误差的分类如图 4-1 所示。

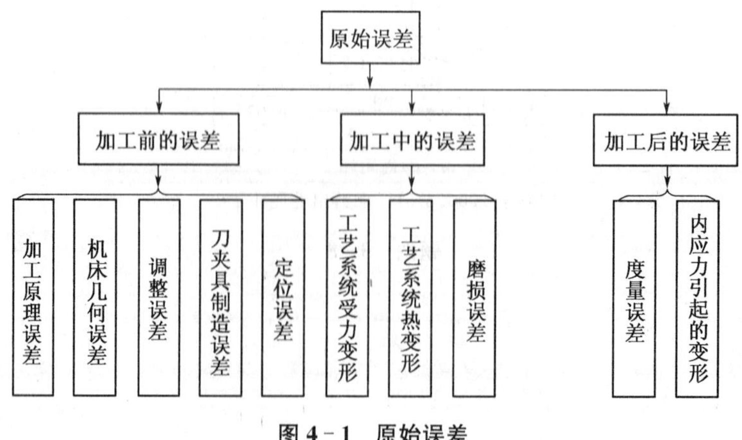

图 4-1　原始误差

4.1.2　加工原理误差

加工原理误差是由于采用了近似的成形运动或近似的刀刃轮廓进行加工所产生的误差。例如：用滚刀切削渐开线齿轮时，滚刀理应为渐开线蜗杆，但由于制造上的困难，往往用阿基米德蜗杆或法向直廓基本蜗杆代替，从而产生了原理误差。另外，加工的齿形是由多个刀齿轨迹包络线形成的，齿形并不是光滑的渐开线，而是近似渐开线的折线。又如车削模数蜗杆时，由于蜗杆的螺距等于蜗轮的齿距 πm，其中 m 为模数，而 π 是一个无理数，在选配挂轮时只能将 π 化为近似的分数值计算，从而产生了加工原理误差。

采用近似的成形运动或近似的刀刃轮廓虽然会带来加工原理误差，但往往可简化机床或刀具的结构，反而得到较高加工精度，因此只要其误差不超过规定的要求，在生产中仍然得到广泛的应用。

4.1.3　机床的几何误差

机床误差是由机床的制造误差、安装误差和磨损等引起的。下面着重介绍对工件加工精度影响较大的误差，如主轴回转误差、导轨误差和传动链误差。

1. 机床主轴的回转误差

(1) 主轴回转误差的概念。主轴工作时，理论上其回转轴心线在空间的位置应该是稳定不变的，但实际上主轴的位置每一瞬间都是变动着的，即存在回转误差。主轴的回转误差表现为三种基本形式：纯径向跳动、纯轴向窜动和纯角度摆动，如图 4-2(a)、(b)、(c)所示。一般情况下，主轴回转误差的三种基本形式是同时存在的，如图 4-2(d)所示。

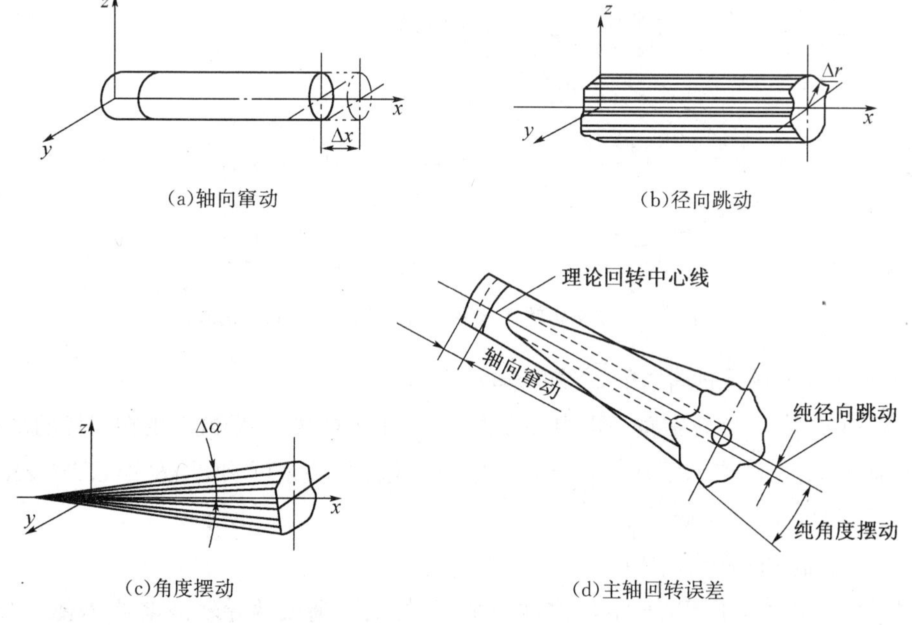

图 4-2　主轴回转误差的基本形式

(2) 影响主轴回转误差的因素及回转误差对加工精度的影响。影响主轴回转精度的主要因素是主轴制造误差、轴承误差、主轴箱箱体孔的制造误差以及主轴转速等等。

产生主轴径向跳动的主要原因有主轴轴径与箱体孔圆度误差、轴承间隙、轴承滚道和滚动体的形状误差、轴与孔安装后同轴度误差等。纯径向跳动镗孔时产生工件圆度误差，在车外圆时，产生中心偏移。

产生主轴轴向窜动的主要原因有推力轴承端面滚道的跳动及轴承间隙等。主轴轴向窜动影响工作的端面平面度误差，加工螺纹时影响螺距误差。

产生主轴角度摆动的主要原因有前后轴承、前后轴承孔以及前后轴径的同轴度误差。主轴的角度摆动会在车外圆时使工件产生圆柱度误差，镗孔时，使工件产生椭圆形圆度误差。

(3) 提高主轴回转精度的措施。提高机床主轴回转精度的措施主要有：消除轴承的间隙，适当提高主轴及轴承孔的制造精度，选用高精度的轴承，提高主轴部件的装配精度，对主轴部件进行动平衡。另外也可以采取工艺措施，避开主轴回转精度对加工精度的影响，如磨外圆时，工件在固定顶尖上定位进行磨削。

2. 机床导轨误差

机床导轨是机床各主要部件相对位置和运动的基准，它的精度直接影响机床成形运动之间的相互位置关系，因此它是产生工件误差和位置误差的主要因素之一。导轨误差可分为导轨在水平面内的误差、导轨在垂直面内的误差、两导轨间的平行度误差三种形式。

(1) 机床导轨在水平面内的直线度误差。

如图 4-3 所示，导轨在水平方向产生了直线度误差 Δ，使车刀在被加工表面的法线方向上产生了位移 Δy，从而造成工件半径上的误差 $\Delta R=\Delta y$，车削长外圆时产生圆柱度误差。

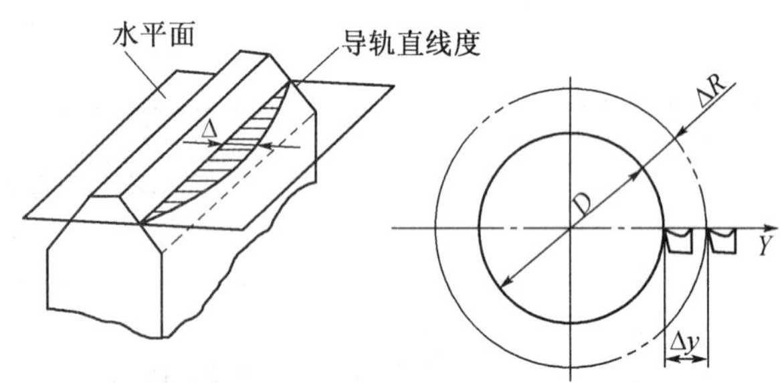

图 4-3　车床导轨在水平面内的直线度引起的误差

(2) 机床导轨在垂直面内的直线度误差。

如图 4-4 所示，导轨在垂直面内存在误差 Δ，在车外圆时，导致刀尖在工件的切向产生 ΔZ 的位移，造成工件在半径方向上产生误差 ΔR，由几何关系可求出 $\Delta R=(\Delta Z)^2/2R$。此值很小，一般情况下可以忽略不计。

(3) 导轨面间的平行度误差。

如图 4-5 所示，车床的两导轨之间不平行(扭曲)，造成两导轨高度差 δ，使刀架倾斜，从而造成工件半径方向产生误差 Δy，由图示几何关系可求出 $\Delta y=\delta H / B$，故 δ 对加工精度的影响不容忽视。同时，由于导轨全长上的 δ 不同，将使加工轴类工件时产生圆柱度误差。

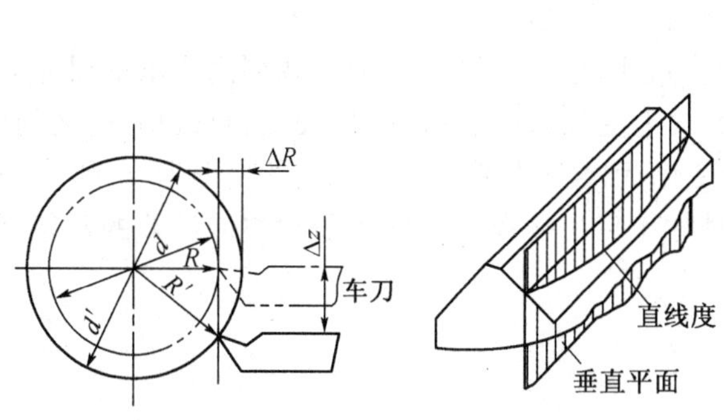

图 4-4　车床导轨在垂直面内的直线度引起的误差

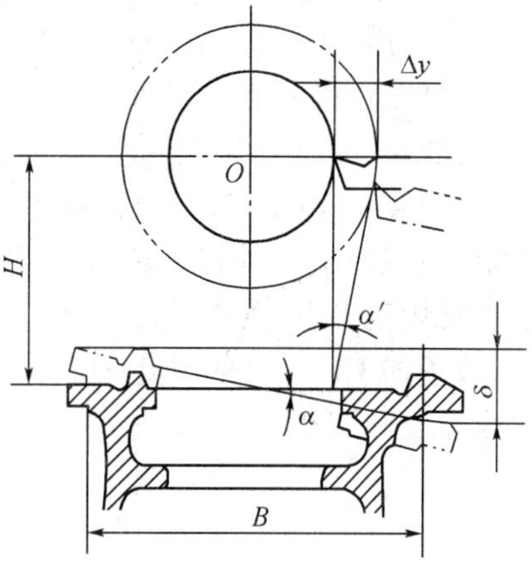

图 4-5　车床导轨扭曲引起的加工误差

3. 传动链传动误差

机床的切削运动，是通过一系列的传动机构来实现的。传动机构的传动元件有齿轮、丝杠、螺母、蜗轮及蜗杆等。这些传动元件由于其加工、装配和使用过程中磨损，必将引起传动链两端件之间的相对运动误差，这种误差称为传动链误差。传动机构越多，传动路线越长，传动元件的精度越低，则传动误差越大。为了减小这一误差，可以减少传动元件以缩短传动路线，提高传动机构的制造精度和安装精度，特别是最末端的传动元件的误差对传动链误差影响最大，应尽可能提高最末端传动元件的精度。此外还可以附加校正装置，减少和消除传动链误差对工件加工精度的影响。

4.1.4　工艺系统的受力变形引起的误差

1. 工艺系统受力变形的现象

切削加工时，在切削力、夹紧力、重力等的作用下，机床、夹具、刀具、工件会产生相应的变形，将破坏刀具和工件间的相互位置关系和成形运动的几何关系，从而造成加工误差。

如图 4-6 所示，车削细长轴时，在切削力作用下工件因弹性变形而出现"让刀"现象。刀具越往中间进给，工件变形越大，让刀越多，切去的金属越少，因此工件两端切去的金属更多，中间切去的金属更少，结果使工件产生腰鼓形圆柱度误差。而在磨内孔时，由于内圆磨头轴易受力变形，使得磨后的孔呈锥形。由此可见，工艺系统的受力变形将严重影响工件的加工精度。

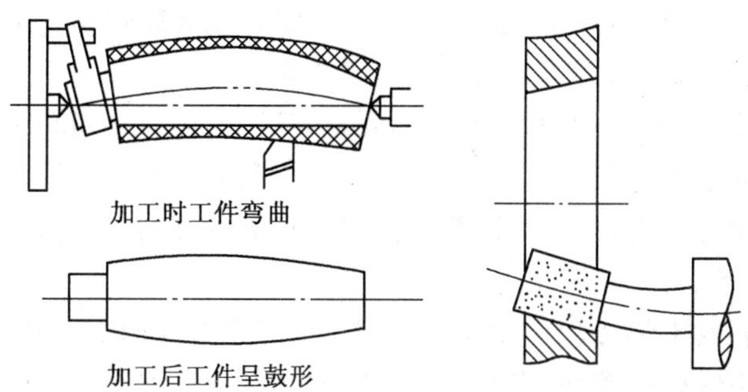

图 4-6　工艺系统受力变形引起的加工误差

2. 工艺系统受力变形对加工精度的影响

(1) 切削力大小变化对加工精度的影响——误差复映。

在加工过程中,由于工件毛坯加工余量或材料硬度的变化,引起切削力和工艺系统受力变形的变化,因而产生工件的尺寸误差和形状误差。

如图 4-7 所示,为一个有圆度误差 $\Delta_{坯}$ 的毛坯,在车削时将刀尖调整到要求的尺寸(图中双点划线),在工件转一转时,切削厚度发生变化,背吃刀量在最大 a_{p1} 与最小 a_{p2} 之间变化,因此切削力 F_y 也在 F_{ymax} 与 F_{ymin} 之间变化,引起工艺系统产生相应的变形为 y_1 和 y_2,从而形成了加工后工件的圆度误差 $\Delta_{工}$,这种加工后工件存在与加工前相类似误差的现象,称为"误差复映"现象。

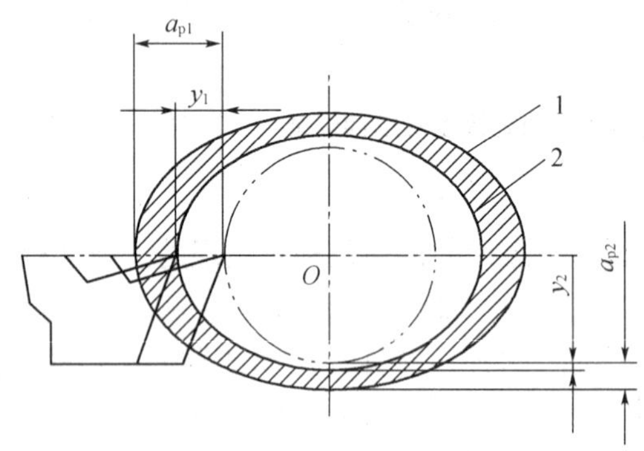

图 4-7 车削时的误差复映

如上所述,加工前毛坯的误差为 $\Delta_{坯}=a_{p1}-a_{p2}$,

加工后工件的误差为 $\Delta_{工}= y_1-y_2$,根据切削原理公式和工艺系统刚度的有关概念,可计算出:

$\Delta_{工}= y_1-y_2=\lambda C_p f^{0.75}\Delta_{坯}/K_{系统}$

式中,λ 为系数,一般取 0.4;C_p 为与工件材料和刀具角度有关的系数;f 为进给量;$K_{系统}$ 为工艺系统刚度。

令 $\varepsilon=y_2=\lambda C_p f^{0.75}/K_{系统}$,则 $\Delta_{工}=\varepsilon\Delta_{坯}(\varepsilon<1)$

上式表示了加工误差与毛坯误差之间的比例关系,说明了"误差复映"规律,ε 定量地反映了毛坯误差经过加工后减少的程度,称之为误差复映系数。由式中看出,工艺系统刚度越高,进给量越小,则 ε 值越小,复映到工件上的误差也越小。

若在加工表面上进行几次切削,每次切削的复映系数 ε_1、ε_2、ε_3、…、ε_n,因 $\varepsilon<1$,则总的复映系数为 $\varepsilon=\varepsilon_1\varepsilon_2\varepsilon_3\cdots\varepsilon_n$,将会是一个很小的数,加工误差也就降到了允许的范围之内了。

(2) 切削力作用点位置的变化对加工精度的影响。

工件的加工精度除受切削力大小的影响外,还受切削力作用点位置变化的影响。例如在车床上以两顶尖支承工件车外圆,当在车削短而粗的光轴时,工件不易变形,切削力使得前后顶尖和刀具产生让刀现象,在工件两端让刀量较大,中间让刀量较小,从而加工后为马鞍形,产生圆柱度误差。

如果是车削细长轴工件,因为工件刚性很差,切削力的变形都将转到工件的变形上,工艺系统的其他部分刚性相对较好,变形可以忽略不计。当切削至工件中间时工件的变形量较大,两端时变形较小,因此切削后工件的误差表现为腰鼓形圆柱度误差。

3. 减少工艺系统受力变形的主要措施

(1) 提高接触刚度。提高接触刚度常用的方法是改善机床主要零件接触面的配合质量，通过刮研降低接触表面的粗糙度、提高形状精度，使实际接触面积增加，从而有效提高接触刚度。

(2) 提高工件、部件刚度，减少受力变形。对细长轴类工件的加工，可以采用跟刀架或中心架及其他支承架，以减小工件的支承长度，也可采取增大前角、主偏角选为 90°等措施以减小切削力 F_y。加工中还常采用一些辅助装置提高机床部件刚度。

(3) 采用合理的安装方法。在工件安装时必须尽量减少弯曲力矩，夹紧点要落在工件刚性较好的地方，对薄壁件要尽量增大夹紧点处的接触面积，避免夹紧变形引起的工件误差。

4.1.5　工艺系统热变形对加工精度的影响

机械加工中，工艺系统在各种热源的作用下产生一定的热变形。由于工艺系统热源分布的不均匀性及各环节结构和材料的不同，使工艺系统各部分的变形产生差异，从而破坏了刀具与工件的准确位置及运动关系，产生加工误差。据统计，在精密加工中，由于热变形引起的加工误差占总加工误差的 40%～70%。因此，研究工艺系统的热变形问题，对精密加工和大件加工具有十分重要的意义。

引起工艺系统热变形的热源大致可分为两类：内部热源和外部热源。内部热源来自切削过程，主要包括切削热和摩擦热。外部热源主要来自外部环境，主要包括环境温度和热辐射。这些热源产生的热造成工艺系统的热变形。

1. 机床热变形

机床在加工过程中，在内外热源作用下，各部分温度将发生变化。由于热源分布的不均匀和机床结构的复杂性，机床各部件将发生不同程度的热变形，破坏机床的几何精度，从而影响工件的加工精度。

由于各类机床的结构和加工方式差别很大，所以引起机床热变形的热源及变形形式也不相同。机床加工中，最主要的热源是主轴部件的摩擦热、床身导轨的摩擦热以及切削液的热量等。

对于车、铣、镗床类机床，其主要热源是主轴箱轴承和齿轮的摩擦热以及主轴箱油池的发热。这些热量使主轴箱和床身温度上升，从而造成机床主轴箱和床身产生变形和翘曲，使主轴产生位移，磨床类机床的主要热源为砂轮主轴轴承和液压系统的发热，从而引起砂轮架、工作头架位移和导轨的变形，如图 4-8 所示。

为了减少机床受热变形产生的加工误差，可以采取一些工艺措施。一是减少发热和隔热，采用发热量少的轴承、对滚动轴承采用油雾润滑以降低轴承的温升，及时清除切屑，采用切削液，在工作台上装隔热塑料板，对电机、变速箱等热源尽可能放在机床外部等等。二是提高散热能力，可以采取强制冷却润滑油的办法，吸收机床内部热源发出的热量，从而控制机床的温升和热变形。三是控制温度变化，避免日光照射机床，对于精密机床，应采用恒温环境。另外热变形最大的时候是机床开动后的前一段预热期，当达到热平衡后，热变形逐渐稳定，因此，缩短和避开机床的预热期有利于减少热变形对加工精度的影响，方法是：① 机床加工前，先让其高速空转，当机床达到热平衡后再进行加工；② 在机床的适当部位附设加热源，机床开动初期人为地给机床加热，使机床迅速达到热平衡。四是均衡温度场，当机床

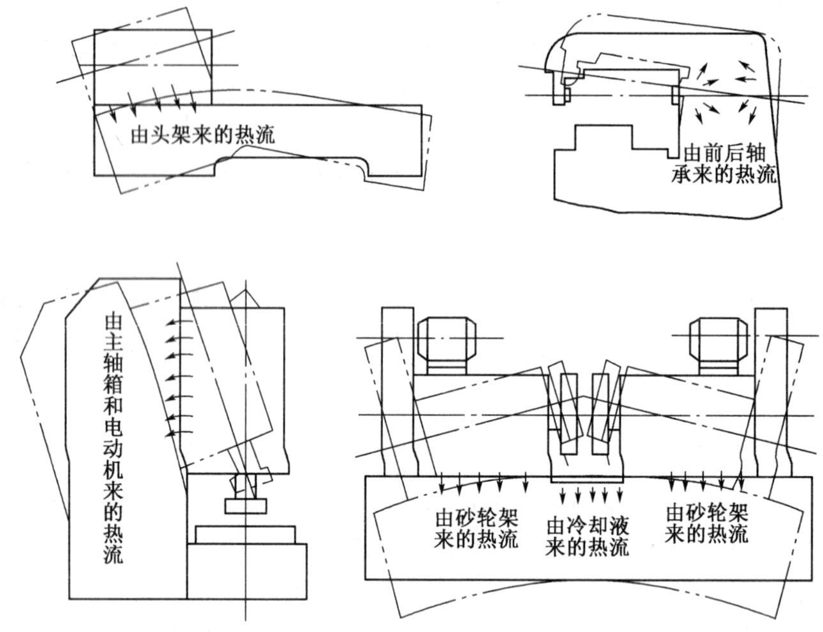

图 4－8 几种机床热变形

的部件出现单边受热导致温升而变形时，可以通过风扇、导热管将主轴箱或电动机的热空气导向部件的另一侧，以减少部件两边的温差，从而减少部件的弯曲变形。五是采取补偿措施，当热变形不可避免地存在时，常采取一些补偿措施予以消除，即人为地制造误差以抵消热变形造成的误差。

2. 工件热变形

切削加工中，工件的热变形主要由切削热引起，从而影响工件的尺寸精度和形状精度。由于工件形状、尺寸以及加工方法的不同，传入工件的热量也不一致，其温升和热变形对加工精度的影响也不尽相同。例如，轴类零件在车削或磨削加工时，一般是均匀受热，温度逐渐升高，其直径逐渐增大，增大部分将被刀具切去，故当工件冷却后，形成圆柱度（锥度）和径向尺寸误差。细长轴在顶尖间车削时，热变形将造成工件热伸长导致其弯曲变形，加工后的工件呈鼓形。零件在单面加工时，由于工件单面受热，上下两表面之间形成温差，造成加工面受热翘曲，加工后形成平面度误差。

减少工件热变形的主要措施是减少切削热、粗精加工工序分开、合理选择切削用量和刀具的几何参数，以及在切削区施加充分的切削液等。

3. 刀具的热变形

切削时，大部分热被切屑带走，传给刀具的热量很少（高速车削时只占 1%～2%），但由于刀体较小，热容量较小，因此，刀具的温度可以升得很高，高速钢车刀的工作表面温度可达 700～800℃。刀具受热伸长量一般情况下可达到 0.03～0.05 mm，从而产生加工误差，影响加工精度。

当刀具连续工作时，如车削长轴或立式车床上车大端面，传给刀具的切削热随时间不断增加，刀具产生变形而逐渐伸长，工件产生圆度误差或平面度误差。

刀具间歇工作时，例如，当采用调整法加工一批短轴零件时，由于每个工件切削时间较短，刀具的受热与冷却间歇进行，故刀具的热伸长比较缓慢。

总的来说，刀具能够迅速达到热平衡，特别是在有冷却液的情况下，刀具热变形对加工质量影响并不显著。

4.1.6　加工过程中的其他误差

1. 工件内应力引起的误差

所谓内应力是指当外部载荷去掉以后仍存留在工件内部的应力。内应力是由于金属内部发生了不均匀的体积变化而产生的。其外界因素来自热加工和冷加工。有内应力的零件的内部组织处于一种不稳定状态，它有强烈的恢复到一个没有内应力的倾向，或者当内应力的平衡条件被打破时，工件都会引起新的变形，产生误差。

(1) 内应力产生的原因。

毛坯制造中产生的内应力。在铸、锻、焊及热处理等毛坯热加工中由于毛坯各部分受热不均或冷却速度不等，以及金相组织的转变都会引起金属不均匀的体积变化，从而在其内部产生的内应力。毛坯结构越复杂，壁厚越大、越不均匀，散热条件的差别越大，毛坯内部产生的内应力就越大。

铸件在冷却时将产生内应力，其产生内应力的一般规律是：先冷却的部分产生压应力，后冷却的部分产生拉应力。铸件的内应力在短时间内处于平衡状态，看不出有什么变化，但当进行切削以后，就打破了这种平衡，内应力重新分布，工件就产生变形。例如图4-9所示，床身导轨在浇铸后的冷却过程中，表面产生了压应力，心部产生拉应力，当导轨面加工以后，内应力重新分布并达到新的平衡，就产生了变形。当然，这个变形的过程需要一段较长时间才能完成，所以将会使加工后合格的导轨面渐渐地失去原有的精度。

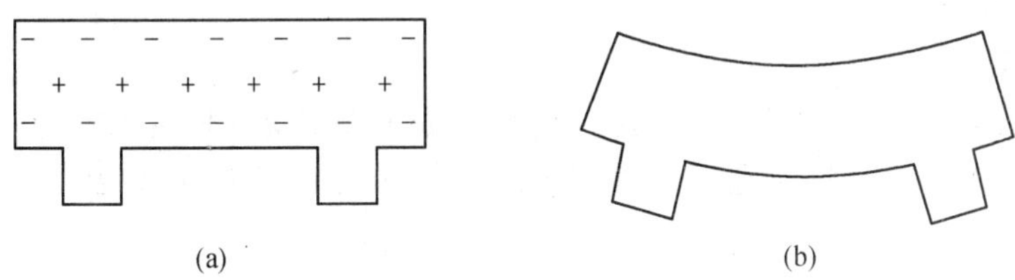

图4-9　铸造内应力及变形

冷校正产生的内应力。一些细长轴工件(如丝杠等)由于刚度差，加工后容易产生弯曲变形，常采用冷校正的办法使之变直。如图4-10(a)所示，一根无内应力向上弯曲的长轴，为了使其变直，在中部施加载荷 F 时，工件向下弯曲，将产生内应力。其轴心线以上部分产生压应力、轴心线以下产生拉应力[图4-10(b)]。两条虚线之间是弹性变形区，虚线之外是塑性变形区。当工件去掉外力后，工件的弹性恢复受到塑性变形区的阻碍，致使内应力重新分布[图4-10(c)]。由此可见，工件经冷校正后存在内应力，处于不稳定状态，无论是否再进行切削加工，由于内应力的重新分布将重新产生弯曲变形。因此，高精度丝杠的加工，不采用冷校直的办法。

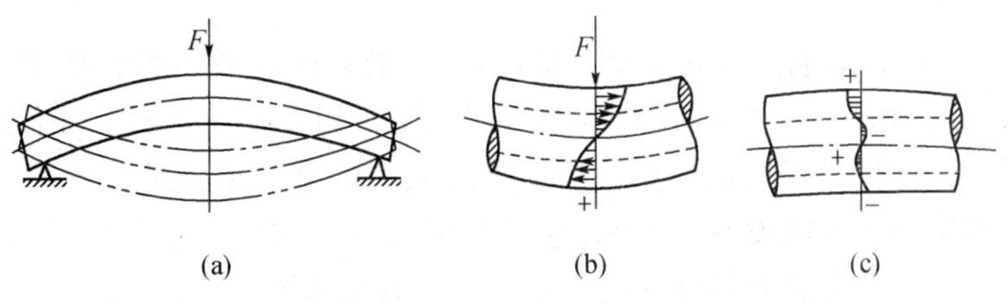

图4-10　校直引起的内应力

切削加工产生的内应力。在切削加工形成的力和热的作用下,被加工表面产生塑性变形,也能引起内应力,并在加工后引起工件变形。

(2) 减小或消除内应力的措施。

① 合理设计零件结构。零件结构要尽量简单,壁厚要均匀,以减少毛坯制造时产生的内应力。

② 合理安排工艺过程。对于精密零件,粗精加工应分开,减少内应力对精加工的影响;大型零件,由于粗、精加工一般安排在一个工序内进行,故粗加工后先将工件松开,使其自由变形,再以较小夹紧力夹紧工件进行精加工。在校直时,尽量不采用冷校直工序。

③ 采用时效处理。可通过自然时效和人工时效消除内应力。自然时效是在毛坯制造之后或预加工之后,将工件放在露天下,利用温度的自然变化,经过多次热胀冷缩,使工作内部组织发生微观变化,从而逐渐消除内应力。这种方法一般用于大型精密零件,需要半年至5年的时间,周期长,但效果较好。

人工时效处理是将工件进行热处理,分高温时效和低温时效。高温时效是将工件放在炉内加热到500～680℃,保温4～6小时,再随炉冷却至100～200℃出炉,在空气中自然冷却。低温时效是加热到100～160℃,保温几十个小时出炉冷却。低温时效效果好,但时间长。

还可以通过振动时效处理来消除内应力,它是使工件受到激振器的敲击,或让工件相互撞击,引起工件内部晶格位错蠕变,从而消除内应力。此法比较经济、简便、效率高,用于小型零件及有色金属等。

2. 调整误差

零件加工的每一个工序中,为了获得被加工表面的形状、尺寸和位置精度,总得对机床、夹具和刀具进行调整。通过调整机床、夹具和刀具所带来的原始误差即为调整误差。

在采用调整法获得尺寸时,不同的调整方法有不同的误差来源。

(1) 试切法调整。

试切法调整,就是对被加工零件进行"试切—测量—调整—再试切",直至达到所要求的精度。它的调整误差来源有:

① 测量误差。测量工具的制造误差、读数的估计误差以及测量温度和测量力等引起的误差都将进入到测量所得的读数中,形成测量误差。

② 微量进给时,机构灵敏度所引起的误差。在试切中,总是要微量调整刀具的进给量,以便最后达到零件的尺寸精度。但是,在低速微量进给中,常会出现进给机构的"爬行"现象,结果使刀具的实际进给量比手轮转动的刻度数总要偏大或偏小些,以致难于控制尺寸精度,造成加工误差。

③ 最小切削厚度的影响。在切削加工中,刀具所能切掉的最小切削厚度是有一定限度的。锐利的刀刃可切到5 μm的深度,已钝的刀刃只能切到20～50 μm。切削深度再小时刀刃就切不下金属而打滑,只起挤压作用。精加工时试切的金属层总是很薄的。由于打滑和挤压,试切的金属实际上可能没有切下来,这时如果认为试切尺寸已合格,就合上纵向走刀机构切削下去,则新切到部分的切削深度将比已试切的部分要大,因此最后所得的工件尺寸会比试切部分小些(图4-11)。

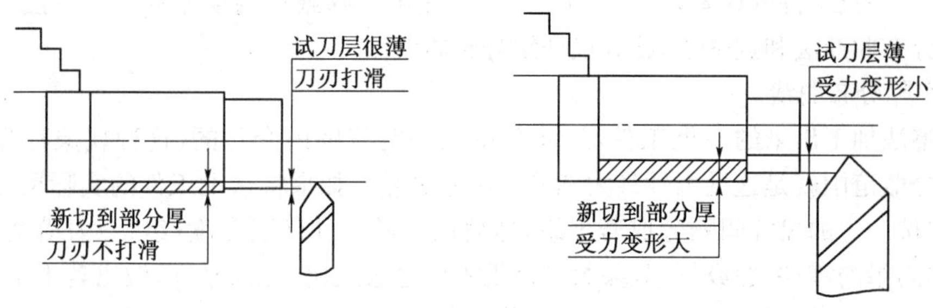

图 4－11　试切调整

(2) 用定程机构调整。

在半自动机床、自动机床和自动线上，广泛应用行程挡块、靠模及凸轮等机构来保证加工精度。这些机构的制造精度和刚度，以及与其配合使用的离合器、控制阀等的灵敏度就成了影响调整误差的主要因素。

(3) 用样件或样板调整。

在各种仿形机床、多刀机床和专用机床加工中，常采用专门的样件或样板来调整刀具、机床与工件之间的相对位置，以此保证零件的加工精度。在这种情况下，样件或样板本身的制造误差、安装误差和对刀误差就成了影响调整误差的主要因素。

4.1.7　加工误差综合分析

在实际生产中，影响加工精度的因素往往是错综复杂的，是多种不同的误差综合起作用的结果，难以用前面的单因素的估算方法来分析，而需要用数理统计方法对影响加工精度的误差因素进行综合分析，从中找出误差的规律，并加以控制和消除。这就是加工误差的统计分析法。它也是全面质量管理的基础。

1. 加工误差的性质

由各种工艺因素所产生的加工误差可分为两大类，即系统性误差和随机性误差。

(1) 系统性误差。

在顺序加工一批零件中，误差的大小和方向或者保持不变，或者按一定规律变化的误差称为系统性误差。前者称为常值系统性误差，后者称为变值系统性误差。

加工原理误差，机床、刀具、夹具的制造误差，机床的受力变形等引起的加工误差，调整误差等均与加工时间无关，其大小和方向在一次调整中也基本不变，故都属于常值系统性误差。

工艺系统的热变形所引起的加工误差、刀具磨损误差是随加工时间而有规律地变化的，故属于变值系统性误差。

(2) 随机性误差。

在依次加工一批工件时，加工误差的大小或方向成不规则地变化的误差称为随机性误差(又称偶然性误差)。如毛坯复映误差、定位误差、夹紧误差、多次调整的误差、工件内应力引起变形产生的误差都属于随机性误差。随机误差虽然是不规则地变化的，但只要统计的数量足够多，仍可找出一定的变化规律来。

2. 加工误差的数理统计分析法

加工误差的数理统计分析方法是以工件实测数据为基础，应用概率论和数理统计的方法，分析计算一批工件的误差，从而划分其性质，提出消除或控制误差的一种方法。生产中常用的有分布曲线法和点图法，此处仅介绍分布曲线法。

(1) 实际分布曲线。

用调整法加工出来的一批工件，尺寸总是在一定范围内变化的，这种现象称为尺寸分散。尺寸分散范围就是这批工件最大和最小尺寸之差。如果将这批工件的实际尺寸逐一测量出来，并按一定的尺寸间隔分成若干组，然后以组的尺寸间隔宽度（组距）为横坐标，以频数（同一间隔组的零件数）或频率（频数与该批零件总数之比）为纵坐标，做出若干矩形，即直方图。如果以每个区间的中点（中心值）为横坐标，以每组频数或频率为纵坐标得到的一些相应的点连成折线即为分布折线图。

一批活塞销孔镗孔后孔径尺寸为 $\phi 28_{-0.015}^{0}$ mm，从中抽取 100 件作为样本，测量后得出 100 个数据，按尺寸从小到大进行分组，组距为 0.002 mm，做出频数统计表见表 4-1，根据表 4-1 的数据可以画出直方图和分布折线图如图 4-12 所示。分析分布折线图可知：

表 4-1 活塞销孔直径频数统计表

组别 k	尺寸范围/mm	组中心值/mm	频数 m	频率 m/n
1	27.992～27.994	27.993	4	4/100
2	27.994～27.996	27.995	16	16/100
3	27.996～27.998	27.997	32	32/100
4	27.998～28.000	27.999	30	30/100
5	28.000～28.002	28.001	16	16/100
6	28.002～28.004	28.003	2	2/100

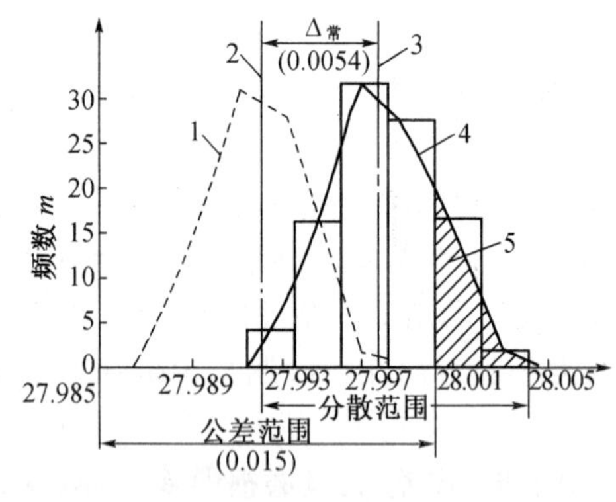

图 4-12 活塞销孔直径尺寸分布图

1—理论分布位置；2—公差范围中心(27.992 5)；3—分散范围中心(27.997 9)；4—实际分布位置；5—废品区

① 尺寸分散范围(28.004 mm－27.992 mm＝0.012 mm)，小于公差带宽度(T＝0.015 mm)，表示本工序能满足加工精度要求。

② 部分工件超出公差范围（阴影部分）成为废品，究其原因是尺寸分散中心(27.997 9 mm)与公差带中心(27.992 5 mm)不重合，存在较大的常值系统性误差($\Delta_{常}$＝27.997 9－27.992 5＝0.005 4 mm)。如果设法使尺寸分散中心与公差带中心重合，把镗刀伸出量调短 0.005 4/2＝

0.002 7 mm，使分布折线左移到理想位置，则可消除常值系统性误差，使全部尺寸都落在公差带内。

(2) 直方图和分布折线图的做法。

① 收集数据。通常在同一批次的工件中取 100 件(称样本容量)。测量各工件的实际尺寸或实际误差，并找出其中的最大值 X_{max} 和最小值 X_{min}。

② 分组。将抽取的工件按尺寸大小分成 k 组。通常每组至少有 4～5 件。

③ 计算组距。

组距

$$h=\frac{X_{max}-X_{min}}{k-1}$$

④ 计算组界。

各组组界：$X_{min}\pm(j-1)h\pm h/2$

其中：$j=1、2、3、4、\cdots、k$

各组的中值：$X_{min}+(j-1)h$

⑤ 统计频数 m_j。

⑥ 绘制直方图和分布折线图。以组界尺寸为横坐标，频数为纵坐标，可做出直方图。以每组的中值为横坐标，以频数为纵坐标，可做出分布折线图。

(3) 正态分布曲线。

实践表明：在正常生产条件下，如无占优势的影响误差的因素存在，而所测零件数量足够多，尺寸间隔很小时，各零件尺寸是按正态分布的，分布折线便非常接近于正态分布曲线(高斯曲线)，因此通常用正态分布曲线来代替实际分布曲线，使加工误差的分析计算得到简化。

① 正态分布曲线方程式。

$$Y=\frac{1}{\sigma\sqrt{2\pi}}e^{\frac{-(X-\overline{X})^2}{2\sigma}}$$

当采用正态分布曲线代替实际分布曲线时，上述方程的各个参数分别为：

Y 为分布曲线纵坐标，表示某一尺寸间隔内零件出现的频率密度，即：$Y=$频率/组距$=m/nh$；X 为分布曲线的横坐标，表示工件尺寸或误差；$\overline{X}$ 为工件的平均尺寸，也是尺寸的分散中心，即 $\overline{X}=\frac{1}{n}\sum_{i=1}^{k}x_i=\frac{1}{n}\sum_{j=1}^{k}m_jx_j$；$\sigma$ 为均方根偏差，即 $\sigma=\sqrt{\frac{1}{n}\sum_{j=1}^{k}(X_i-\overline{X})}=\sqrt{\frac{1}{n}\sum_{j=1}^{k}(X_j-\overline{X})m_j}$；$n$ 为样本总数；X_j 为每组平均值；k 为组数；e 为自然对数底(e=2.718 9)。

正态分布曲线如图 4－13 所示。曲线下面所包含的全部面积代表了全部工件，即 100%。

$$\int\frac{1}{\sigma\sqrt{2\pi}}e^{-\frac{(x-\overline{x})^2}{2\sigma}}dx=1$$

令 $\frac{X-\overline{X}}{\sigma}=Z$

则 $F=\phi(Z)=\frac{1}{\sqrt{2\pi}}\int_0^z e^{-\frac{Z^2}{2}}dZ$

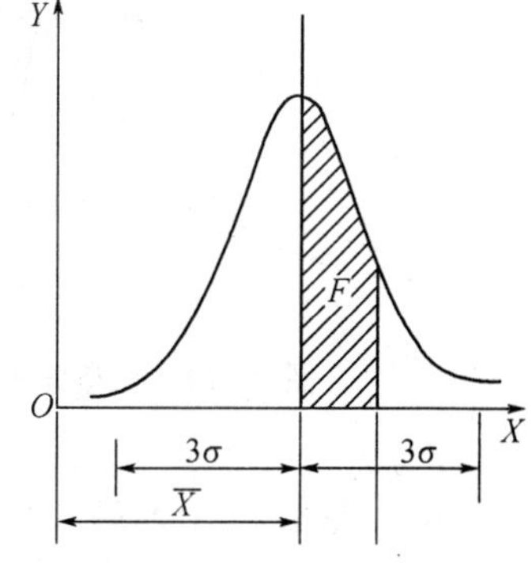

图 4－13　正态分布曲线

各种不同 Z 的函数 $\phi(Z)$ 值见表 4－2。

表 4－2　$\phi(Z)=\frac{1}{\sqrt{2\pi}}\int_0^z e^{-\frac{Z^2}{2}}dZ$ 之值

Z	$\phi(Z)$	Z	$\phi(Z)$	Z	$\phi(Z)$	Z	$\phi(Z)$	Z	$\phi(Z)$	Z	$\phi(Z)$	Z	$\phi(Z)$
0.01	0.004 0	0.17	0.067 5	0.33	0.129 3	0.49	0.187 9	0.80	0.288 1	1.30	0.403 2	2.20	0.486 1
0.02	0.008 0	0.18	0.071 4	0.34	0.133 1	0.50	0.191 5	0.82	0.293 9	1.35	0.411 5	2.30	0.489 3
0.03	0.012 0	0.19	0.075 3	0.35	0.136 8	0.52	0.198 5	0.84	0.299 5	1.40	0.419 2	2.40	0.491 8
0.04	0.010 0	0.20	0.079 3	0.36	0.140 6	0.54	0.205 4	0.86	0.305 1	1.45	0.426 5	2.50	0.493 8
0.05	0.019 9	0.21	0.083 2	0.37	0.144 3	0.56	0.212 3	0.88	0.310 6	1.50	0.433 2	2.60	0.495 3
0.06	0.023 9	0.22	0.087 1	0.38	0.148 0	0.58	0.219 0	0.90	0.315 0	1.55	0.439 4	2.70	0.496 5
0.07	0.027 9	0.23	0.091 0	0.39	0.151 7	0.60	0.225 7	0.92	0.321 2	1.60	0.445 2	2.80	0.497 4
0.08	0.031 9	0.24	0.094 8	0.40	0.155 4	0.62	0.232 4	0.94	0.326 4	1.65	0.450 5	2.90	0.498 1
0.09	0.035 9	0.25	0.098 7	0.41	0.159 1	0.64	0.238 9	0.96	0.331 5	1.70	0.455 4	3.00	0.498 65
0.10	0.039 8	0.26	0.102 3	0.42	0.162 8	0.66	0.245 4	0.98	0.336 5	1.75	0.459 9	3.20	0.499 31
0.11	0.043 8	0.27	0.106 4	0.43	0.166 4	0.68	0.251 7	1.00	0.341 3	1.80	0.464 1	3.40	0.499 66
0.12	0.047 8	0.28	0.110 3	0.44	0.170 0	0.70	0.258 0	1.05	0.353 1	1.85	0.467 8	3.60	0.499 841
0.13	0.051 7	0.29	0.114 1	0.45	0.177 2	0.72	0.264 2	1.10	0.364 3	1.90	0.471 3	3.80	0.499 928
0.14	0.055 7	0.30	0.117 9	0.46	0.177 6	0.74	0.270 3	1.15	0.374 9	1.95	0.474 4	4.00	0.499 968
0.15	0.059 6	0.31	0.121 7	0.47	0.180 8	0.76	0.276 4	1.20	0.384 9	2.00	0.477 2	4.50	0.499 997
0.16	0.063 6	0.32	0.125 5	0.48	0.184 4	0.78	0.282 3	1.25	0.394 4	2.10	0.482 1	5.00	0.499 999 97

② 正态分布曲线的特点。

a. 曲线呈钟形，中间高，两边低，这表示尺寸靠近分散中心的工件占大部分，而尺寸远离分散中心的工件是极少数。

b. 曲线以 $X=\overline{X}$ 的竖线为轴对称分布，表示工件尺寸大于 $\overline{X}$ 和小于 $\overline{X}$ 的频率相等。

c. 均方根差 σ 决定曲线的形状。如图 4－14 所示，σ 越大，曲线越平坦，尺寸越分散，也就是加工精度越低；σ 越小；曲线越陡峭，尺寸越集中，加工精度越高。σ 值的大小也反映了随机性误差的大小。

d. 曲线分布中心 $\overline{X}$ 决定分布曲线的位置。改变 $\overline{X}$ 的大小，曲线将沿 X 轴平移，曲线形状不变，如图 4－15 所示。这是常值系统性误差影响的结果。

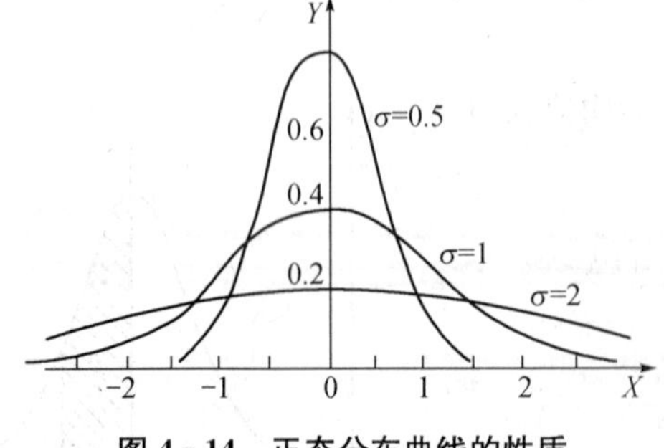

图 4－14　正态分布曲线的性质

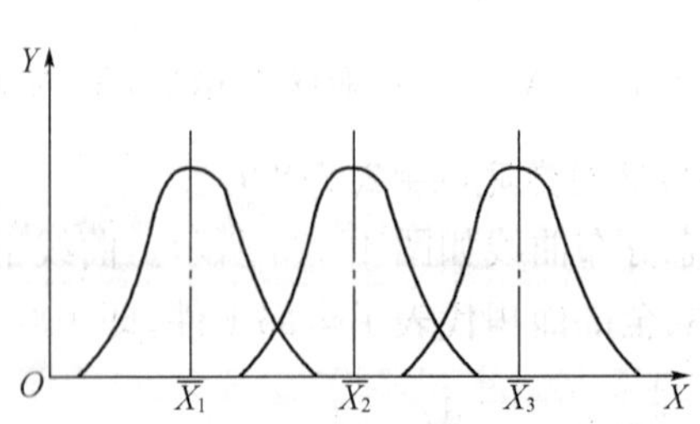

图 4－15　σ 不变时 $\overline{X}$ 使分布曲线移动

e. 从表 4－2 中查得，当 $\frac{X-\overline{X}}{\sigma}=3$ 时，$F=0.498\ 65$，$2F=99.73\%$，这说明工件尺寸在 $\pm3\sigma$ 以内的频率占 99.73%，在其以外的频率只占 0.27%。故一般取 6σ 为正态分布曲线的

尺寸分散范围。

$\pm 3\sigma$(或 6σ)是一个很重要的概念，其大小代表一种加工方法在特定的条件下所能达到的加工精度。因此一般情况下应该使公差的宽度 T 和均方根误差 σ 之间满足下列关系式：

$$T \geqslant 6\sigma$$

考虑到存在变值系统性误差等各种误差的影响，要使公差带宽度 T 大于 6σ。比如刀具磨损会导致分布曲线的位置移动，σ 逐渐增大。同时在加工外圆时，开始应使尺寸分散范围靠近公差带的下限，加工过程中随着刀具不断磨损，工件的尺寸不断增大，尺寸分散范围会逐渐向公差带的上限移动，从而保持在比较长的时间内使工件不超出公差带。如果是镗孔，则开始时应使尺寸分散范围靠近公差的上限。

【例 4-1】 已知 $\sigma=0.005$ mm，零件公差带 $T=0.02$ mm，且公差对称于分散范围中心，$X=0.01$ mm，试求此时的废品率。

【解】 $Z=X/\sigma=0.01/0.005=2$

查表 4-2，当 $Z=2$ 时，$2\phi(Z)=0.954\ 4$

故废品率为 $[1-2\phi(Z)]100\%=[1-0.954\ 4]100\%=4.56\%$

【例 4-2】 车一批轴的外圆，其图样规定的尺寸为 $\phi 20_{-0.1}^{\ 0}$ mm，根据测量结果，此工序的分布曲线是按正态分布，其 $\sigma=0.025$ mm，曲线的顶峰位置和公差中心相差 0.03 mm，偏右端，试求其合格率和废品率。

【解】 尺寸分布如图 4-16 所示，合格率由 A，B 两部分计算

$$Z_A=\frac{X_A}{\sigma}=\frac{0.5T+0.03}{\sigma}=\frac{0.5\times 0.1+0.03}{0.025}=3.2$$

$$Z_B=\frac{X_B}{\sigma}=\frac{0.5T-0.03}{\sigma}=\frac{0.5\times 0.1-0.03}{0.025}=0.8$$

查表得 $Z_A=3.2$　　$\phi(Z_A)=0.499\ 31$

$Z_B=0.8$　　$\phi(Z_B)=0.288\ 1$

故合格率　$(0.499\ 31+0.288\ 1)\times 100\%=78.741\%$

不合格率　$(0.5-0.288\ 1)\times 100\%=21.2\%$

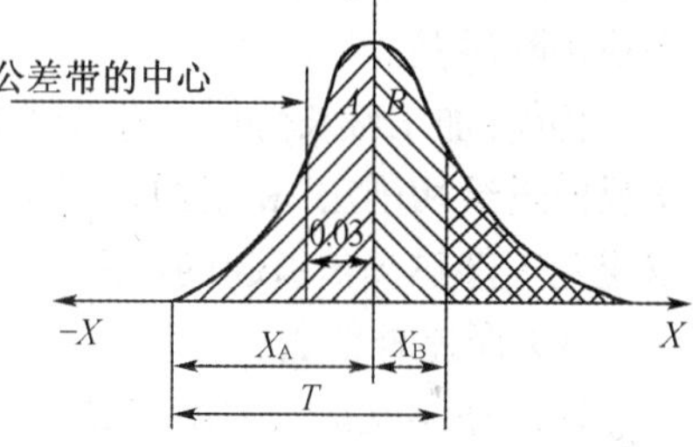

图 4-16　轴直径尺寸分布图

由图 4-16 可知，虽有废品，但尺寸均大于零件的上限尺寸，故可修复。

(4) 正态分布曲线的应用。

① 可以计算出一批加工好的零件的合格品率和废品率。

② 可以判断一批零件存在的加工误差的性质。如果一批零件的尺寸分布符合正态分布，则说明不存在变值系统性误差；如果分散范围中心和公差带中心不重合，则说明存在常值系统性误差；如果实际尺寸分布不符合正态分布，曲线存在双峰或平顶等各种形状，说明存在着变值系统性误差。

③ 进行工艺验证——判断工序的工艺能力。工艺能力是指加工工艺达到产品质量要求的能力。工艺能力的大小通常用工艺能力系数 C_P 来表示，其值等于加工工件的公差除以本工序实际能达到的精度值 6σ，即：

$$C_P=\frac{T}{6\sigma}$$

当工艺能力系数 $C_P \geq 1$ 时，说明本工序存在着不出废品的必要条件，此时工艺能力是够的；当 $C_P < 1$ 时，说明工艺能力不足，本工序的加工必然会出废品，C_P 值越小，工艺能力越不足，出的废品越多。

(5) 分布曲线的不足之处。

分布曲线只能在一批零件加工完毕后画出，因此利用分布曲线法分析加工精度时，存在以下不足之处：

① 不能在加工过程中看出误差的变化趋势和规律，从而不能在加工时对误差进行主动控制。

② 分析得出的误差是各种加工误差的综合影响，很难将随机性误差和变值系统性误差区分开来。

③ 通过分析计算，求出废品率，但对本批零件已经无法采取措施，只能对下一批零件起作用。

3. 提高加工精度的途径

在机械加工中，工艺系统的原始误差都会不同程度地反映为工件的加工误差。因此，为了保证和提高加工精度，必须设法直接控制原始误差的产生以及控制原始误差对工件加工精度的影响。

(1) 直接减小误差法。

这是生产中应用比较广的一种方法，它是在查明产生误差的原始误差之后，采取措施减小或消除误差。

例如：加工细长轴时产生误差的主要原因是工件刚性差的问题，因此，可以采用“大主偏角反向进给切削法”和增加跟刀架，可以大大减小工件的弯曲变形；加上采用弹簧后顶尖，可以避免工件热伸长引起的弯曲。

(2) 误差补偿法。

误差补偿就是人为地造成一种误差去抵消原有的原始误差，或利用原有的一种误差去补偿另一种误差，从而达到减少加工误差的目的。例如，大型龙门机床的横梁安装后因受自重的影响会产生向下的弯曲变形，所以在制造时故意使横梁导轨面产生向上凸的几何形状误差，以抵消横梁向下的受力变形。

(3) 转移误差法。

转移误差就是把影响加工精度的原始误差转移到不影响或少影响精度的方向上去。这样能在不减少原始误差的情况下提高加工精度。例如，箱体零件的孔系镗削加工时，利用镗模夹具进行加工，镗床主轴和镗杆之间采用浮动联接，这样主轴和轴承的原始误差就不再影响加工精度。

(4) 误差分组法。

在大批量生产时，对于配合精度很高的零件，如果制造公差太小而使得难以达到加工精度时，则可以受用误差分组的方法，即将工件先按经济精度进行加工(扩大了制造公差)，加工后逐件进行测量，两个零件均按尺寸大小进行分组，使每组误差小于原规定的公差值，装配时按对应组进行装配，从而达到规定的配合精度。

(5) 就地加工法。

在加工和装配中，如果一味地提高零、部件本身精度，不仅不经济，甚至不可能。这时采用就地加工的方法，就可能很方便地解决看起来非常困难的精度问题。所谓就地加工法，就是零部件按经济精度加工，待装配后通过就地加工来消除累积误差。例如，车床尾架顶尖孔的轴线要与主轴孔的轴线同轴，则在车床装配好后，在主轴上安装刀具对尾架孔进行最终加工。从而保证它们的同轴度。这种方法常用来作为保证精度的有效措施。

4.2　机械加工表面质量

机械零件的破坏，主要是由于零件的磨损、腐蚀和疲劳所致，而这些破坏都是从零件表面开始的。由此可见，产品的性能，尤其是它的可靠性和寿命，在很大程度上取决于零件表面层的质量。研究机械加工表面质量的目的就是为了掌握机械加工中各种工艺因素对加工表面质量影响的规律，以便运用这些规律来控制加工过程，最终达到改善表面质量、提高产品使用性能的目的。

4.2.1　机械加工表面质量的概念

机械加工表面质量是指机器零件加工后表面层的状态。包括表面层的几何形状特征和表面层的物理机械性能两个部分。

1. 表面层的几何形状特征

表面层的几何形状特征主要包括表面粗糙度、表面波度，如图 4－17 所示。

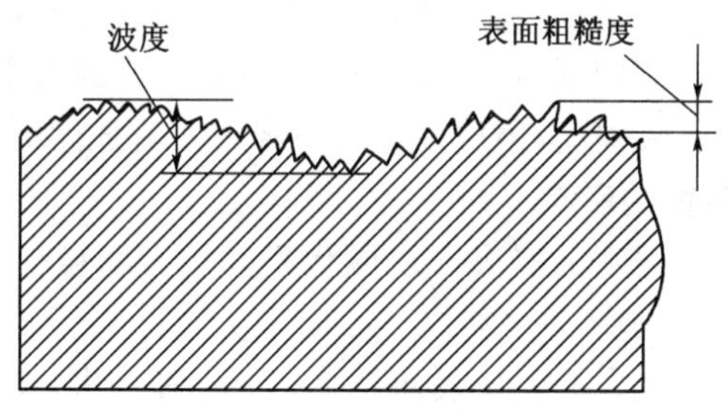

图 4－17　表面粗糙度和波度

(1) 表面粗糙度。加工表面的微观几何形状误差，其波长与波高的比值一般小于 50。

(2) 表面波度。介于宏观几何形状误差与表面粗糙度之间的周期性几何形状误差，其波长与波高的比值在 40～1 000 之间。它是由机械加工中的振动引起的。当波长与波高比值大于 1 000 时，称为宏观几何形状误差，如圆度误差、圆柱度误差、平面度误差等，均属于加工精度范畴。

2. 表面层的物理机械性能变化

表面层的物理机械性能变化主要包括表面层冷作硬化、表面层金相组织变化和表面层残余应力。

(1) 表面层冷作硬化(简称冷硬)。在机械加工过程中，零件表面层产生强烈的冷态塑性变形后，引起的强度和硬度都有所提高的现象。一般情况下，表面硬化层的深度可达 0.05～0.30 mm。

(2) 表面层金相组织的变化。机械加工过程中，切削热过大使得工件表面温升过高，从而使得表面层金属的金相组织发生变化。

(3) 表面层残余应力。由于加工过程中切削变形和切削热的影响，工件表面层金属晶格会发生不同程度的塑性变形或产生金相组织变化，使工件表面层产生的残余应力。

4.2.2 表面质量对零件使用性能的影响

1. 机械加工表面质量对耐磨性的影响

(1) 表面粗糙度对耐磨性的影响。工件加工后粗糙度过大或过小都会使工件表面磨损加大。表面粗糙度值过大,使接触表面的单位应力急剧提高,会引起严重磨损;表面粗糙度值过小,润滑油不易储存,接触面之间容易发生黏结,导致磨损急剧增加。

(2) 表面冷作硬化对耐磨性的影响。零件加工后形成的表面冷作硬化使表面层金属的显微硬度提高,故一般可使耐磨性提高。但过分的冷作硬化将引起金属组织过度疏松,甚至出现裂纹和表层金属的剥落,使磨损加剧。

(3) 表面层金相组织变化对耐磨性的影响。表面层产生金相组织变化,改变了基体材料的硬度,因而也直接影响其耐磨性。

2. 表面质量对疲劳强度的影响

金属受交变载荷作用会产生疲劳破坏,而零件的表面质量对疲劳强度影响很大。

(1) 在表面层的几何形状特征中,表面粗糙度对疲劳强度的影响最大。表面愈粗糙,则在交变载荷作用下,凹谷部位应力集中现象愈严重,容易引起疲劳裂纹,造成疲劳破坏;划痕、裂纹等缺陷也易形成应力集中;刀痕与受力方向垂直,易发展成疲劳裂纹,疲劳强度将降低。因此,对于重要零件表面应进行光整加工,以提高其疲劳强度。

(2) 表面层的物理机械性能中,表面残余应力对疲劳强度的影响极大。表面层若存在残余压应力时可提高零件的疲劳强度,残余拉应力将使疲劳强度下降。适度的冷作硬化并伴有残余压应力时可提高疲劳强度,但冷硬过度将导致疲劳强度下降。

3. 表面质量对耐腐蚀性的影响

零件的耐腐蚀性在很大程度上取决于表面粗糙度。表面粗糙度值愈大,则凹谷中聚积腐蚀性物质就愈多,抗蚀性就愈差。

零件的表面层的残余压应力能阻止表面裂纹的产生和扩大,使抗蚀能力提高,残余拉应力会降低零件的耐蚀性。

4. 表面质量对配合质量的影响

对于间隙配合,粗糙度值大会使磨损加大,配合后的间隙将增大,改变了起初要求的配合间隙,降低配合精度;对于过盈配合,装配过程中一部分表面凸峰被挤平,会使实际过盈量减小,降低了配合件间的连接强度和可靠性。

4.2.3 影响机械加工表面质量的因素

1. 影响表面粗糙度的因素

(1) 切削加工表面粗糙度的影响因素。

切削加工时影响表面粗糙度的因素主要有几何因素、物理因素和工艺系统振动等三个方面。

① 刀具几何形状和进给量的影响。切削加工时刀具相对于工件做进给运动,在工件已加工表面留下了切削层残留面积,形成表面粗糙度。为了减小表面粗糙度,可以增大刀尖圆弧半径、减小主偏角和副偏角、减小进给量。同时,适当增大刀具前角和后角,可使切削更轻快,减少材料的塑性变形和后刀面与工件的摩擦,也有利于降低表面粗糙度。

② 工件材料性能的影响。对表面粗糙度影响最大的是材料的塑性和金相组织。材料

的塑性越大，越容易产生积屑瘤和鳞刺，表面粗糙度值越大；同样的材料晶粒越大，加工后的表面粗糙度也越大。因此，常在切削加工前要对一些钢件进行正火或调质热处理，以适当提高硬度，降低塑性，得到均匀细密的组织，从而获得较小的粗糙度。

此外，采用合适的切削速度避免切削过程中出现积屑瘤与鳞刺、合理选择切削液、加工时避免产生振动等都有利于减小表面粗糙度。

(2) 磨削加工表面粗糙度的影响因素。

磨削时由于分布在砂轮表面上的磨粒与被磨表面间作相对转动产生的切削划痕，构成了表面的粗糙度。所以，可以从磨削砂轮、工件材料和加工条件等来研究磨削加工时的表面粗糙度影响因素。

① 砂轮的影响。

砂轮的粒度。砂轮的号数越大，磨粒的尺寸越小，粒度越细，参加磨削的磨粒就越多，磨削出的表面就越光滑。但粒度太细，砂轮易堵塞，反而使表面粗糙度大大增加。

砂轮的硬度。砂轮太硬，即磨粒钝化后不易脱落，使工件表面受到强烈摩擦和挤压作用，塑性变形程度增加，表面粗糙度值增大并易使磨削表面产生烧伤。砂轮太软，磨粒太容易脱落，磨损不均匀，会使磨削表面粗糙度值增加。所以，砂轮的硬度要适中，既要有良好的“自励性”，又能使半钝化期尽量长。

砂轮的修整。砂轮修整的目的是使砂轮具有正确的几何形状和锋利的微刃。砂轮表面经过修整后，表面平整，露出了锋利的磨削刃。修整质量越高，砂轮工作表面上的磨削刃等高性就越好，磨削出的工件表面就越光滑。

② 磨削条件的影响。

磨削速度。砂轮磨削速度越高，单位时间内通过被磨表面的磨粒数就越多，工件表面就越光滑。

工件速度。磨削加工中，工件的速度越高，单位时间内通过被磨表面的磨粒数将减少，从而会使表面粗糙度值增加。

进给量。不论是增大径向进给量还是轴向进给量，都相当于增加塑性变形的程度，从而增大粗糙度。

无进给磨削次数。磨削深度对表面粗糙度的影响很大，在磨削加工时，最后几次走刀应取极小的磨削深度，并适当安排无进给磨削次数，以降低表面粗糙度。

切削液。切削液的冷却和润滑作用能减少磨削过程中的界面摩擦，也可降低磨削区温度，使磨削区金属表面的塑性变形程度下降，可以大大减小表面粗糙度值。

③ 工件材料的影响。

被加工材料的硬度、塑性和导热性都对磨削表面的表面粗糙度有一定的影响。如被加工材料硬度过高或过低以及塑性大，磨削获得的表面粗糙度也大。所以，磨削前工件的硬度和塑性都要达到一定的要求。

2. 影响表面层物理机械性能的因素

在机械加工中，工件受到切削力和切削热的作用，使表面层金属的物理机械性能产生变化，主要表现在金属表面层冷作硬化、金相组织的变化和残余应力的产生。

(1) 表面层冷作硬化。

① 表面层冷作硬化产生的原因。

切削或磨削加工中，表面层金属由于塑性变形使晶格扭曲、畸变，晶粒间产生剪切滑移，晶粒被拉长和纤维化，甚至破碎，使表面层金属的硬度和强度提高，这种现象称为冷作硬化。

冷作硬化的特点是变形抵抗力提高(屈服点提高)，塑性降低(相对延伸率降低)。

被冷作硬化的金属处于不稳定状态，只要一有条件，金属的冷硬结构就会向比较稳定的结构转化，这些现象统称为弱化。机械加工过程中产生的切削热，将使金属在塑性变形中产生的冷硬现象得到恢复。机械加工后金属表面层的最后性质取决于强化和弱化两个过程的综合。

② 影响冷作硬化的主要因素。

表面层冷作硬化的程度决定于产生塑性变形的力、变形速度及变形时的温度。力越大，塑性变形越大，则硬化程度越大；速度越大，塑性变形越不充分，则硬化程度越小；变形时的切削温度越高，软化作用越大，使硬化程度降低。从工艺系统的角度来讲，具体影响因素如下：

a. 刀具几何角度。切削刃口圆角越大，已加工表面受到的挤压也越大，表层金属的塑性变形增大，导致冷作硬化程度加剧；刀具前角变大，表面层塑性变形不充分，冷硬现象减小；刀具的后刀面磨损加剧也会造成冷硬程度的上升。

b. 切削用量。当切削速度提高时，刀具与工件的作用时间减少，金属的塑性变形不足，冷作硬化程度会减小；当背吃刀量和进给量增大，因切削力的增大，表层金属的塑性变形加剧，冷硬程度上升；但当进给量过小时，如果加上小的切削厚度，刀刃圆弧对工件表面层的挤压次数相对增加，硬化程度反而提高。

c. 工件材料。工件材料的硬度越低，塑性越大，加工后冷作硬化现象越严重。

(2) 表面层材料金相组织变化。

加工过程中，加工区域温度会急剧升高，当加工零件表面温度超过其相变温度后，表层金属的金相组织将会发生变化。切削加工时，切削热大部分被切屑带走，因此影响较小，表层金属的金相组织一般没有质的变化。在磨削加工中，由于磨削区的温度很高，磨削热容易传到工件上，表层金属容易发生金相组织的变化。

① 磨削烧伤。

磨削时，当磨削区温度超过工件表面相变温度后，表层金属发生金相组织的变化，使表层金属强度和硬度降低，并伴有残余应力产生，甚至出现微观裂纹，这种现象称为磨削烧伤。在磨削淬火钢时，由于磨削条件不同，产生的磨削烧伤可分成三种形式。

a. 回火烧伤。如果磨削区的温度未超过淬火钢的相变温度，但已超过马氏体的转变温度，工件表层金属的回火马氏体组织将变成硬度较低的回火索氏体或屈氏体组织，这种烧伤称为回火烧伤。

b. 淬火烧伤。当磨削区温度超过了相变温度时，在冷却液的急冷作用下，表层金属发生二次淬火，使表层金属出现二次淬火马氏体组织，其硬度比原来的回火马氏体高。在其下层，因冷却较慢，出现了硬度比回火马氏体低的回火索氏体或屈氏体组织，这种烧伤称为淬火烧伤。

c. 退火烧伤。如果磨削区温度超过了相变温度，而磨削区域又无冷却液进入，表层金属将产生退火组织，表面硬度将急剧下降，这种烧伤称为退火烧伤。

磨削出现烧伤后，工件磨削表面会出现斑斓的烧伤色，这是工件表面在瞬时高温下产生的氧化膜颜色。不同的烧伤色表示不同的烧伤程度。发生了磨削烧伤的工件表面，可能成为将来在使用中的隐患。

② 改善磨削烧伤的途径。

改善磨削烧伤有两个途径，一是减少磨削热的产生；二是改善冷却条件，尽量使产生的热量少传入工件。具体措施有：

a. 控制磨削用量。提高砂轮和工件的速度，可减少热源的作用时间，对降低表面层温度有利。减小磨削深度和加大纵向进给量同样能降低表面层温度。

b. 合理选择砂轮。选用较高硬度和强度的砂轮磨粒，可提高磨粒的切削性能。采用粗粒度和较软的砂轮可提高自锐性，同时砂轮也不易堵塞，这些都可减少磨削烧伤的发生。

c. 改善冷却条件，提高冷却效果。磨削时，由于砂轮转速高，在其周围表面将产生一层强气流，用普通冷却方法，磨削液很难进入磨削区。可以采用高压大流量冷却液、采用内冷却砂轮、冷却液喷嘴加装空气挡板等措施来获得良好的冷却效果，避免磨削烧伤。

(3) 表面层残余应力。

① 产生残余应力的原因。

机械加工过程中，由于切削变形和切削热的作用，在工件表面层材料中产生的内应力，被称为表面层残余应力。表面层残余应力的产生，主要有以下三种原因：

a. 冷态塑性变形引起的表面残余应力。机械加工时，表面金属层受到刀具的挤压和摩擦而发生塑性变形，使表面金属的比容加大，体积膨胀，因受基体材料制约就会在表层产生残余压应力，而在里层金属中产生残余拉应力。

b. 热态塑性变形引起的表面残余应力。机械加工时，在切削热的作用下，表面层受热膨胀而处于热塑性状态，冷却时，表面层收缩又受到基体材料牵制而形成残余拉应力，在里层金属中产生残余压应力。

c. 金相组织变化引起的表面残余应力。切削时产生的高温会引起表面层金相组织变化。不同金相组织具有不同的密度，亦具有不同的比容。如果表层金属体积膨胀，则因受基体材料牵制就会在表层产生残余压应力；相反，则表层产生残余拉应力。残余拉应力超过材料屈服极限时，就会产生表面裂纹。

一般情况下，用刀具进行的切削加工以冷态塑性变形为主，所形成的残余应力大小取决于塑性变形和冷作硬化的程度。而磨削时，上述三种形式的残余应力均有可能出现，但总是有一种或两种占主导地位，所形成的表面层残余应力是它们综合的结果。如形成的是残余压应力则一般对零件的使用有利，而残余拉应力则有害。

② 影响残余应力的工艺因素。

影响残余应力的工艺因素主要是刀具的前角、切削速度、工件材料的性质和冷却润滑液等。在不同的加工条件下，残余应力的大小、性质及分布规律有明显差别。切削加工时起主要作用的往往是冷态塑性变形，表面层常产生残余压应力。磨削加工时，通常热态塑性变形或金相组织变化引起的体积变化是产生残余应力的主要因素。工件材料的强度越高、导热性越差、塑性越低，在磨削时表面金属产生残余拉应力的倾向就越大。

习　题

4-1　主轴回转误差有哪三种形式？产生误差的原因是什么？

4-2　机床导轨误差将产生哪些加工误差？

4-3　试分析：

(1) 在车床三爪卡盘上镗削套筒类工件内孔时，引起内孔与外圆不同轴度、端面与外圆的不垂直度的原因；

(2) 在车床上镗孔引起圆柱度误差的原因。

4-4　分别说明在车床上用两顶尖安装工件车削外圆轴时，出现鼓形、马鞍形和锥形的原因，并指出分别采用什么措施加以消除或减少。

4-5　什么叫误差复映现象？怎样减少这种现象对加工精度的影响？

4-6　试述用试切法调整时，产生调整误差的原因。

4-7　加工误差按其性质可以分为哪几类？各类误差有什么特点？举例说明。

4-8　实际生产中在什么条件下加工出来的一批工件符合正态分布曲线？该曲线有何特点？表示曲线特征的基本参数有哪些？

4-9　在自动车床上加工一批直径为 $\phi 18^{+0.03}_{-0.08}$ mm 的小轴，抽检了 25 个工件，测得尺寸为：17.89、17.92、17.93、17.94、17.94、17.95、17.95、17.96、17.96、17.96、17.97、17.97、17.97、17.98、17.98、17.98、17.99、17.99、18.00、18.00、18.01、18.02、18.02、18.04、18.05，试根据以上数据绘制实际尺寸分布曲线，计算合格率、废品率、可修复废品率和不可修复废品率。

4-10　有一批小轴，其直径尺寸为 $\phi 18\pm 0.012$ mm，属正态分布，$\sigma=0.005$ mm。实测发现分布中心与公差带中心不重合，相差为 0.005 m，试求该批零件的合格率及废品率

4-11　有一批小轴，其直径尺寸为 $\phi 20^{\ 0}_{-0.035}$ mm，测量后得 $\overline{X}=19.975$ mm，$\sigma=0.01$mm，属正态分布。求合格率 F 和废品率 Q，并分析废品特性及减少废品率的可能性。

4-12　什么叫机械加工表面质量？它包括哪五项具体内容？

4-13　影响零件表面粗糙度的几何因素有哪些？

4-14　为什么有色金属经过磨削得不到低表面粗糙度？通常有色金属加工要获得低粗糙度的加工方法有哪些？

4-15　磨削加工时如何提高表面粗糙度？

4-16　表面层冷作硬化、表面层金相组织变化和表面层残余应力的产生原因分别有哪些？

第 5 章　工件的定位与夹紧

5.1　工件的定位

加工之前，使工件在机床或夹具上占据某一正确位置的过程称为定位；工件定位后用一定的装置将其固定，使其在加工过程中保持定位位置不变的操作称为夹紧；工件定位、夹紧的过程合称为安装。

5.1.1　工件定位的基本原理

1. 六点定位原则

任何一个工件，如果对其不加任何限制，那么，它在空间的位置是不确定的，可以向任意方向移动或转动，工件所具有的这种运动的可能性，称为工件的自由度。如果把工件放在空间直角坐标系中来描述，如图 5－1 所示，则工件具有六个自由度，即沿 x、y、z 轴移动和绕 x、y、z 轴转动的六个自由度，可分别用 $\vec{x}$、$\vec{y}$、$\vec{z}$ 表示沿 x、y、z 轴移动的自由度，用 $\widehat{x}$、$\widehat{y}$、$\widehat{z}$ 表示沿 x、y、z 轴转动的自由度。定位，就是限制自由度。工件的六个自由度都限制了，工件在空间的位置就完全被确定下来了。

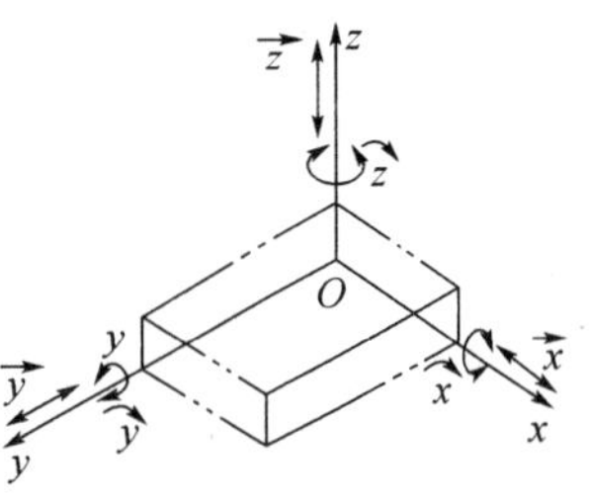

图 5－1　工件的六个自由度

分析工件定位时，通常用一个支承点限制工件的一个自由度，用合理分布的六个支承点限制工件的六个自由度，使工件在夹具中的位置完全确定，称为工件定位的六点定位原则（简称六点定则）。

如图 5－2 所示，在空间直角坐标系的 xOy 面上布置三个定位支承点 1、2、3，使工件的底面与三点相接触，则该三点就限制了工件的 $\vec{z}$、$\widehat{x}$、$\widehat{y}$ 三个自由度。同理，在 zOy 面上布置两

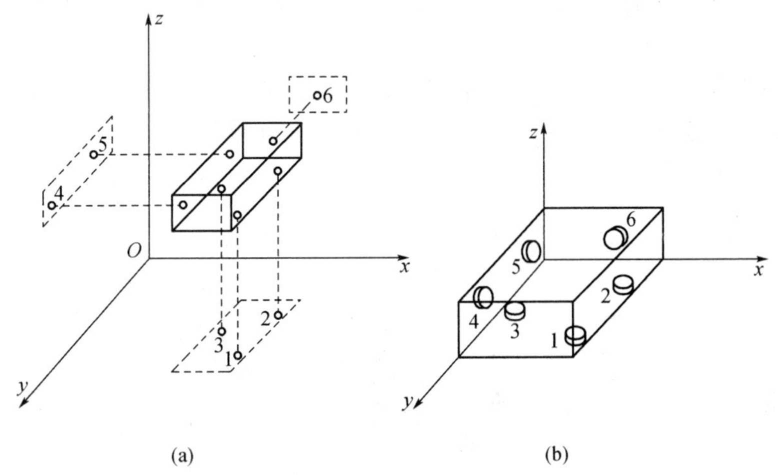

图 5－2　定位支承点的分布

个定位支承点 4、5 与工件侧面相接触，就可限制工件的 $\vec{x}$ 和 $\widehat{z}$ 的自由度。在 zOx 面上布置一个定位支承点 6 与工件的另一侧面接触，就可限制工件的 $\vec{y}$ 自由度，从而使工件的位置完全确定。

值得注意的是，底面上布置的三个支承点不能在同一条直线上，且三个支承点所形成的三角形的面积愈大愈好。侧面上布置的两个支承点所形成的连线不能垂直于三点所形成的平面，且两点之间的距离愈远愈好。这就是上述所提到的“合理布置”的含义。

“六点定则”可用于任何形状、任何类型的工件，具有普遍性。一般来说，不同形状和结构的工件，其六个自由度均可用六个定位支承点来限制，只是六个支承点的具体分布形式有所不同。例如图 5-3 所示为盘状工件的定位，底面的三个支承点限制了工件的 $\vec{z}$、$\widehat{x}$、$\widehat{y}$ 三个自由度，外圆柱面上的两个支承点限制了工件的 $\vec{x}$ 及 $\vec{y}$ 自由度，工件圆周槽中的支承点限制了工件 $\widehat{z}$ 的自由度。

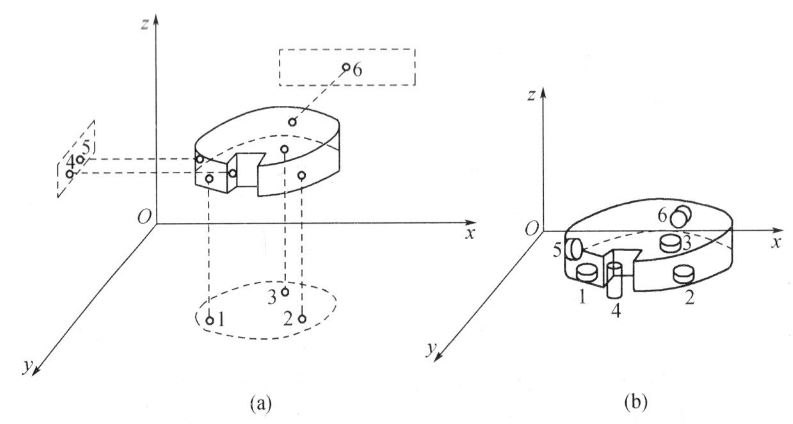

图 5-3 盘状工件的定位

工件具体定位时，实际上不是用定位支承点，而是用各种不同形状的定位元件，不同的定位元件限制工件的自由度数是不一样的。

2. 工件的定位形式

工件的定位有以下三种形式：

(1) 完全定位。用六个合理布置的定位支承点限制工件的六个自由度，使工件位置完全确定的定位形式称为完全定位。当工件在 x、y、z 三个坐标方向上都有尺寸或位置精度要求时，需采用这种定位形式。

(2) 不完全定位。工件被限制的自由度少于六个，但能满足加工技术要求的定位形式称为不完全定位。例如图 5-4 所示，在工件上铣槽，它有两个方位的位置要求，为保证槽底

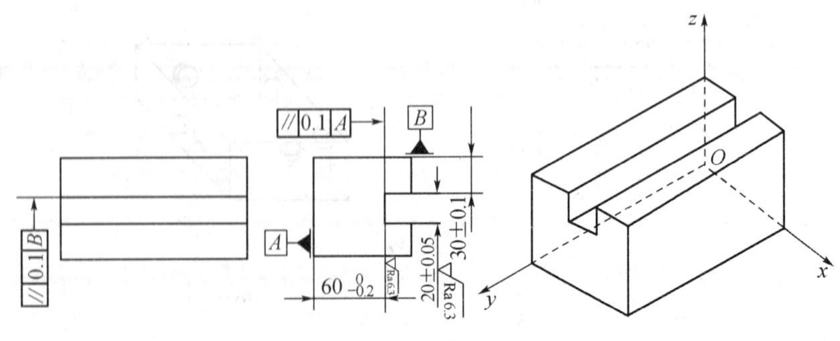

图 5-4 在工件上铣槽

面与 A 面距离尺寸和平行度要求，必须限制 $\vec{z}$、$\widehat{x}$、$\widehat{y}$ 三个自由度；为确保槽侧面与 B 面的平行度及距离尺寸要求，必须限制 $\vec{x}$、$\widehat{z}$ 两个自由度，共须限制以上五个自由度，当采用五个定位支承点限制了工件上述五个自由度时，即为不完全定位。如铣不通槽，被加工表面就有三个方位的位置要求，必须限制工件的六个自由度，则需采用完全定位。

（3）过定位。两个或两个以上的定位支承点同时限制工件的同一个自由度的定位形式称为过定位，也常称为超定位或重复定位。如图 5－5(a)所示的定位形式，由于心轴限制了工件 $\vec{y}$、$\vec{z}$、$\widehat{y}$、$\widehat{z}$ 四个自由度，大支承板限制了工件 $\vec{x}$、$\widehat{y}$ 及 $\widehat{z}$ 三个自由度，其中 $\widehat{y}$ 及 $\widehat{z}$ 两个自由度被重复限制，因此属过定位。

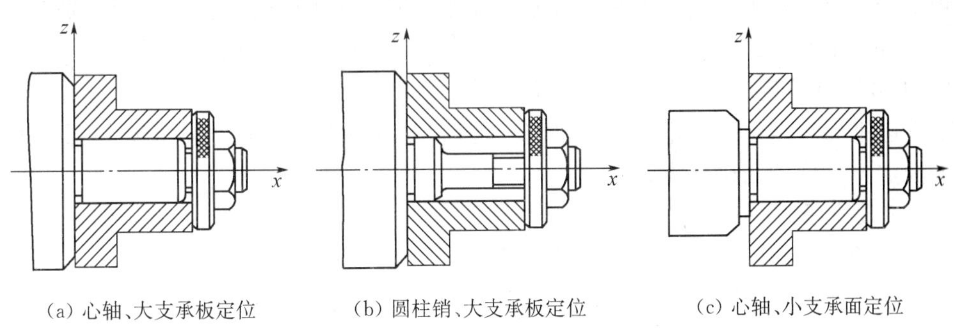

(a) 心轴、大支承板定位　(b) 圆柱销、大支承板定位　(c) 心轴、小支承面定位

图 5－5　工件的过定位及改进定位

工件以上述这种过定位形式定位时，由于工件和定位元件都存在误差，工件的几个定位基准面可能与几个定位元件不能同时很好地接触，夹紧后工件和定位元件将产生变形，甚至损坏。例如当上述图 5－5(a)中工件内孔与端面垂直度误差较大且内孔与心轴配合间隙很小时，工件端面与大定位支承板只有极少部分接触，夹紧后，工件或心轴将会产生变形，影响加工精度。过定位严重时，还可能使工件无法进行装卸。因此，一般情况下，应尽量避免采用过定位形式。

图 5－5(b)、(c)所示是通过改变定位元件的结构形状而避免了过定位的示例。图 5－5(b)采用定位销（圆柱销），仅限制工件两个自由度 $\vec{y}$、$\vec{z}$，而没有像心轴那样限制工件 $\vec{y}$、$\vec{z}$、$\widehat{y}$、$\widehat{z}$ 四个自由度，大支承板限制工件 $\vec{x}$、$\widehat{y}$、$\widehat{z}$ 三个自由度，共限制工件五个自由度，没有出现过定位。图 5－5(c)所示采用心轴和小支承面定位。心轴限制工件 $\vec{y}$、$\vec{z}$、$\widehat{y}$、$\widehat{z}$ 四个自由度，小支承面限制工件 $\vec{x}$ 自由度，共限制工件五个自由度，也没有出现过定位。一般情况下，当加工表面与工件的大端有较高的位置精度要求时，可采用图 5－5(b)所示的定位方案；当加工表面与工件内孔有较高的位置精度要求时，则应采用 5－5(c)所示的定位方案。

如果工件上的各定位基准面之间以及各定位元件之间的位置精度都很高，这时，即使采用了过定位，也往往不会造成不良后果，反而提高了工件在加工中的支承刚度和稳定性，这种情况下的过定位是可以采用的，实际生产中也经常使用。因此，过定位不一定必须避免，而应正确对待。如图 5－5(a)所示，如果工件内孔与端面垂直度精度很高，心轴与大支承板之间垂直精度也很高，这种过定位就可以采用。生产中常用的插齿和滚齿夹具就是采用这种方式。

3. 欠定位

加工技术要求应限制的自由度没有被限制，这种定位称为欠定位。欠定位是不允许出现的，因为其不能保证工件的加工技术要求。如图 5-4 所示在工件上铣通槽，如果 $\vec{z}$ 没有被限制，就不能保证槽底面与 A 面的距离尺寸要求；如果 $\widehat{x}$ 或 $\widehat{y}$ 没有被限制，就不能保证槽底面与 A 的平行度要求。这两种情况都属于欠定位。

5.1.2　定位方式及定位元件

在分析工件定位时，为了简化问题，习惯上都是利用定位支承点这一概念。工件在夹具中的定位，是通过定位支承点转化为定位元件与工件相应的定位基准面接触或配合而实现的。工件上的定位基准面与相应的定位元件合称为定位副。定位副的选择及其制造精度直接影响工件的定位精度和夹具的制造及使用性能。下面按不同的定位基准面分别介绍其所用定位元件的结构形式。

1. 工件以平面定位

工件以平面为定位基准定位时，常用支承钉和支承板作定位元件来实现定位，下面分别介绍平面定位元件的结构特点。

(1) 主要支承。

主要支承就是起限制自由度作用的支承，有下列三种类型：

① 固定支承。属固定支承的有各种支承钉和支承板。当以粗基准面(未经加工的毛坯表面)定位时，若采用平面支承，实际上基面上也只有最高的三点与平面支承接触，常因三点过近，或偏向一边而使定位欠稳。因此，应采用合理布置的三个球头支承钉，如图 5-6 所示的 B 型，使其与毛坯良好接触。图 5-6 所示的 C 型为齿纹头支承钉，能增大摩擦系数，防止工件受力后滑动，常用于侧面定位。

工件精基准面(加工过的平面)定位时，定位表面也不会绝对平整，一般采用图 5-6 所示的 A 型平头支承钉和图 5-7 所示的支承板。A 型支承板结构简单，便于制造，但不利于清除切屑，故适用于顶面和侧面定位；B 型支承板则易保证工作表面清洁，故适用于底面定位。

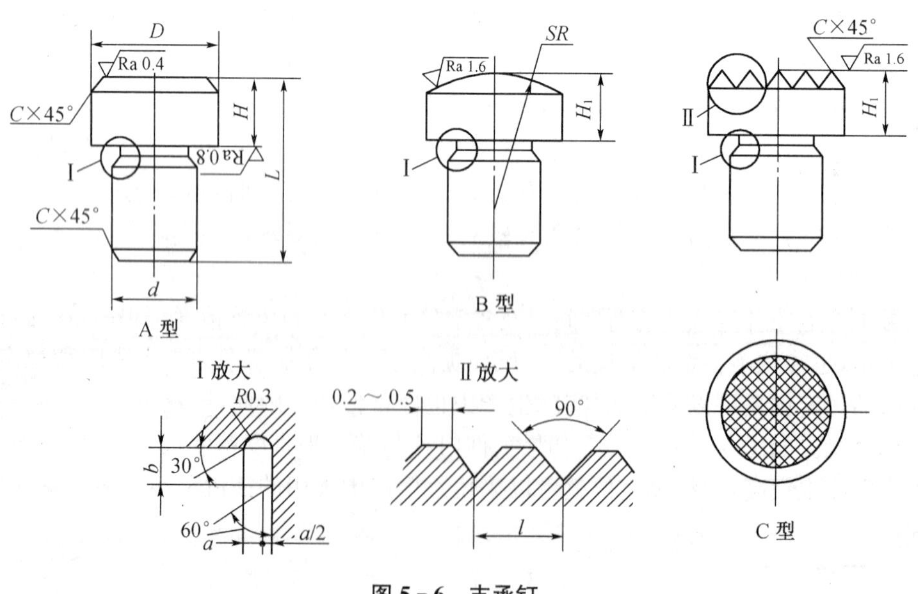

图 5-6　支承钉

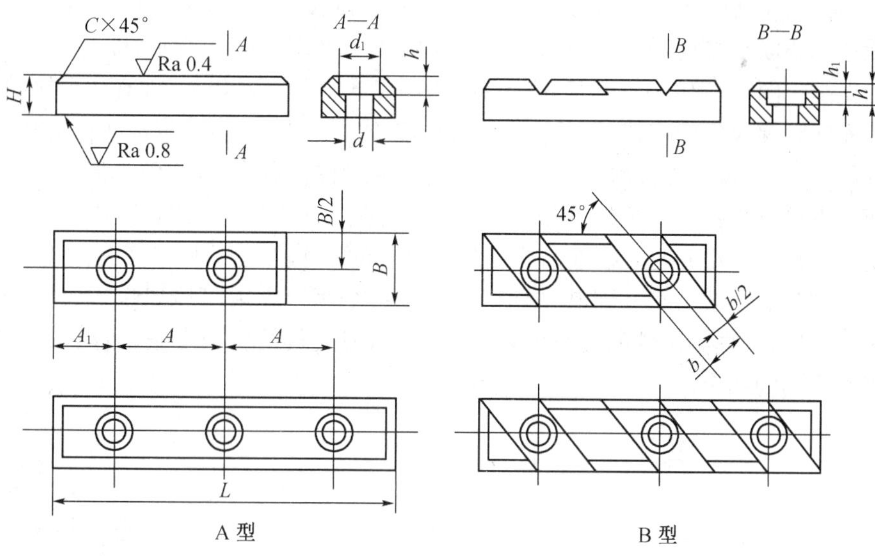

图 5-7　支承板

支承钉与夹具体孔的配合用 H7/r6 或 H7/n6，当支承钉需要经常更换时，应加衬套。衬套外径与夹具体孔的配合一般用 H7/n6 或 H7/r6，衬套内径与支承钉的配合选用 H7/js6。

当工件定位基准面尺寸较小或刚性较差时可设计形状与基准面相仿的非标准的整体式支承板，这样可简化夹具结构，提高支承刚度。

② 可调支承。可调支承是指支承的高度可以进行调节。图 5-8 所示为几种常用的可调支承。调整时要先松后调，调好后用防松螺母锁紧。

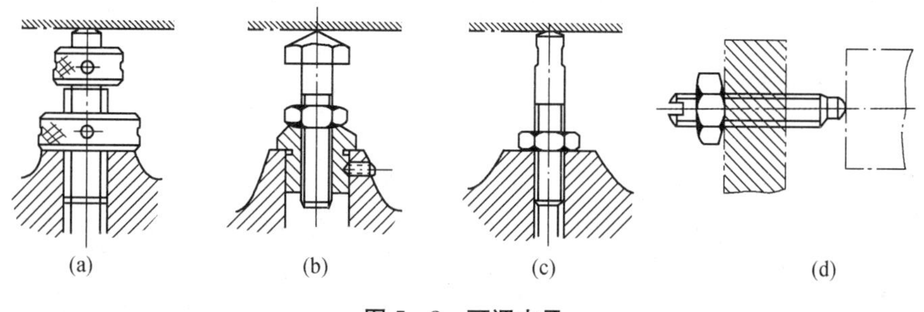

图 5-8　可调支承

可调支承主要用于工件以粗基准面定位，或定位基面的形状复杂（如成形面、台阶面等），以及各批毛坯的尺寸、形状变化较大时，这时如采用固定支承，则由于各批毛坯尺寸不稳定，使后续工序的加工余量发生较大变化，影响其加工精度。

此外，在系列化产品的生产中，往往采用同一夹具来安装规格化了的零件。这时，夹具上也通常采用可调支承，以适应定位面的尺寸在一定范围内的变化。图 5-9 所示是在规格化的销轴端部铣槽，采用可调支承 3 轴向定位，通过调整其高度位置，可以加工不同长度的销轴类工件。

可调支承在一批工件加工前调整一次。在同一批工件加工中，它的作用与固定支承相同，所以可调支承在调整后需要锁紧。

③ 自位支承(或称浮动支承)。当既要保证定位副接触良好,又要避免过定位时,常把支承做成浮动或联动结构,使之自位,称为自位支承。如图 5-10 所示,即为夹具中常用的几种自位支承。图 5-10(a)、(b)所示的结构为两点式自位支承,与工件有两个接触点,可用于断续表面或阶梯表面的定位;图 5-10(c)所示为球面三点式,当定位基面在两个方向上均不平或倾斜时,能实现三点接触;图 5-10(d)所示为滑柱三点式,在定位基面不平或倾斜时,仍能实现三点接触。自位支承的工作特点是:在定位过程中支承点位置能随工件定位基面位置的变化而自行浮动并与之适应。当自位支承中的一个点被压下,其余点即上升,直至这些点都与定位基面接触为止。而其作用仍相当于一个固定支承,只限制一个自由度。由于增加了接触点数,可提高工件的支承刚度和稳定性,但夹具结构稍复杂,适用于工件以毛面定位或刚性不足的场合。

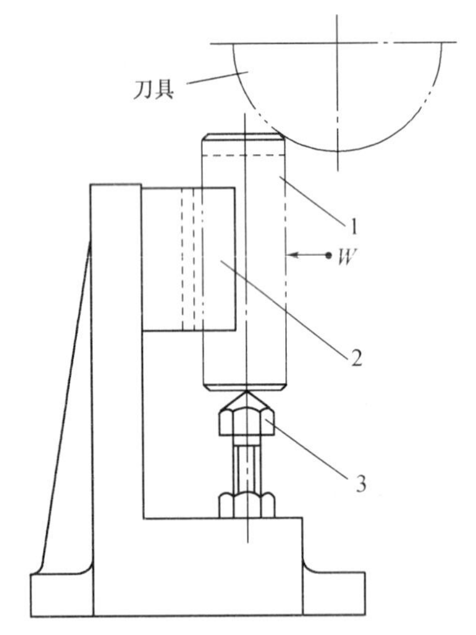

图 5-9 使用可调支承加工不同尺寸的相似工件

1—销轴;2—V 形块;3—可调支承

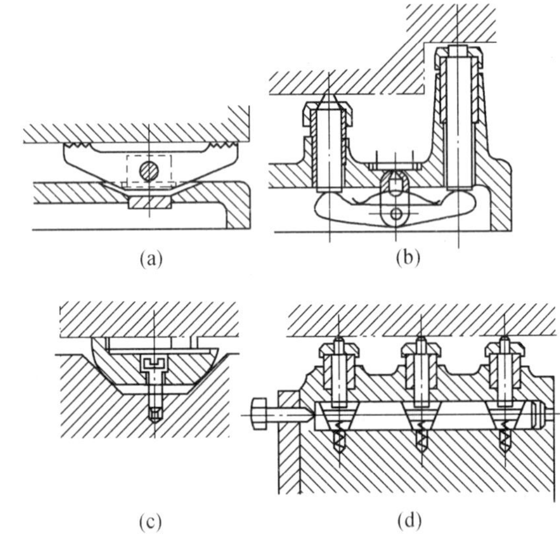

图 5-10 自位支承

(2) 辅助支承。

工件因尺寸形状特殊或局部刚度较差,使其定位不稳定或产生受力变形等,需增设辅助支承,用以承受工件重力、夹紧力或切削力。辅助支承的工作特点是:待工件定位夹紧后,再进行调整辅助支承,使其与工件的有关表面接触并锁紧。而且辅助支承是每安装一个工件就调整一次。如图 5-11 所示,工件以小端的孔和端面在短销和支承环上定位,钻大端面圆周一组通孔。由于小头端面太小,工件又高,钻孔位置离工件中心又远,因此受钻削力后定位很不稳定,且工件又容易变形,为了提高工件定位稳定性和安装刚性,则需在图示位置增设三个均布的辅助支承。但此支承不起限制自由度作用,也不允许破坏原有定位。

另外,辅助支承还可以起到预定位作用。如图 5-12 所示,当工件的重心超出主要支承所形成的稳定支承区域(即图中 V 形架的区域)时,工件上重心所在一端便会下垂,使工件上的定位基准面脱离定位元件,特别是工件较重时,无法靠手力或夹紧力来纠正。若在工件重心部位下方增设辅助支承,便能解决一端向上翘的问题,并能保证将工件放在定位元件上时,基本上接近其正确定位位置。

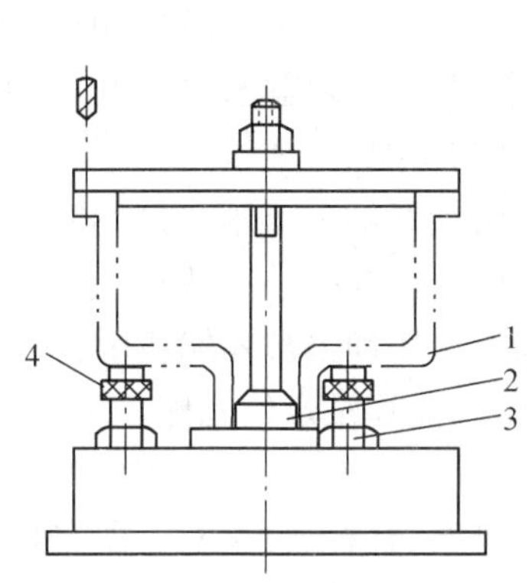

图 5-11　辅助支承提高工件稳定性和刚性

1—工件；2—短定位销；3—支承环期；4—辅助支承

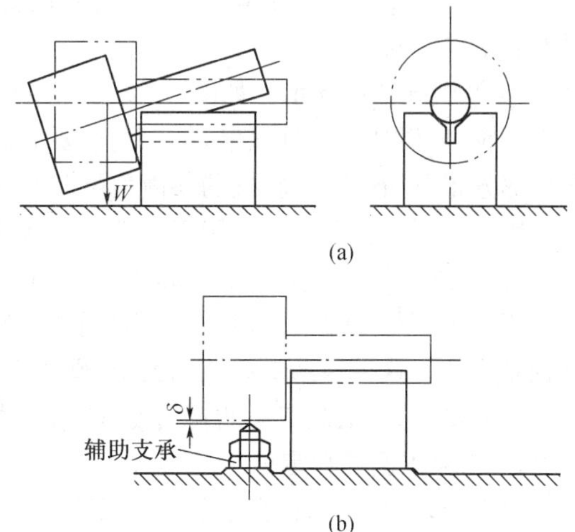

图 5-12　辅助支承起预定位作用

辅助支承有以下几种类型：

① 螺旋式辅助支承。如图 5-13(a)所示，这种支承结构简单，但操作费时，效率较低，适用于小批生产。

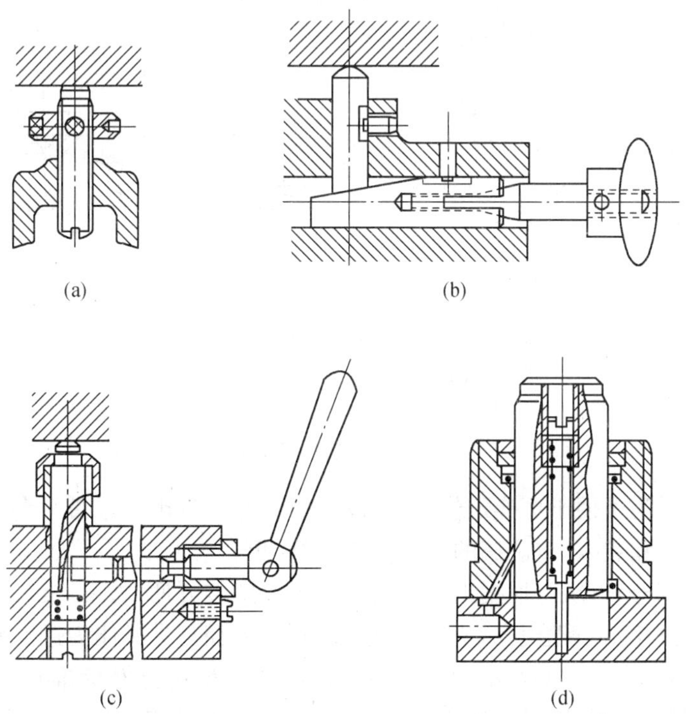

图 5-13　辅助支承

② 自位式辅助支承。如图 5-13(c)所示。所谓自位，就是辅助支承销与工件表面的接触，由弹簧的弹力来保证，弹力的大小要能保证支承销弹出且始终与工件接触，但又不能顶起工件而破坏定位。支承销通过滑块锁紧，滑块上的斜面角不能大于自锁角(一般为 6°)。

锁紧后的辅助支承相当于刚性支承，因此在安装下一个工件时，要松开锁紧机构，让支承销重新处于自位状态。

③ 推引式辅助支承。如图 5-13(b)所示为推引式辅助支承。工件由主要支承定位后，推动手轮，使滑柱与工件接触，推力大小要适当，不能让滑柱顶起工件，然后转动手轮使斜楔开槽部分张开而锁紧。斜楔的斜面角可取 8°～10°。过小则滑柱行程短；过大则可能失去自锁作用。推引式辅助支承适用于工件较重、切削负荷较大的情况。

④ 液压锁紧的辅助支承。如图 5-13(d)所示为液压锁紧辅助支承。使用时支承滑柱在弹簧作用下与工件接触，弹簧力由螺钉调节。由小孔通入压力油，使薄壁夹紧套变形，进而锁紧滑柱。这类辅助支承结构紧凑，操作方便，但必须有液压动力源才能使用。

辅助支承，不限制工件的自由度，严格来说，辅助支承不能算是定位元件。

2. 工件以圆柱孔定位

生产中，工件以圆柱孔定位应用较广。如各类套筒、盘类、杠杆、拨叉等。所采用的定位元件有圆柱销和各种心轴。这种定位方式的基本特点是：定位孔与定位元件之间处于配合状态，并要求确保孔中心线与夹具规定的轴线相重合。孔定位还经常与平面定位联合使用。

(1) 圆柱销。

如图 5-14 所示为圆柱定位销结构。当工作部分直径 $D<10$ mm 时，为增加刚度避免销子因撞击而折断，或热处理时淬裂，通常将根部倒成圆角 R，如图 5-14(a)所示。这时夹具体上应用沉孔，使定位销圆角部分沉入孔内，而不妨碍定位。

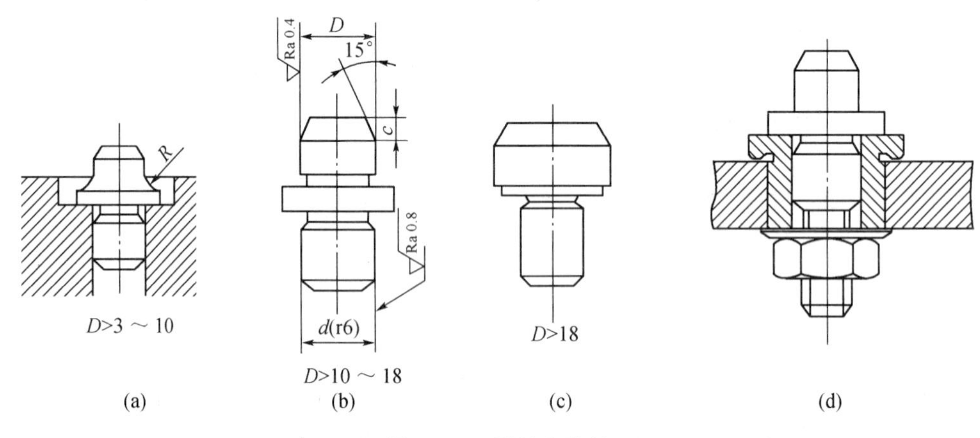

图 5-14 圆柱定位销

大批量生产时为了便于更换定位销，可设计如图 5-14(d)所示带衬套的结构。

为便于工件顺利装入，定位销的头部应有 15°倒角。

定位销工作部分直径，可根据工件的加工要求和安装方便，按 g5、g6、f6、f7 制造。定位销可用 H7/r6 或 H7/n6 配合压入夹具体孔中。衬套外径与夹具体为过渡配合(H7/n6)，其内径与定位销为间隙配合(H7/h6、H6/h6)。常用的定位销已经标准化。定位销的材料：$D\leqslant 18$ mm 时用 T8A，淬火 55～60HRC；$D>18$ mm 时用 20 钢，渗碳深 0.8～1.2 mm，淬火 55～60HRC。

(2) 圆锥销。

生产中工件以圆柱孔在圆锥销上定位的情况也是常见的，如图 5-15 所示。这时为孔端与锥销接触，其交线是一个圆，限制了工件的三个自由度 ($\vec{X}$、$\vec{Y}$、$\vec{Z}$)，相当于三个止推定位支承。如图 5-15(a)所示用于粗基准，如图 5-15(b)所示用于精基准。

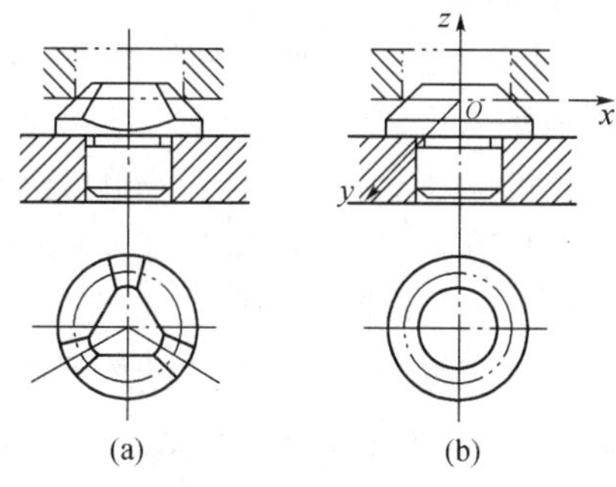

图 5-15　圆锥销定位

但是工件以单个圆锥销定位时易倾斜，故在定位时可成对使用[图 5-16(a)]，或与其他定位元件联合使用。如图 5-16(b)所示采用圆锥—圆柱组合定位，此时，圆锥部分使工件定心准确，圆柱部分可减小锥销的锥度过大而引起的倾斜，还可使工件装卸方便；如图 5-16(c)所示采用浮动圆锥销和固定支承组合定位，此时工件的底面为主要定位基准，这样既保证了工件沿轴向的准确位置，同时又消除了过定位，圆销部分仍起径向定心作用。以上三种联合定位方式，均限制了工件的五个自由度。

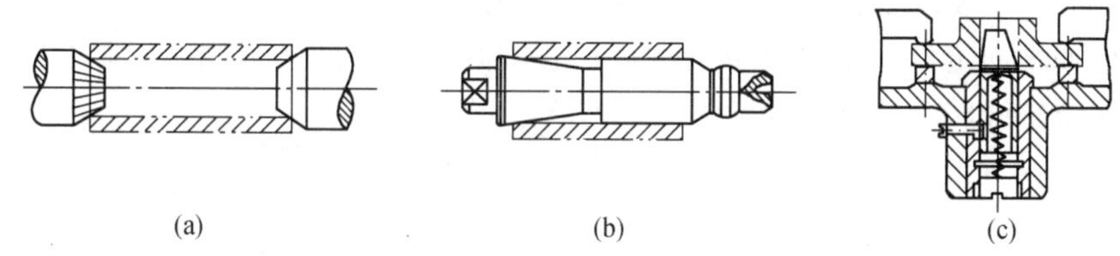

图 5-16　圆锥销组合定位

(3) 定位心轴。

心轴主要用于套筒类和空心盘类工件的车、铣、磨及齿轮加工。心轴的种类很多，除下面要介绍的刚性心轴外，还有弹性心轴、液性塑料心轴等。

(1) 圆柱心轴。如图 5-17 所示为三种圆柱刚性心轴的典型结构。如图 5-17(a)所示为间隙配合心轴，其定位部分直径按 h6、g6、f7 制造。切削力矩靠端部螺旋夹紧产生的夹紧力传递。这种心轴装卸工件方便，但定心精度不高。为了减小定位时因配合间隙造成的倾斜，常以孔和端面联合定位，故要求孔与端面垂直，一般在一次安装中加工。心轴的定位圆柱面与端面亦应一次安装中加工。

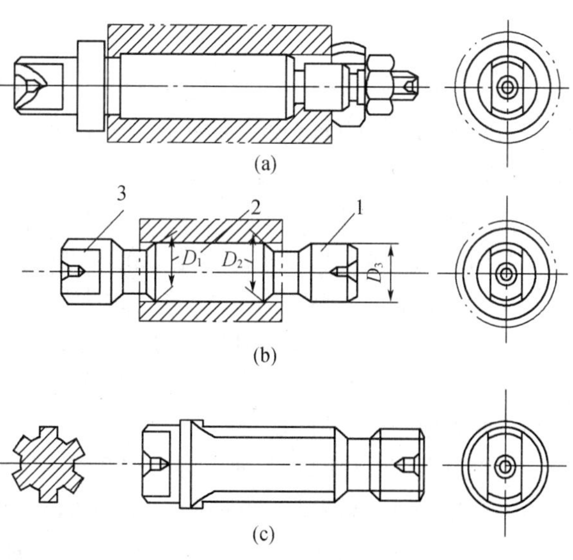

图 5-17　圆柱心轴

为快速装卸工件，可使用开口垫圈，开口垫圈的两端面应互相平行。当工件的内孔与端面垂直度误差较大时，应采用球面垫圈。

如图 5－17(b)所示为过盈配合心轴。心轴有导向部分 1，工作部分 2 及传动部分 3。导向部分使工件能迅速而准确地装入心轴，其直径 D_3 的基本尺寸是基准孔的最小尺寸并按 e8 制造，其长度约为基准孔长的一半；心轴工作部分的直径基本尺寸取定位孔直径的最大尺寸，并按 r6 制造。对于工件孔的长径比 $L/D \leqslant 1$ 时，心轴工作部分的直径 $D_1 = D_2$。对于长径比 $L/D > 1$ 时，心轴的工作部分应略带锥度，此时 D_1 按 r6、D_2 按 h6 制造，但基本尺寸仍为工件孔的最大极限尺寸；心轴两边的凹槽是供车削工件端面时退刀用的。这种心轴定心准确，但装卸工件不便，且易损伤工件定位孔。所以多用于定心精度要求高的场合。

如图 5－17(c)所示为花键心轴。用于以花键孔为定位基准的场合。当工件孔的长径比 $L/D > 1$ 时，工作部分可略带锥度。设计花键心轴时，应根据工件的不同定位方式，确定心轴结构，其配合可参考上述两种心轴。

3. 工件以圆锥孔定位

工件以圆锥孔作为定位基准面时，相应的定位元件为圆锥心轴，顶尖等。

(1) 圆锥形心轴。

如图 5－18(a)所示是以工件上的圆锥孔在锥形心轴上定位的情形。这类定位方式是圆锥面与圆锥面接触，要求锥孔和圆锥心轴的锥度相同，接触良好，因此定心精度与角向定位精度均较高，而轴向定位精度取决于工件孔和心轴的尺寸精度。圆锥心轴限制工件的五个自由度，即除绕轴线转动的自由度没限制外均已限制。

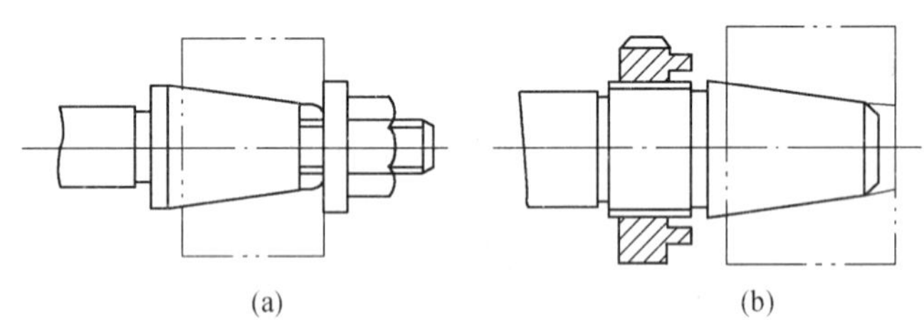

(a) (b)

图 5－18 圆锥心轴

当圆锥角小于自锁角时，为便于卸下工件可在心轴大端安装一个推出工件用的螺母，如图 5－18(b)所示。

(2) 顶尖。

在加工轴类或某些要求准确定心的工件时，在工件上专为定位加工出工艺定位面——中心孔，中心孔即为圆锥孔。中心孔与顶尖配合，即为锥孔与锥销配合。

如图 5－19(a)所示，左中心孔用轴向固定的前顶尖定位，右中心孔用移动后顶尖定位。中心孔定位的优点是定心精度高，还可实现定位基准统一，可加工出所有的外圆表面。当用半顶尖时，还可加工端面。

但是，用顶尖孔定位时，轴向定位精度不高，减少轴向定位误差的办法有：一是严格控制左顶尖孔的尺寸，如图 5－19(c)所示，放入标准钢球检验尺寸 α；二是如图 5－19(b)所示，改用轴向浮动的前顶尖定位。这时工件端面 C 为轴向定位基准面，在顶尖套 1 的端面上紧贴定位，使前顶尖只起定心作用。

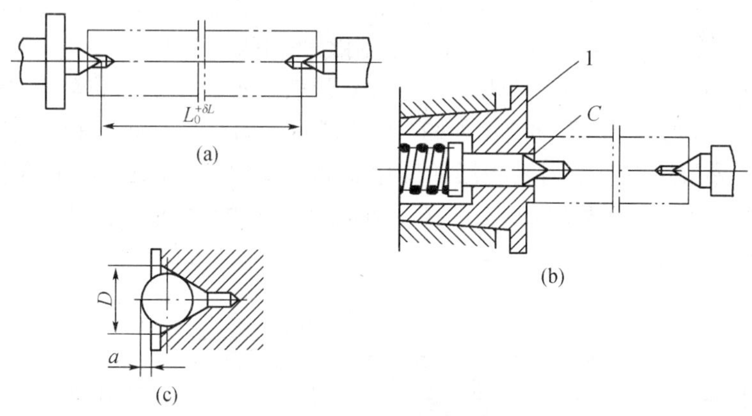

图 5－19　中心孔定位

4. 工件以外圆柱表面定位

工件以外圆柱表面定位在生产中经常可见，根据外圆柱面的完整程度，加工要求和安装方式的不同，相应的定位元件有 V 形架、圆孔、半圆孔、圆锥孔及定心夹紧装置。但其中应用最广泛的是 V 形架。

（1）在 V 形架中定位。

① V 形块定位的特点。V 形架定位的最大优点就是对中性好，它可使一批工件的定位基准轴线对中在 V 形架两斜面的对称平面上，而不受定位基准直径误差的影响，并且安装方便。

V 形架定位的另一个特点是应用范围较广。无论定位基准是否经过加工，是完整的圆柱面还是局部圆弧面，都可采用 V 形架定位。

② V 形架的结构。图 5－20 所示为常用 V 形架结构。图 5－20(a)所示用于较短的精基准面的定位；图 5－20(b)所示和图 5－20(c)所示用于较长的或阶梯轴的圆柱面，其中图 5－20(b)所示用于粗基准面，其工件面宽度常为 2 mm，图 5－20(c)所示用于精基准面；图 5－20(d)所示用于工件较长且定位基准面直径较大的场合，此时 V 形架不必做成整体的钢件，可采用在铸铁底座上镶装淬火钢垫板的结构。

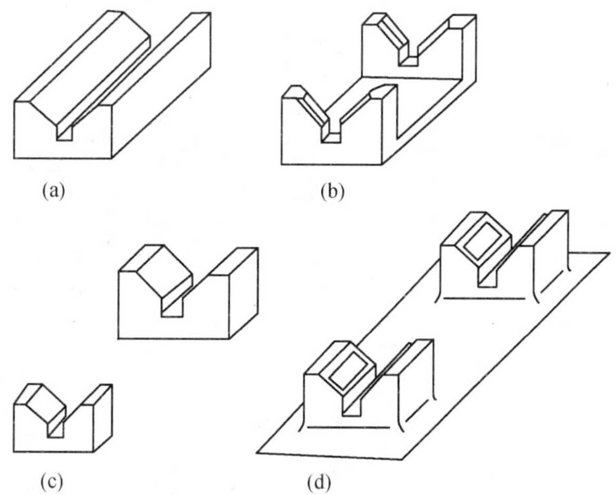

图 5－20　V 形架

工件在 V 形架上定位时，可根据接触母线的长度决定所限制的自由度数，相对接触较长时，限制工件的四个自由度，相对接触较短时限制工件的两个自由度。

V 形架又可分为固定式和活动式。固定式 V 形架在夹具体上的装配，一般用螺钉和两个定位销连接。活动式 V 形架的应用如图 5－21 所示。图 5－21(a)所示为加工连杆孔的定位方式，活动 V 形架用以补偿因毛坯尺寸变化而对定位的影响，限制一个转动自由度。图 5－21(b)所示中的活动 V 形架限制工件在 Y 方向上的移动自由度。上述活动 V 形架，除定位外，还兼有夹紧作用。

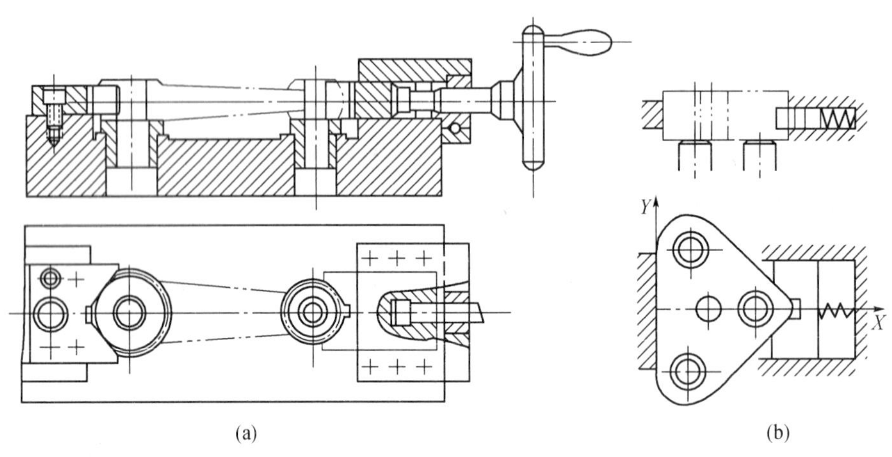

图 5－21 活动 V 型架的应用

V 形架上两斜面间的夹角 α，一般选用 60°、90°、120°，其中 90°应用最多。

(2) 在圆孔中定位。

如图 5－22 所示为几种常见的定位套。为了限制工件的轴向移动自由度，定位套常与其端面(支承板)配合使用。图 5－22(a)所示带小端面的长定位套，工件可以较长的外圆柱面在这种长定位套的孔中定位，限制工件四个自由度，同时工件可以端面在定位套的小端面上定位，限制工件一个自由度，共限制工件五个自由度。图 5－22(b)、(c)所示是带大端面的短定位套工件可以较短的外圆柱面在短定位套的孔中定位，限制工件的两个自由度，同时，工件可以端面在定位套的大端面上定位，限制了工件的三个自由度，共限制工件的五个自由度。

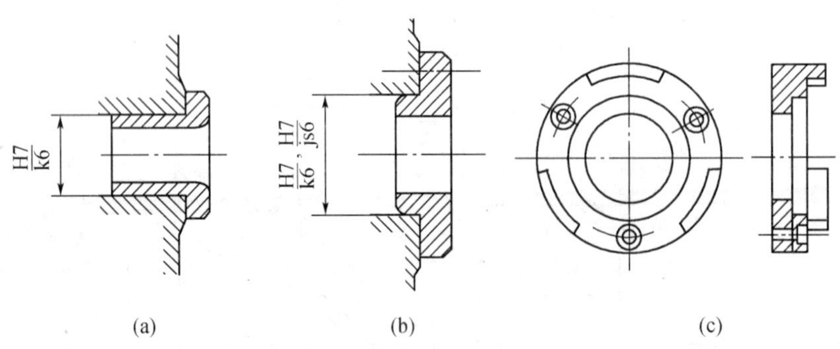

图 5－22 定位套

定位套结构简单、容易制造，但定心精度不高，只适用于工件以精基准定位。且为了便于工件的装入，在定位套孔口端应有 15°或 30°的倒角或圆角。

(3) 在半圆孔中定位。

当工件尺寸较大,或在整体式定位衬套内定位装卸不便时,多采用此种定位方法。此时定位基准的精度不低于 IT8～IT9。下半圆起定位作用,上半圆起夹紧作用。如图 5-23 所示,图 5-23(a)所示为可卸式,图 5-23(b)所示为铰链式,后者装卸工件方便。

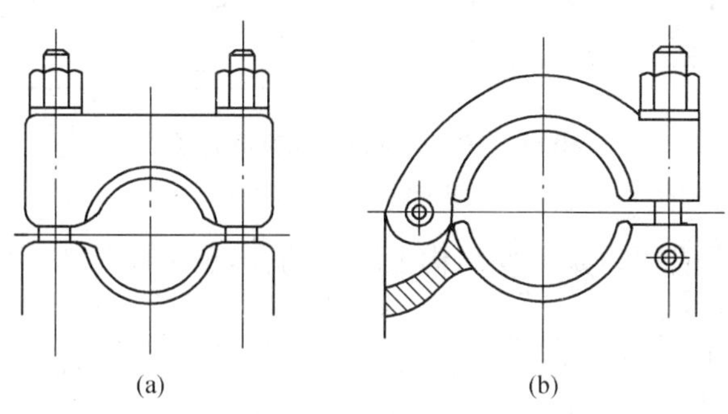

图 5-23　半圆孔定位装置

由于上半圆孔可卸去或掀开,所以下半圆孔的最小直径应取工件定位基准外圆的最大直径。不需留配合间隙。

为了节省优质材料和便于维修,一般将轴瓦式的衬套用螺钉装在本体和盖上。

(4) 在圆锥孔中定位。

工件以圆柱面为定位基准面在圆锥孔中定位时,相应的定位元件通常反顶尖。其定位方式如图 5-24 所示。工件圆柱左端部在齿纹锥套 3 中定位(兼起拨动作用,相当于外拨顶尖),限制工件的三个移动自由度;右端锥孔在后顶尖 4(当外径小于 6 mm 时,用反顶尖)上定位,限制工件两个转动自由度。夹具体锥柄 1 插入机床主轴孔中,通过传动螺钉 2 和齿纹锥套 3 拨动工件转动。

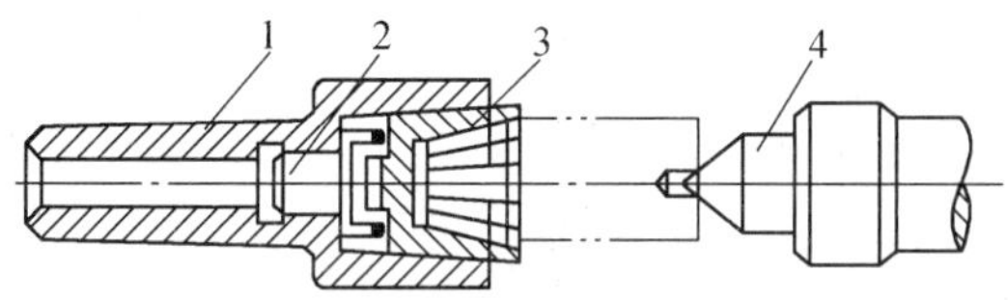

图 5-24　工件在圆锥孔中定位

5. 工件以一面两孔定位

工件以一面两孔定位,在加工箱体、杠杆、盖板和支架等零件时,工件常以两个轴线互相平行的孔与两孔轴线相垂直的大平面为定位基准面。如图 5-25 所示,所用的定位元件为一个大支承板,它限制了工件的三个自由度;一个圆柱销,它限制了工件两个自由度;一个菱形销(也称为削边销),它可限制工件绕圆柱销转动的一个自由度。工件以一面两孔定位,共限制了工件的六个自由度,属完全定位形式,而且易于做到在工艺过程中的基准统一,便于保证工件的相互位置精度。

工件以一面两孔定位时,如不采用一个圆柱销和一个菱形销,而是采用两个圆柱销,则由于两个圆柱销均限制工件两个相同的自由度,会造成工件在两孔中心连线方向上出现过定位。由于工件上两定位孔的孔距及夹具上两销的销距都有误差,当误差较大时,这种过定位会使工件无法正确装到夹具上定位。因此,实际生产中,工件以一面两孔定位时,一般不采用两个圆柱销，而是采用如图 5－25 所示的一个圆柱销和一个菱形销。

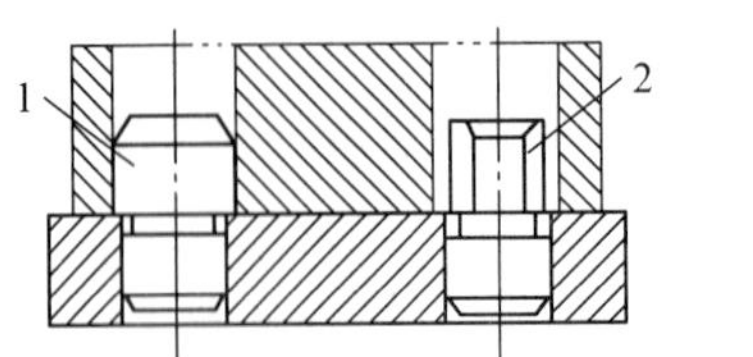

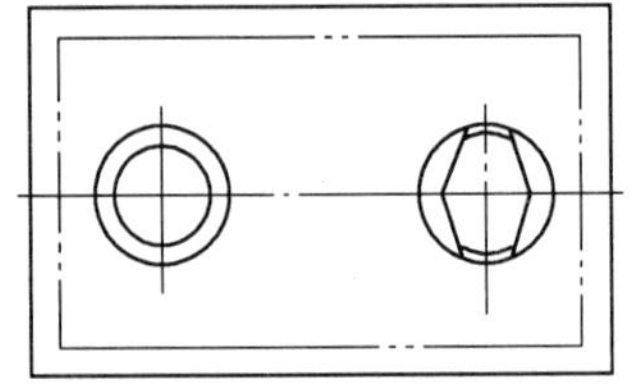

图 5－25 工件以一面两孔定位

1—圆柱销；2—菱形销

工件上的两个定位孔可以是零件结构上原有的孔，也可以是为了实现一面两孔定位而专门加工出来的工艺孔。

常用菱形销的结构形状如图 5－26 所示。当工件定位孔直径 $D \leqslant 3$ mm 时，用图 5－26(a)所示的结构；当工件定位直径 $D > 3 \sim 50$ mm 时，用图 5－26(b)所示的结构，当工件定位孔直径 $D > 50$ mm 时，用图 5－26(c)所示的结构。有关的结构参数可查夹具标准或有关的设计手册。图 5－26(d)所示中 b 为菱形削边后留下的圆柱部分的宽度。菱形销的宽度部分也可修圆，b_1 即为修圆后留下的圆柱部分宽度。

在将菱形销装配到夹具上时，应使削边方向垂直于两销连心线方向。

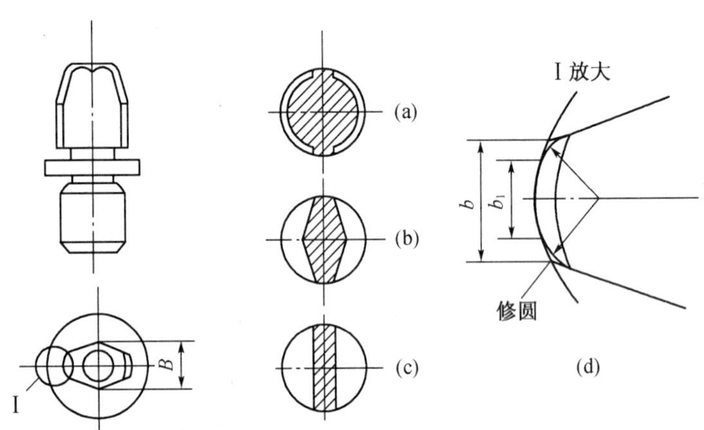

图 5－26 菱形销的结构

采用一面两孔定位时，圆柱销、菱形销的主要参数确定如下：

① 圆柱销直径 d_1 的基本尺寸及公差。圆柱销直径的基本尺寸应等于与之相配合的工件定位孔的最小极限尺寸，其公差一般取 g6 或 f7。

② 圆柱销与菱形销之间的中心距及公差。两销之间的中心距的平均尺寸应等于工件上两定位之间的中心距的平均尺寸，其公差一般为

$$\delta_{Ld} = \left(\frac{1}{3} \sim \frac{1}{5}\right)\delta_{LD}$$

式中，δ_{Ld}、δ_{LD} 分别为两销之间的中心距的公差和两定位孔之间中心距的公差。

式中工件加工精度要求较高时取 1/5。加工精度要求较低时取 1/3。

③ 菱形销直径 d_2 的基本尺寸及公差。菱形销直径 d_2 及其公差可按下列步骤确定：

先按表5-1查得菱形销的 b（采用修圆菱形销时，应为 b_1）与 B，再代入下列公式计算：

$$d_{2\max} = D_{2\min} - \frac{b(\delta_{Ld} + \delta_{LD})}{D_{2\min}}$$

式中，$d_{2\max}$ 为允许的菱形销直径的最大值；$D_{2\min}$ 为与菱形销相配合的孔的最小极限尺寸。

销与孔的配合一般取h6。由于其上偏差为零，故 $d_{2\max}$ 等于菱形销直径 d_2 的基本值。

表5-1　菱形销的尺寸　(mm)

D_2	>3~6	>6~8	>8~20	>20~24	>24~30	>30~40	>40~50
B	$D_2-0.5$	D_2-1	D_2-2	D_2-3	D_2-4	D_2-5	D_2-5
b_1	1	2	3	3	3	4	5
b	2	3	4	5	5	6	8

5.2　定位误差的分析与计算

5.2.1　定位误差及其产生原因

能否保证工件的加工精度，取决于刀具与工件之间的相互位置关系。当一批工件逐个在夹具上定位用调整法加工工件时，各个工件在夹具中所占据的位置并不完全一致，各个工件位置的不一致性必然引起工件相对于刀具之间位置的变化，加工后，各工件的加工尺寸必然大小不一，形成误差。这种只与工件定位有关的误差，称为定位误差，用 Δ_D 表示。

一般情况下，定位误差的值不能大于加工尺寸公差的1/3。

一批工件逐个在夹具上定位时，产生定位误差的原因有两个：一是定位基准与工序基准不重合；二是定位基准位置的变化。

(1) 基准不重合误差。由于定位基准与工序基准不重合而引起的加工尺寸误差，称为基准不重合误差，用 Δ_B 表示。基准不重合误差的大小等于工序基准(设计基准)和定位基准之间的尺寸公差。

(2) 基准位移误差。工件在夹具中定位时，由于定位副的制造误差和最小配合间隙的影响，导致各个工件定位基准的位置不一致，从而给加工尺寸造成误差，这个误差称为基准位移误差，用 Δ_Y 表示。

定位误差 $\Delta_D = \Delta_Y \pm \Delta_B$（正负号的选取将在后面例题中介绍）。

5.2.2　常见定位方式的定位误差计算

1. 心轴定位误差计算公式

图5-27(a)所示是工序简图，在圆柱面上铣键槽，加工键槽深度尺寸为 A。图5-27(b)所示是加工示意图，工件以内孔 D 在水平位置的圆柱心轴上定位，O 是心轴中心，C 是对刀尺寸。尺寸 A 的工序基准是内孔轴线，定位基准也是内孔轴线，两者重合，$\Delta_B = 0$。但是，由于各个工件定位孔的直径实际尺寸不同，使得各个工件的定位基准(孔中心线)在加工尺寸

方向上位置不一致，定位基准位置的变动将直接影响到加工尺寸 A 的大小，给 A 造成误差，这个误差就是基准位移误差。

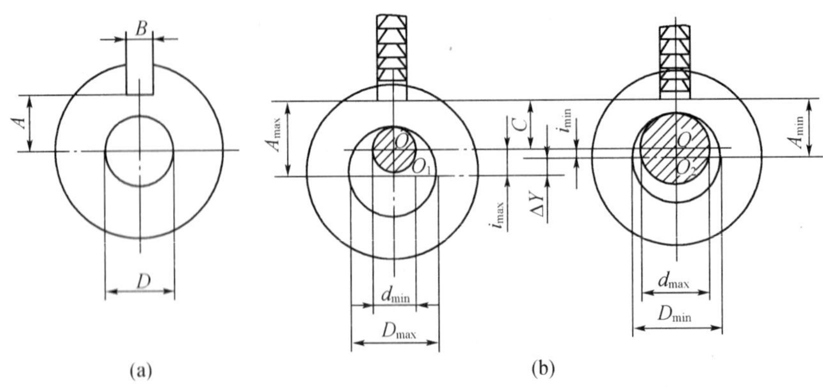

图 5－27 基准位移误差

显然，基准位移误差的大小等于定位基准在加工尺寸方向上的最大变化量。

由图 5－27(b)所示可知，当工件孔的直径为最大（D_{max}）、心轴直径为最小（d_{min}）时，定位基准即工件内孔轴线处于最低点 O_1，得到最大加工尺寸（A_{max}）。当工件内孔直径为最小（D_{min}）、心轴直径为最大（d_{max}）时，定位基准即工件内孔轴线处于最高位置 O_2，得到最小加工尺寸（A_{min}）。由于各工件内孔直径的实际尺寸(在公差范围内)不一致，导致定位基准即工件内孔中心定位后在 O_1、O_2 范围内位置的变化，考虑到心轴的制造公差，从而使得加工尺寸因定位基准的位移产生误差 Δ_Y。

$$\Delta_Y = A_{max} - A_{min} = O_1O_2 = \frac{\delta_D + \delta_d}{2} = \delta_i$$

式中，δ_i 为一批工件定位基准的最大变化量；δ_D 为工件孔径的制造公差；δ_d 为心轴直径的制造公差。

当定位基准的变化方向与加工尺寸方向相同时，基准位移误差等于定位基准的最大变化量，即

$$\Delta_Y = \delta_i$$

当定位基准的变化方向与加工尺寸方向不同时，基准位移误差等于定位基准的最大变化量在加工尺寸方向上的投影，即

$$\Delta_Y = \delta_i \cos\alpha$$

以上是孔和轴的中心线是水平放置的情况，这时总是上母线接触，当孔和轴为竖直放置时，孔和轴的接触线是不固定的，而是任意边接触，这时定位误差的计算公式是

$$\Delta_D = \delta_D + \delta_d + X_{min}（X_{min} \text{ 是孔和轴的最小间隙}）$$

2. V 形架定位误差计算公式

工件以外圆柱面在 V 形架上定位时定位误差的计算，如图 5－28 所示，工件以外圆柱面在 V 形架上定位，定位基准为工件中心线，定位基准面为工件外圆柱面。当工序基准不同时，基准不重合误差是不一样的；如不考虑 V 形架的制造误差，由于 V 形架具有对中性好的特点，因此，工件在垂直于 V 形架对称面方向上的基准位移误差为零，而在 V 形架对称面方

向上的基准位移误差均为：

$$\Delta Y = OO_1 = \frac{d}{2\sin(\alpha/2)} - \frac{d-\delta_d}{2\sin(\alpha/2)} = \frac{\delta_d}{2\sin(\alpha/2)}$$

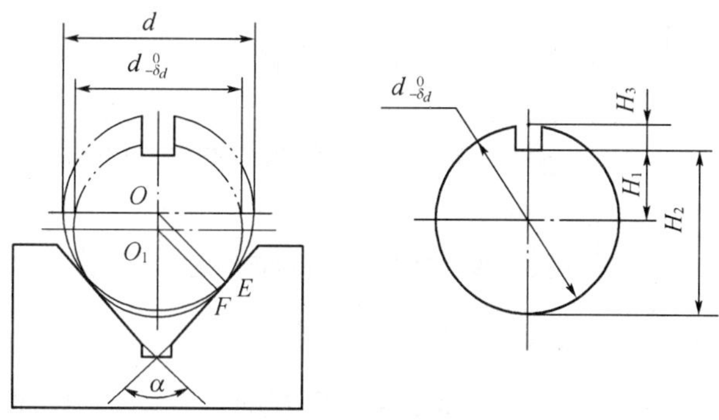

图 5－28　工件以外圆柱面在 V 形架上定位时定位误差的计算

(1) 当工序尺寸为 H_1 时，定位基准与工序基准重合，故

$$\Delta_B = 0$$

所以

$$\Delta_D = \Delta_Y = \frac{\delta_d}{2\sin(\alpha/2)}$$

(2) 当工序尺寸为 H_2 时，工序基准为外圆下素线，工序基准与定位基准不重合，故

$$\Delta_B = \delta_d/2$$

因工序基准在定位基准面上，需要分析 Δ_B、Δ_Y 如何合成。当定位基准面直径由小变大时，先暂假设定位基准的位置不变，则工序基准随定位基准面的直径变大而向下移动，工序尺寸变大；但实际上，当定位基准的直径由小变大后，工件要在 V 形架上定位，就需向上移动，定位基准(即工件中心)及工序基准也将随之向上移动。因此，工序尺寸变小，所以公式中符号取“－”号，即

$$\Delta_D = \Delta_Y - \Delta_B = OO_1 = \frac{\delta_d}{2\sin(\alpha/2)} - \frac{\delta_d}{2} = \frac{\delta_d}{2}\left(\frac{1}{\sin(\alpha/2)} - 1\right)$$

(3) 当工序尺寸为 H_3 时，用同样的分析方法可知，公式中应取“＋”号，故

$$\Delta_D = \Delta_Y + \Delta_B = OO_1 = \frac{\delta_d}{2\sin(\alpha/2)} + \frac{\delta_d}{2} = \frac{\delta_d}{2}\left(\frac{1}{\sin(\alpha/2)} + 1\right)$$

注意：当上述定位用的外圆柱面直径的上偏差不为零时，上述各公式中的 δ_d 应改为外圆直径的公差 T_d。

3. 定位误差的计算实例

【例 5－1】　如图 5－29 所示，工件以平面定位铣削 A、B 表面，要求保证尺寸 60 mm±0.05 mm 和 30 mm±0.1 mm，分析计算定位误差(忽略 D 面对 C 面的垂直度误差)。

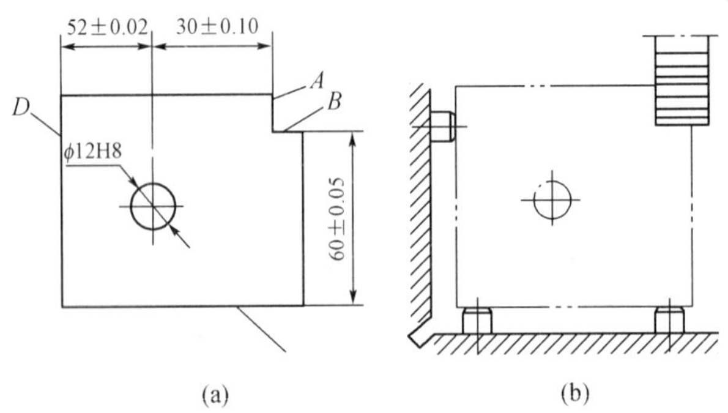

图 5-29 定位误差计算示例之一

【解】 (1) 尺寸 60 mm±0.05 mm 的定位误差。

$\Delta B=0$（定位基准与工序基准重合，均为 C 面。只要基准重合，就不产生基准不重合误差）

$\Delta Y=0$（定位面 C 与支承钉接触不产生位移。平面定位在不考虑平面度的情况下，视为不产生基准位移误差）

$$\Delta D=0<(2\times 0.05)/3$$

(2) 尺寸 30 mm±0.1 mm 的定位误差。

该尺寸的工序基准为 ϕ12H8，定位基面是 D 面，故基准不重合。基准不重合误差为定位基准 D 到工序基准孔中心的尺寸 52±0.02 的公差值。因为一批零件的尺寸 52±0.02 将在其公差范围内变动，这个变动同时会引起工序尺寸 30±0.1 同样大小的变动，所以带来误差。基准不重合误差为

$$\Delta B=0.02\times 2\ \text{mm}=0.04\ \text{mm}$$

$$\Delta Y=0$$

$$\Delta D=\Delta B+\Delta Y=0.04\ \text{mm}<(2\times 0.1)/3$$

该定位方式满足加工尺寸要求。

【例 5-2】 如图 5-30 所示，工件以孔 $\phi 60^{+0.15}_{0}$ mm 定位加工孔 $\phi 10^{+0.1}_{0}$ mm，定位销直径为 $\phi 60^{-0.03}_{-0.06}$ mm，要求保证尺寸 40 mm±0.1 mm，计算定位误差。

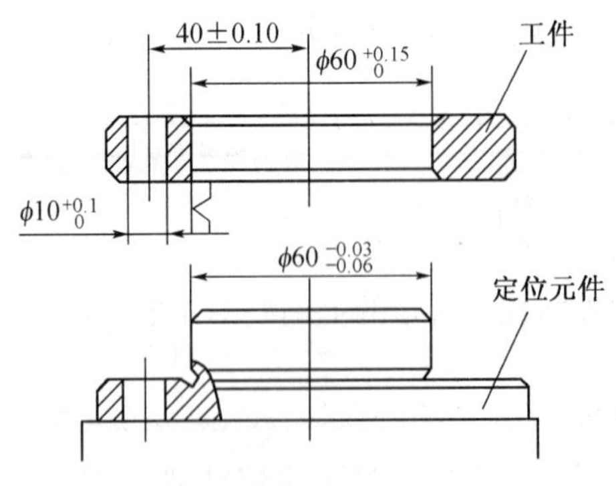

图 5-30 定位误差计算示例之二

【解】
$$\Delta_B = 0（定位基准与工序基准重合，均为孔轴线）$$
$$\Delta_Y = \delta_D + \delta_{d0} + X_{\min} = (0.15 + 0.03 + 0.03)\ \text{mm} = 0.21\ \text{mm}$$
$$\Delta_D = \Delta_B + \Delta_Y = (0 + 0.21)\ \text{mm} = 0.21 > (2 \times 0.1)/3 = 0.067$$

该定位方式不能满足加工尺寸要求。

改进措施。工件内孔按 $\phi60\text{H}7(^{+0.030}_{0})$、定位销按 $\phi60\text{g}6(^{-0.010}_{-0.029})$ 制造，则定位误差为：

$$\Delta_D = \Delta_Y = (0.03 + 0.019 + 0.01)\ \text{mm}$$
$$= 0.059\ \text{mm} < \frac{1}{3}T = \frac{1}{3} \times 0.2\ \text{mm} = 0.067\ \text{mm}$$

【例 5－3】 图 5－31 所示为阶梯轴在 V 形架上定位铣键槽，已知 $d_1 = \phi25^{\ 0}_{-0.021}$ mm，$d_2 = \phi40^{\ 0}_{-0.025}$ mm；两外圆柱面的同轴度为 $\phi0.02$ mm；V 形架夹角 $\alpha = 90°$；键槽深度尺寸为 $A = 34.8^{\ 0}_{-0.17}$ mm，试计算其定位误差，并分析定位质量。

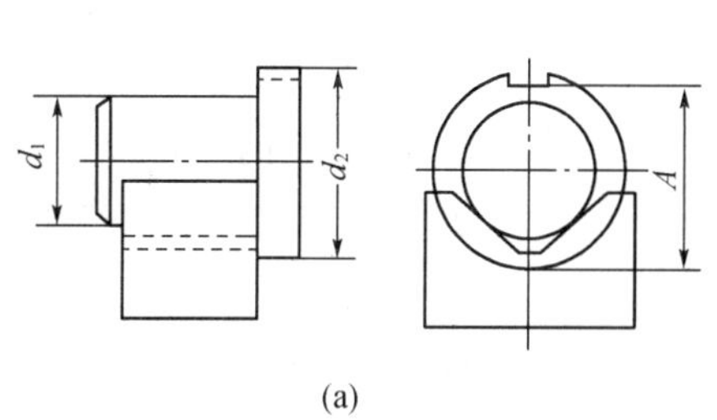

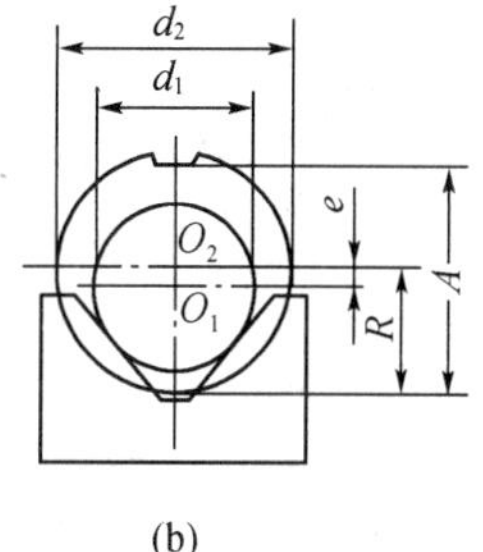

图 5－31　铣键槽定位误差计算

【解】 各尺寸标注如图 5－31(b)所示，其中同轴度可标为 $e = 0 \pm 0.01$ mm；$R = 20^{\ 0}_{-0.0125}$ mm。

该定位方案中，d_1 轴心线是定位基准，d_2 外圆下母线为工序基准，可见定位基准与工序基准不重合。定位尺寸为 R，d_1、d_2 的同轴度 e，故 $\Delta_B = \delta_R + e = 0.0125 + 0.02 = 0.0325$ mm

由于一批工件中 d_1 有制造误差，使定位基准产生基准位移误差。故

$$\Delta_Y = \frac{\delta_d}{2\sin\dfrac{\alpha}{2}} = \frac{0.021}{2\sin45°}\ \text{mm} = 0.0148\ \text{mm}$$

所以
$$\Delta_D = \Delta_Y + \Delta_B = (0.0325 + 0.0148)\ \text{mm} = 0.0473\ \text{mm}$$

而工件公差的 1/3 为

$$\frac{1}{3}\delta_\kappa = \frac{1}{3} \times 0.017\ \text{mm} = 0.056\ \text{mm}$$

即
$$\Delta_D < \frac{1}{3}\delta_\kappa$$

故此定位方案可以保证加工要求。

5.3 工件的夹紧

5.3.1 夹紧装置的组成和基本要求

工件定位后，为使加工过程顺利实现，必须采用一定的装置将工件压紧夹牢，防止工件在切削力、重力、惯性力等的作用下发生位移或振动，这种将工件压紧夹牢的装置称为夹紧装置。夹紧装置是夹具的重要组成部分和设计难点，故其设计的好坏不仅直接影响着夹具制造的劳动量和成本，而且对生产效率及工人的劳动强度有一定的影响。

1. 夹紧装置的组成

夹紧装置的种类很多，但其结构均由两部分组成。

(1) 力源装置。提供原始夹紧力的装置称为力源装置，常用的力源装置有：液压装置、气压装置、电磁装置、电动装置、气—液联动装置和真空装置等。以人力为力源时，称为手动夹紧，没有力源装置。

(2) 夹紧机构。要使动力装置所产生的原始作用力或人力正确的作用到工件上，需要有力的传动机构和最终作用在工件上的执行元件，力的传动机构和执行元件通称为夹紧机构。力的传递机构在传递夹紧力的过程中，起着改变力的大小、方向和自锁作用。

图 5-32 是铣床夹具上的夹紧装置示意图。

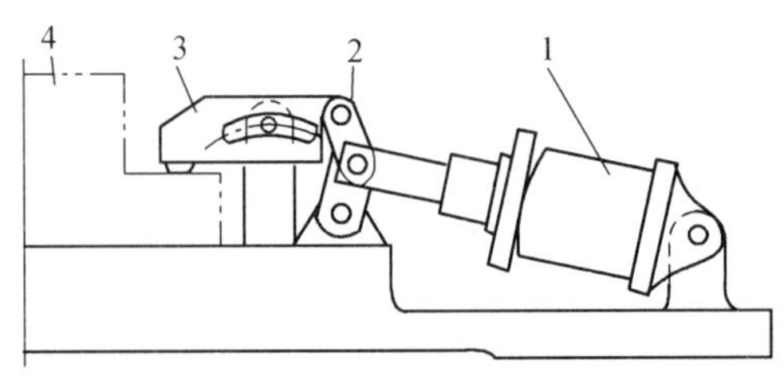

图 5-32 夹紧装置组成示意图

1—力源装置；2—中间传动机构；3—夹紧元件；4—工件

2. 对夹紧装置的基本要求

(1) 在夹紧过程中应能保证工件定位后获得正确位置。

(2) 夹紧力大小适当，既要保证工件在整个加工过程中其位置稳定不变，不振动，又不允许使工件产生不适当的夹紧变形和表面损伤。

(3) 工艺性好。夹紧装置的复杂程度应与生产纲领相适应，在保证生产率的前提下，其结构应力求简单，便于制造和维修。

(4) 使用性好。夹紧装置的操作应当方便、安全、省力。

5.3.2 夹紧力的确定

确定夹紧力就是确定夹紧力的大小、方向和作用点三个要素。在确定夹紧力的三要素时，要分析工件的结构特点、加工要求、切削力及其他外力作用于工件的情况，而且必须考虑定位装置的结构形式和布置方式。

1. 夹紧力方向的确定

(1) 夹紧力应朝向主要定位基准。如图 5 - 33 所示，在直角支座上镗孔，本工序要求所镗孔与 A 面垂直，故应 A 面为主要定位基准[图 5 - 33(a)]，在确定夹紧力 F_J 方向时，应使夹紧力朝向 A 面即主要定位基准[图 5 - 33(d)]，以保证孔与 A 面的垂直度。反之，若朝向 B 面[图5 - 33(b)、(c)]，当工件 A、B 两面有垂直度误差，就无法实现主要定位基准定位，也无法保证所镗孔与 A 面垂直的工序要求。

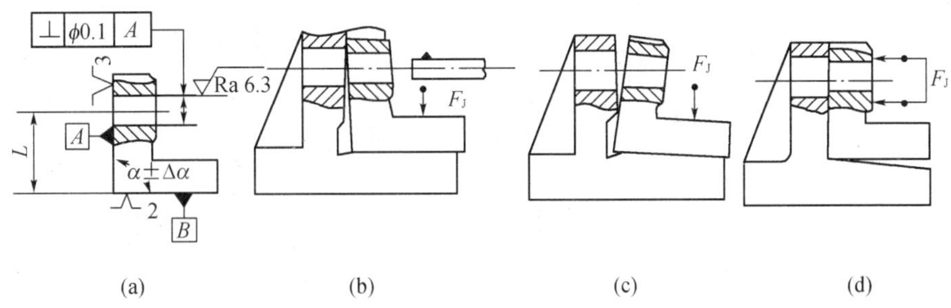

图 5 - 33　夹紧力方向应朝向主要定位基准面

(2) 夹紧力应朝向工件刚度较好的方向，使工件变形尽可能小。由于工件在不同的方向上刚度是不同的，不同的受力表面也因其接触面积大小而变形各异。尤其在夹压薄壁零件时，更需注意，如图 5 - 34 所示套筒，由于其轴向刚度大于径向刚度，所以，夹紧力应在轴向方向。用三爪自定心卡盘夹紧外圆，显然要比用特制螺母从轴向夹紧工件变形要大。

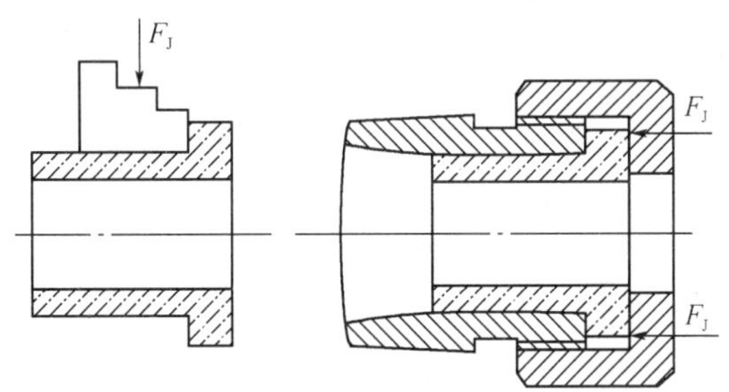

图 5 - 34　夹紧力应朝向工件刚度较好的方向

(3) 夹紧力方向应尽可能实现“三力”同向，以利于减小夹紧力。当夹紧力和切削力、工件自身重力的方向均相同时，加工过程中所需的夹紧力为最小，从而能简化夹紧装置的结构和便于操作。

如图 5 - 35 所示钻孔的情况，当钻削孔 A 时，夹紧力 F_J、钻削力 F 和工件重力 G 三者同向且都垂直于定位基面、这些同向力为支承力所平衡，钻削转矩由三个力的作用而在支承面上所产生的摩擦阻力矩平衡，由于轴向切削力和工件重力的作用有利于减小夹紧力，故这种情况所需夹紧力为最小。

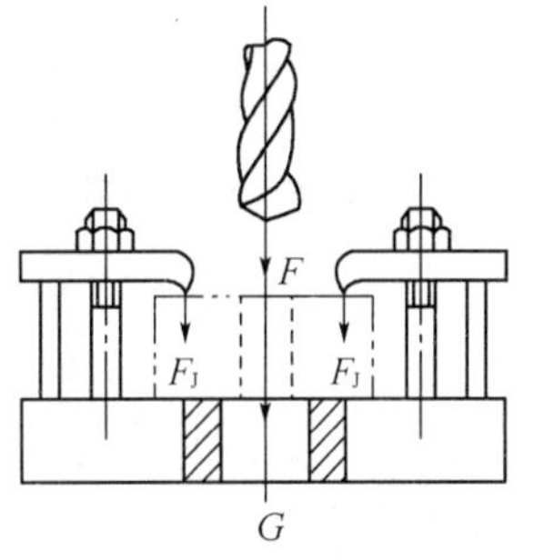

图 5 - 35　钻孔时夹紧力方向与切削力、重力方向的关系

2. 夹紧力作用点的选择

(1) 夹紧力作用点应落在支承点上或几个支承元件所形成的支承区域内。图 5 - 36(a)所示为夹紧力作用于支承区域之外；图

5－36(b)所示为夹紧力落在了支承点外。如果夹紧力作用于支承面之外或没有落在支承点上，夹紧力和支承反力构成力偶，将使工件倾斜或移动，破坏工件的定位。正确的夹紧力作用点应施于支承区域内并靠近其几何中心或落在支承点上。

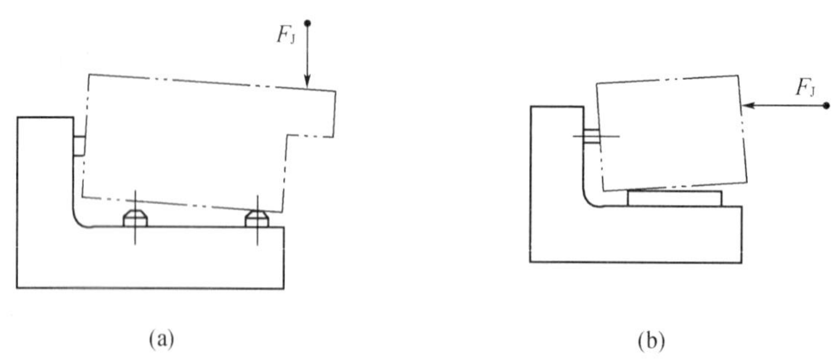

图 5－36　夹紧力作用点应落在定位元件支承点上或定位元件所形成的支承区域内

(2) 夹紧力作用点应作用在工件刚度较好的部位。如图 5－37(a)所示，若把夹紧力作用点作用在刚度较差的顶部中点，则工件就会产生较大的变形。正确的做法应是将夹紧力作用点作用在刚度较好部位，如图 5－37(b)所示作用点作用在工件刚度较好的实体部位，并改单点夹紧为两点夹紧，避免了工件产生不必要的变形且夹紧牢固可靠。

(3) 夹紧力作用点应尽量靠近加工部位。夹紧力作用点靠近加工部位可提高加工部位的夹紧刚度，防止或减少工件振动。如图 5－38 所示，主要夹紧力 F_J 垂直作用于主要定位基准，如果不再施加其他夹紧力，因夹紧力 F_J 没有靠近加工部位，加工过程中易产生振动。所以，应在靠近加工部位处采用辅助支承施加夹紧力 F_J 或采用浮动夹紧机构，既可提高工件的夹紧刚度，又可减小振动。

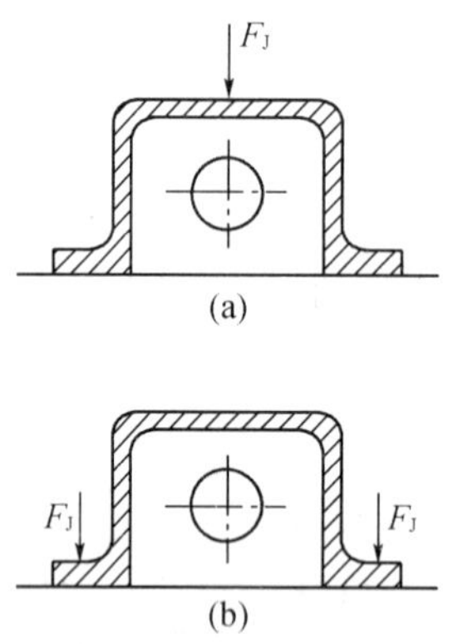

图 5－37　夹紧力作用点应作用在工件刚性较好的部位上

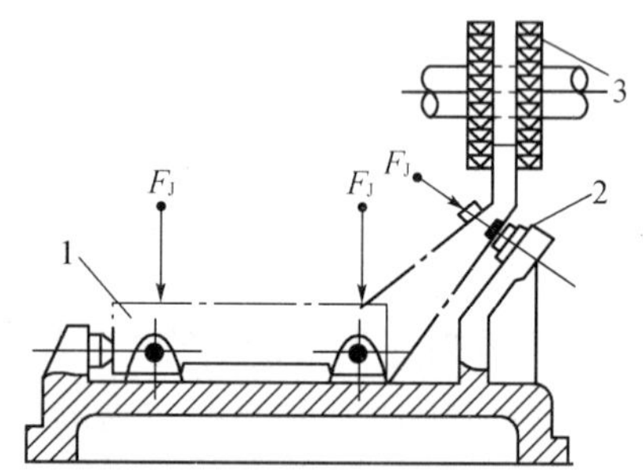

图 5－38　夹紧力作用点应尽量靠近加工部位

1—工件；2—辅助支承；3—铣刀

3. 夹紧力大小的确定

在夹紧力的方向、作用点确定之后，必须确定夹紧力的大小。夹紧力过小，难以保证工件定位的稳定性和加工质量。夹紧力过大，将会增大夹紧装置的规格、尺寸，还会使夹紧系统的变形增大，从而影响加工质量。

在加工过程中，工件受到切削力、离心力、惯性及重力的作用，要使工件保持正确的位置，夹紧力的作用应与上述力(矩)的作用相平衡。实际上，夹紧力的大小还与工艺系统的刚度、夹紧机构的传递效率等有关。而且，切削力的大小在加工过程中是变化的，因此，夹紧力的计算只能在静态下利用力学原理、考虑到各种因素进行计算。计算夹紧力时可查《机床夹具设计手册》。

5.3.3　基本夹紧机构

在生产实践中，夹紧机构的种类虽然很多，但其结构都是以斜楔夹紧机构、螺旋夹紧机构和偏心夹紧机构为基础，所以，这三种夹紧机构统称为基本夹紧机构。

1. 斜楔夹紧机构

图 5－39 所示为几种斜楔夹紧机构夹紧工件的实例。图 5－39(a)所示是在工件上钻互相垂直的 ϕ 8 mm、ϕ 5 mm 两组孔。工件装入后，锤击斜楔大头，夹紧工件。加工完成后，锤击小头，松开工件。由于用斜楔直接夹紧工件夹紧力小且费时费力，所以，生产实践中单独应用的不多，一般情况下是将斜楔与其他机构联合使用。图 5－39(b)所示是将斜楔与滑柱压板组合而成的机动夹紧机构，图 5－39(c)所示是由端面斜楔与压板组合而成的手动夹紧机构。

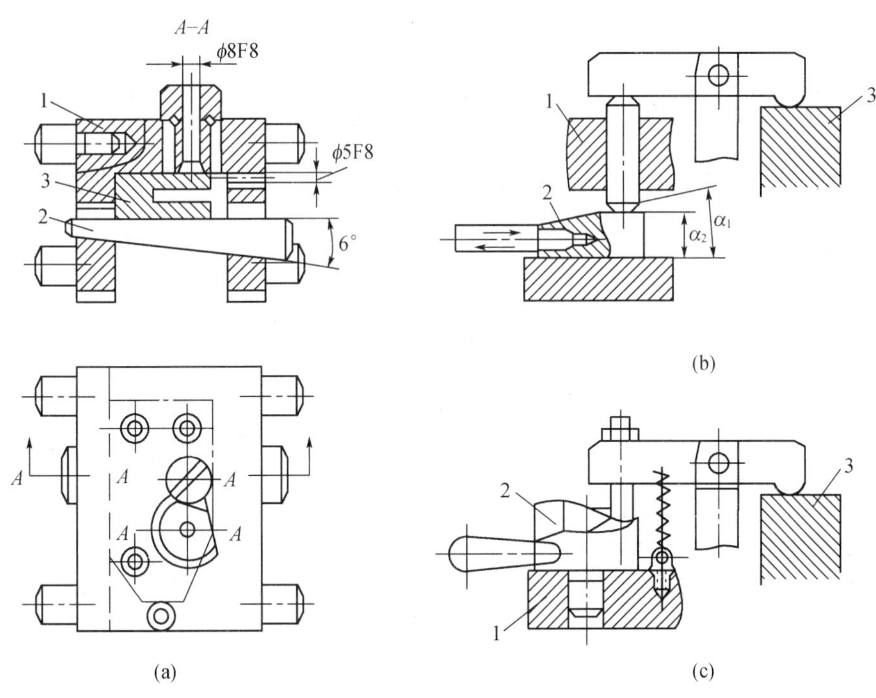

图 5－39　斜楔夹紧机构

1—夹具体；2—斜楔；3—工件；α_1、α_2 —斜楔升角

(1) 斜楔的夹紧力计算。斜楔夹紧工件时的受力情况如图 5－40(a)所示，在原始作用力 F_Q 的作用下，斜楔受到以下各力的作用：工件对斜楔的反作用力（斜楔对工件的夹紧力的反力）F_J；由此产生的摩擦力 F_1；夹具体对它的反作用力 F_N 和由此产生的摩擦力 F_2。

根据静力平衡原理

$$F_1 + F_{RX} = F_Q$$

$$F_1 = F_J \tan \varphi_1 \quad F_{RX} = F_J \tan(\alpha + \varphi_2)$$

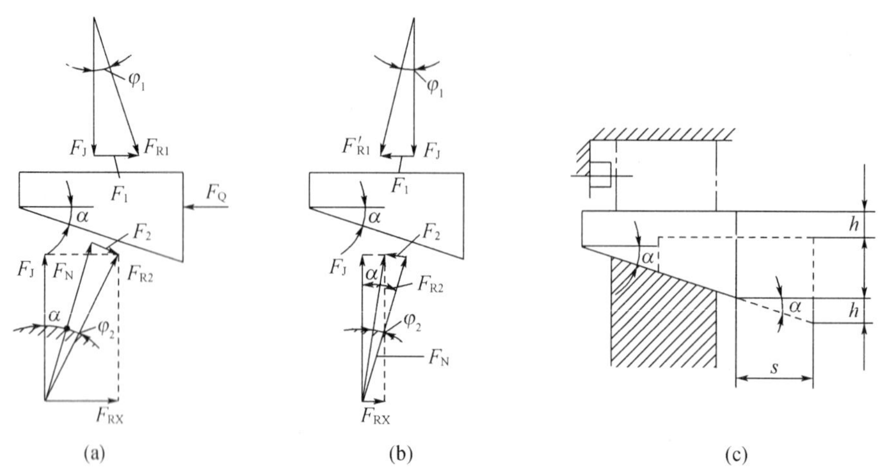

图 5-40 斜楔受力分析

所以
$$F_J = \frac{F_Q}{\tan\varphi_1 + \tan(\alpha+\varphi_2)}$$

式中，α 为斜楔升角；φ_1 为斜楔与工件之间的摩擦角；φ_2 为斜楔与夹具体之间的摩擦角。

由于斜楔、工件、夹具件一般为金属件，所以，它们之间的摩擦角比较接近。若 $\varphi_1 = \varphi_2 = \varphi$，当 $\alpha \leqslant 10^\circ$ 时，可用下式近似计算：

$$F_J = \frac{F_Q}{\tan(\alpha+\varphi_2)}$$

增力系数
$$i_p = \frac{F_J}{F_Q} = \frac{1}{\tan\varphi_1 + \tan(\alpha+\varphi_2)}$$

一般 $\varphi_1 = \varphi_2 = 6^\circ$，若 $\alpha = 10^\circ$ 代入上式得 $i_p = 2.6$。可见，在原始作用力不大的情况下，斜锲产生的夹紧力是不大的。

(2) 斜楔的自锁条件。所谓自锁是指当原始作用力撤销以后斜楔仍处于夹紧工件的状态，图 5-40(b)为原始作用力撤销后斜楔的受力情况。从图中可以看出，要保持自锁，必须满足下列条件：

$$F_1 > F_{RX}$$

因
$$F_1 = F_J\tan\varphi_1 \quad F_{RX} = F_J\tan(\alpha-\varphi_2)$$

代入上式
$$F_J\tan\varphi_1 > F_J\tan(\alpha-\varphi_2) \quad \tan\varphi_1 > \tan(a-\varphi_2)$$

由于正切函数在 0°到 90°范围内为增函数，所以

$$\varphi_1 > \alpha - \varphi_2$$

$$\alpha < \varphi_1 + \varphi_2$$

因此，斜楔的自锁条件是：斜楔的升角必须小于其两工作表面处(斜楔与工件、斜楔与夹具体之间)的摩擦角之和。通常为了可靠，取 $\alpha = 6^\circ \sim 8^\circ$。

(3) 斜楔的夹紧行程。斜楔的夹紧行程是指夹压工件的行程 h，由图 5-40(c)所示，s 是斜楔夹紧工件过程中移动的距离，则

$$h = s\tan\alpha$$

行程扩大系数 i_s 也是衡量夹紧机构的重要指标，对斜楔夹紧机构，其系数为

$$i_s = \frac{h}{s} = \tan\alpha$$

从以上分析可以看出，斜楔升角 α 是设计斜楔夹紧机构的重要参数，但它对衡量斜楔夹紧机构的重要指标的影响是不同的。α 越小，其增力系统 i_p 越大，自锁性能越好，但夹紧行程扩大系数 i_s 越小，这是斜楔夹紧机构的一个重要特性。因此，在选择升角 α 时，必须同时考虑机构的增力、夹紧行程和自锁三方面的问题。如果机构要求自锁而又要求有较大的夹紧行程时，可以采用双升角的斜楔，如图 5-39(b)所示。斜楔升角大的一段用来使机构迅速趋近工件，而斜楔升角小的一段用来夹紧工件。

2. 螺旋夹紧机构

由螺钉、螺母、垫圈、压板等元件组成的夹紧机构，称为螺旋夹紧机构。图 5-41 所示是应用这种机构夹紧工件的实例。

螺旋夹紧机构不仅结构简单、容易制造，而且，由于螺旋是由平面斜楔缠绕在圆柱表面形成的，所以，螺旋夹紧机构的夹紧力计算、自锁性能等与斜楔相似。且螺旋线长、升角小($\alpha = 2°30' \sim 3°30'$)，所以，螺旋夹紧机构自锁性能好、夹紧力(增力系统 $i_p = 65 \sim 140$)和夹紧行程大，是应用最广泛的一种夹紧机构。

(1) 单个螺旋夹紧机构：图 5-41(a)、(b)所示是直接用螺钉或螺母夹紧工件的机构，称为单个螺旋夹紧要构，图 5-41(c)所示是螺旋压板夹紧机构。

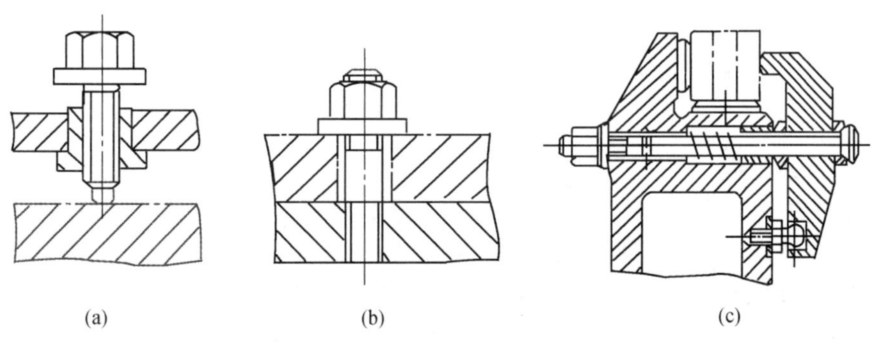

图 5-41　螺旋夹紧机构

夹紧动作慢，工件装卸费时是单个螺旋夹紧机构的一个缺点。如图 5-41(b)所示，装卸工件时，要将螺母拧紧或卸掉，费时费力。为克服这一缺点，图 5-42 所示是常见的几种提高螺旋夹紧机构工作效率的机构。图 5-42(a)所示使用了开口垫圈，且所用螺母的外径小于工件的内孔，当松夹时，螺母拧松半扣，抽出开口垫圈，工件即可从螺母上卸掉。图 5-42(b)所示采用了快卸螺母，松夹时，将螺母旋松后，让其向右摆动即可直接卸掉螺母，实现快速装夹的目的。

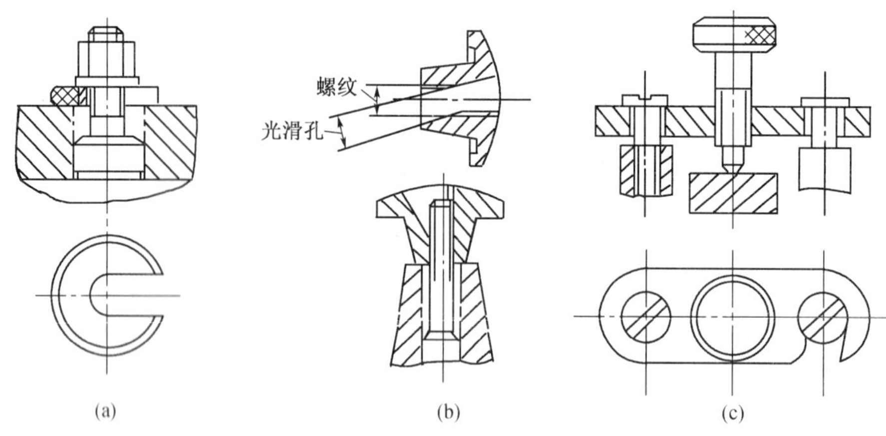

图 5-42 快速螺旋夹紧机构

(2) 螺旋压板夹紧机构。夹紧机构中,螺旋压板夹紧机构应用最为广泛、结构形式也比较多样化。图 5-43 所示是螺旋压板夹紧机构的典型结构。图 5-43(a)、(b)所示为移动压板,图 5-43(c)所示为转动压板。

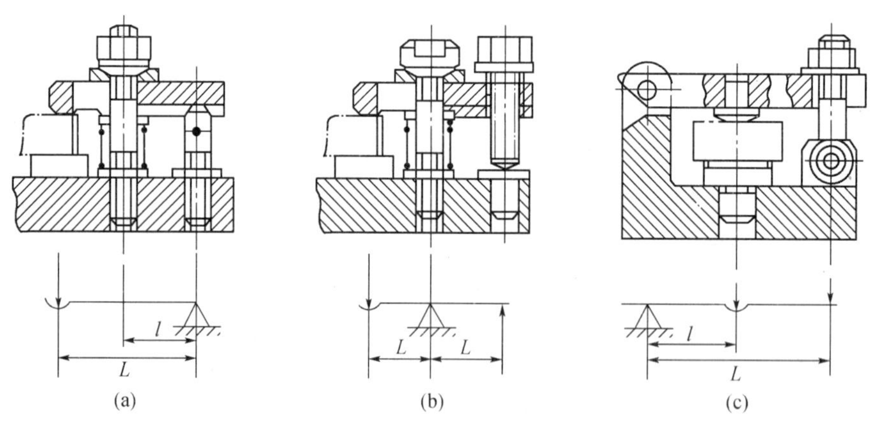

图 5-43 螺旋压板夹紧机构

3. 偏心夹紧机构

用偏心件直接或间接夹紧工件的机构,称为偏心夹紧机构。常用的偏心件是偏心轮和偏心轴,图 5-44 所示是偏心夹紧机构的应用实例。图 5-44(a)、(b)所示用的是偏心轮,图 5-44(c)所示用的是偏心轴,图 5-44(d)所示用的是偏心叉。

偏心夹紧机构的特点是结构简单、操作方便、夹紧迅速,缺点是夹紧力(增力系统 $i_P = 7.5 \sim 12$) 和夹紧行程小(夹紧行程为 1.4 倍的偏心距),自锁性能不稳定。一般用于切削力不大、振动小、没有离心力影响的场合。

(1) 圆偏心轮的工作原理及其特性。图 5-45 所示是圆偏心轮直接夹紧工件的原理图。图中,O_1 是圆偏心轮的几何中心,R 是它的几何半径。O_2 是偏心轮的回转中心,O_1O_2 是偏心矩。

若以 O_2 为圆心,r 为半径画圆(虚线圆),便把偏心轮分成三部分。其中,虚线部分是个“基圆盘”,半径 $r = R - e$。另两部分是两个相同的弧形楔。当偏心轮绕回转中心 O_2 顺时针方向转动时,相当于一个弧形楔逐渐楔入“基圆盘”与工件之间,从而夹紧工件。

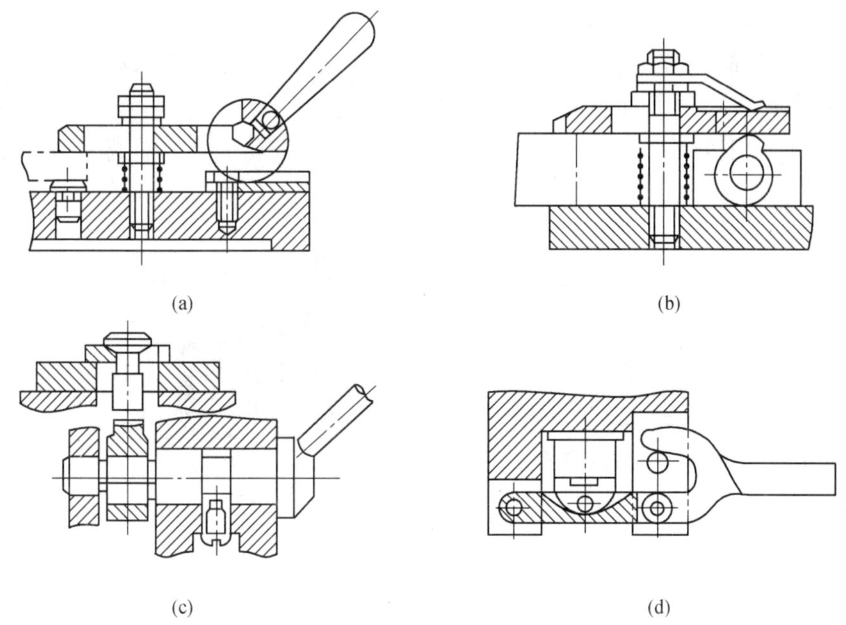

图 5-44　圆偏心夹紧机构

圆偏心轮实际上是斜楔的一种变型，与平面斜楔相比，主要区别是其工作表面上各夹紧点的升角不是一个常数，随着夹紧点的变化，其弧形楔的升角也是变化的，这是圆偏心轮夹紧机构的重要特性。

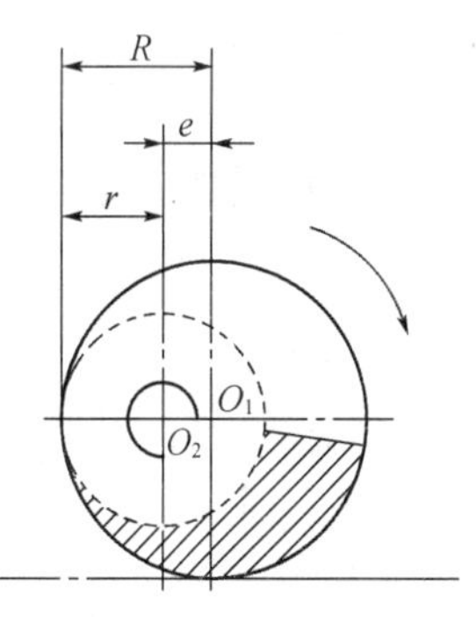

图 5-45　圆偏心轮工作原理

(2) 圆偏心轮工作段的选择及夹紧行程。圆偏心轮工作转角范围内的那段圆周称为圆偏心轮的工作段。从理论上讲，圆偏心轮的工作段可以为 0°～180°，其夹紧行程为 $2e$。但实际应用中，圆偏心轮的工作转角一般小于 90°，因为转角太大，不仅操作费时，也不安全。常用的工作段的工作转角是 45°～135°，即如图 5-45 所示夹紧点左右 45°。因采用这一工作段，升角变化小，夹紧行程大。

(3) 圆偏心轮的自锁条件。由于圆偏心轮夹紧工件的实质是弧形楔夹紧工件，因此，圆偏心轮的自锁条件应与斜楔的自锁条件相同，虽然，弧形楔的升角是变化的，但如图 5-45 所示夹紧点处的升角最大，只要该夹紧点处能自锁，则其他各夹紧点必然能自锁。所以，偏心机构的自锁条件为

$$\text{当 } f = 0.1 \text{ 时，} \frac{D}{e} \geqslant 20\text{；当 } f = 0.15 \text{ 时，} \frac{D}{e} \geqslant 14$$

其中，$D = 2R$。

4. 联动夹紧机构

利用单一力源实现单件或多件的多点、多向同时夹紧的机构称为联动夹紧机构。联动夹紧机构便于实现多件加工，故能减少机动时间。又因集中操作，简化了操作程序，可减少动力装置数量、辅助时间和工人劳动强度等，因而能有效地提高生产率。

联动夹紧机构可分为单件联动夹紧机构和多件联动夹紧机构。前者对一个工件实现多点夹紧，后者同时夹紧几个工件。

（1）单件联动夹紧机构。这类夹紧机构其夹紧力作用点有两点、三点或多至四点，夹紧力的方向可以相同、相反、相互垂直或交叉。图 5－46(a)所示表示两个夹紧力互相垂直，拧紧手柄既可在右侧面和顶面同时夹紧工件。图 5－46(b)所示表示两个夹紧力方向相同，各构件间采用铰链连接，拧紧右边螺母，通过螺杆带动平衡杠杆即能使两副压板均匀地同时夹紧工件。

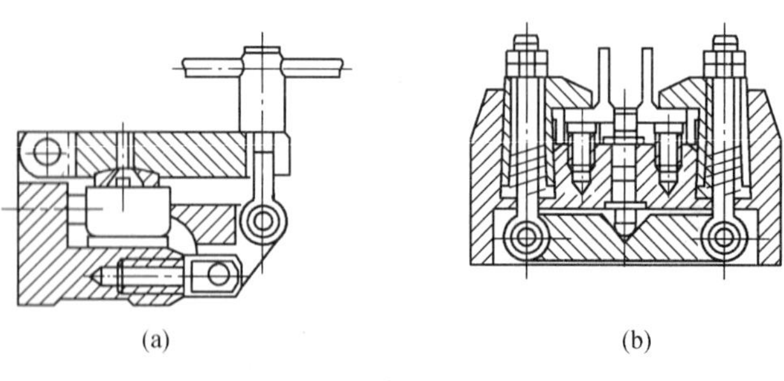

图 5－46　单件联动夹紧机构

（2）多件联动夹紧机构。多件联动夹紧机构一般有平行式多件联动夹紧机构和连续式多件联动夹紧机构。

① 平行式多件夹紧。如图 5－47(a)所示，在四个 V 形块上装四个工件，各夹紧力互相平行，若采用刚度压板，因为一批工件定位直径实际尺寸不一致，使各工件所受的夹紧力不等，甚至夹不紧工件。如果采用图 5－47(b)所示三个浮动压板的结构，既可同时夹紧工件，且各工件所受的夹紧力相等。

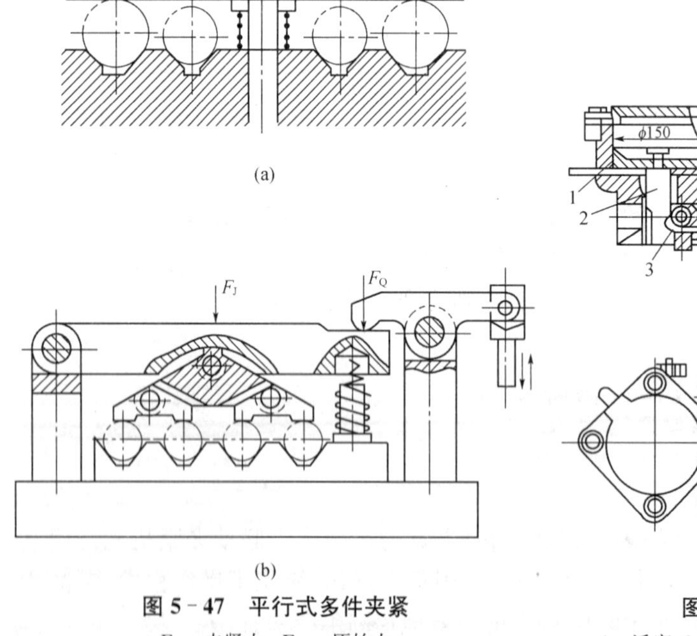

图 5－47　平行式多件夹紧

F_J —夹紧力；F_Q —原始力

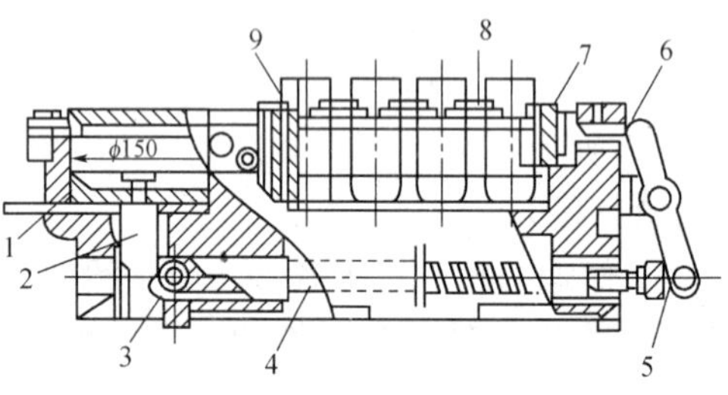

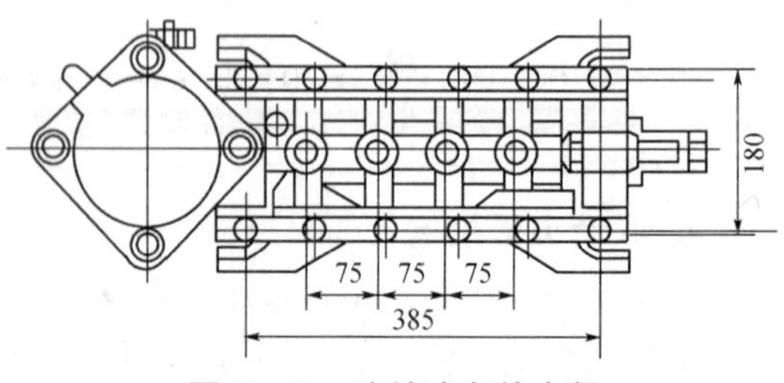

图 5－48　连续式多件夹紧

1—活塞；2—活塞杆；3—滚轮；4—推杆；5—杠杆；6—顶杆；7—V 形块；8—移动 V 形块；9—固定 V 形块

② 连续式多件夹紧。图 5 - 48 所示为同时铣削四个工件的夹具。工件以外圆柱面在 V 形块中定位，当压缩空气推动活塞 1 向下移动时，活塞杆 2 上的斜面推动滚轮 3 使推杆 4 向右移动，通过杠杆 5 使顶杆 6 顶紧 V 形块 7，通过中间三个移动 V 形块 8 及固定 V 形块 9，连续夹紧四个工件，理论上每个工件所受的夹紧力等于总夹紧力。加工完毕后，活塞 1 作反方向移动，推杆 4 在弹簧的作用下退回原位，V 形块松开，卸下工件。

这种连续夹紧方式，由于工件的误差和定位—夹紧元件的误差依次传递，逐个积累，造成工件在夹紧方向的位置误差非常大，故只适用于在夹紧方向上没有加工要求的工件。

5. 定心夹紧机构

在机械加工中，常遇到许多以轴线、对称面或对称中心为工序基准的工件，这类工序基准虽然理论上是存在的，但往往是以其基面来体现，为了使定位基准与工序基准重合，消除基准不重合误差对加工精度的影响，就必须采用定心夹紧机构。

定心夹紧机构具有在实现定心作用的同时将工件夹紧的特点。如车床上的三爪自定心卡盘等，定心夹紧机构的特点是：机构中与工件接触的元件即是定位元件也是夹紧元件（称工作元件），工作元件能同步趋近或离开工件，能均分定位基面的公差。正是这些特点，能使工件的定位基准不产生位移，从而实现定心夹紧作用。

(1) 等速移动定心夹紧机构。此类机构是利用工作元件的等速移动来实现定心夹紧。

图 5 - 49 所示为台虎钳式定心夹紧机构，操作双头螺杆 1，使左、右旋螺纹带动左、右滑座上 V 形块 3、2（工作元件）做对向等速移动，便可实现工件的定心夹紧，反之，便可松开工件。V 形块可按工作需要更换，其对中精度可借助于调节件 5 实现。

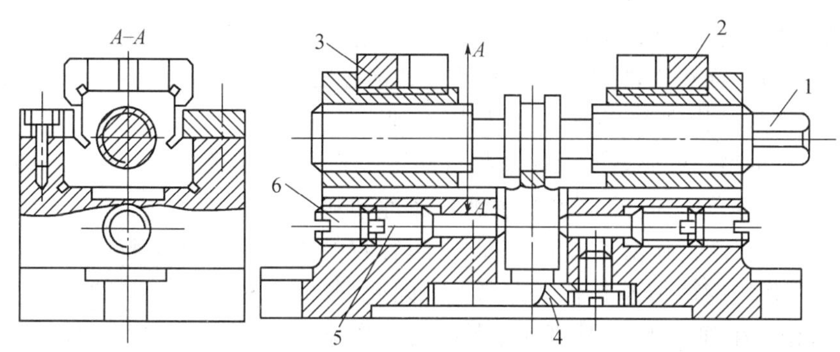

图 5 - 49　虎钳式定心夹紧机构

1—螺杆；2、3—V 形块；4—调节杆；5—调节螺钉；6—锁紧螺钉

(2) 均匀变形定心夹紧机构。

① 弹簧筒夹定心夹紧机构。图 5 - 50(a)所示为装夹工件以外圆柱面定位的弹簧夹头，图5 -50(b)所示为装夹工件以内孔定位的弹簧心轴。这类机构的主要元件是弹性筒夹 2，它是在一个锥形套筒上开出 3～4 条轴向槽而形成的。旋转螺母 4 时，在螺母端面的作用下，弹性筒夹在锥套内向左移动，锥套 3 迫使弹性筒夹收缩变形，从而使工件外圆定心并被夹紧。反向旋转螺母，即可卸下工件。图 5 - 50(b)所示中的弹性筒夹 2，是从两端开出 3～4 条轴向槽而形成。旋转螺母 4 时，由于锥套 3 和心轴体 1 上圆锥面的作用，迫使弹性筒夹向外胀开，使工件圆孔定心并夹紧。反转螺母，即可松夹。

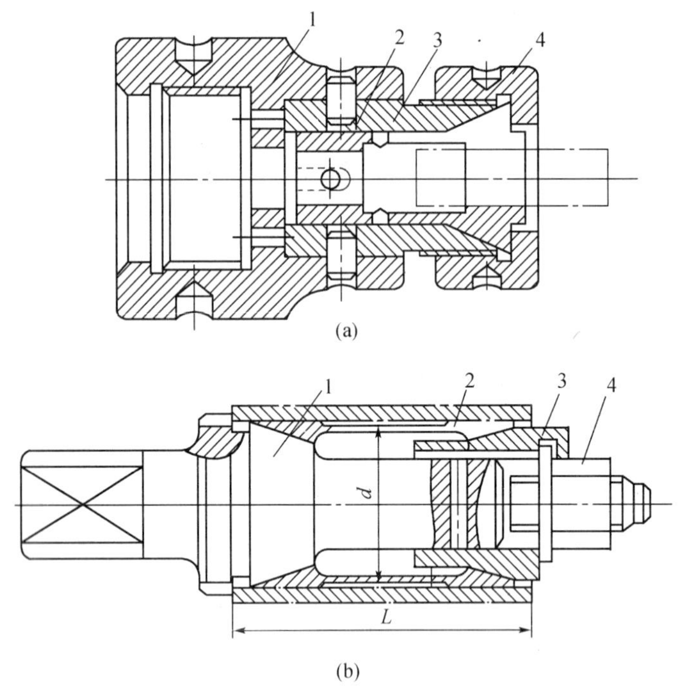

图 5-50 弹簧夹头和弹簧心轴

1—夹具体;2—筒夹元件;3—锥套;4—螺母

弹性筒夹的结构参数、材料及热处理等,可参考有关手册。

② 液性塑料定心夹紧机构装置。该装置是利用液性塑料受压后,使薄壁套筒产生弹性涨大或缩小的变形,而将工件定心并夹紧的。其定心精度一般为 0.005～0.01 mm,高者可达 0.002 mm,而且结构紧凑、操作方便,所以得到广泛应用。

图 5-51 所示是一种典型的液性塑料自动定心装置,在本体 1 中压配着一个薄壁弹性套筒 6。在本体和套筒之间的空腔中注满着液性塑料。当转动螺钉 2 时,柱塞 3 就挤压液性塑料,在此密闭容腔中的液性塑料,即将其压强均匀地传递到各个方向上。因此,薄壁套筒 6 的薄壁部分便产生弹性变形,从而使工件定心并夹紧。当松开螺钉 2 后,薄壁套筒则因弹性恢复而将工件松开。螺钉 4 和堵头 5 是在浇注塑料后堵塞其出气口用的。

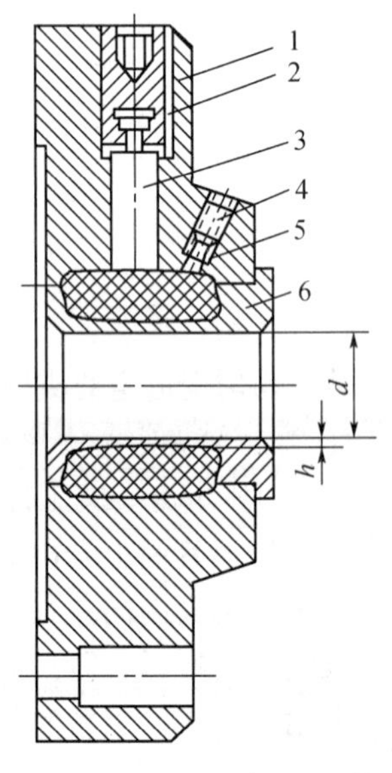

图 5-51 液性塑料夹紧装置

③ 膜片卡盘定心夹紧机构。图 5-52 所示为膜片卡盘。弹性元件为膜片 4,其上有 6 个或更多个卡爪,每个卡爪上装有一个可调节螺钉,卡爪工作表面的直径应略小于工件定位基面的直径,一般约 0.4 mm。装夹工件时,用推杆 8 将膜片推向外凸起变形,其上的卡爪张开,工件在三个支承钉 7 上轴向定位后,推杆退回,膜片在其恢复弹性变形的趋势下,带动卡爪对工件定心并夹紧。卡爪 5 是可以更换的,以适应不同尺寸工件的需要,更换完毕后,应重磨卡爪的工作表面。

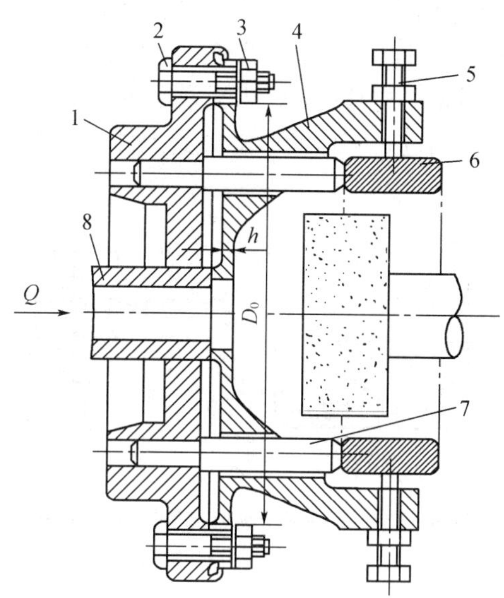

图5-52　膜片卡盘

1—夹具体；2—螺钉；3—螺母；4—膜片；5—可调节螺钉(卡爪)；6—工件；7—支承钉；8—推杆

这一类定心夹紧机构的特点是：夹紧行程小，定心精度高。

6. 气液动夹紧装置

(1) 液压夹紧装置是用高压油产生动力，工作原理及结构与气动夹紧相似。其共同的优点是：操作简单省力、动作迅速，使辅助时间大为减少。而液压夹紧另有其优点：

① 油压可达 50×105～65×105 Pa，传动力大，可采用直接夹紧方式，结构尺寸也较小。

② 油液不可压缩，比气动夹紧刚性大，工作平稳，夹紧可靠。

③ 无噪声，劳动条件好。

液压夹紧装置特别适用于大型工件的加工及切削时有较大冲击的场合。当机床没有液压系统时，采用液压夹具就需要设置液压站，而导致液压具成本的提高。如果工厂有压缩空气站集中供气，则可采用气—液压组合夹紧，以避免设置液压系统而仍能发挥液压夹紧的优点。

机动夹紧装置有气动夹紧装置、液动夹紧装置、电磁夹紧装置、真空夹紧装置等，其中，气动夹紧装置应用最为广泛。

(2) 气压夹紧装置的特点。

① 动作迅速，反应快。气压为 0.5 MPa 时，管道气流速度一般为 8～15 m/s，活塞运动速度为 1～10 m/s，使夹具每小时松夹可达上千次。

② 工作压力低(0.4～0.6 MPa)，因而气动回路及其结构较为简单，对装置所用材质、制造精度要求较低，制造成本也较低。

③ 空气黏度小，输送中压力损失小，能实现远距离输送、操纵或控制等。

④ 空气取之不尽、用之不竭，废气对环境污染小。

⑤ 主要缺点是，空气可压缩性大，切削载荷大小的变化对夹紧刚度及稳定性影响较大。此外，因工作压力低，使动力装置的结构尺寸增大、不紧凑。

(3) 气—液压夹紧装置。

气—液压夹紧机构的能源仍为压缩空气。但它综合利用了气动与液压夹紧机构的优点，使用了特殊的增压器，因此机构比气动夹紧复杂。其工作原理如图 5－53 所示，压缩空气进入增压器的 A 腔，推动活塞 1 左移。B 腔内充满了油，并与工作液压缸接通。当活塞 1 左移时，活塞杆就推动 B 腔的油进入工作液压缸夹紧工件。

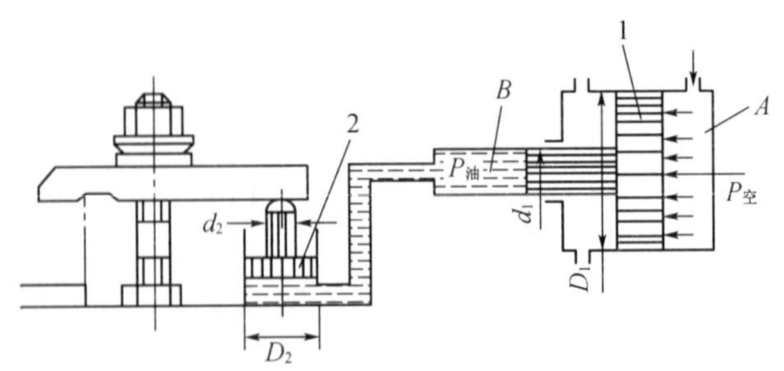

图 5－53　气—液压夹紧装置工作原理图

1—气缸活塞；2—液压缸活塞

根据活塞 1 受力平衡条件可得

$$P_{油}\frac{\pi d_1^2}{4}\eta_1 = P_{空}\frac{\pi D_1^2}{4}\eta_0$$

$$P_{油} = \left(\frac{D_1}{d_1}\right)^2 P_{空}\ \eta$$

式中，$P_{空}$、$P_{油}$ 分别为压缩空气和高压油的单位压力(Pa)；D_1、d_1 分别为活塞和活塞杆的直径(m)；η_0、η_1 分别为活塞 D_1 和活塞杆 d_1 移动时的机械效率；η 为总机械效率，取 0.80～0.85。

密封的油压 $P_{油}$ 推动活塞杆 D_2 产生的传动 F 为

$$F = \frac{\pi D_2^2}{4}P_{油}$$

将 $P_{油}$ 式代入上式可得

$$F = \frac{\pi D_2^2}{4}\left(\frac{D_1}{d_1}\right)^2 P_{空}\ \eta = \frac{\pi D_1^2}{4}\left(\frac{D_2}{d_1}\right)^2 P_{空}\ \eta$$

由上式可知，气—液压夹紧装置兼有增力机构的作用，所产生的传动力 F 较气缸所产生的作用力 $F_1[F_1=(\pi D_1^2/4)P_{空}]$ 约增加了 $(D_2/d_1)^2$ 倍，使夹紧力大大提高。因此，必须使 d_1 尽可能小些才能获得高压，同时为了保证工作液压缸有足够的夹紧力，D_2 必须足够大。所以一般采用 D_2 大于 d_1，这样就造成活塞 1 的行程 L_1 大于工作液压缸活塞 2 的夹紧行程 L_2。根据油液的体积不可压缩的原理可得

$$\frac{L_1}{L_2} = \left(\frac{D_2}{d_1}\right)^2$$

即
$$L_2 = L_1\left(\frac{d_1}{D_2}\right)^2$$

这样活塞 2 行程缩小了 $(d_1/D_2)^2$ 倍。要增大行程必须使增压器的结构增大，压缩空气

消耗量也相应增加。采用图 5－54 所示气—液压增力装置,可克服上述缺点。

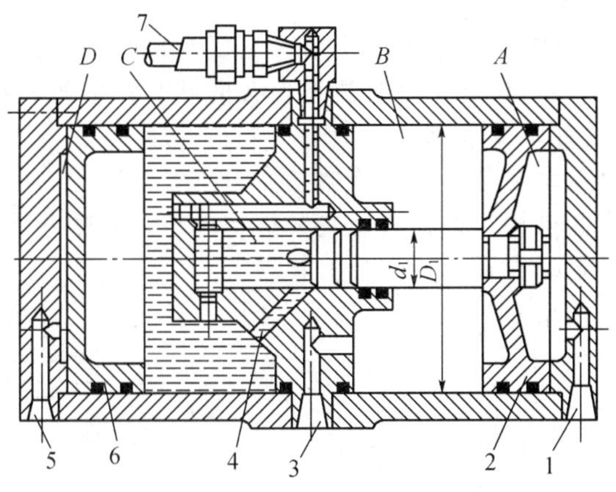

图 5－54　气—液压增力装置

1、3、5—压缩空气进出口;2—气动活塞;4—油口;6—液压活塞;7—活塞杆

这种增力装置夹紧动作分两步进行。第一步,先使压缩空气由进气口 5 进入气缸 D 腔,推动活塞 6 右移,把低油经孔道 4 输出至夹紧液压缸,活塞杆 7 推动夹紧件接近工件,实现预夹紧。第二步,压缩空气由进气口 1 进入气缸 A 腔,推动活塞 2 左移,先把孔道 4 的进油口封住,实现增压,并输出高压油至夹紧液压缸,实现夹紧。当压缩空气由接头孔 3 进入至 B 腔,这时 A 腔、D 腔接通大气,油腔压力解除,于是复位实现松开。

习　题

5－1　何谓“六点定位原理”?“不完全定位”和“过定位”,是否均不能采用?为什么?

5－2　夹紧与定位的关系如何?

5－3　限制工件自由度数与加工要求的关系如何?

5－4　根据题图 5－1 工件的工序要求,试分析图中各工件所需限制的自由度。

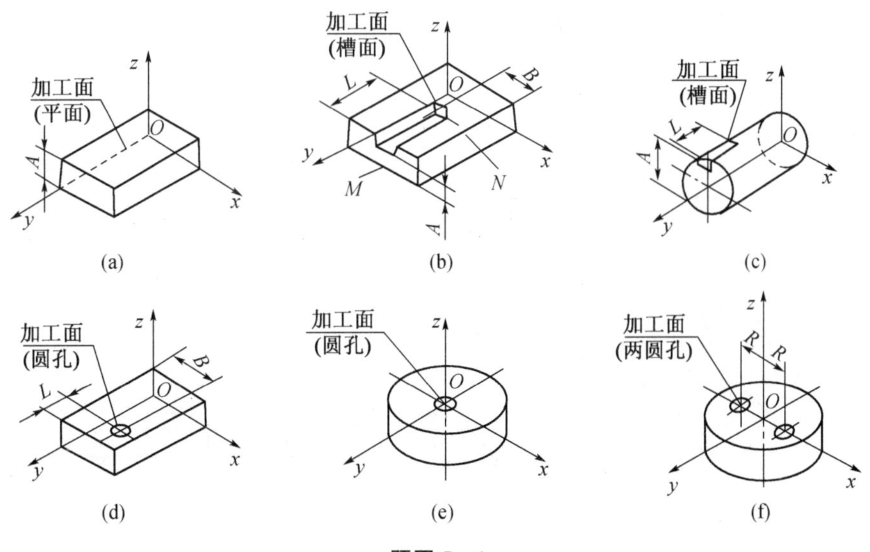

题图 5－1

5-5　固定支承有哪几种形式？各适用什么场合？

5-6　自位支承有何特点？

5-7　什么是可调支承？什么是辅助支承？它们有什么区别？

5-8　使用辅助支承和可调支承时应注意什么问题？并举例说明辅助支承的应用。

5-9　对夹紧装置的基本要求有哪些？

5-10　试分析三种基本夹紧机构的优缺点。

5-11　何谓联动夹紧机构？设计联动夹紧机构时应注意哪些问题？试举例说明。

5-12　何谓定心？定心夹紧机构有什么特点？

5-13　根据六点定位原则，试分析题图 5-2 所示各定位元件所消除的自由度。

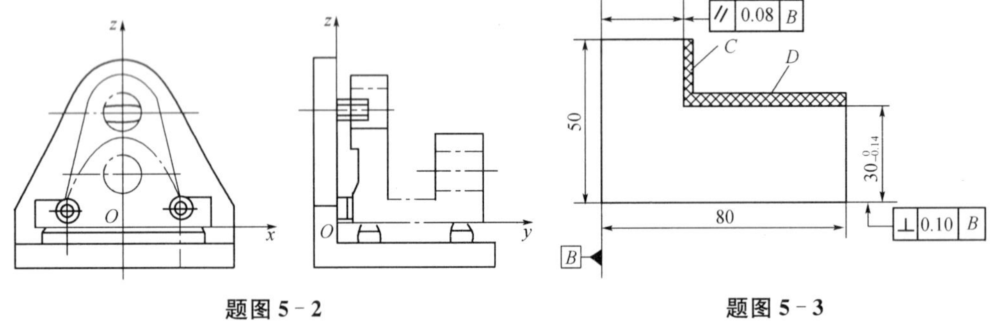

题图 5-2　　　　**题图 5-3**

5-14　如题图 5-3 所示的一批零件，欲在铣床上加工 C、D 面，其余各表面均已加工完成，符合图样规定的精度要求。问应如何选择定位方案。

5-15　根据六点定位原理，试分析题图 5-4 中各定位方案中定位元件所消除的自由度？有无过定位现象？如何改正？

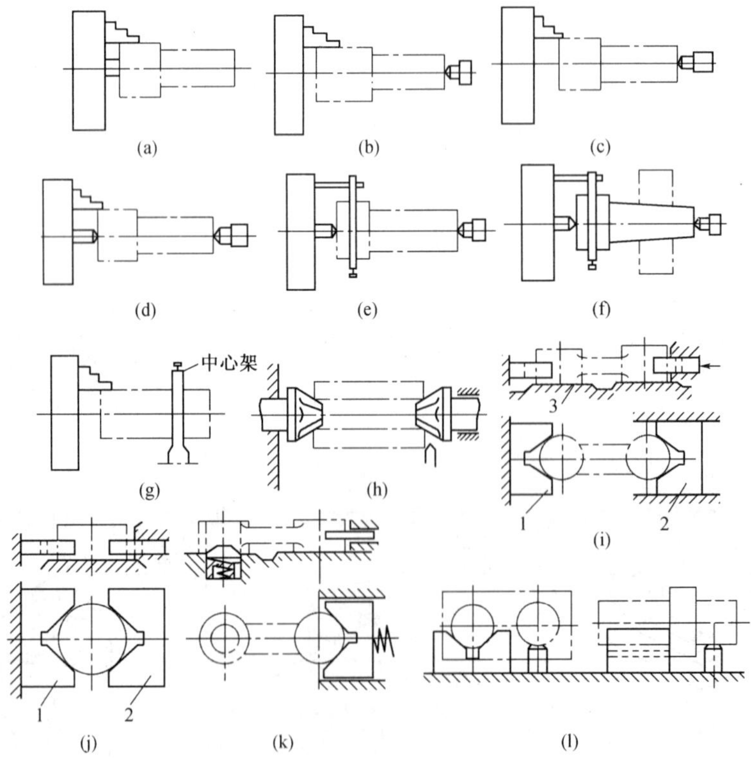

题图 5-4

5-16　何谓定位误差？定位误差是由哪些因素引起的？定位误差的数值一般应控制在零件公差的什么范围内？

5-17　如题图5-5所示，一批工件以孔 $\phi 20^{+0.021}_{0}$ mm，在心轴 $\phi 20^{-0.007}_{-0.020}$ mm 上定位，在立式铣床上用顶针顶住心轴铣键槽。其中 ϕ40h6($^{0}_{-0.016}$) 外圆、ϕ20H7($^{+0.021}_{0}$) 内孔及两端面均已加工合格，而且 ϕ40h6 外圆对 ϕ20H7 内孔的径向跳动在0.02 mm之内。今要保证铣槽的主要技术要求为：

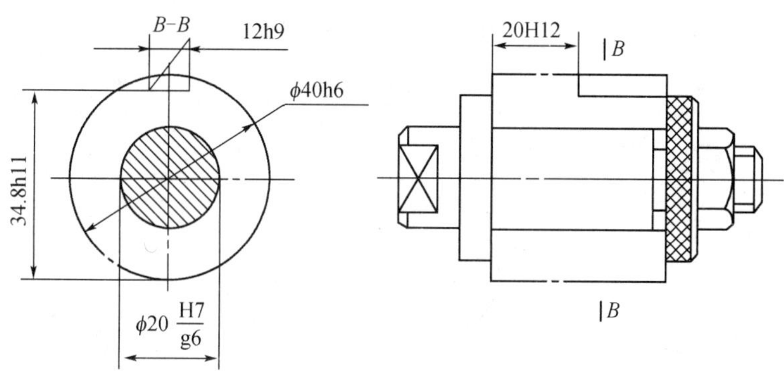

题图5-5

(1) 槽宽 b = 12h9($^{0}_{-0.048}$)。

(2) 槽距一端面尺寸为20h12($^{0}_{-0.21}$)。

(3) 槽底位置尺寸为34.8h12($^{0}_{-0.16}$)。

(4) 槽两侧面对外圆轴线的对称度不大于0.10 mm。

试分析其定位误差对保证各项技术要求的影响。

5-18　有一批套类零件，如题图5-6所示。欲在其上铣一键槽，试分析计算各种定夹方案中：H_1、H_2 和 H_3 的定位误差。

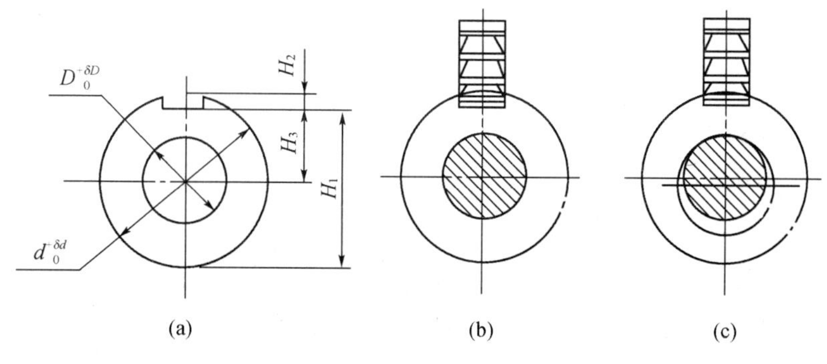

题图5-6

(1) 在可胀心轴上定位[题图5-6(b)]。

(2) 在处于水平位置的刚性心轴上具有间隙的定位。定位心轴直径为 $d^{\mathrm{Bsd}}_{\mathrm{Bxd}}$ [题图5-6(c)]。

(3) 在处于垂直位置的刚性心轴上具有间隙定位。定位心轴直径为 $d^{\mathrm{Bsd}}_{\mathrm{Bxd}}$。

(4) 如果记工件内外圆同轴度为 t，上述三种定位方案中，H_1、H_2 和 H_3 的定位误差各是多少？

5-19 工件尺寸如题图 5-7 所示，欲钻 O 孔并保证尺寸 $30_{-0.01}^{\ 0}$ mm。试分析计算图示各种定位方案的定位误差(加工时工件轴线处于水平位置)。V 形块角度均为 90°。

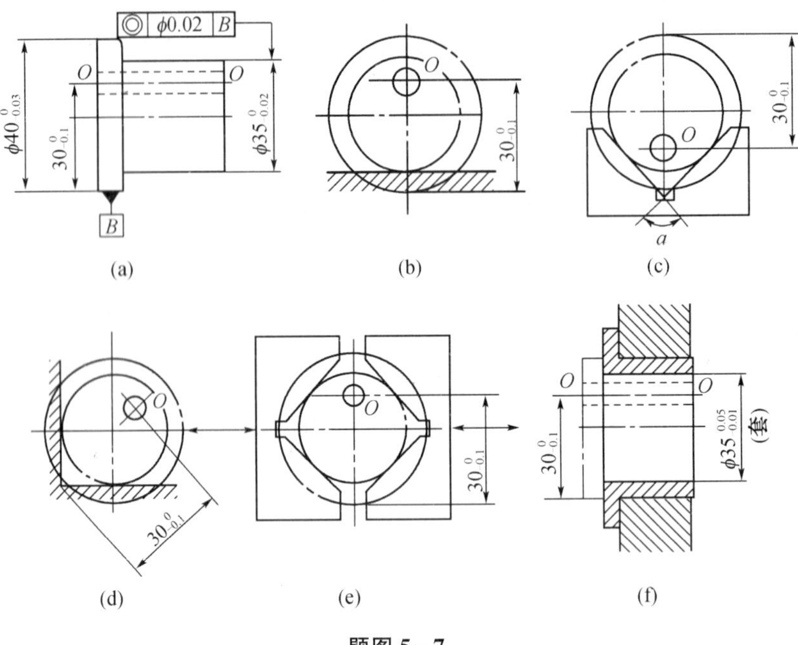

题图 5-7

第 6 章　机床夹具及其设计方法

6.1　概述

6.1.1　机床夹具的原理

在机械加工过程中，为了保证加工精度，必须固定工件，使工件相对于机床或刀具位置确定，以完成工件的加工和检验。夹具是完成这一过程的工艺装备，它广泛应用于机械加工、装配、检验、焊接、热处理和铸造等工艺中。金属切削机床上使用的夹具称为机床夹具，工件在机床夹具中装夹的精度直接影响工件的加工精度，因此机床夹具在机械加工中占有十分重要的地位。

6.1.2　机床夹具的作用

夹具是机械制造厂的一种工艺装备，在机械制造过程中广泛采用，机床夹具就是其中的一种。它装在机床上使工件相对刀具与机床保持正确的相对位置，并能承受切削力的作用。图 6－1 所示为一个在铣床上使用的夹具，图中右下角所示为在该夹具上加工的连杆零件的工序图。工序要求工件以一面两孔定位，分四次安装，铣削大头孔两端面处的 8 个槽。工件

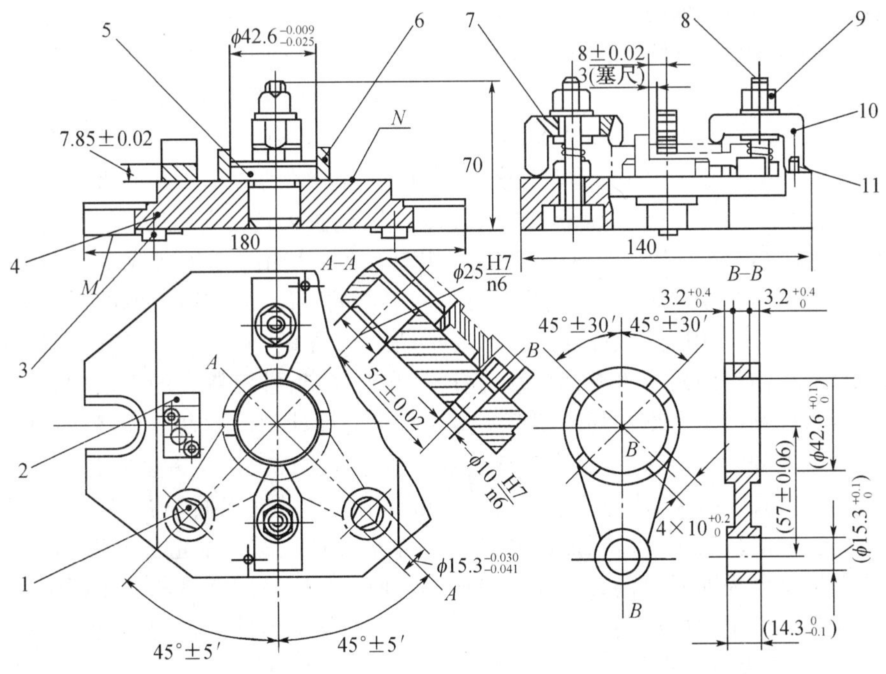

图 6－1　连杆铣槽夹具

1—菱形销；2—对刀块；3—定位键；4—夹具底板；5—圆柱销；6—工件；7—弹簧；8—螺栓；9—螺母；10—压板；11—止动销

以端面安装在夹具底板 4 的定位面 N 上，大、小孔分别套在圆柱销 5 和菱形销 1 上，并用两个压板 10 压紧。夹具通过两个定位键 3 在铣床工作台上定位，并通过夹具底板 4 上的两个 U 形槽，用 T 形槽螺栓和螺母紧固在工作台上。铣刀相对于夹具的位置则用对刀块 2 调整。为防止夹紧工件时压板转动，在压板的一侧设置了止动销 11。

从上面夹具的使用实例中不难看出不同生产条件的零件，加工所用机床夹具作用要点有所不同，但主要有以下五方面作用：

（1）保证加工精度。用专用夹具安装工件，能迅速准确地保证工件位置正确不受工人操作水平等因素的影响，制造不同批次零件基本达到相同精度，保证加工精度稳定可靠。

（2）提高生产效率。采用机床夹具工件定位和夹紧迅速可靠，既可减少划线找正等辅助工时，又提高工件加工时的刚度，还可选用较大切削用量，从而提高了劳动生产率。

（3）改善劳动条件。采用夹具装夹工件方便、省力、安全。当采用气动—液动等夹紧装置时可减轻工人的劳动强度，同时保证安全生产。

（4）降低生产成本。在成批生产中使用夹具，生产效率高，对工人技术要求低，可相对降低生产成本，批量越大，生产成本降低越显著。

（5）扩大工艺范围。单件小批量生产时，零件品种多数量少，又不可能为了满足所有的加工要求而购置相应的机床，采用夹具就可以扩大机床的加工范围。如图 6－1 所示中数控机床上安装组合夹具后，可以进行孔、外圆、键槽等加工，安装磨头后则可进行磨孔加工等。采用夹具是企业在生产条件有限时常用的一种技术措施。

6.1.3 机床夹具的分类

机床夹具的种类繁多，可以从不同的角度对机床夹具进行分类。常用的分类方法有以下几种：

1. 按夹具的通用特性分类

按这一分类方法，常用的夹具有通用夹具、专用夹具、可调夹具、成组夹具、组合夹具和自动线夹具六大类，它反映夹具在不同生产类型中的通用特性，因此是选择夹具的主要依据。

（1）通用夹具。通用夹具是指结构，尺寸已规格化，且具有一定通用性的夹具。如三爪自定心卡盘、四爪单动卡盘、台虎钳、万能分度头、中心架、电磁吸盘等。其特点是适用性强，不需调整或稍加调整即可装夹一定形状范围内的各种工件，这类夹具已商品化，且成为机床附件。

采用这类夹具可缩短生产准备周期，减少夹具品种，从而降低生产成本，其缺点是夹具的加工精度不高，生产率也较低，且较难装夹形状复杂的工件，故适用于单件小批量生产。

（2）专用夹具。专用夹具是针对某一工件的某一工序的加工要求而专门设计和制造的夹具。其特点是针对性极强，没有通用性，在产品相对稳定、批量较大的生产中，常用各种专用夹具，可获得较高的生产率和加工精度。专用夹具的设计制造周期较长，随着现代多品种及中、小批量生产的发展，专用夹具在适应性和经济性等方面已产生许多问题。

（3）可调夹具。可调夹具是针对通用夹具和专用夹具的缺陷而发展起来的一类新型夹具。对不同类型和尺寸的工件，只需调整或更换原来夹具上的个别定位元件和夹紧元件便可使用，它一般又分为通用可调夹具和成组夹具两种。通用可调夹具的通用范围大、适用性广、加工对象不太固定。成组夹具是专门为成组工艺中某组零件设计的，调整范围仅限于本组内的工件。可调夹具在多品种、小批量生产中得到广泛应用。

（4）成组夹具。成组夹具是在成组加工技术基础上发展起来的一类夹具。它是根据成组加工工艺的原则，针对一组形状相近的零件专门设计的，也是由通用基础件和可更换调整元件组成的夹具。这类夹具从外形上看，和可调夹具不易区别，但它与可调夹具相比，具有使用对象明确、设计科学合理、结构紧凑、调整方便等优点。

(5) 组合夹具。组合夹具是一种模块化的夹具，并已商品化。标准的模块元件具有较高精度和耐磨性，可组装成各种夹具，夹具用毕即可拆卸，留待组装新的夹具。由于使用组合夹具可缩短生产准备周期，元件能重复多次使用，并具有可减少专用夹具数量等优点。因此组合夹具在单件、中小批量、多品种生产和数控加工中，是一种较经济的夹具。

(6) 自动线夹具。自动线夹具一般分为两种：一种为固定式夹具，它与专用夹具相似；另一种为随行夹具，使用中夹具随着工件一起运动，并将工件沿着自动线从一个工位移至下一个工位进行加工。

2. 按夹具使用的机床分类

这是专用夹具设计所用的分类方法。按使用的机床分类，可把夹具分为车床夹具、铣床夹具、钻床夹具、镗床夹具、磨床夹具、齿轮机床夹具、数控机床夹具等。

3. 按夹具动力源来分类

按夹具夹紧动力源可将夹具分为手动夹具和机动夹具两大类。为减轻劳动强度和确保安全生产，手动夹具应有扩力机构与自锁性能。常用的机动夹具有气动夹具、液压夹具、气液夹具、电动夹具、电磁夹具、真空夹具和离心力夹具等。

6.1.4　机床夹具的组成

虽然机床夹具的种类繁多，但它们的工作原理基本上是相同的，将各类夹具中作用相同的结构或元件加以概括，可得出夹具一般所共有的以下几个组成部分，这些组成部分既相互独立又相互联系。

1. 定位元件

定位元件的作用是确定工件在夹具中的正确位置并支承工件，是夹具的主要功能元件之一。定位元件的定位精度直接影响工件加工的精度，如图 6－2 所示，钻后盖上的 ϕ10 mm 的孔，其钻夹具如图 6－3 所示，夹具上的圆柱销 5、菱形销 9 和支撑板 4 都是定位元件，通过它们使工件在夹具中占据正确的位置。

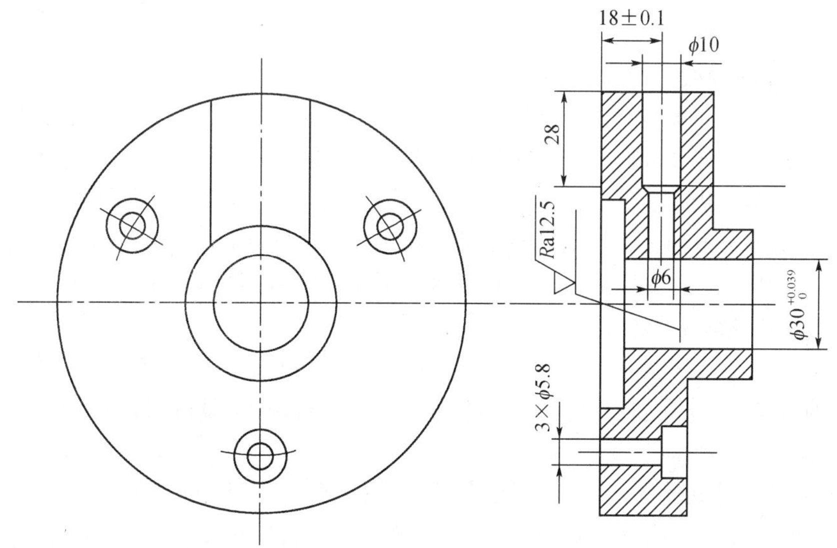

图 6－2　后盖零件钻径向孔

2. 夹紧装置

夹紧装置的作用是将工件压紧夹牢，保证工件在加工过程中受力(切削力等)作用时不离开已经占据的正确位置。如图 6-3 所示的螺杆 8、螺母 7 和开口垫圈 6，就起到了上述的作用。

3. 对刀或导向装置

对刀或导向装置用于确定刀具相对于定位元件的正确位置，如图 6-3 所示的钻套 1 和钻模板 2 组成导向装置，确定了钻头轴心线相对定位元件的正确位置。对刀塞尺和铣床夹具上的对刀块则为对刀装置。

4. 连接元件

连接元件是确定夹具在机床上正确位置的元件。如图 6-3 中夹具体 3 的底面为安装基面，保证了钻套 1 的轴心线垂直于钻床工作台以及圆柱销 5 的轴心线平行于钻床工作台，因此夹具体可兼做连接元件。后面谈到的铣床夹具中的定向键即为典型的连接元件。

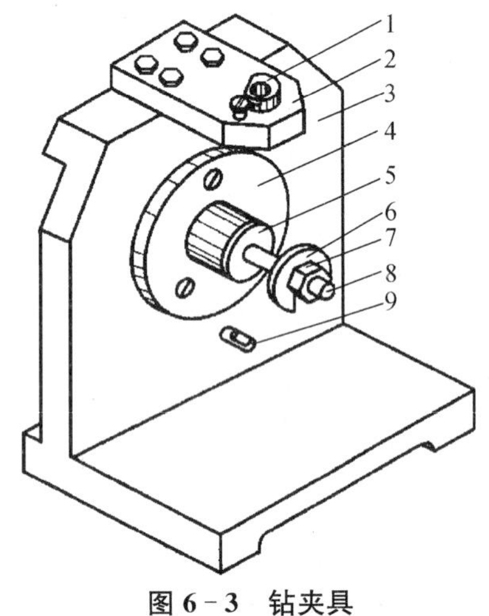

图 6-3 钻夹具

1—钻套；2—钻模板；3—夹具体；4—支撑板；5—圆柱销；6—开口垫圈；7—螺母；8—螺杆；9—菱形销

5. 其他装置或元件

根据加工需要，有些夹具上还设有分度装置、靠模装置、上下料装置、工件顶出机构、电动扳手和平衡块等，以及标准化了的其他连接元件，对于大型夹具常设置吊装元件。

6. 夹具体

夹具体是夹具的基本骨架，用来配置安装各夹具元件并使之组成一整体。常用的夹具体为铸件结构、锻造结构、焊接结构和装配结构，形状有回转体形和底座形等。如图 6-3 所示中的夹具体把所有元件连接到一起。

上述各组成部分中，定位元件、夹紧装置、夹具体是夹具的基本组成部分。

6.2 车床夹具

1. 车床夹具的分类

车床主要用于加工零件的内外圆柱面、圆锥面、回转成形面、螺纹以及端平面等。上述各种表面都是围绕机床主轴的旋转轴线而形成的。根据夹具和车床主轴的联接方式，将车床夹具分为两种基本类型。

(1) 安装在车床主轴上的夹具。这类夹具中，除了各种卡盘、顶尖等通用夹具或其他机床附件外，往往根据加工的需要设计各种心轴或其他专用夹具，加工时夹具随机床主轴一起旋转，切削刀具做进给运动。

(2) 安装在滑板或床身上的夹具。对于某些形状不规则和尺寸较大的工件，常常把夹具安装在车床滑板上，刀具则安装在车床主轴上做旋转运动，夹具做进给运动。加工回转成形面的靠模属于此类夹具。

车床夹具按使用范围，可分为通用车夹具、专用车夹具和组合夹具三类。

图 6-4 所示为一角铁式夹具，用于加工壳体零件的孔和端面。工件以底面和两孔定位，用两钩形压板夹紧。加工轴心线与底面之间的 8°夹角由角铁的角度来保证。为了控制

端面尺寸，夹具上设置了圆柱棒端面，用于检测工件尺寸，同时设置了一个供检验和校正夹具的工艺孔。

2. 车床夹具的设计要点

(1) 车床夹具总体结构。因为某些车床夹具随机床主轴一起回转，所以要求它结构紧凑，轮廓尺寸尽可能小，重量要尽可能轻，重心尽可能靠近回转轴线，以减小惯性力和回转力矩。与主轴连接部分是夹具的定位基准，应有较准确的圆柱孔（或圆锥孔），其结构形式和尺寸，依照具体使用的机床而定。对于角铁式车床夹具和重心偏心的车床夹具，应很好地进行平衡。通常可采用添加平衡块（配重）的方法进行平衡（图 6－4 件 1）。为保证安全起见，夹具上所用的元件或机构不应超出夹具体的外廓，必要时应加防护罩（图 6－4 件 2）。此外，要求车床夹具的夹紧机构要能提供足够的夹紧力，且有可靠的自锁性，以确保工件在切削过程中不会松动。

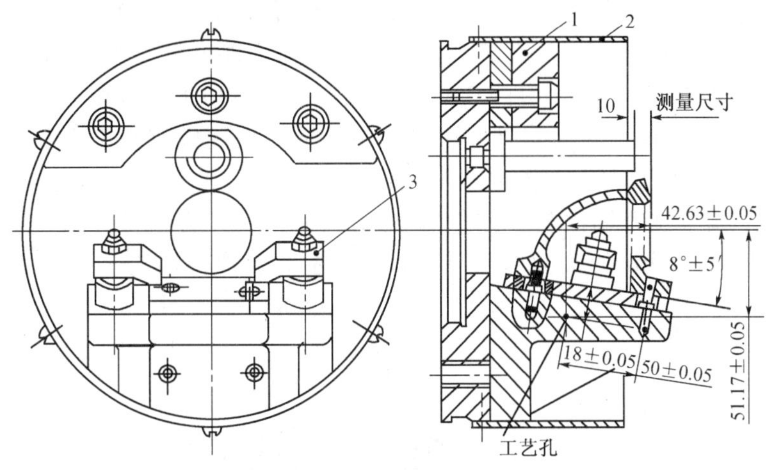

图 6－4　角铁式车床夹具

1—平衡块；2—防护罩；3—钩形压板

(2) 夹具与机床的联接。车床夹具与机床主轴的联接方式取决于机床主轴轴端的结构及夹具的体积和精度要求。图 6－5 所示为几种常见的联接方式。图 6－5(a)所示中的夹具体以长锥柄安装在主轴孔内，这种方式定位精度高，但刚性差，多用于小型车床夹具与主轴的联接。图 6－5(b)所示夹具以端面 A 和圆孔 D 在主轴上定位，这种联接方式制造容易，但定位精度不高。图 6－5(c)所示夹具以端面 T 和短锥面 K 定位，这种安装方式不但定心精度高，而且刚性好，这种定位方式属于过定位。要求制造精度很高，通常要对夹具体上的端面和孔进行配磨加工。

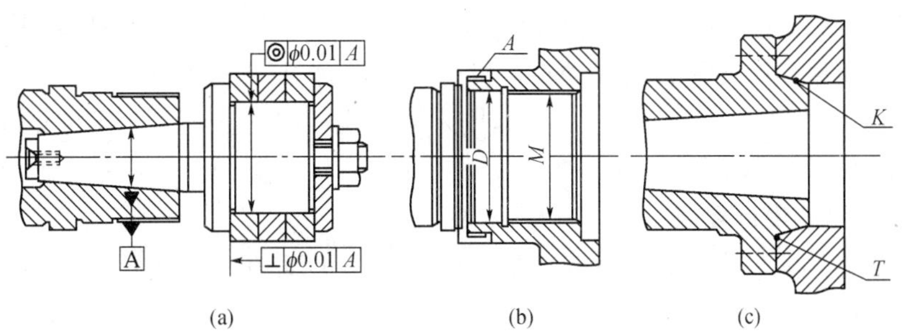

图 6－5　夹具在车床主轴上的安装

6.3　铣床夹具

1. 铣床夹具的分类

铣床夹具按使用范围，可分为通用铣夹具、专用铣夹具和组合夹具三类。按工件在铣床上加工运动特点，可分为直线进给夹具、圆周进给夹具、沿曲线进给夹具(如仿形装置)三类。还可按自动化程度和夹紧力来源不同(如气动、电动、液动)以及装夹工件数量的多少(如单件、双件、多件等)进行分类，其中，最常用的分类方法是按通用、专用和组合进行分类。

2. 典型铣床专用夹具结构

(1) 铣削键槽用的简易专用夹具。如图 6－6 所示，该夹具用于铣削工件 4 上的半封闭键槽，夹具的结构与组成如下：V 形块 1 是夹具体兼定位件，它使工件在装夹时轴线位置必在 V 形面的角平分线上，从而起到定位作用。对刀块 6 同时也起到端面定位作用。压板 2 和螺栓 3 及螺母是夹紧元件，它们用以阻止工件在加工过程中因受切削力而产生的移动和振动。对刀块 6 除对工件起轴向定位外还主要用以调整铣刀和工件的相对位置。对刀面 a 通过铣刀周刃对刀，调整铣刀与工件的中心的相对位置；对刀面 b 通过铣刀端面刃对刀，调整铣刀端面与工件外圆(或水平中心线)的相对位置。定位键 5 在夹具与机床间起定位作用，使夹具体即 V 形块 1 的 V 形槽槽向与工作台纵向进给方向平行。

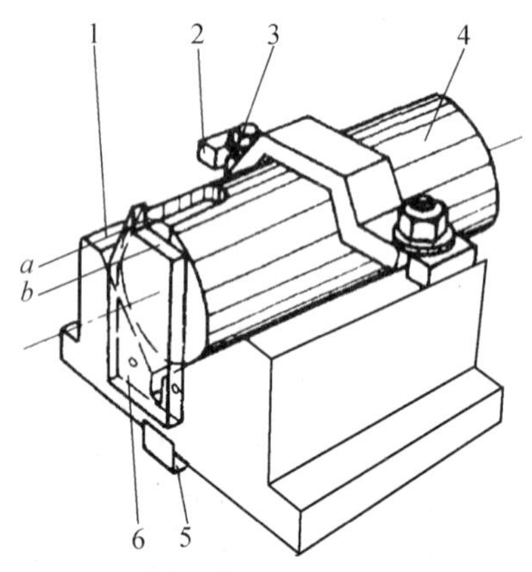

图 6－6　铣键槽的简易专用夹具

(2) 加工壳体的铣床夹具。如图 6－7 所示，为加工壳体侧面棱边所用的铣床夹具，工件以端面、大孔和小孔作定位基准，定位元件为支承板 2 和安装在其上的大圆柱销 6 和菱形销 10。夹紧装置是采用螺旋压板的联动夹紧机构。操作时，只需拧紧螺母 4，就可使左右两个压板同时夹紧工件。夹具上还有对刀块 5，用来确定铣刀的位置。两个定向键 11 用来确定夹具在机床工作台上的位置。

3. 铣床夹具的设计要点

铣床夹具与其他机床夹具的不同之处在于：通过定向键在机床上定位，用对刀装置决定铣刀相对于工件的位置。

(1) 铣床夹具的安装。铣床夹具在铣床工作台上的安装位置，直接影响被加工表面的

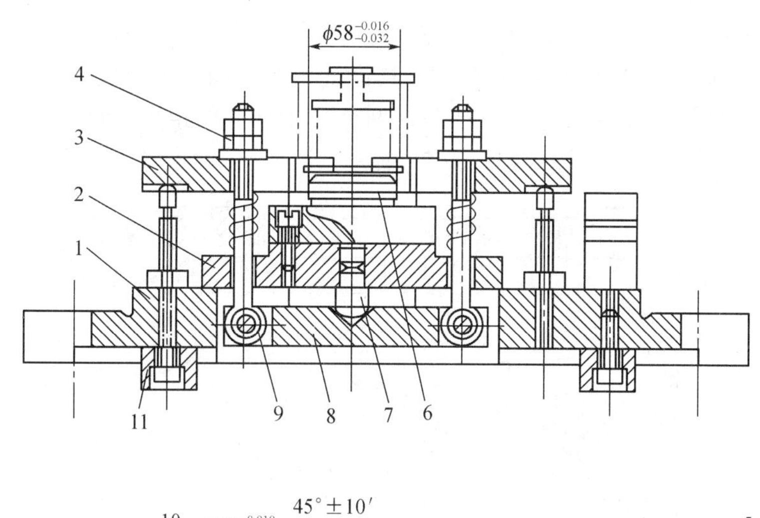

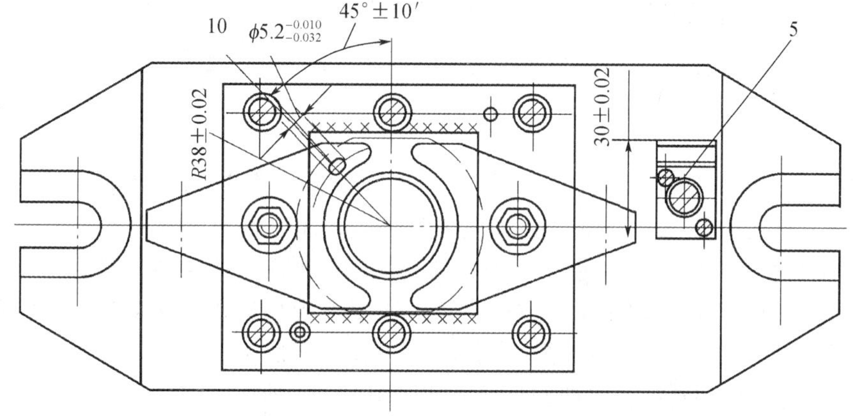

图 6-7　加工壳体的铣床夹具

1—夹具体；2—支承板；3—压板；4—螺母；5—对刀块；6—大圆柱销；7—球头钉；
8—铰接板；9—螺杆；10—菱形销；11—定向键

位置精度；所以，在设计时就必须考虑其安装方法，一般是在夹具底座下面装两个定向键。定向键的结构尺寸已标准化，应按铣床工作台的 T 形槽尺寸选定，它和夹具底座以及工作台 T 形槽的配合为 H7/h6、H8/h8。两定位键的距离应力求最大，以便提高安装精度。如图6-8 所示为定位键的安装情况。

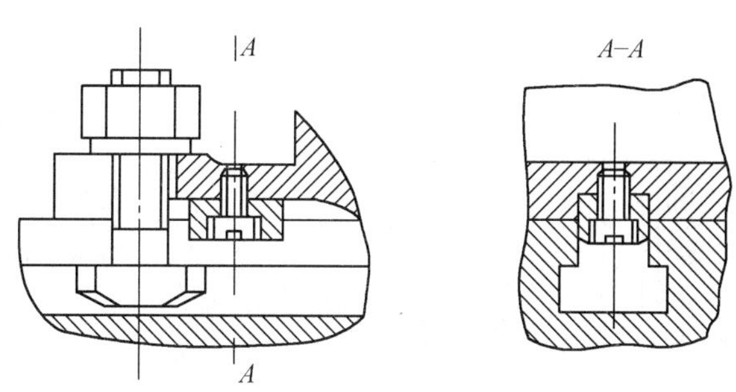

图 6-8　定位键及其连接

夹具通过两个定位键嵌入到铣床工作台的同一条T形槽中，再用T形螺栓和垫圈、螺母将夹具体紧固在工作台上，所以在夹具体上还需要提供两个穿T形螺栓的耳座。如图6-9所示，其结构尺寸已标准化，可参考有关夹具设计手册。如果夹具宽度较大时，可在同侧设置两个耳座，两耳座的距离要和铣床工作台两个T形槽间的距离一致。

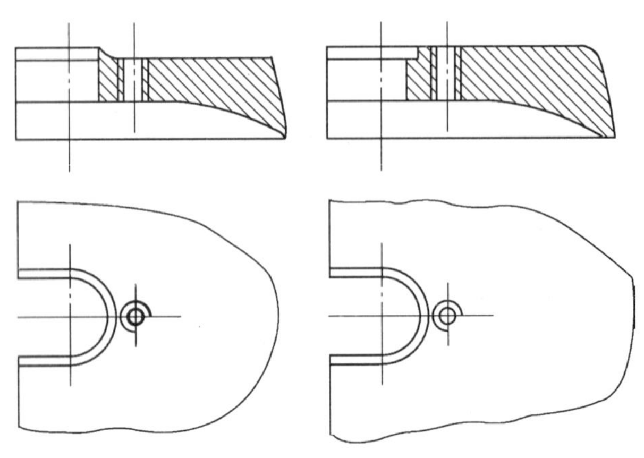

图6-9　夹具体上的耳座

(2) 铣床夹具的对刀装置。铣床夹具在工作台上安装好了以后，还要调整铣刀对夹具的相对位置，以便于进行加工。为了使刀具与工件被加工表面的相对位置能迅速而正确地对准，在夹具上可以采用对刀装置。对刀装置是由对刀块和塞尺组成，其结构尺寸已标准化。各种对刀块的结构，可以根据工件的具体加工要求进行选择。如图6-10所示是对刀装置的使用简图，使用塞尺的目的是避免损坏刀刃和对刀块工作表面，同时使对刀更方便。常用的塞尺有平塞尺和圆柱塞尺两种。其形状如图6-11所示。

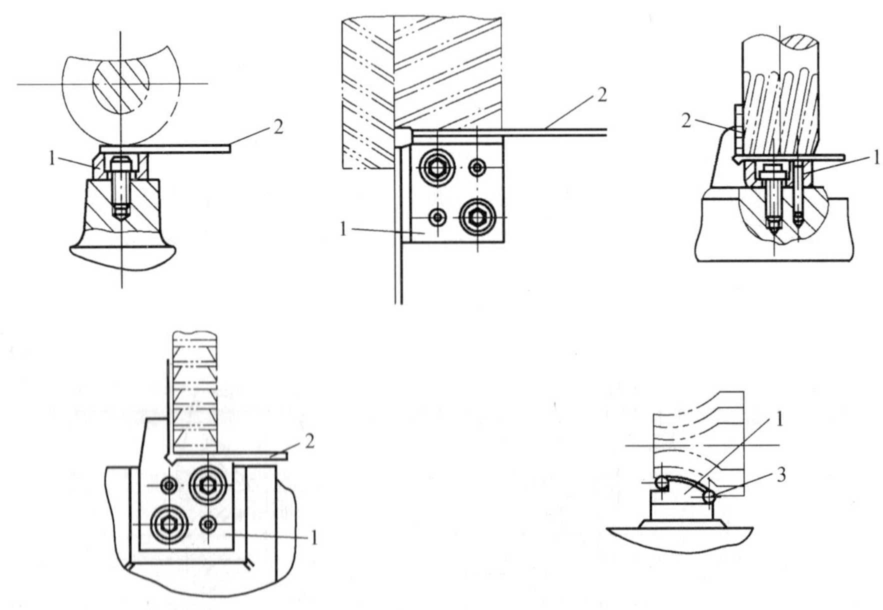

图6-10　对刀装置

1—对刀块；2—对刀平塞尺；3—对刀圆柱塞尺

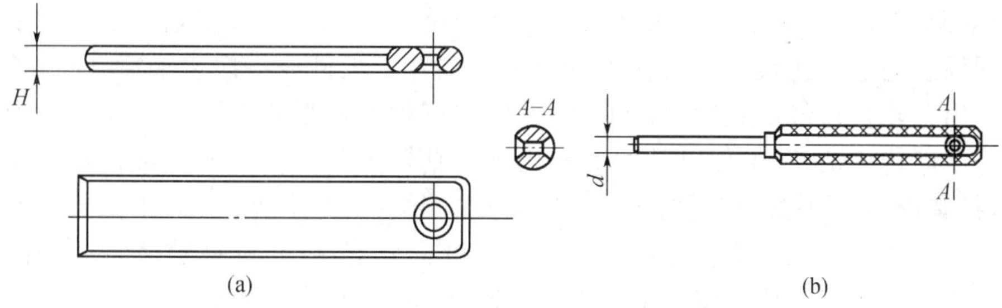

图 6－11　标准对刀塞尺

1—平塞尺；2—圆柱塞尺

(3) 由于铣削时的切削力大，振动也大，夹具体要有足够的强度和刚性，还应尽可能降低夹具的重心，提高夹具的稳定性。

6.4　钻床夹具

1. 钻床夹具的类型及典型结构

为保证被加工孔的定位基准和各孔之间的尺寸精度和位置精度，提高劳动生产率，实际生产中经常用钻套引导刀具进行加工。这种借助钻套保证钻头与工件之间正确位置的夹具叫钻床夹具，也称钻模。根据被加工孔的分布和钻模板的特点，钻模一般分为固定式、回转式、移动式、翻转式、盖板式和滑柱式等几种类型。

(1) 固定式钻模。在使用过程中，钻模和工件在机床上的位置固定不动，常用于在立式钻床上加工较大的单孔或在摇臂钻床上加工平行孔系。

在立式钻床工作台上安装钻模时，首先用装在主轴上的钻头(精度要求较高时可用心轴)插入钻套内，以校正钻模的位置，然后将其固定，这样既可减少钻套的磨损，又可保证孔的位置精度。

图 6－12 所示为固定式钻模，工件以其端面和键槽与钻模上的定位法兰 3 及键相接触而定位。转动螺母 9 使螺杆 2 向右移动时，通过钩形开口垫圈 1 将工件夹紧。松开螺母 9，螺杆 2 在弹簧的作用下向左移，钩形开口垫圈 1 松开并绕螺钉摆下即可卸下工件。

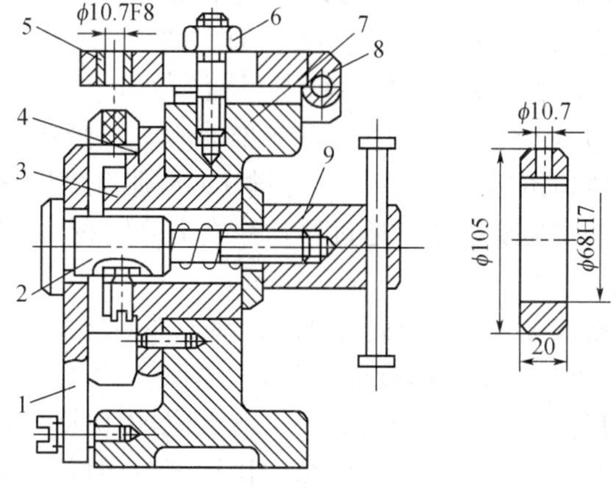

图 6－12　固定式钻模

1—钩形垫圈；2—螺杆；3—定位法兰；4—定位键；5—钻套；6—螺母；7—夹具体；8—钻模板；9—螺母

(2) 回转式钻模。回转式钻模可按一定的分度要求绕某一固定轴转动。主要用于加工同一圆周上的平行孔系或分布在圆周上的径向孔。工件在一次装夹后，通过工件旋转依次加工出各孔。它包括立轴、卧轴和斜轴回转三种基本形式。图 6－13 所示为一套卧式轴向分度回转式钻模，工件以其端面和内孔与钻模上的定位表面及圆柱销 7 相接触完成定位，拧紧螺母 8，通过开口垫圈 9 将工件夹紧，钻套 10 引导刀具对工件上均匀分布的孔进行加工。在加工完一个孔后，转动手柄 3，可将分度盘(与圆柱销 7 装为一体)松开，利用手柄 5 将对定销 6 从定位套中拔出，使分度盘带动工件回转至某一角度后，对定销 6 又插入分度盘上的另一定位套中即完成一次分度，再转动手柄 3 将分度盘锁紧，即可依次加工其余各孔。

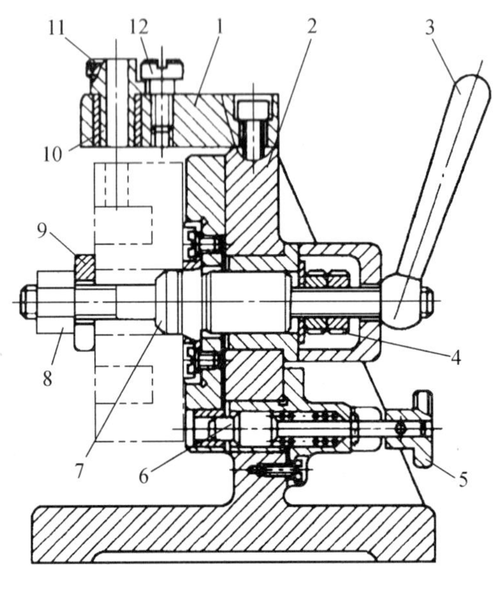

图 6－13　回转式钻模

1—钻模板；2—夹具体；3—手柄；4—螺母；5—手柄；6—对定销；7—圆柱销；8—螺母；9—开口垫圈；10—钻套；11—螺钉

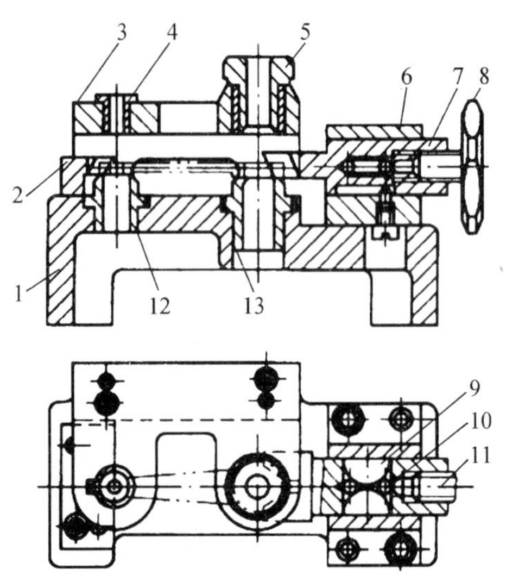

图 6－14　移动式钻模

1—夹具体；2—固定 V 形块；3—钻模板；4、5—钻套；6—支座；7—活动 V 形块；8—手轮；9—半月键；10—钢球；11—螺钉；12、13—定位套

(3) 移动式钻模。移动式钻模常用于单轴立式钻床，先后钻削工件同一表面上的多个孔。一般工件和被加工孔的孔径都不大，属小型夹具。图 6－14 所示为移动式钻模，用于钻削连杆大、小头上的孔。工件以端面及大、小头圆弧面作为定位基面，在定位套 12、13，固定 V 形块 2 及活动 V 形块 7 上定位。先通过手轮 8 推动活动 V 形块 7 压紧工件，然后转动手轮 8 带动螺钉 11 转动，压迫钢球 10，使两片半月键 9 向外胀开而锁紧。V 形块带有斜面，使工件在夹紧分力作用下与定位套贴紧。通过移动钻模头分别在两个钻套 4、5 中导入，从而加工工件上的两个孔。

(4) 翻转式钻模。翻转式钻模整个夹具可以带动工件一起翻转，加工中、小型工件分布在不同表面的孔系，甚至可加工定位基准面上的孔。图 6－15 所示为加工套筒上 4 个径向孔的翻转式钻模。工件以内孔及端面在台肩销 1 上定位，用快换垫圈 2 和螺母 3 夹紧。钻完一组孔后，翻转 60°钻另一组孔。该夹具的结构比较简单，但每次钻孔都需找正钻套相对钻头的位置，所以辅助时间较长而且翻转费力。因此，夹具连同工件的总重量不能太重，其加工批量也不宜过大。

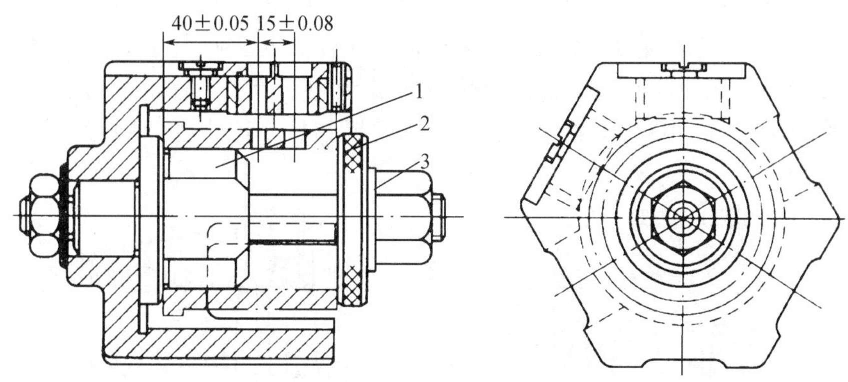

图6-15　翻转式钻模

1—台肩销；2—快换垫圈；3—螺母

(5) 盖板式钻模。这类钻模常用于加工大型工件上的小孔，钻模本身是一块钻模板，上面装有导向定位装置、夹紧元件和钻套，加工时将其覆盖在工件上即可。所以该类钻模应在保证刚性的基础上，尽量减轻其结构重量。这种钻模通常利用工件底面作为安装基准面，因此，钻孔精度取决于工件本身精度及工件和钻模的安装精度。如图6-16所示，钻模在一个小型连杆上加工小头孔，夹具本身就是一块钻模板1，利用在自身上的定位销2和由两块摆动压块3组成的V形槽对中夹紧机构，在工件上实现定位和夹紧，进行钻削加工。

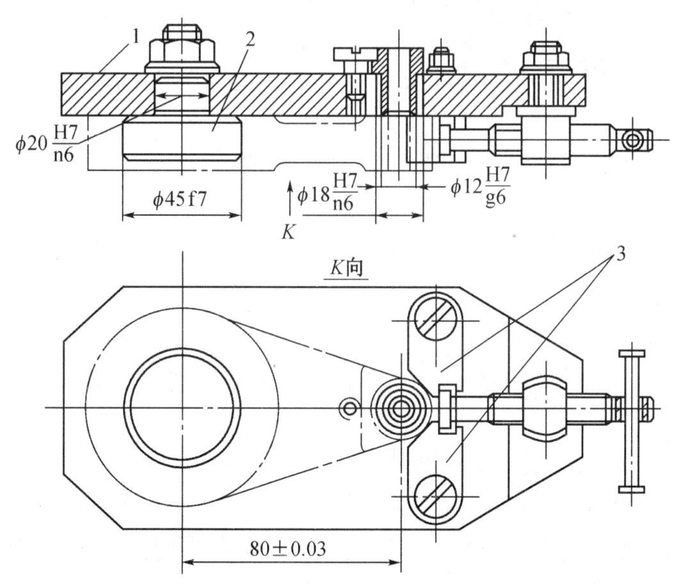

图6-16　盖板式钻模

1—钻模板；2—定位销；3—摆动压块

盖板式钻模结构简单，一般多用于加工大型工件上的小孔。因夹具在使用时经常搬动，故盖板式钻模所产生的重力不宜超过100 N。为了减轻重量，可在盖板上设置加强肋而减小其厚度，设置减轻窗孔或用铸铝件。

(6) 滑动式钻模。该类钻模的钻模板固定在可以上下滑动的滑柱上，并通过滑柱与夹具体相连接。这是一种标准的可调夹具，其基本组成部分如夹具体、滑柱等已标准化。

图 6－17 所示为一种生产中广泛应用的滑柱式钻模，该钻模用于同时加工形状对称的两工件的 4 个孔。工件以底面和直角缺口定位，为使工件可靠地与定位座 4 中央的长方形凸块接触，设置了 4 个浮动支承 3。转动手柄 5，小齿轮 6 带动滑柱 7 及与滑柱相连的钻模板 1 向下移动，通过浮动压板 2 将工件夹紧。钻模板上有 4 个固定式钻套 8，用以引导钻头。

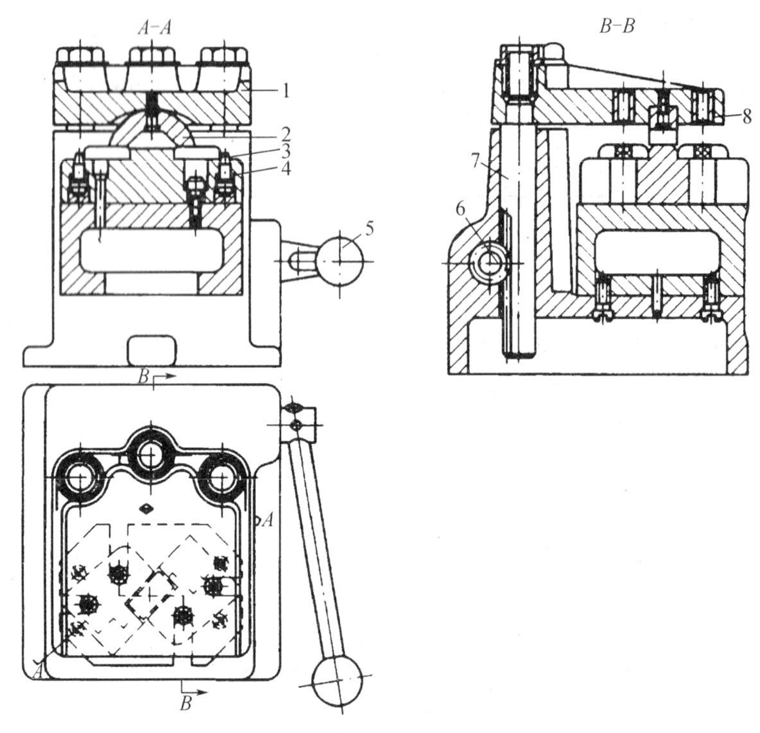

图 6－17　滑柱式钻模

1—钻模板；2—浮动压板；3—浮动支承；4—定位座；5—手柄；6—小齿轮；7—滑柱；8—固定式钻套

这种钻模操作方便、迅速，转动手柄使钻模板升降，不仅有利于装卸工件，还可用钻模板夹紧工件，且自锁性能好。

2. 钻模设计要点

（1）钻模的选择。钻模类型很多，在设计时，要根据工件的形状、重量、加工要求和批量来选择：

① 被钻孔径$>$10 mm，或加工精度较高时，宜用固定钻模。

② 不同表面上的孔，总 $G<100$ N，中、小型工件，宜用翻转钻模。

③ 当分布在不同心圆周上的孔系，总 $G<150$ N，宜用回转式钻模；当 $G>150$ N，宜用固定钻模；在摇臂钻加工，量大时用立钻多轴加工。

④ 垂直度与孔间距要求不高时，用滑柱式钻模。

⑤ 若加工大件上的小孔时，宜用盖板式钻模。

（2）钻套。钻套是引导刀具的元件，用以保证被加工孔的正确位置，并防止加工过程中刀具的偏斜。钻套装配在模板上。其结构尺寸已标准化。

① 固定钻套。与钻模板的配合 H7/n6、H7/r6，结构简单，精度高，适用于单孔或小批生产。

② 可换钻套。与钻模板以 H7/g5、H7/g6 间隙配合装入衬套内，用螺钉固定。在大批

大量生产时，当钻套磨损后，可以更换新钻套，以免报废整个夹具。

③ 快换钻套。配合 H7/g5、H7/g6，结构与上述不同，不用固定螺钉便可更换。适用于加工多，更换不同孔径的钻套。

上述钻套标准化。

④ 特殊钻套。适用于工件结构形状和被加工孔的位置特殊，标准钻套不能满足时用的钻套。

钻套中导向孔的孔径及偏差应根据所引导的刀具尺寸来确定。通常刀具的最大极限尺寸为引导孔的基本尺寸，孔径公差根据加工精度确定。钻头、扩孔钻，铰刀是标准化定尺寸刀具，所以内径刀与刀具按基轴制选。钻套与刀具之间按一定的间隙配合，以防刀具使用时咬孔，一般根据刀具精度选套孔的公差：钻（扩孔）选 F7，粗铰 G7，精铰 G6。若引导的是刀具导柱部分不是切削部分，可按基孔制选取：H7/f7，H7/g6，H6/g5 等。

钻套高度 H（图 6 - 18）直接影响钻套的导向性能，同时影响刀具与钻套之间的摩擦。通常取 $H=(1\sim2.5)d$，对于精度要求较高的孔，直径较小的孔和刀具刚性较差时应取较大值。

钻套与工件之间一般应留有排屑间隙，此间隙不宜过大，以免影响导向作用。

铸铁：$h=(0.3\sim0.7)d$　小孔取小值；

钢：$h=(0.7\sim1.5)d$　大孔取大值；

斜孔：$h=(0\sim0.2)d$。

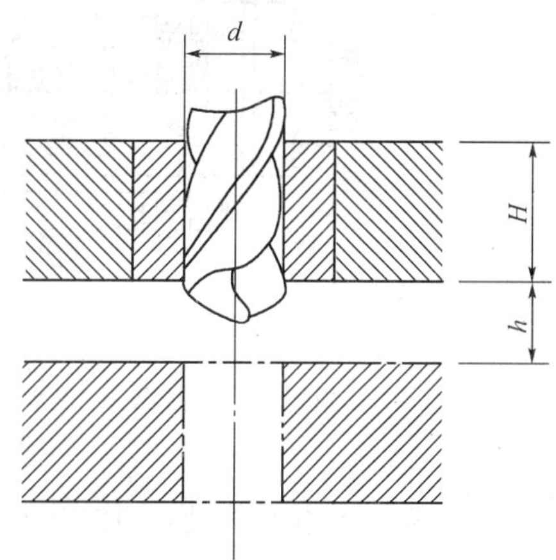

图 6 - 18　钻套高度和容屑间隙

6.5　镗床夹具

镗床夹具主要用来加工箱体、支座等零件上的精密孔或孔系，通常称为镗模。镗模一般由定位元件、夹紧装置、导引元件（镗套）、夹具体（镗模支架和镗模底座）四个部分组成。其加工过程是刀具随镗杆在工件的孔中做旋转运动，工件随工作台相对于刀具做慢速的进给运动，连续切削性能比较稳定，适用于精加工，故镗模是一种精密夹具。它和钻模一样，是依靠专门的导引元件——镗套来导引镗杆，从而保证所镗的孔具有很高的位置精度。

图 6 - 19 所示为加工磨床尾架孔用的镗模。工件以夹具体的底座上的定位斜块 9 和支承板 10 做主要定位。转动压紧螺钉 6，便可将工件推向支承钉 3，并保证两者接触，以实现工件的轴向定位。工件的夹紧则是依靠铰链压板 5。压板通过活节螺栓 8 和螺母 7 来操纵。镗杆是由装在镗模支架 2 上的镗套 1 来导向的。镗模支架则用销钉和螺钉准确地固定在夹具体底座上。

6.6　专用夹具设计方法

夹具设计一般是在零件的机械加工工艺过程制定之后，按照某一工序的具体要求进行的。制订工艺过程时，应充分考虑夹具设计的可能性，而设计夹具时，如确有必要也可以对工艺过程提出修改意见。夹具的设计质量的高低，应以能稳定地保证工件的加工质量，生产

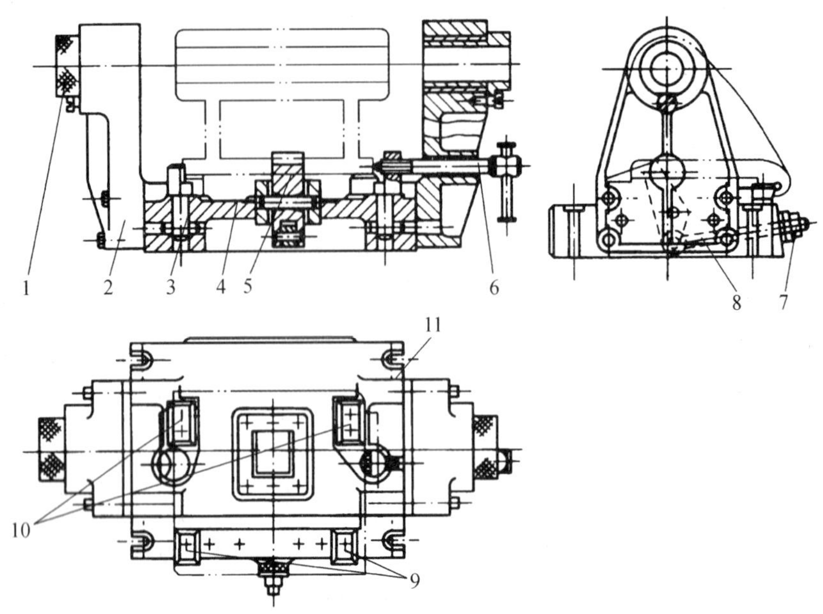

图 6-19 加工磨床尾架孔的镗模

1—镗套;2—镗模支架;3—支承钉;4—夹具底座;5—铰链压板;6—压紧螺钉;7—螺母;8—活节螺栓;9—定位斜块;10—支承板;11—固定耳座

效率高,成本低,排屑方便,操作安全、省力和制造、维护容易等为其衡量指标。

夹具设计是工艺装备设计中的一个重要组成部分,是保证产品质量和提高劳动生产率的一项重要技术措施,为了获得最佳的设计方案,设计人员应遵循下述方法和步骤进行。

1. 研究分析原始资料,明确设计任务

(1) 仔细研究零件图和技术条件。

(2) 了解工件的工艺规程和本工序的具体要求。

(3) 了解所使用机床的规格、性能、精度以及与夹具连接部分结构的联系尺寸。

(4) 了解所使用刀具、量具的规格。

(5) 了解零件的生产纲领、投产批量以及生产组织等有关问题。

(6) 了解夹具制造车间的生产条件和技术现状。

(7) 准备好设计夹具用的各种标准、工艺规定、典型夹具图册和有关夹具的设计指导资料等。

2. 确定夹具的结构方案

在广泛收集和研究有关资料的基础上,着手拟定夹具的结构方案,主要包括:

(1) 根据工件的定位原理,确定工件的定位方式,选择定位元件。

(2) 确定工件的夹紧方案和设计夹紧机构。

(3) 确定夹具的其他组成部分,如分度装置、对刀块或引导元件、微调机构等。

(4) 协调各元件、装置的布局,确定夹具体的总体结构和尺寸。

在确定方案的过程中,会有各种方案供选择,但应从精度和成本的角度出发选择一个最合理、最简单的方案。

3. 绘制夹具总图

绘制夹具总图应遵循国家制图标准,绘图比例应尽量取 1∶1,以便使所绘制的夹具总图具有良好的直观性。当工件较大时，可用 1：2 或 1：5 的比例。图形尺寸较小时则可用 2：1 或 5：1 的比例。图形的视图投影、剖面应尽量少，但必须能够清楚地表达夹具各部分的主要结构和相互位置关系。主视图应尽量选择夹具操作者正面对的位置。

绘制总图的顺序是首先用双点划线绘出工件轮廓外形和主要表面的几个视图，把工件轮廓线视为“透明体”，并用网纹线表示出加工余量。然后围绕工件的几个视图依次绘出定位、导向、夹紧、传动装置等的具体结构。最后绘制出夹具体及连接元件，把夹具的各组成元件和装置连成一体。

夹具总图上，还应画出零件明细表和标题栏，写明夹具名称及零件明细表上所规定的内容。

4. 确定并标注有关尺寸及技术条件

(1) 夹具总图上标注的五类尺寸。

① 夹具的轮廓尺寸，即夹具的长、宽、高尺寸。若夹具上有可动部分，应包括可动部分极限位置所占的空间尺寸。

② 定位元件上定位表面的尺寸以及各定位表面之间的尺寸，常指定位心轴和定位套内孔尺寸，以及多个定位元件相互之间的位置尺寸。

③ 夹具与刀具的联系尺寸，用来确定夹具上对刀、导引元件位置的尺寸。对于铣、刨床夹具，是指对刀元件与定位元件的位置尺寸；对于钻、镗床夹具，则是指钻、镗套与定位元件间的位置尺寸，钻、镗套之间的位置尺寸，以及钻、镗套与刀具导向部分的配合尺寸等。

④ 夹具内部的配合尺寸，它们与工件、机床、刀具无关，主要是为了保证夹具装置后能满足规定的使用要求。

⑤ 夹具与机床的联系尺寸，用于确定夹具在机床上正确位置的尺寸。对于车、磨床夹具，主要是指夹具与主轴端的配合尺寸，对于铣、刨床夹具，则是指夹具上的定向键与机床工作台上的 T 型槽的配合尺寸。标注尺寸时，常以夹具上的定位元件作为相互位置尺寸的基准。

上述尺寸公差的确定可分为两种情况处理：一是夹具上定位元件之间，对刀、导引元件之间的尺寸公差，直接对工件上相应的加工尺寸发生影响。因此可根据工件的加工尺寸公差确定，一般可取工件加工尺寸公差的 1/3～1/5。二是定位元件与夹具体的配合尺寸公差，夹紧装置各组成零件间的配合尺寸公差等，则应根据其功用和装配要求，按一般公差与配合原则决定。

(2) 应标注的技术条件。在夹具总图上应标注的技术条件(位置精度要求)有以下几个方面：

① 定位元件之间或定位元件与夹具体底面间的位置要求。其作用是保证工件加工面与工件定位基准面间的位置精度。

② 定位元件与导引元件的位置要求。

③ 对刀元件与连接元件(或找正基面)间的位置要求。

④ 定位元件与连接元件(或找正基面)间的位置要求。

⑤ 夹具在机床上安装时位置精度要求。如车床夹具上的校正环与车床主轴轴线的同轴度要求；铣床夹具安装时，找正基面与机床工作台送进方向间的平行度要求等。

上述技术条件是保证工件相应的加工要求所必需的，其数量应取工件相应技术要求所规定数值的 1/3～1/5。当工件没注明要求时，夹具上的那些主要元件间的位置公差，可以按经验取为(100∶0.02)～(100∶0.05)，或在全长上不大于0.03～0.05 mm。

5. 绘制夹具零件图

夹具总图绘完后，只是设计任务完成了一部分，要把所设计的夹具加工出来，还应把总图中的各零件绘成零件图(标准件或标准部件除外)，以便按零件图去加工，然后组装成所设计的夹具。

零件图应严格遵照所规定的比例绘制。视图、投影应完整，尺寸要标注齐全，所标注的公差及技术条件应符合总图要求，加工精度及表面光洁度应选择合理。

在夹具设计图样全部完毕后，设计工作并不就此结束，因为所设计的夹具还有待于实践和验证。经试用后，有时还要对原设计做必要的修改。因此，设计人员最好能参与夹具的制造、装配、鉴定和使用的全过程，通过实践发现问题，及时总结、修改和完善。

习 题

6-1 何谓机床夹具？夹具有哪些作用？

6-2 机床夹具由哪几个部分组成？各起什么作用？

6-3 为什么说夹紧不等于定位？

6-4 简要说明典型的车床、铣床、钻床、镗床夹具的结构特点。

6-5 铣床夹具的对刀装置共有几类？起什么作用？

6-6 简述钻模种类及各自特点。

6-7 简述专用夹具设计步骤。

第 7 章　现代机械制造技术简介

7.1　数控加工技术

随着社会经济发展对制造业的要求不断提高，以及科学技术特别是计算机技术的高速发展，传统的制造业已发生了根本性的变革，以数控技术为主的现代制造技术占据了机械制造重要地位。数控技术集微电子、计算机、机械制造、信息处理、自动检测及自动控制等高新技术于一体，是制造业实现柔性化、自动化、集成化及智能化的重要基础，直接影响到一个国家的经济发展和综合国力，也关系到一个国家的战略地位。因此，世界各工业发达国家均采取重大措施来发展自己的数控技术及其产业。在我国，数控技术与装备的发展亦得到了高度重视，近年来取得了相当大的进步，特别是在通用微机数控领域，基于 PC 平台的国产数控系统（以华中数控为代表），已经走在了世界前列。

7.1.1　数控机床的概念及组成

1. 数控机床的基本概念

（1）数控（Numerical Control，NC）。数控是采用数字化信息对机床的运动及其加工过程进行控制的方法。

（2）计算机数控（Computer Numerical Control，CNC）。计算机数控是指采用微处理器或专用微机的数字控制方法。

（3）数控机床（Numerically Controlled Machine Tool）。数控机床是指装备了计算机数控系统的机床。

（4）数控技术（Numerical Control Technology）。数控技术是指用数字化的信息对某一对象进行控制的技术，控制对象可以是位移、角度及速度等机械量，也可以是温度、压力、流量及颜色等物理量，这些量的大小不仅是可以测量的，而且可以经 A/D 或 D/A 转换，用数字信号来表示。数控技术是机械加工现代化的重要基础与关键技术。

（5）数控加工（Numerical Control Manufacturing ）。数控加工是指采用数字信息对零件加工过程进行定义，并控制机床进行自动运行的一种自动化加工方法。数控加工技术是 20 世纪 40 年代后期为适应加工复杂外形零件而发展起来的一种自动化技术。1947 年，美国帕森斯公司为了精确地制作直升机机翼、桨叶和飞机框架，提出了用数字信息来控制机床自动加工外形复杂零件的设想。他们利用电子计算机对机翼加工路径进行了数据处理，并考虑到刀具直径对加工路径的影响，使得加工精度达到±0.001 5 in（0.038 1 mm），这在当时的水平来看精度是相当高的。1949 年美国空军为了能在短时间内制造出经常变更设计的火箭零件，与帕森斯公司和麻省理工学院伺服机构研究所合作，于 1952 年研制成功世界上第一台数控机床——三坐标立式数控铣床，可控制铣刀进行连续空间曲面的加工，揭开了数控加工技术的序幕。

数控加工是一种具有高效率、高精度与高柔性的自动化加工方法，可有效解决复杂、精密、小批量多变零件的加工问题，充分适应现代化生产的需要，数控加工必须由数控机床来实现。

2. 数控机床的组成

数控机床由输入/输出装置、计算机数控装置（简称CNC装置）、伺服系统和机床本体等部分组成，其组成框图如图7－1所示。其中输入/输出装置、CNC装置、伺服系统合起来就是计算机数控系统。

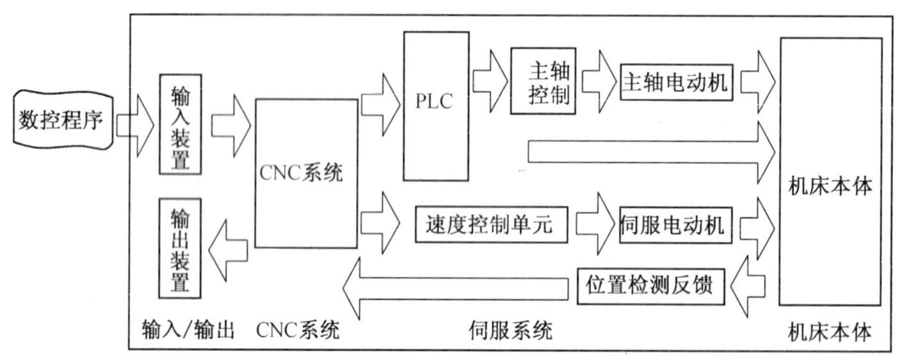

图7－1 数控机床的组成

（1）输入/输出装置。

在数控机床上加工零件时，首先根据零件图样上的零件形状、尺寸和技术条件，确定加工工艺，然后编制出加工程序，程序通过输入装置，输送给机床数控系统，机床内存中的零件加工程序可以通过输出装置输出。输入/输出装置是机床与外部设备的接口，常用的输入装置有软盘驱动器、RS－232C串行通信接口、USB接口、PCMCIA接口、MDI方式等，具体见表7－1。

表7－1 输入装置

种　类	代　码	外部设备	特　点
加工程序单	G、M代码	手写或打印机	可见、可读、可保存，信息用于输入，容易出错
穿孔纸带	ISO或ELA	穿孔机、纸带阅读机	可读，多次使用会磨损，信息传输较快，现已基本淘汰
磁带		磁带机或录音机	本身不可读，需防磁，信息传输较快
软磁盘		磁盘驱动器	本身不可读，需防磁，信息传输较快
硬磁盘		相应计算机接口	本身不可读，需防振，信息传输较快
Flash（闪存）盘（U盘）		计算机USB接口	本身不可读，信息传输很快，存储量大

（2）计算机数控装置。

计算机数控（CNC）装置是数控机床的核心，它接受输入装置送来的数字信息，经过控制软件和逻辑电路进行译码、运算和逻辑处理后，将各种指令信息输出给伺服系统，使设备按规定的动作执行。现在的CNC装置通常由一台通用或专用微型计算机构成。

① 硬件。由CPU、存储器、输入装置、输出装置、接口等组成。硬件分为专用计算机和

工业用 PC,各自特点见表 7-2。

表 7-2　CNC 装置硬件性能

项　目	专用计算机	工业用 PC
价格	批量小时价格高	批量大,价格较低
可靠性	高	一般很高;偶尔有死机的可能性
软件升级	受一定限制	升级余地较大
技术发展	受限制	能吸收计算机新技术
通用性	差	共用平台上开发各种机床的控制软件
模块化	硬件可模块化	软件可模块化

② 软件主要控制功能。实现人机界面的操作,其主要功能见表 7-3。

表 7-3　软件主要功能

控制类别	主要功能
程序管理	接受并存储加工程序,列程序清单,调出程序进行加工或进行修改、删除、更名等
参数管理	机床参数:参考点、机床原点、极限位置、刀架相关点、零件参数、零件原点 刀具参数:刀号、刀具半径、长度补偿机床特征参数:图形显示
程序执行	译码、数据处理、插补运算、进给速度计算、位置控制
机床状态监控	接受并处理各传感器反馈信息
诊断	开机自诊、配合离线诊断、遥测诊断
图形模拟	验证加工程序、实时跟踪模拟
补偿	热变形补偿、运动精度补偿等

(3) 伺服系统

伺服系统是数控机床的执行部分,其作用是把来自 CNC 装置的脉冲信号转换成机床的运动,使机床移动部件精确定位或按规定的轨迹做严格的相对运动,最后加工出符合图样要求的零件。每一个脉冲信号使机床移动部件产生的位移量称作脉冲当量(也称最小设定单位),常用的脉冲当量为 10 μm/脉冲。每个进给运动的执行部件都有相应的伺服系统,伺服系统的精度及动态响应决定了数控机床加工零件的表面质量和生产率。伺服系统一般包括驱动装置和执行机构两大部分,常用执行机构有步进电动机、直流伺服电动机、交流伺服电动机等。

(4) 检测元件。

检测元件用于反馈信息。要求有高可靠性,高抗干扰性,适应精度和速度的要求,符合机床使用条件,安装维护方便,成本低。

(5) 机床本体。

机床本体是数控机床的机械结构实体,主要包括主运动部件、进给运动部件(如工作台、刀架)、支承部件(如床身、立柱等)。除此之外,数控机床还配备有冷却、润滑、转位部件、对刀及测量等配套装置。与普通机床相比,数控机床在整体布局、外观造型、传动机构、工具系统及操作机构等方面都发生了很大的变化，目的是为了满足数控技术的要求和充分发挥数控机床的特点。归纳起来，包括以下几个方面的变化：

① 采用高性能主传动及主轴部件。具有传递功率大、刚度高、抗震性好及热变形小等优点。

② 进给传动采用高效传动件。具有传动链短、结构简单、传动精度高等特点，一般采用滚珠丝杠副、直线滚动导轨副等。

③ 具有完善的刀具自动交换和管理系统。

④ 在加工中心上一般具有工件自动交换、工件夹紧和放松机构。

⑤ 机床本身具有很高的动、静刚度。

⑥ 采用全封闭罩壳。由于数控机床是自动完成加工，为了操作安全，一般采用移动门结构的全封闭罩壳，对机床的加工部件进行全封闭。对于半闭环、闭环数控机床，还带有检测反馈装置，其作用是对机床的实际运动速度、方向、位移量以及加工状态加以检测，把检测结果转化为电信号反馈给 CNC 装置。检测反馈装置主要有感应同步器、光栅、编码器、磁栅及激光测距仪等。

3. 数控机床的分类

数控机床的分类方法很多，根据数控机床的功能、结构，可以大致从加工方式、运动控制方式、伺服控制方式和系统功能水平等几个方面进行分类，见表 7-4。

表 7-4 数控机床的分类

分类	机床类型		
按加工方式	金属切削类	金属成形类	数控特种加工类
按运动控制方式	点位控制	直线控制	轮廓控制
按伺服控制方式	开环控制	半闭环控制	闭环控制
按系统功能水平	经济型	中档型	高档型
按联动方式	二轴	三轴	多轴
按数控装置类别	硬件(NC)		软件(CNC)

本书主要介绍按加工方式的分类。

数控机床是在普通机床的基础上发展起来的，各种类型的数控机床基本上均起源于同类型的普通机床。按加工方式分类，数控机床大致有如下几种。

(1) 金属切削类数控机床。

指采用车、铣、镗、铰、钻、磨及刨等各种切削工艺的数控机床，包括数控车床、数控钻床、数控铣床、数控磨床、数控镗床以及加工中心。切削类数控机床发展最早，目前种类繁多，功能差异也较大。这里需要特别强调的是加工中心，也称为可自动换刀的数控机床，这类数控机床都带有一个刀库和自动换刀系统，刀库可容纳 16～100 把刀具。

图 7-2 和图 7-3 分别是立式加工中心、卧式加工中心的外观图。立式加工中心装夹工件方便，便于找正，易于观察加工情况，调试程序简便，但受立柱高度的限制，不能加工过高的零件，常常用于加工高度方向尺寸相对较小的模具零件。一般情况下，除底部不能加工外，其余五个面都可以用不同的刀具进行轮廓和表面加工。卧式加工中心适宜加工有多个加工面的大型零件或高度尺寸较大的零件。

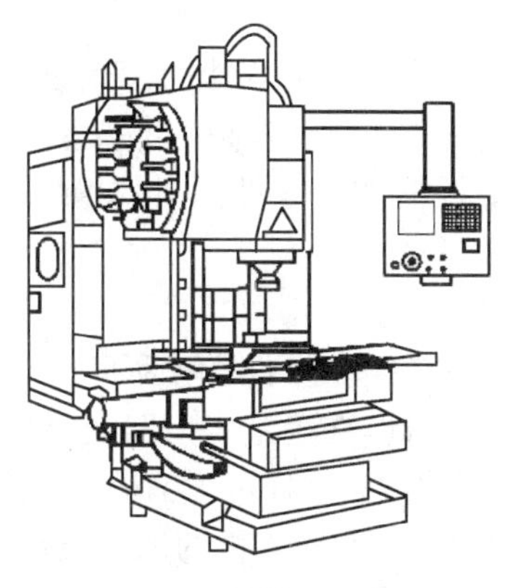

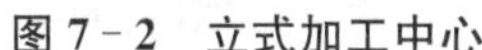

图 7-2　立式加工中心

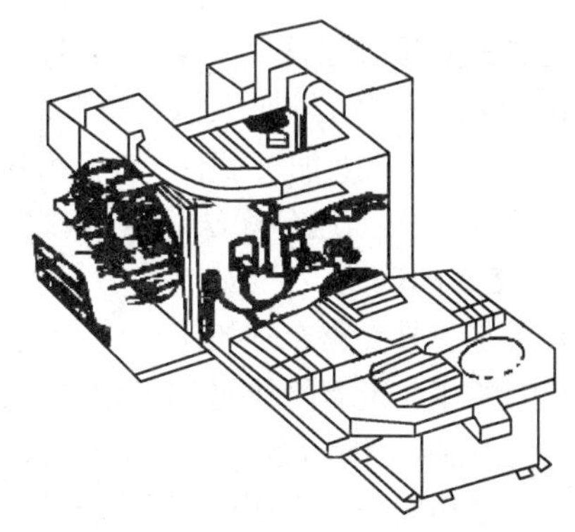

图 7-3　卧式加工中心

(2) 金属成形类数控机床。

指采用挤、冲、压及拉等成形工艺的数控机床，包括数控折弯机、数控组合冲床、数控弯管机及数控压力机等。这类机床起步晚，但目前发展很快。

(3) 数控特种加工机床。

如数控线切割机床、数控电火花加工机床、数控火焰切割机床及数控激光切割机床等。

(4) 其他类型的数控机床。

如数控三坐标测量仪、数控对刀仪及数控绘图仪等。

7.1.2　数控加工的工序设计

数控加工工序设计的主要任务是拟定本工序的具体加工内容、确定加工余量和切削用量、定位夹紧方式及刀具运动轨迹，选择刀具、夹具、量具等工艺装备，为编制加工程序做好充分准备。

1. 工序划分

工序的划分通常采用两种不同原则，即工序集中原则和工序分散原则。

在数控机床上特别是在加工中心上加工零件，工序十分复杂，许多零件只需在一次装夹中就能完成全部工序，即更多的数控工艺路线的安排趋向于工序集中。但是，一方面，零件的粗加工，特别是铸锻毛坯零件的基准面、定位面等部位的加工，应在普通机床上加工完成后，再装夹到数控机床上进行加工。这样可以发挥数控机床的特点，保持数控机床的精度，延长数控机床的使用寿命，降低数控机床的使用成本。经过粗加工或半精加工的零件装夹到数控机床上之后，数控机床按照规定的工序一步一步地进行半精加工和精加工。另一方面，考虑到生产纲领、所用设备及零件本身的结构和技术要求等，单件小批量生产时，通常采用工序集中原则。成批生产时，可按工序集中原则划分，也可按工序分散原则划分，应视具体情况而定；对于结构尺寸和质量都很大的重型零件，应采用工序集中原则，以减少装夹次数和运输量。对于刚性差、精度高的零件，应按工序分散原则划分。

在数控机床上加工零件的工序划分方法有：

(1) 刀具集中分序法。该法是按所用刀具划分工序，用同一把刀完成零件上所有可以完成的部位。再用第二把刀、第三把刀完成它们可以完成的部位。这样可以减少换刀次数，压缩空行程时间，减少不必要的定位误差。

(2) 粗、精加工分序法。对单个零件要先粗加工、半精加工，而后精加工。对于一批零件，先全部进行粗加工、半精加工，最后再进行精加工。粗、精加工之间，最好隔一段时间，以使粗加工后零件的变形得到充分的恢复，再进行精加工，以提高零件的加工精度。

(3) 按加工部位分序法。一般先加工平面、定位面，后加工孔；先加工简单的几何形状，再加工复杂的几何形状；先加工精度较低的部位，再加工精度要求较高的部位。

总之，在数控机床上加工零件，加工工序的划分要根据加工零件的具体情况具体分析。许多工序的安排是按上述分序法综合安排的。

2. 加工路线的确定

走刀路线是刀具在整个加工工序中相对于零件的运动轨迹，它不但包括了工步的内容，也反映出工步的顺序。走刀路线是编写程序的依据之一。因此，在确定走刀路线时最好画一张工序简图，将已经拟定出的走刀路线画上去(包括进、退刀路线)，这样可为编程带来不少方便。

工步顺序是指同一道工序中，各个表面加工的先后次序。它对零件的加工质量、加工效率和数控加工中的走刀路线有直接影响，应根据零件的结构特点和工序的加工要求等合理安排。工步的划分与安排，一般可随走刀路线来进行，在确定走刀路线时，主要遵循以下原则。

(1) 应能保证零件的加工精度和表面粗糙度要求。

如图 7-4 所示，当铣削平面零件外轮廓时，一般采用立铣刀侧刃切削。刀具切入零件时，应避免沿零件外廓的法向切入，而应沿外廓曲线延长线的切向切入，以避免在切入处产生刀具的刻痕而影响表面质量，保证零件外廓曲线平滑过渡。同理，在切离零件时，也应避免在零件的轮廓处直接退刀，而应该沿零件轮廓延长线的切向逐渐切离工件。

铣削封闭的内轮廓表面时，若内轮廓曲线允许外延，则应沿切线方向切入切出。若内轮廓曲线不允许外延，如图 7-5 所示，刀具只能沿内轮廓曲线的法向切入切出，此时刀具的切入切出点应尽量选在内轮廓曲线两几何元素的交点处。当内部几何元素相切无交点时，为防止刀具在轮廓拐角处留下凹口，如图 7-6(a)所示，刀具切入切出点应远离拐角，如图 7-6(b)所示。

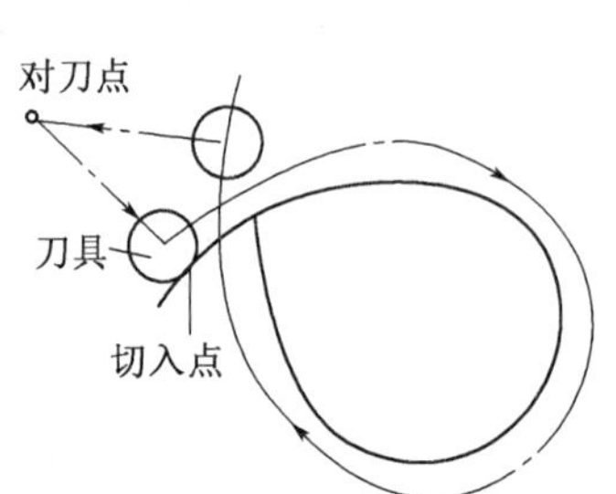

图 7-4 外轮廓加工刀具的切入和切出过渡

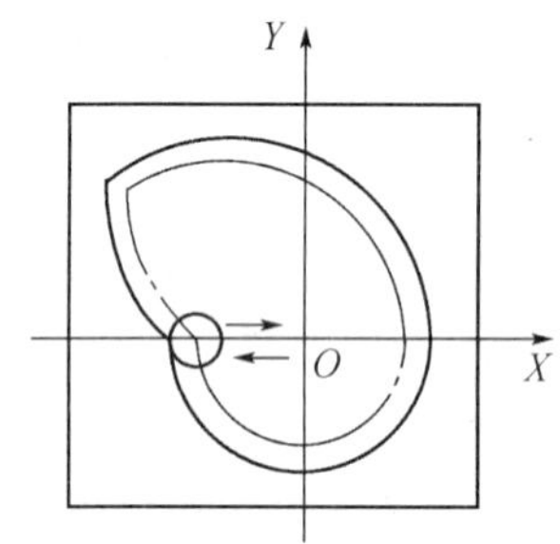

图 7-5 内轮廓加工刀具的切入和切出过渡

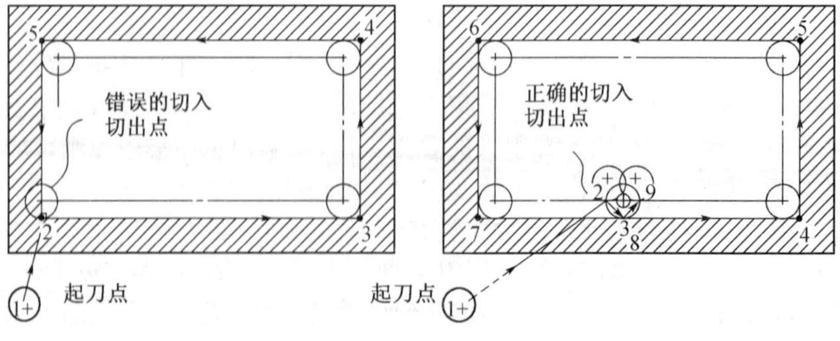

图 7-6 无交点内轮廓加工刀具的切入和切出

如图 7－7 所示，用圆弧插补方式铣削外整圆时，当整圆加工完毕，不要在切点处直接退刀，而应让刀具沿切线方向多运动一段距离，以免取消刀补时，刀具与零件表面相碰，造成零件报废。铣削内圆弧时也要遵循从切向切入的原则，最好安排从圆弧过渡到圆弧的加工路线，如图 7－8 所示，这样可以提高内孔表面的加工精度和加工质量。

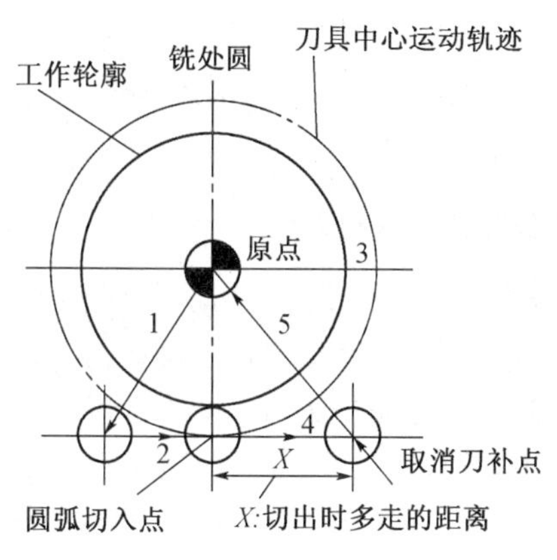

图 7－7　铣削外圆图

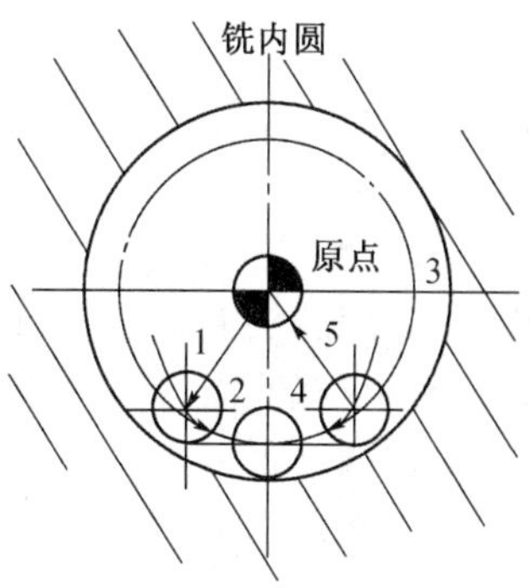

图 7－8　铣削内圆图

对于孔位置精度要求较高的零件，在精镗孔系时，镗孔路线一定要注意各孔的定位方向一致，即采用单向趋近定位点的方法，以避免传动系统反向间隙误差或测量系统的误差对定位精度的影响。例如，图 7－9(a)所示的孔系加工路线，在加工孔Ⅳ时，X 方向的反向间隙将会影响Ⅲ、Ⅳ两孔的孔距精度；如果改为图 7－9(b)所示的加工路线，可使各孔的定位方向一致，从而提高了孔距精度。

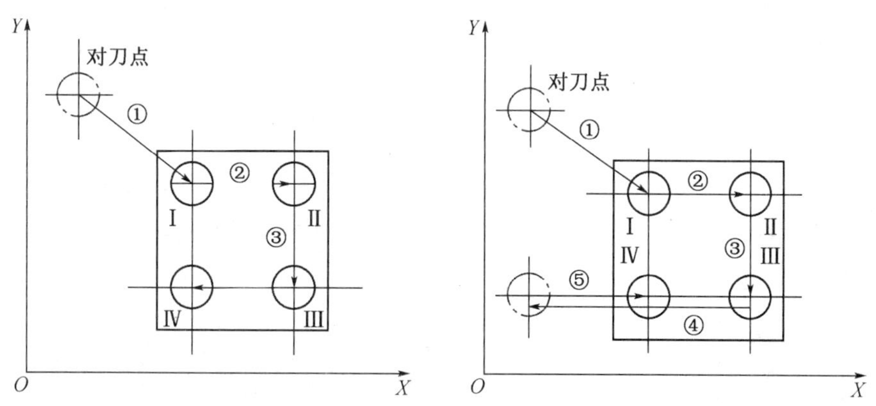

图 7－9　孔系加工方案比较

在数控车床上车螺纹时，沿螺距方向的 Z 向进给应和车床主轴的旋转保持严格的速比关系，因此应避免在进给机构加速或减速的过程中切削。为此要有引入距离 δ_1 和超越距离 δ_2。如图 7－10 所示，δ_1 和 δ_2 的数值与车床拖动系统的动态特性、螺纹的螺距和精度有关。

一般 δ_1 为 2～5 mm，对大螺距和高精度的螺纹取大值；δ_2 一般取 δ_1 的 1/4 左右。若螺纹收尾处没有退刀槽时，收尾处的形状与数控系统有关，一般按 45°退刀收尾。

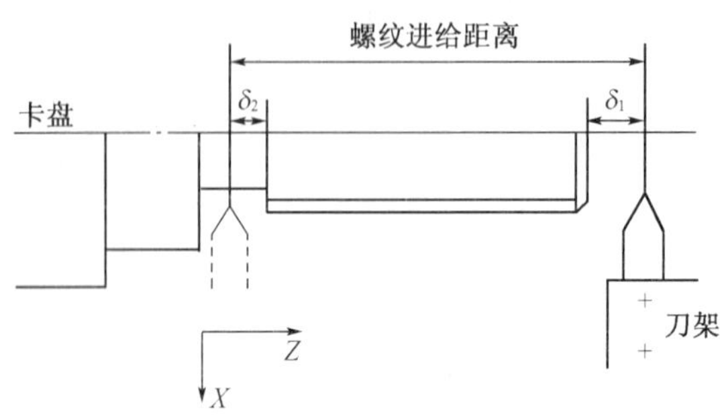

图 7 - 10 切削螺纹时引入/超越距离

铣削曲面时，常用球头刀采用“行切法”进行加工。所谓“行切法”是指刀具与零件轮廓的切点轨迹是一行一行的，而行间的距离是按零件加工精度的要求确定的。对于边界敞开的曲面加工，可采用两种走刀路线，如图 7 - 11 所示发动机大叶片，采用图 7 - 11(a)所示的加工方案时，每次沿直线加工，刀位点计算简单，程序少，加工过程符合直纹面的形成，可以准确保证母线的直线度；当采用图 7 - 11(b)所示的加工方案时，符合这类零件数据给出情况，便于加工后检验，叶形的准确度较高，但程序较多。由于曲面零件的边界是敞开的，没有其他表面限制，所以边界曲面可以延伸，球头刀应由边界外开始加工。

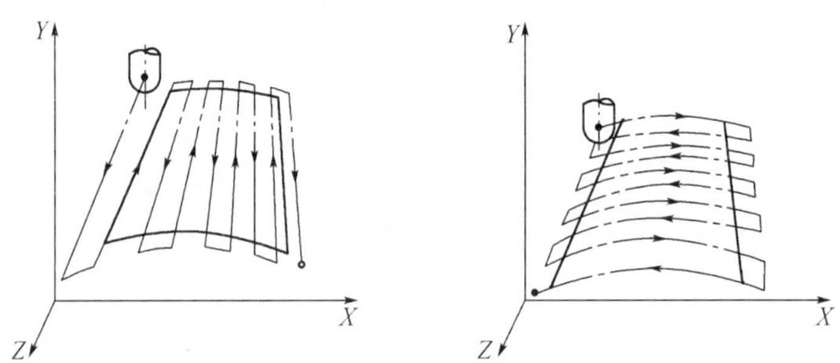

图 7 - 11 曲面加工的走刀路线

图 7 - 12(a)、(b)所示分别为用行切法加工和环切法加工凹槽的走刀路线；图 7 - 12(c)所示为先用行切法，最后环切一刀光整轮廓表面。三种方案中，图 7 - 12(a)方案最差，图 7 - 12(c)方案最好。

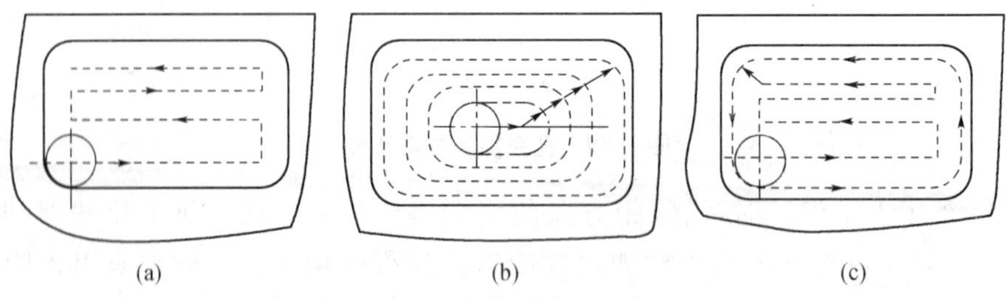

图 7 - 12 凹槽加工走刀路线

此外，轮廓加工中应避免进给停顿。因为加工过程中的切削力会使工艺系统产生弹性变形并处于相对平衡状态，进给停顿时，切削力突然减小，会改变系统的平衡状态，刀具会在进给停顿处的零件轮廓上留下刻痕。

为提高零件表面的精度和减小粗糙度，可以采用多次走刀的方法，精加工余量一般以 0.2～0.5 mm 为宜。而且精铣时宜采用顺铣，以减小零件被加工表面粗糙度的值。

(2) 应使走刀路线最短，减少刀具空行程时间，提高加工效率。

图 7－13 所示为正确选择钻孔加工路线的例子。按照一般习惯，总是先加工均布于同一圆周上的八个孔，再加工另一圆周上的孔，如图 7－13(a)所示。但是对点位控制的数控机床而言，要求定位精度高，定位过程尽可能快，因此这类机床应按空程最短来安排走刀路线，如图 7－13(b)所示，以节省加工时间。

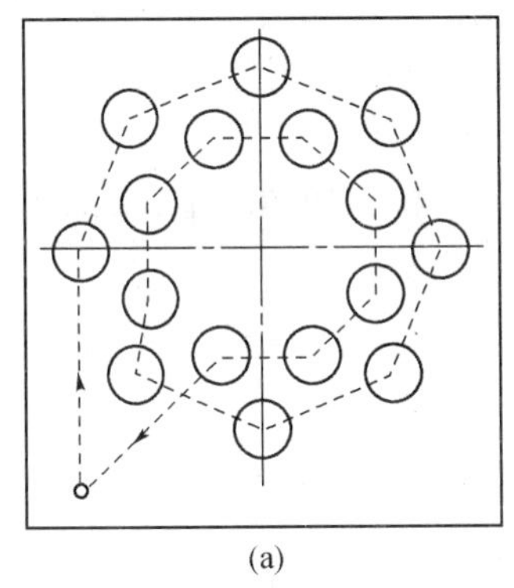

(a)

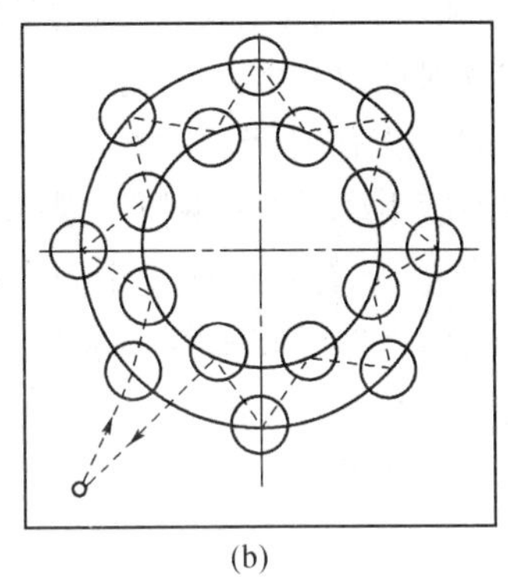

(b)

图 7－13　最短加工路线选择

(3) 应使数值计算简单，程序段数量少，以减少编程工作量。

3. 数控加工刀具的选择

数控机床具有高速、高效的特点。一般数控机床，其主轴转速要比普通机床主轴转速高 1～2 倍。因此，数控机床用的刀具比普通机床用的刀具要求严格得多。刀具的强度和耐用度是人们十分关注的问题，近几年来，一些新刀具相继出现，使机械加工工艺得到了不断更新和改善。选用刀具时应注意以下几点。

(1) 在数控机床上铣削平面时，应采用镶装不重磨可转位硬质合金刀片的铣刀。一般采用两次走刀，一次粗铣，一次精铣。当连续切削时，粗铣刀直径要小一些，精铣刀直径要大一些，最好能包容待加工面的整个宽度。加工余量大，且加工面又不均匀时，刀具直径要选得小些，否则当粗加工时会因接刀刀痕过深而影响加工质量。

(2) 高速钢立铣刀多用于加工凸台和凹槽，最好不要用于加工毛坯面，因为毛坯面有硬化层和夹砂现象，刀具会很快被磨损。

(3) 加工余量较小，并且要求表面粗糙度较低时，应采用镶立方氮化硼刀片的端铣刀或镶陶瓷刀片的端铣刀。

(4) 镶硬质合金的立铣刀可用于加工凹槽、窗口面、凸台面和毛坯表面。

(5) 镶硬质合金的玉米铣刀可以进行强力切削，铣削毛坯表面和用于孔的粗加工。

(6) 精度要求较高的凹槽加工时，可以采用直径比槽宽小一些的立铣刀，先铣槽的中间部分，然后利用刀具半径补偿功能铣削槽的两边．直到达到精度要求为止。

(7) 在数控铣床上钻孔，一般不采用钻模，加工钻孔深度为直径的 5 倍左右的深孔时容易折坏钻头，钻孔时应注意冷却和排屑。钻孔前最好先用中心钻钻一个中心孔或用一个刚性好的短钻头锪窝引正。锪窝除了可以解决毛坯表面钻孔引正问题外，还可以代替孔口倒角。

4. 加工余量、工序尺寸和切削用量的确定

在选择好毛坯，拟定出机械加工工艺路线之后，就可以确定加工余量并计算各工序的工序尺寸。加工余量大小与加工成本、质量有密切关系。余量过小，会使前一道工序的缺陷得不到修正，造成废品，从而影响加工质量和成本。余量过大，不仅浪费材料，而且要增加切削工时，增大刀具的磨损与机床的负荷，从而使加工成本增加。加工余量的选择和工序尺寸的确定可参照本教材第 3 章进行。

确定数控机床的切削用量时一定要根据机床说明书中规定的要求，以及刀具的耐用度去选择，当然也可以结合实际经验采用类比法去确定。确定切削用量时应注意以下几点。

(1) 要充分保证刀具能加工完一个工件或保证刀具的耐用度不低于一个工作班，最少也不低于半个班的工作时间。

(2) 切削深度主要受机床刚度的限制，在机床刚度允许的情况下，尽可能使切削深度等于工件的加工余量，这样可以减少走刀次数，提高加工效率。

(3) 对于表面粗糙度和精度要求高的零件，要留有足够的精加工余量。数控机床的精加工余量可比普通机床小一些。

(4) 主轴的转速 S(r/min)要根据切削速度 υ(m/min)来选择：

$$\upsilon = \pi SD/1\,000$$

式中，D 为工件或刀具直径(mm)；υ 为切削速度，由刀具耐用度决定。

(5) 进给速度 f(mm/min)，是数控机床切削用量中的重要参数，可根据工件的加工精度和表面粗糙度要求，以及刀具和工件材料的性质选取。

5. 工件装夹方式与夹具的选择

数控机床上应尽量采用组合夹具，必要时可以设计专用夹具。无论是采用组合夹具还是设计专用夹具，一定要考虑数控机床的特点。在数控机床上加工工件，由于工序集中，往往是在一次装夹中就要完成全部工序，因此对夹紧工件时的变形要给予足够的重视。此外，还应注意协调工件和机床坐标系的关系。设计专用夹具时，应注意以下几点。

(1) 选择合适的定位方式。

夹具在机床上安装位置的定位基准应与设计基准一致，即所谓基准重合原则。所选择的定位方式应具有较高的定位精度，没有过定位干涉现象且便于工件的安装。为了便于夹具或工件的安装找正，最好从工作台某两个面定位。对于箱体类工件，最好采用一面两销定位。若工件本身无合适的定位孔和定位面，可以设置工艺基准面和工艺基准孔。

(2) 确定合适的夹紧方法。

考虑夹紧方案时，要注意夹紧力的作用点和方向。夹紧力作用点应靠近主要支撑点或在支撑点所组成的三角形内，应力求靠近切削部位及刚性较好的地方。

(3) 夹具结构要有足够的刚度和强度。

夹具的作用是保证工件的加工精度，因此要求夹具必须具备足够的刚度和强度，以减小其变形对加工精度的影响。特别对于切削用量较大的工序，夹具的刚度和强度更为重要。

6. 工艺文件编制

数控加工工艺是一种高效自动化的新工艺，其加工工艺的制订是相当严密的。加工工艺是否先进、合理，将在很大程度上决定加工质量的优劣。因此，在数控加工中，工艺文件的编制显得尤为突出与重要。

数控加工的工艺文件主要有工序卡、刀具调整单、机床调整单、零件的加工程序单。

(1) 工序卡。工序卡主要用于自动换刀数控机床。工序卡应记录刀具调整单、机床调整单及加工程序单中必须先拟定的事项，它是下一步工作的依据，同时也是机床操作者的内容表。工序卡应按已确定的工步顺序填写。不同的数控机床其工序卡的格式也不同。数控加工工序卡的一般格式见表7-5。

表7-5　数控加工工序卡

数控加工工序卡		零件图号		零件名称	版次	文件编号	第×页
		JXJY-JDX7		支架	1	×-×	共×页
Y　O　X				工序号	40	工序名称	精铣轮廓
工艺凸耳及定位孔				加工车间	3	材料牌号	LD6
Z原点　Z=0						机床型号	
机床真空平台							
过渡真空夹具				编程说明			
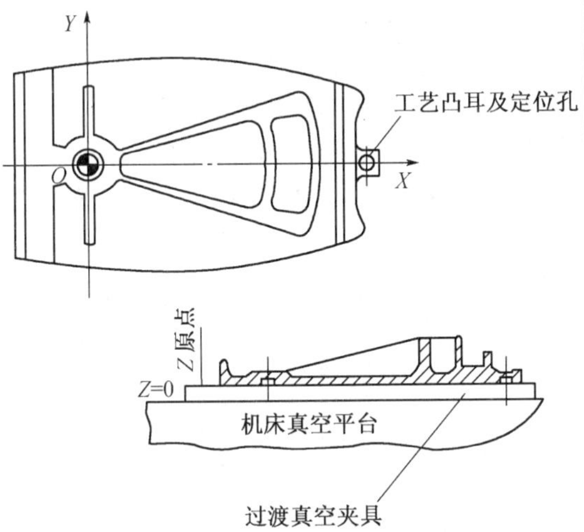 图中X、Y轴的交点为编程及对刀重合原点				数控系统	西门子802C	切削速度	m/min
				程序介质	内存	主轴转速	800 r/min
				程序标记		进给速度	600 mm/min
						程序原点	G54
				编程方式	G90	镜像加工	无
				刀补号			
工步号	工序内容	工装					
		名称	图号				
1	铣周边圆角R5	立铣刀	ZG101/107				
2	铣扇形	成型铣刀	ZG103/018				
3	铣外轮廓	立铣刀	ZG101/106				
				更改标记	更改文件号	签名	日期
工艺员	贾学斌	校对	仲丛伟	审定	何世松	批准	贾颖莲

(2) 刀具调整单。数控加工对刀具要求比较严格，一般都要在对刀仪上预先调整好。应将工序卡中选用的刀具及其编号、型号、参数填入刀具调整单中，作为调整刀具的依据。调整结果的实际参数也记入刀具调整单中，供确定刀具补偿值之用。

(3) 机床调整单。机床调整单供操作人员在加工零件之前调整机床使用。机床调整单上应记录机床控制柜面板上“开关”的位置，零件安装、定位和夹紧方法(可用示意图表示)及键盘应键入的数据等。一般包括五方面内容：进给速度值或退率数值；对称切削，水平校验；计划中停、删除、代码类型、冷却方式；刀具半径补偿或长度补偿；工件安装、定位和夹紧方法。

(4) 加工程序单。记录工艺过程、工艺参数和位移数据的表格,称为零件加工程序单。加工程序是制作控制介质的依据。加工程序单中的每个程序段,其信息给出顺序和形式的规则就是程序段格式。现在一般使用的程序段格式为可变程序段格式。

工序卡中的每个工步都要有相应的刀具轨迹图(加工路线示意图)。按刀具轨迹图和数值计算得到的数据,填写加工程序单。数控机床不同,其程序段格式不同,加工程序单也不一样。对数控加工来说,编制出正确的加工程序单是极为重要的,否则将会造成时间和经费的浪费。因此,在数控加工中,较高水平的零件程序员是必不可少的。

7.1.3 数控系统

1. 数控系统的工作过程及功能

数控系统的工作过程如下:

(1) 输入。输入给数控系统的有零件加工程序、控制参数和补偿数据等。

(2) 译码。输入的程序段含有以下信息:零件的轮廓信息(零件几何元素的起点、终点、圆弧的圆心或半径、直线或圆弧等);要求的切削用量、使用的刀具、工具等;主轴的转速大小及转速控制等信息;其他一些辅助信息如:冷却液的开关、正反转等。

(3) 数据处理。数据处理程序一般包括刀具半径补偿、速度计算和辅助功能的处理。

(4) 插补。所谓插补就是根据给定的曲线类型(如直线、圆弧、或高次曲线)、起点、终点以及速度,在起点和终点之间进行数据点的密化,增加若干点的数据。计算机数控系统的插补功能主要由软件实现,目前主要有两种插补方法:一是脉冲增量插补,它的特点是每次插补运算结束产生一个进给脉冲增量插补;二是数字增量插补,它的特点是插补运算在每个插补周期进行一次,根据指令进给速度计算出一个微小的直线数据段。

(5) 伺服控制。计算机送出的信号是非常微弱的,不能直接驱动数控机床的电动机运转。这一步是将计算机送出的位置进给脉冲或进给速度指令,经变换和放大后驱动伺服电机(步进电机或交直流伺服电机),从而带动机床工作台移动。

(6) 管理程序。当一个数据段开始插补时,管理程序即着手准备下一个数据段的读入、译码、数据处理。即由它调用各个功能子程序,且保证一个数据段加工过程中将下一个程序段准备就绪。一旦本数据段加工完成,即开始下一个数据段的插补加工。整个零件加工就是在这种周而复始的过程中完成。

2. 常见的数控系统

目前国内外市场上常见的数控系统有中国华中数控世纪星、广州数控 990 系列、日本 FANUC 0i 系列、德国 SINUMERIK 802D、法国 NUM 1060 等。

7.2 精密加工和超精密加工

7.2.1 概述

精密加工是指在精加工之后从零件上切除很薄的材料层,以提高零件精度和减小表面粗糙度为目的的加工方法。精密加工和超精密加工代表了加工精度发展的不同阶段。精密加工是指在一定的发展时期,加工精度和表面质量达到较高程度的加工工艺。超精密加工是指加工精度和表面质量达到最高程度的精密加工工艺。超精密加工不仅涉及精度指标,还必须考虑到工件的形状特点和材料等因素。

当前，精密加工是指加工精度为 1～0.1 μm、表面粗糙度为 Ra0.1～0.01 μm 的加工技术；超精密加工是指加工精度高于 0.1 μm，表面粗糙度小于 Ra0.025 μm 的加工技术，又称亚微米级加工。目前超精密加工已进入纳米级，并称为纳米加工。

7.2.2　精密加工

1. 研磨

研磨是用研磨工具和研磨剂，从零件上研去一层极薄表面层的精加工方法。研磨外圆尺寸精度可达公差等级 IT6～IT5 以上，表面粗糙度可达 Ra 为 0.1～0.08 μm。研磨的设备结构简单，制造方便，故研磨在高精度零件和精密配合的零件加工中，是一种有效的方法。

(1) 加工原理。

研磨是在研具与零件之间置以研磨剂，研具在一定压力作用下与零件表面之间做复杂的相对运动，通过研磨剂的机械及化学作用，从零件表面上切除很薄的一层材料，从而达到很高的精度和很小的表面粗糙度。

研具的材料应比零件材料软，以便部分磨粒在研磨过程中能嵌入研具表面，起滑动切削作用。大部分磨粒悬浮于磨具与零件之间，起滚动切削作用。研具可以用铸铁、软钢、黄铜、塑料或硬木制造，但最常用的是铸铁研具。因此它适于加工各种材料，并能较好地保证研磨质量和生产效率，成本也比较低。

研磨剂由磨料、研磨液和辅助填料等混合而成，有液态、膏状和固态三种，以适应不同加工的需要。磨料主要起机械切削作用，是由游离分散的磨粒做自由滑动、滚动和冲击来完成的。常用的磨粒有刚玉、碳化硅等，其粒度在粗研时为 240# ～20#，精研时为 20# 以下。研磨液主要起冷却和润滑作用，并能使磨粒均匀地分布在研具表面。常用的研磨液有煤油、汽油、全损耗系统用油(俗称机油)等。辅助填料可以使金属表面产生极薄的、较软的化合物膜，以便零件表面凸峰容易被磨粒切除，提高研磨效率和表面质量。最常用的辅助填料是硬脂酸、油酸等化学活性物质。

(2) 研磨分类。

研磨方法分手工研磨和机械研磨两种。

① 手工研磨是人手持研磨具或零件进行研磨的方法，如图 7-14 所示，所用研具为研磨环。研磨时，将弹性研磨环套在零件上，并在研磨环与零件之间涂上研磨剂，调整螺钉使研磨环对零件表面形成一定的压力。零件装夹在前后顶尖上，作低速回转(20～30 m/min)，同时手握研磨环做轴向往复运动，并经常检测零件，直至合格为止。手工研磨生产率低，只适用于单件小批量生产。

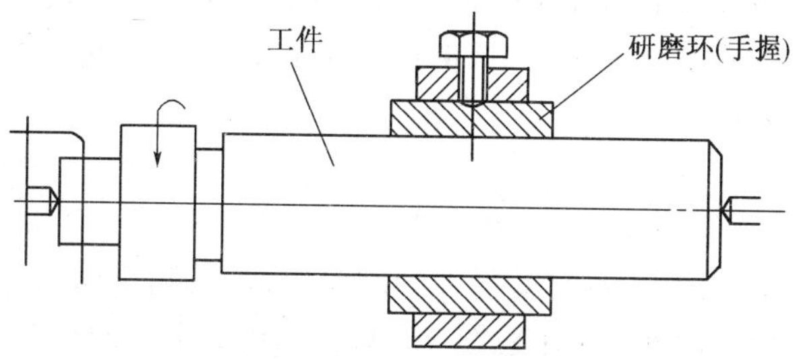

图 7-14　手工研磨外圆

② 机械研磨是在研磨机上进行，如图 7－15 所示为研磨小件外圆用研磨机的工作示意图。研具由上下两块铸铁研磨盘 5、2 组成，二者可同向或反向旋转。下研磨盘与机床转轴刚性连接，上研磨盘与悬臂轴 6 活动铰接，可按照下研磨盘自动调位，以保证压力均匀。在上下研磨盘之间有一个与偏心轴 1 相连的分隔盘 4，其上开有安装零件的长槽，槽与分隔盘径向倾斜角为 γ 。当研磨盘转动时，分隔盘由偏心轴带动作偏心旋转，零件 3 既可以在槽内自由转动，又可因分隔盘的偏心而做轴向滑动，因而其表面形成网状轨迹，从而保证从零件表面切除均匀的加工余量。悬臂轴可向两边摆动，以便装夹零件。机械研磨生产率高，适合大批量生产。

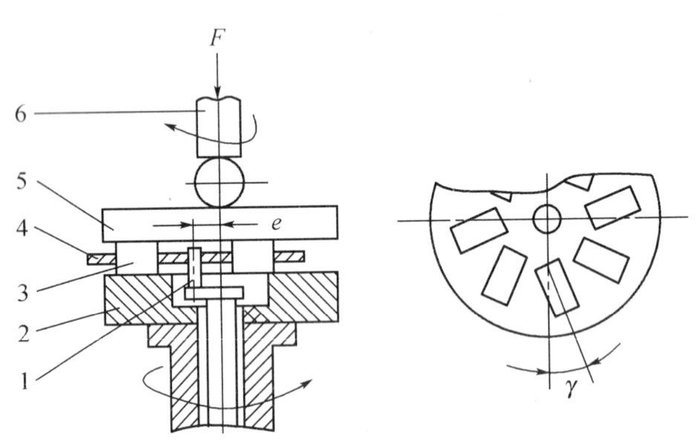

图 7－15 研磨机工作示意图

1—偏心轴；2—下研磨盘；3—零件；4—分隔盘；5—上研磨盘；6—悬臂轴

(3) 研磨的特点及应用。

研磨具有如下特点：

① 加工简单，不需要复杂设备。研磨除可在专门的研磨机上进行外，还可以在简单改装的车床、钻床等上面进行，设备和研具皆较简单，成本低。

② 研磨质量高。研磨过程中金属塑性变形小，切削力小、切削热少，表面变形层薄，切削运动复杂，因此，可以达到高的尺寸精度、形状精度和小的表面粗糙度，但不能纠正零件各表面间的位置误差。若研具精度足够高，经精细研磨，加工后表面的尺寸误差和形状误差可以小到 0.1～0.3 μm，表面粗糙度 Ra 值可达 0.025 μm 以下。

③ 生产率较低。研磨对零件进行的是微量切削，前道工序为研磨留的余量一般不超过 0.01～0.03 mm。

④ 研磨零件的材料广泛。可研磨加工钢件、铸铁件、铜、铝等有色金属件和高硬度的淬火钢件、硬质合金及半导体元件、陶瓷元件等。

研磨应用很广，常见的表面如平面、圆柱面、圆锥面、螺纹表面、齿轮齿面等，都可以用研磨进行精整加工。精密配合零件如柱塞泵的柱塞与泵体、阀芯与阀套等，往往要经过两个配合件的配研才能达到要求。

2. 珩磨

(1) 加工原理。

珩磨是利用带有磨条(由几条粒度很细的磨条组成)的珩磨头对孔进行精整加工的方法。如图 7－16(a)所示为珩磨加工示意图，珩磨时，珩磨头上的油石以一定的压力压在被加工表面上，由机床主轴带动珩磨头旋转并沿轴向做往复运动(零件固定不动)。在相对运动的过程中，磨条从零件表面切除一层极薄的金属，加之磨条在零件表面上的切削轨迹是交叉而不重复的网纹，如图 7－16(b)所示，故珩磨精度可达 IT7～IT5 以上，表面粗糙度 Ra 值为 0.1～0.008 μm。

如图 7－17 所示为一种结构比较简单的珩磨头，磨条用黏结剂与磨条座固结在一起，并装在本体的槽中，磨条两端用弹簧圈箍住。旋转调节螺母，通过调节锥和顶销，可使磨条胀开以便调整珩磨头的工作尺寸及磨条对孔壁的工作压力。为了能使加工顺利进行，本体必须通过浮动联轴节与机床主轴连接。

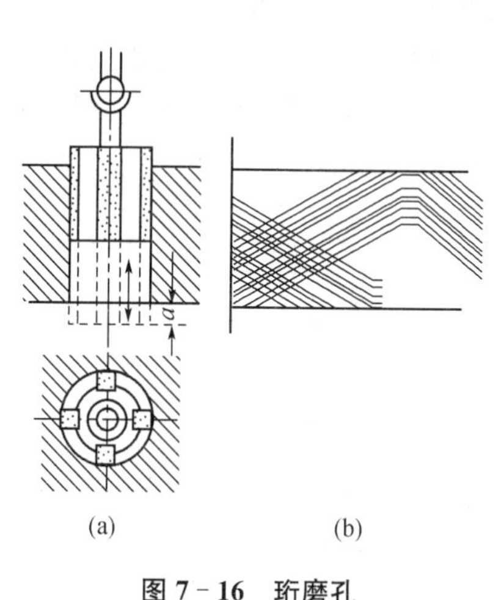

图 7－16　珩磨孔

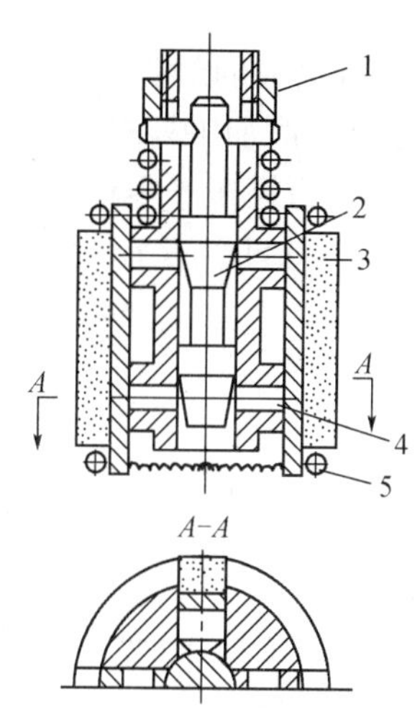

图 7－17　珩磨头

1—调节螺母；2—调节锥；3—磨条；4—顶块；5—弹簧箍

为了及时地排出切屑和切削热，降低切削温度和减少表面粗糙度，珩磨时要浇注充分的珩磨液。珩磨铸铁和钢件时通常用煤油加少量机油或锭子油(10%～20%)作珩磨液；珩磨青铜等脆性材料时，可以用水剂珩磨液。

磨条材料依零件材料选取。加工钢件时，磨条一般选用氧化铝；加工铸铁、不锈钢和有色金属时，磨条材料一般选用碳化硅。

在大批量生产中，珩磨在专门的珩磨机上进行。机床的工作循环常是自动化的，主轴旋转是机械传动，而其轴向往复运动是液压传动。珩磨头磨条与孔壁之间的工作压力由机床液压装置调节。在单件小批生产中，常将立式钻床或卧式车床进行适当改装，来完成珩磨加工。

(2) 珩磨的特点及应用。

珩磨具有如下特点：

① 生产率较高。珩磨时多个磨条同时工作，又是面接触，同时参加切削的磨粒较多，并且经常连续变化切削方向，能较长时间保持磨粒刃口锋利。珩磨余量比研磨大，一般珩磨铸铁时为 0.02～0.15 mm，珩磨钢件时为 0.005～0.08 mm。

② 精度高。珩磨可提高孔的表面质量、尺寸和形状精度，但不能纠正孔的位置误差。这是由于珩磨头与机床主轴是浮动连接所致。因此，在珩磨孔的前道精加工工序中，必须保证其位置精度。

珩磨主要用于孔的精整加工，加工范围很广，能加工直径为 5～500 mm 或更大的孔，并且能加工深孔。珩磨还可以加工外圆、平面、球面和齿面等。

珩磨不仅在大批大量生产中应用极为普遍，而且在单件小批生产中应用也较广泛。对于某些零件的孔，珩磨已成为典型的精整加工方法，例如飞机、汽车等的发动机的汽缸、缸套、连杆以及液压缸、枪筒、炮筒等。

③ 珩磨表面耐磨损。已加工表面有交叉网纹，利于油膜形成，润滑性能好，磨损慢。

④ 珩磨头结构较复杂。

3. 超级光磨

(1) 加工原理。

超级光磨是用细磨粒的磨具(油石)对零件施加很小的压力进行光整加工的方法。如图 7-18 所示为超级光磨加工外圆的示意图。加工时，零件旋转(一般零件圆周线速度为6～30 m/min)，磨具以恒力轻压于零件表面，做轴向进给的同时做轴向微小振动(一般振幅为1～6 mm，频率为 5～50 Hz)，从而对零件微观不平的表面进行光磨。

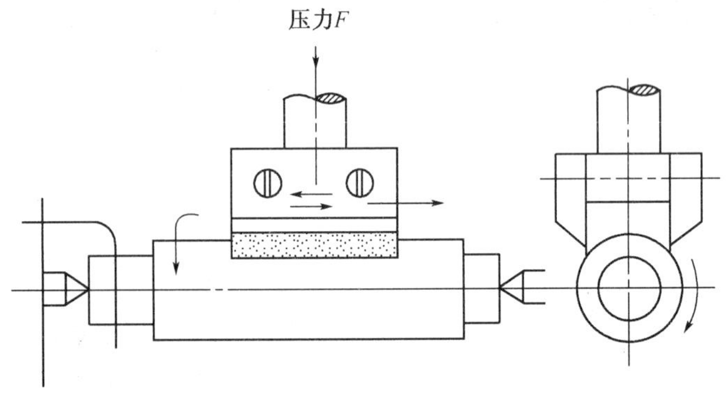

图 7-18 超级光磨加工外圆

加工过程中，在油石和零件之间注入光磨液(一般为煤油加锭子油)，一方面为了冷却、润滑及清除切屑等，另一方面为了形成油膜，以便自动终止切削作用。当油石最初与比较粗糙的零件表面接触时，虽然压力不大，但由于实际接触面积小，压强较大，油石与零件表面之间不能形成完整的油膜，如图 7-19(a)所示，加之切削方向经常变化，油石的自锐作用较好，切削作用较强。随着零件表面被逐渐磨平，以及细微切屑等嵌入油石空隙，使油石表面逐渐平滑，油石与零件接触面积逐渐增大，压强逐渐减小，油石和零件表面之间逐渐形成完整的润滑油膜，如图 7-19(b)所示，切削作用逐渐减弱，经过光整抛光阶段，最后便自动停止切削作用。

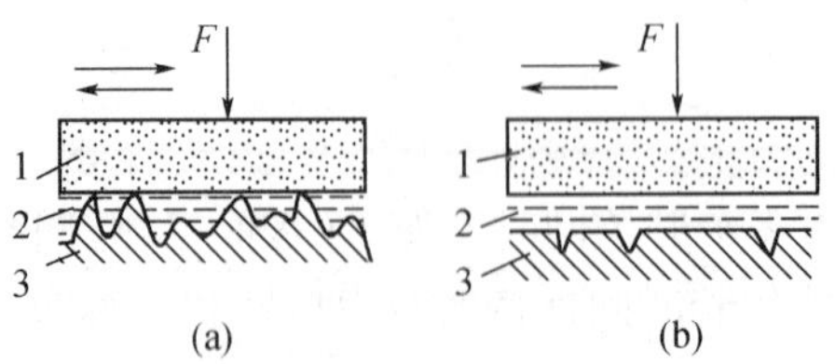

图 7-19 超级光磨加工过程

1—油石；2—油膜；3—零件

当平滑的油石表面再一次与待加工的零件表面接触时，较粗糙的零件表面将破坏油石表面平滑而完整的油膜，使磨削过程重新进行。

(2) 超级光磨的特点及应用。

超级光磨具有如下特点：

① 设备简单,操作方便。超级光磨可以在专门的机床上进行,也可以在适当改装的通用机床(如卧式车床等)上进行,利用不太复杂的超精加工磨头进行。一般情况下,超级光磨设备的自动化程度较高,操作简便,对工人的技术水平要求不高。

② 加工余量极小。由于油石与零件之间无刚性的运动联系,油石切除金属的能力较弱,只留有 3～10 μm 的加工余量。

③ 生产率较高。因为超级光磨只是切去零件表面的微观凸峰,加工过程所需时间很短,一般约为 30～60 s。

④ 表面质量好。由于油石运动轨迹复杂,加工过程是由切削作用过渡到光整抛光,表面粗糙度很小(Ra 小于 0.012 μm),并具有复杂的交叉网纹,利于储存润滑油,加工后表面的耐磨性较好。但不能提高其尺寸精度和形位精度,零件所要求的尺寸精度和形位精度必须由前道工序保证。

超级光磨的应用也很广泛,如汽车和内燃机零件、轴承、精密量具等小粗糙度表面常用超级光磨作光整加工。它不仅能加工轴类零件的外圆柱面,而且还能加工圆锥面、孔、平面和球面等。

4. 抛光

(1) 加工原理。

抛光是在高速旋转的抛光轮上涂以抛光膏,对零件表面进行光整加工的方法。抛光轮一般是用毛毡、橡胶、皮革、棉制品或压制纸板等材料叠制而成,是具有一定弹性的软轮。抛光膏由磨料(氧化铬、氧化铁等)和油酸、软脂等配制而成。

抛光时,将零件压于高速旋转的抛光轮上,在抛光膏介质的作用下,金属表面产生的一层极薄的软膜,可以用比零件材料软的磨料切除,而不会在零件表面留下划痕。加之高速摩擦,使零件表面出现高温,表层材料被挤压而发生塑性流动,这样可填平表面原来的微观不平,获得很光亮的表面(呈镜面状)。

(2) 抛光特点及应用。

抛光具有如下特点：

① 方法简单、成本低。抛光一般不用复杂、特殊设备,加工方法较简单,成本低。

② 适宜曲面的加工。由于弹性的抛光轮压于零件曲面时,能随零件曲面而变化,也即与曲面相吻合,容易实现曲面抛光,便于对模具型腔进行光整加工。

③ 不能提高加工精度。由于抛光轮与零件之间没有刚性的运动联系,抛光轮又有弹性,因此不能保证从零件表面均匀地切除材料,而只能减小表面粗糙度值,不能提高加工精度。所以,抛光仅限于某些制品的表面装饰加工,或者作为产品电镀前的预加工。

④ 劳动条件较差。抛光目前多为手工操作,工作繁重,飞溅的磨粒、介质、微屑污染环境,劳动条件较差。为改善劳动条件,可采用砂带磨床进行抛光,以代替用抛光轮的手工抛光。

综上所述,研磨、珩磨、超级光磨和抛光所起的作用是不同的,抛光仅能提高零件表面的光亮程度,而对零件表面粗糙度的改善并无益处。超级光磨仅能减小零件的表面粗糙度,而不能提高其尺寸和形位精度。研磨和珩磨则不但可以减小零件表面的粗糙度,也可以在一定程度上提高其尺寸和形位精度。

从应用范围来看，研磨、珩磨、超级光磨和抛光都可以用来加工各种各样的表面，但珩磨主要用于孔的精整加工。

从所用工具和设备来看，抛光最简单，研磨和超级光磨稍复杂，而珩磨则较为复杂。实际生产中常根据零件的形状、尺寸和表面的要求，以及批量大小和生产条件等，选用合适的精整或光整加工方法。

7.2.3 超精密加工

1. 超精密加工的分类

由于科学技术的发展，一些仪器设备零件所要求的精度和表面质量大为提高。例如计算机的磁盘、导航仪的球面轴承、激光器的激励腔等，其精度要求很高，表面粗糙度 *Ra* 值要求很低，用一般的精密加工难以达到要求。为了解决这类零件的加工问题，发展了超精密加工。

根据所用的工具不同，超精密加工可以分为超精密切削、超精密磨削和超精密研磨等。

(1) 超精密切削。是指用单晶金刚石刀具进行的超精密加工。因为很多精密零件是用有色金属制成的，难以采用超精密磨削加工，所以只能运用超精密切削加工。例如，用金刚石刀具精密切削高密度硬磁盘的铝合金基片，表面粗糙度 *Ra* 可达 0.003 μm，平面度可达 0.2 μm。

(2) 超精密磨削。是指用精细修整过的砂轮或砂带进行的超精密加工。它是利用大量等高的磨粒微刃，从零件表面切除一层极微薄的材料，来达到超精密加工的目的。它的生产率比一般超精密切削高，尤其是砂带磨削，生产率更高。

(3) 超精密研磨。一般是指在恒温的研磨液中进行研磨的方法。由于抑制了研具和零件的热变形，并防止了尘埃和大颗粒磨料混入研磨区，可以达到很高的精度(误差在 0.1 μm 以下)和很小的表面粗糙度(*Ra* 在 0.025 μm 以下)。

2. 超精密加工的基本条件

超精密加工的核心，是切除 μm 级以下极微薄的材料。为了较好地解决这一问题，机床设备、刀具、零件、环境和检验等方面，应具备如下基本条件。

(1) 机床设备。超精密加工的机床应具有如下基本条件：

① 可靠的微量进给装置。一般精密机床，其机械的或液压的微量进给机构，很难达到 1 μm以下的微量进给要求。目前进行超精密加工的机床，常采用弹性变形、热变形或压电晶体变形等的微量进给装置。

② 主轴的回转精度高。在进行极微量切削或磨削时，主轴回转精度的影响是很大的。例如进行超精密加工的车床，其主轴的径向和轴向跳动允差应小于 0.12～0.15 μm。这样高的回转精度，目前常用液体或空气静压轴承来达到。

③ 低速运行特性好的工作台。超精密切削或超精密磨削修整砂轮时，工作台的运动速度都应在 10～20 mm/min 左右或更小，在这样低的速度下运行，很容易产生“爬行”(即不均匀的窜动)，这是超精密加工决不允许的，目前防止爬行的主要措施是选用防爬行导轨油、采用聚四氟乙烯导轨面黏敷板和液体静压导轨等。

④ 较高的抗震性和热稳定性等。

(2) 刀具或磨具。无论是超精密切削还是超精密磨削，为了切下一层极薄的材料，切削刃必须非常锋利，并有足够的耐用度。目前，只有仔细研磨的金刚石刀具和精细修整的砂轮等,才能满足要求。

(3) 零件。由于超精密加工的精度和表面质量都要求很高,而加工余量又非常小,所以对零件的材质和表面层微观缺陷等都要求很高。尤其是表层缺陷(如空穴、杂质等),若大于加工余量加工后就会暴露在表面上,使表面质量达不到要求。

(4) 环境。应高度重视隔振、隔热、恒温以及防尘环境条件,以便保证超精密加工的顺利进行。

(5) 检验。为了可靠地评定精度,测量误差应为精度要求的 10%或更小。目前利用光波干涉的各种超精密测量方法,其测量误差的极限值是 0.01 μm,因此超精密加工的精度极限只能在 0.1 μm 左右。

7.3　特种加工方法

特种加工是指利用诸如化学、物理(电、声、光、热、磁)、电化学的方法对材料进行的加工。与传统的机械加工方法相比,它具有一系列的特点,能解决大量普通机械加工方法难以解决甚至不能解决的问题,因而自其产生以来,得到迅速发展,并显示出极大的潜力和应用前景。

特种加工主要有如下优点:

(1) 加工范围不受材料物理、力学性能的限制,具有“以柔克刚”的特点。可以加工任何硬的、脆的、耐热或高熔点的金属或非金属材料。

(2) 特种加工可以很方便地完成常规切(磨)削很难、甚至无法完成的各种复杂型面、窄缝、小孔,如汽轮机叶片曲面、各种模具的立体曲面型腔、喷丝头的小孔等加工。

(3) 用特种加工可以获得的零件的精度及表面质量有其严格的、确定的规律性,充分利用这些规律性,可以有目的地解决一些工艺难题和满足零件表面质量方面的特殊要求。

(4) 许多特种加工方法对零件无宏观作用力,因而适合于加工薄壁件、弹性件,某些特种加工方法则可以精确地控制能量,适于进行高精度和微细加工,还有一些特种加工方法则可在可控制的气氛中工作,适于要求无污染的纯净材料的加工。

(5) 不同的特种加工方法各有所长,它们之间合理的复合工艺,能扬长避短,形成有效的新加工技术,从而为新产品结构设计、材料选择、性能指标拟订提供更为广阔的可能性。

特种加工方法种类较多,这里仅简要介绍电火花加工、电解加工、超声波加工、激光加工。

7.3.1　电火花加工

1. 加工的基本原理

电火花加工是利用工具电极和零件电极间脉冲放电时局部瞬间产生的高温,将金属腐蚀去除来对零件进行加工的一种方法。如图 7-20 所示为电火花加工装置原理图。脉冲发生器 1 的两极分别接在工具电极 3 与零件 4 上,当两极在工作液 5 中靠近时,极间电压击穿间隙而产生火花放电,在放电通道中瞬时产生大量的热,达到很高的温度(10 000 ℃以上),使零件和工具表面局部材料熔化甚至气化而被蚀除下来,形成一个微小的凹坑。多次放电的结果,就使零件表面形成许多非常小的凹坑。电极不断下降,工具电极的轮廓形状便复印到零件上,这样就完成了零件的加工。

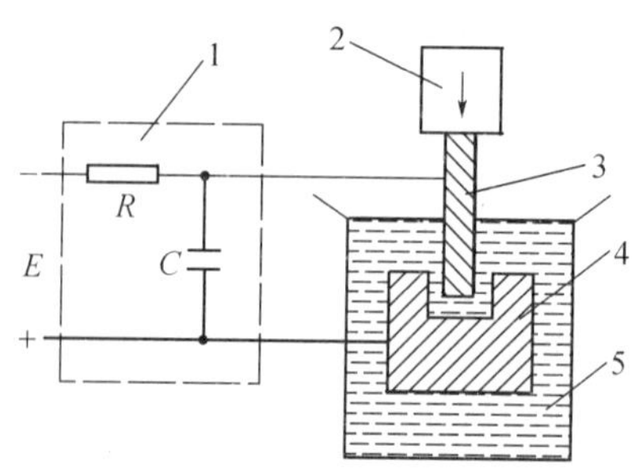

图 7－20　电火花加工装置原理图

1—脉冲发生器;2—自动进给调节装置;3—工具电极;4—零件;5—工作液

2. 电火花及线切割加工机床的组成

电火花加工机床一般由脉冲电源、自动进给调节装置、机床本体及工作液循环过滤系统等部分组成。

脉冲电源的作用是把普通 50 Hz 的交流电转换成频率较高的脉冲电源,加在工具电极与零件上,提供电火花加工所需的放电能量。如图 7－20 所示的脉冲发生器 1 是一种最基本的脉冲发生器,它由电阻 R 和电容器 C 构成。直流电源 E 通过电阻 R 向电容器 C 充电,电容器两端电压升高,当达到一定电压极限时,工具电极(阴极)与零件(阳极)之间的间隙被击穿,产生火花放电。火花放电时,电容器将所储存的能量瞬时放出,电极间的电压骤然下降,工作液便恢复绝缘,电源即重新向电容器充电,如此不断循环,形成每秒数千到数万次的脉冲放电。

应该强调的是,电火花加工必须利用脉冲放电,在每次放电之间的脉冲间隔内,电极之间的液体介质必须来得及恢复绝缘状态,以使下一个脉冲能在两极间的另一个相对最靠近点处击穿放电,避免总在同一点放电而形成稳定的电弧。因稳定的电弧放电时间长,金属熔化层较深,只能起焊接或切断的作用,不可能使遗留下来的表面准确和光整,也就不可能进行尺寸加工。

在电火花加工过程中,不仅零件被蚀除,工具电极也同样遭到蚀除。但阳极(指接电源正极)和阴极(指接电源负极)的蚀除速度是不一样的,这种现象叫"极效应"。为了减少工具电极的损耗,提高加工精度和生产效率,总希望极效应越显著越好,即零件蚀除越快越好,而工具电极蚀除越慢越好。因此,电火花加工的电源应选择直流脉冲电源。因为若采用交流脉冲电源,零件与工具的极性不断改变,使总的极效应等于零。极效应通常与脉冲宽度、电极材料及单个脉冲能量等因素有关,由此即决定了加工的极性选择。

自动进给调节装置能调节工具电极的进给速度,使工具电极与零件间维持所需的放电间隙,以保证脉冲放电正常进行。

机床本体是用来实现工具电极和零件装夹固定及运动的机械装置。

工作液循环过滤系统强迫清洁的工作液以一定的压力不断地通过工具电极与零件之间的间隙,以便及时排除电蚀产物,并经过滤后再进行使用。目前,大多采用煤油或机油做工作液。

电火花加工机床已有系列产品。从加工方式看,可将它们分成两种类型:一种是用特殊形状的电极工具加工相应的零件,称为电火花成形加工机床;另一种是用线电极工具加工二维轮廓形状的零件，称为电火花线切割机床如图7－21所示。

电火花线切割是利用连续移动的金属丝作为工具电极，与零件间产生脉冲放电时形成的电腐蚀来切割零件。线切割用电极丝是直径非常小的(ϕ0.04～ϕ0.25 mm)钼丝、钨丝或铜丝。加工精度可达±(0.01～0.005 mm)，粗糙度 Ra 为3.2～1.6 μm。可加工精密、狭窄、复杂的型孔，常用于模具、样板或成形刀具等的加工。

如图7－21所示为一电火花线切割加工装置示意图。贮丝筒7做正反方向交替的转动，脉冲电源3供给加工能量，使电极丝4一边卷绕一边与零件之间发生放电，安放零件的数控工作台可在 X、Y 轴两坐标方向各自移动，从而合成各种运动轨迹，将零件加工成所需的形状。

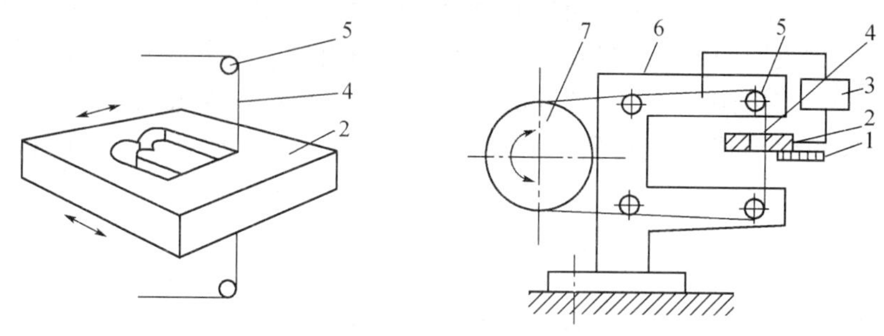

图7－21　电火花线切割加工装置原理图

1—绝缘底板；2—零件；3—脉冲电源；4—电极丝；5—导向轮；6—支架；7—贮丝筒

与电火花成形加工相比，线切割不需专门的工具电极，并且作为工具电极的金属丝在加工中不断移动，基本上无损耗；加工同样的零件，线切割的总蚀除量比普通电火花成形加工的总蚀除量要少得多，因此生产效率要高得多，而机床的功率却可以小得多。

3. 电火花及线切割加工的特点与应用

(1) 电火花加工的特点及应用。

电火花加工适用于导电性较好的金属材料的加工，不受材料的强度、硬度、韧性及熔点的影响，因此为耐热钢、淬火钢、硬质合金等难以加工材料提供了有效的加工手段。又由于加工过程中工具与零件不直接接触，故不存在切削力，从而工具电极可以用较软的材料如纯铜、石墨等制造，并可用于薄壁、小孔、窄缝的加工，无须担心工具或零件的刚度太低而无法进行，也可用于各种复杂形状的型孔及立体曲面型腔的一次成形，而不必考虑加工面积太大会引起切削力过大等问题。

电火花加工过程中一组配合好的电参数，如电压、电流、频率、脉宽等称为电规准。电规准通常可分为两种(粗规准和精规准)，以适应不同的加工要求。电规准的选择与加工的尺寸精度及表面粗糙度有着密切的关系。一般精规准穿孔加工的尺寸误差可达0.05～0.01 mm，型腔加工的尺寸误差可达0.1 mm左右，粗糙度 Ra 值为3.2～0.8 μm。

电火花加工的应用范围很广，它可以用来加工各种型孔、小孔，如冲孔凹模、拉丝模孔、喷丝孔等；可以加工立体曲面型腔，如锻模、压铸模、塑料模的模膛；也可用来进行切断、切割以及表面强化、刻写、打印铭牌和标记等。

(2) 电火花切割的特点及应用。

① 适宜加工具有薄壁、窄槽、异形孔等复杂结构图形的零件。

② 适宜加工不仅有直线和圆弧组成的二维曲面图形，还有一些由直线组成的三维直纹

曲面，如阿基米德旋线、抛物线、双曲线等特殊曲线的图形的零件。

③ 适宜加工大小和材料厚度有很大差别的零件。技术要求高，特别是在几何精度、表面粗糙度方面有着不同要求的零件。

7.3.2 电解加工

1. 电解加工原理

电解加工是利用金属在电解液中发生阳极溶解的电化学反应原理，将金属材料加工成形的一种方法。如图 7－22 所示为电解加工的示意图。零件接直流电源的正极，工具接负极，两极间保持较小的间隙（通常为 0.02～0.7 mm），电解液以一定的压力（0.5～2 MPa）和速度（5～50 m/s）从间隙间流过。当接通直流电源时（电压约为 5～25 V，电流密度为 10～100 A/cm^2），零件表面的金属材料就产生阳极溶解，溶解的产物被高速流动的电解液及时冲走。工具电极以一定的速度（0.5～3 mm/min）向零件进给，零件表面的金属材料便不断溶解，于是在零件表面形成与工具型面近而相反的形状，直至加工尺寸及形状符合要求时为止。

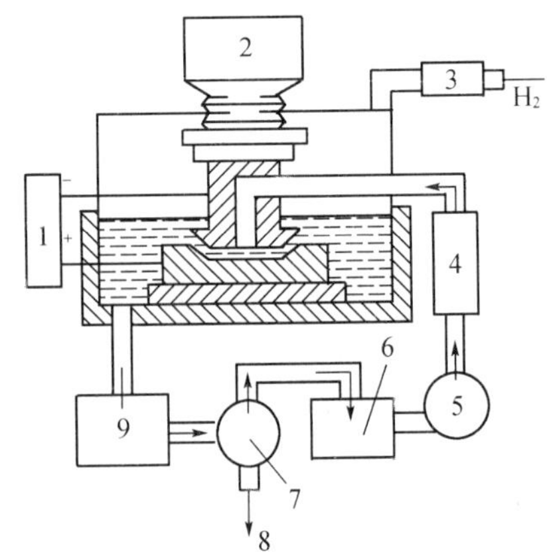

图 7－22 电解加工装置示意图

1—直流电源；2—电极送进机构；3—风扇；4—过滤器；5—泵；6—清洁电解液；7—离心分离器；8—残液；9—脏电解液

阳极溶解过程如下：若电解液采用氯化钠水溶液，则由于离解反应：

$$NaCl \longrightarrow Na^+ + Cl^-$$
$$H_2O \longrightarrow H^+ + OH^-$$

电解液中存在 4 种离子（Na^+、H^+、Cl^-、OH^-）。溶液中的正负离子电荷相等，且均匀分布，所以溶液仍保持中性。通电后，溶液中的离子在电场作用下产生电迁移，阳离子移向阴极，而阴离子移向阳极，并在两极上产生电极反应。

如果阳极用铁板制成，则在阳极表面，铁原子在外电源的作用下被夺走电子，成为铁的正离子而进入电解液。因此在阳极上发生下列反应：

$$Fe - 2e \rightarrow Fe^{2+}$$
$$Fe^{2+} + 2(OH^-) \longrightarrow Fe(OH)_2 \downarrow \text{（氢氧化亚铁）}$$
$$Fe^{2+} + 2Cl^- \rightleftharpoons FeCl_2$$

氢氧化亚铁在水溶液中溶解度极小，于是便沉淀下来，$FeCl_2$ 能溶于水，又离解为铁和氯的离子。$Fe(OH)_2$ 是绿色沉淀，它又不断地和电解液及空气中的氧反应成为黄褐色的氢氧化铁。其反应式为

$$4Fe(OH)_2 + 2H_2O + O_2 \rightarrow 4Fe(OH)_3 \downarrow$$

阴极的表面有大量剩余电子，因此在阴极上应为

$$2H^+ + 2e \rightarrow H_2 \uparrow$$

总之，在电解过程中，阳极铁不断溶解腐蚀，最后变成氢氧化铁沉淀，阴极材料并不受腐蚀损耗，只是氢气不断从阴极上析出，水逐渐消耗，而 NaCl 的含量并不减少。这种现象就是金属的阳极溶解。

2. 电解加工设备的组成

电解加工设备主要由机床本体、电源和电解液系统等部分组成。

(1) 机床本体。主要用作安装零件、夹具和工具电极，并实现工具电极在高压电液作用下的稳定进给。电解加工机床应具有良好的防腐、绝缘以及通风排气等安全防护措施。

(2) 电源。其作用是把普通 50 Hz 的交流电转换成电解加工所需的低电压、大电流的直流稳压电源。

(3) 电解液系统。主要由泵、电解液槽、净化过滤器、热交换器、管道和阀等组成，要求该系统能连续而平稳地向加工部件供给流量充足、温度适宜、压力稳定、干净的电解液，并具有良好的耐腐蚀性。

3. 电解加工的特点及应用

影响电解加工质量和生产效率的工艺因素很多，主要有电解液(包括电解液成分、浓度、温度、流速以及流向等)、电流密度、工作电压、加工间隙及工具电极进给速度等。

电解加工不受材料硬度、强度和韧性的限制，可加工硬质合金等难切削金属材料；它能以简单的进给运动，一次完成形状复杂的型面或型腔的加工(例如汽轮叶片、锻模等)，效率比电火花成形加工高 5～10 倍；电解过程中，作为阴极的工具理论上没有损耗，故加工精度可达 0.2～0.005 mm；电解加工时无机械切削力和切削热的影响，因此适宜于易变形或薄壁零件的加工。此外，在加工各种膛线、花键孔、深孔、内齿轮以及去毛刺、刻印等方面，电解加工也获得广泛应用。

电解加工的主要缺点是：设备投资较大，耗电量大；电解液有腐蚀性，需对设备采取防护措施，对电解产物也需妥善处理，以防止污染环境。

7.3.3　超声波加工

利用工具端面作超声振动，使工作液中的悬浮磨粒对零件表面撞击抛磨来实现加工，称为超声波加工。人耳对声音的听觉范围为 16～16 000 Hz。频率低于 16 Hz 的振动波称为次声波，频率超过 16 000 Hz 的振动波称为超声波。加工用的超声波频率为 16 000～25 000 Hz。超声波加工原理如图 7-23 所示。超声发生器将工频交流电能转变为有一定功率输出的超声频电振荡，然后通过换能器将此超声频电振荡转变为超声频机械振荡，由于其振幅很小，一般只有 0.005～0.01 mm，需再通过一个上粗下细的振幅扩大棒，使振幅增大到 0.1～0.15 mm。固定在振幅扩大棒端头的工具即受迫振动，并迫使工作液中的悬浮磨粒以很大的速度，不断地撞击、抛磨被加工表面，把加工表面的材料粉碎成很细的微粒后打击下

来。虽然每次打击下的材料很少，但由于每秒打击的次数多达 16 000 次以上，所以仍有一定的加工效率。

超声波加工适合于加工各种硬脆材料，特别是不导电的非金属材料，例如玻璃、陶瓷、石英、锗、硅、玛瑙、宝石、金刚石等，对于导电的硬质合金、淬火钢等也能加工，但加工效率比较低；由于超声波加工是靠极小的磨料作用，所以加工精度较高，一般可达 0.02 mm，表面粗糙度 Ra 值为 1.25～0.1 μm，被加工表面也无残余应力、组织改变及烧伤等现象；在加工过程中不需要工具旋转，因此易于加工各种复杂形状的型孔、型腔及成形表面；超声波加工机床的结构比较简单，操作维修方便，工具可用较软的材料（如黄铜、45 钢、20 钢等）制造。超声波加工的缺点是生产效率低，工具磨损大。

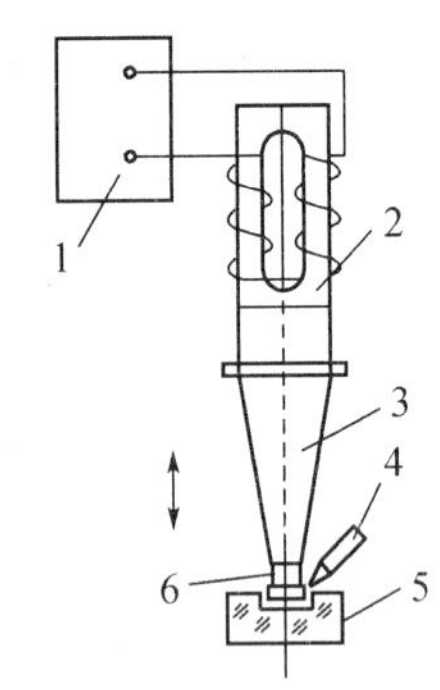

图 7-23 超声波加工原理示意图

1—超声波发生器；2—换能器；3—振幅扩大棒；4—工作液；5—零件；6—工具

近年来，超声波加工与其他加工方法相结合进行的复合加工发展迅速，如超声振动切削加工、超声电火花加工、超声电解加工、超声调制激光打孔等等。这些复合加工方法由于把两种甚至多种加工方法结合在一起，起到取长补短的作用，使加工效率、加工精度及加工表面质量显著提高，因此愈来愈受到人们的重视。

7.3.4 激光加工

1. 激光加工原理

激光是一种亮度高、方向性好（激光光束的发散角极小）、单色性好（波长或频率单一）、相干性好的光。由于激光的上述四大特点，通过光学系统可以使它聚焦成一个极小的光斑（直径仅几微米至几十微米）。从而获得极高的能量密度（10～1 010 W/cm）和极高的温度（10 000 ℃以上）。在此高温下，任何坚硬的材料都将瞬时急剧被熔化和汽化，在零件表面形成凹坑，同时熔化物被汽化所产生的金属蒸汽压力推动，以很高的速度喷射出来。激光加工就是利用这个原理蚀除材料的。为了帮助蚀除物的排除，还需对加工区吹氧（加工金属时使用），或吹保护气体，如二氧化碳、氮等（加工可燃物质时使用）。

激光加工过程受以下主要因素影响：

（1）输出功率与照射时间。激光输出功率大，照射时间长，零件所获得的激光能量大，加工出来的孔就大而深，且锥度小。激光照射时间应适当，过长会使热量扩散，太短则使能量密度过高，使蚀除材料汽化，两者都会使激光能量效率降低。

（2）焦距、发散角与焦点位置。采用短焦距物镜（焦距为 20 mm 左右），减小激光束的发散角，可获得更小的光斑及更高的能量密度，因此可使打出的孔小而深，且锥度小。激光的实焦点应位于零件的表面上或略低于零件表面。若焦点位置过低，则透过零件表面的光斑面积大，容易使孔形成喇叭形，而且由于能量密度减小而影响加工深度；若焦点位置过高，则会造成零件表面的光斑很大，使打出的孔直径大、深度浅。

（3）照射次数。照射次数多可使孔深大大增加，锥度减小。用激光束每照射一次，加工的孔深约为直径的 5 倍。如果用激光多次照射，由于激光束具有很小的发散角，所以光能在孔壁上反射向下深入孔内，使加工出的孔深度大大增加而孔径基本不变。但加工到一定深度后（照射 20～30 次），由于孔内壁反射、透射以及激光的散射和吸收等，使抛出力减小、排屑困难，造成激光束能量密度不断下降，以致不能继续加工。

(4) 零件材料。激光束的光能通过零件材料的吸收而转换为热能，故生产率与零件材料对光的吸收率有关。零件材料不同，对不同波长激光的吸收率也不同，因此必须根据零件的材料性质来选用合理的激光器。

2. 激光加工机的组成

激光加工机通常由激光器、电源、光学系统和机械系统等部分组成如图 7 - 24 所示。

(1) 激光器。是激光加工机的重要部件，它的功能是把电能转变成光能，产生所需要的激光束。

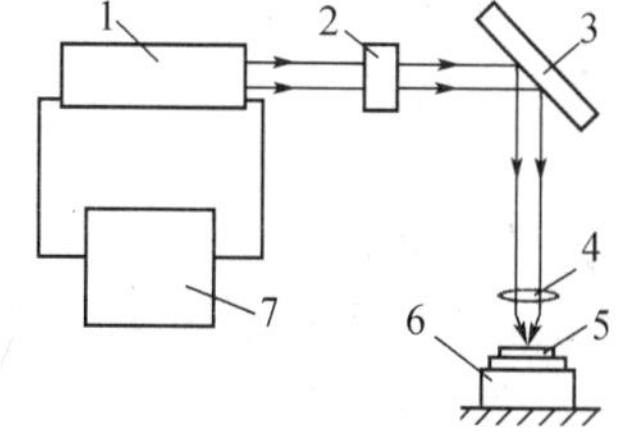

图 7 - 24　激光加工机示意图

1—激光器；2—光阑；3—反光镜；4—聚焦镜；5—零件；6—工作台；7—电源

激光器按照所用的工作物质种类可分为固体激光器、气体激光器、液体激光器和半导体激光器。激光加工中广泛应用固体激光器(工作物质有红宝石、钕玻璃及掺钕钇铝石榴石等)和气体激光器(工作物质为二氧化碳)。

固体激光器具有输出功率大(目前单根掺钕钇铝石榴石晶体棒的连续输出功率已达数百瓦，几根棒串联起来可达数千瓦)，峰值功率高，结构紧凑，牢固耐用，噪声小等优点。

但固体激光器的能量效率很低，例如红宝石激光器仅为 0.1%～0.3%，钕玻璃激光器为 3%～4%，掺钕钇铝石榴石激光器约为 2%～3%。

二氧化碳激光器具有能量效率高(可达 25%)，工作物质二氧化碳来源丰富，结构简单，造价低廉等优点；输出功率大(从数瓦到几万瓦)，既能连续工作，又能脉冲工作。其缺点是体积大，输出瞬时功率不高，噪声较大。

(2) 激光器电源。应根据加工工艺要求，为激光器提供所需的能量电源。电源通常由时间控制、触发器、电压控制和储能电容器等部分组成。

(3) 光学系统。其功用是将光束聚焦，并观察和调整焦点位置。它由显微镜瞄准、激光束聚焦以及加工位置在投影屏上的显示等部分组成。

(4) 机械系统。主要包括床身、三坐标精密工作台和数控系统等。

3. 激光加工的特点及应用

激光加工具有如下特点。

(1) 不需要加工工具，故不存在工具磨损问题，同时也不存在断屑、排屑的麻烦。这对高度自动化生产系统非常有利，目前激光加工机床已用于柔性制造系统之中。

(2) 激光束的功率密度很高，几乎对任何难加工的金属和非金属材料(如高熔点材料、耐热合金及陶瓷、宝石、金刚石等硬脆材料)都可以加工。

(3) 激光加工是非接触加工，零件无受力变形。

(4) 激光打孔、切割的速度很高(打一个孔只需 0.001 s，切割 20 mm 厚的不锈钢板，切割速度可达 1.27 m/min)，加工部位周围的材料几乎不受热影响，零件热变形很小。激光切割的切缝窄，切割边缘质量好。

目前，激光加工已广泛用于金刚石拉丝模、钟表宝石轴承、发散式气冷冲片的多孔蒙皮、发动机喷油嘴、航空发动机叶片等的小孔加工，以及多种金属材料和非金属材料的切割加工。孔的直径一般为 0.01～1 mm，最小孔径可达 0.001 mm，孔的深径比可达 100。切割厚度，对于金属材料可达 10 mm 以上，对于非金属材料可达几十毫米，切缝宽度一般为 0.1～0.5 mm。激光还可以用于焊接和热处理。随着激光技术与数控技术的密切结合，激光加工技术的应用将会得到更迅速、更广泛的发展，并在生产中占有越来越重要的地位。

目前激光加工存在的主要问题是:设备价格高,更大功率的激光器尚处于试验研究阶段中;不论是激光器本身的性能质量,还是使用者的操作技术水平都有待进一步提高。

7.4 3D 打印

快速成形(RP,Rapid Prototyping)技术是运用堆积成形法,由 CAD 模型直接驱动的快速制造任意复杂形状三维实体零件的技术总称。

3D 打印是一种典型的快速成型技术,它以计算机三维设计模型为蓝本,通过软件分层离散和数控成型系统,利用激光束、热熔喷嘴等方式将金属粉末、陶瓷粉末、塑料、细胞组织等特殊材料进行逐层堆积黏结,最终叠加成型,制造出实体产品。3D 打印是 CAD、数控技术、激光技术以及材料科学与工程的技术集成。与传统制造业通过模具、车铣等机械加工方式对原材料进行定型、切削以最终生产成品不同,3D 打印将三维实体变为若干个二维平面,通过对材料处理并逐层叠加进行生产,大大降低了制造的复杂度。这种数字化制造模式不需要复杂的工艺、不需要庞大的机床、不需要众多的人力,直接从计算机图形数据中便可生成任何形状的零件,使生产制造得以向更广的生产人群范围延伸。

18 世纪 60 年代,蒸汽机的广泛使用引发了第一次工业革命;19 世纪 70 年代,第二次工业革命引导人类进入了“电气时代”;20 世纪 80 年代后期,3D 打印机横空出世,30 年来尤其是近 5 年来的广泛使用,有人预言 3D 打印将引发第三次工业革命。

7.4.1 快速成形技术的工作原理

快速成形技术的成形原理不同于常规制造的去除法(切削加工厂、电火花加工等)和变形法(铸造、锻造等),而是利用光、电、热等手段,通过固化、烧结、黏结、熔结、聚合作用或化学作用等方式,有选择地固化(或黏结)液体(或固体)材料,实现材料的迁移和堆积,形成所需要的原型零件。因此,RP 制造技术好像燕子衔泥垒窝一样,是一种分层制造的材料累加方法。RP 制造技术可直接从 CAD 模型中产生三维物体,它综合了机械工程、自动控制、激光、计算机和材料等学科的技术。所以,与减材制造(如切削加工)、等材制造(如铸造锻造)不同,3D 打印是一种增材制造。

RP 技术是一种基于离散堆积成形思想的数字化成型技术。根据生产需要,先由三维实体 CAD 软件设计出所需要零件的计算机三维曲面或实体模型(亦称电子模型),然后根据工艺要求,将其按一定厚度进行分层,把原来的三维实体模型变成二维平面(截面)信息;再将分层后的数据进行一定的处理,加入工艺参数,产生数控代码;最后在计算机控制下,数控系统以平面加工方式,把原来很复杂的三维制造转化为一系列有序的低维(二维)薄片层的制造并使它们自动黏结叠加成形。

7.4.2 快速成形技术的工艺方法

RP 技术的具体工艺有很多种,根据采用的材料和对材料的处理方式不同,选择其中 3 种方法的工艺原理进行介绍。

1. 选择性液体固化

选择性液体固化又称光固化法。该方法的典型实现工艺有立体光刻(SL,Stereo Lithography),其工艺原理如图 7-25 所示。成形过程中,计算机控制的紫外激光束按零件的各分层截面信息在树脂表面进行逐点扫描，使被扫描区域的树脂薄层产生光聚合反应而固化，形成零件的一个薄层。头一层固化完后，升降台下移一个层厚的距离，再在原先固化好的树脂表面上覆盖一层液态树脂，再进行扫描加工，新生成的固化层牢固地黏结在前一层上。重复上述步骤，直到形成一个三维实体零件。

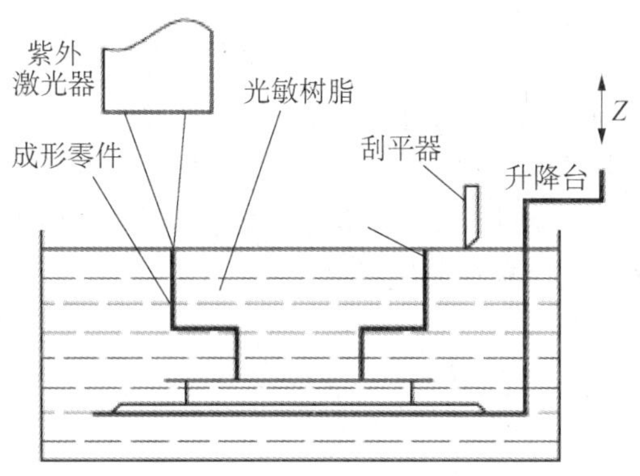

图 7-25　光固化法工艺原理图

光固化法是目前应用最广泛的快速成形制造方法。光固化的主要特点是：制造精度高（±0.1 mm）、表面质量好、原材料利用率接近 100%；能制造形状复杂（如腔体等）及特别精细（如首饰、工艺品等）的零件；能使用成形材料较脆、材料固化伴随一定收缩的材料制造所需零件。

2. 选择性层片黏结

选择性层片黏结又称分层实体制造、叠层制造法（LOM，Laminated Object Manufacturing）。其工艺原理如图 7-26 所示。叠层法在成形过程中首先在基板上铺上一层箔材（如纸箔、陶瓷箔、金属箔或其他材质基的箔材），再用一定功率的 CO_2 激光器在计算机控制下按分层信息切出轮廓，同时将非零件的多余部分按一定网络形状切成碎片去除掉。加工完上一层后，重新铺上一层箔材，用热辊碾压，使新铺上的一层箔材在黏结剂作用下黏结在已成形体上，再用激光器切割该层形状。重复上述过程，直至加工完毕。最后去除掉切碎的多余部分即可得到完整的原形零件。

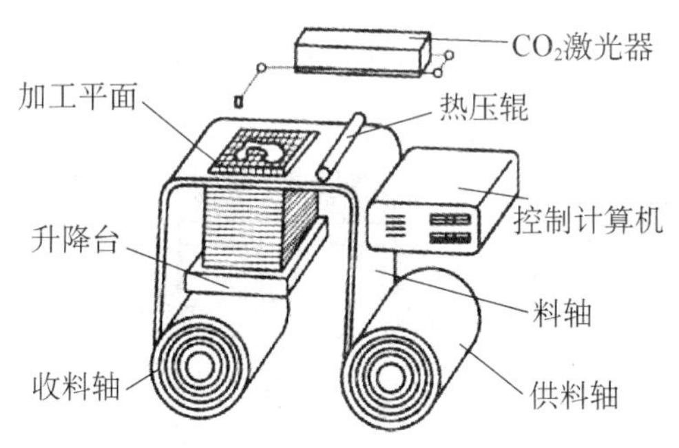

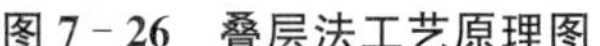

图 7-26　叠层法工艺原理图

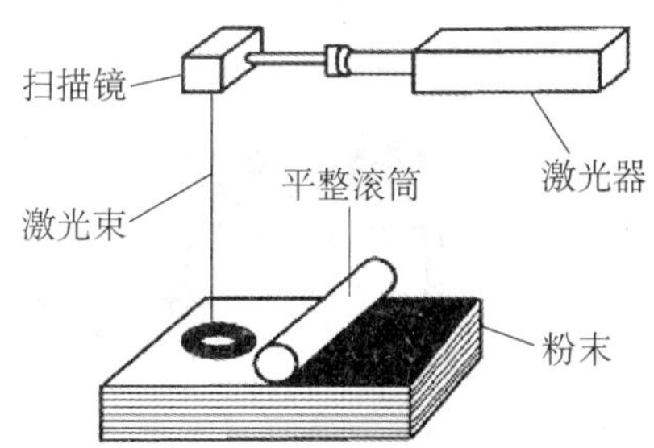

图 7-27　激光选区烧结法工艺原理图

3. 选择性粉末熔结/黏结

选择性粉末熔结/黏结又称激光选区烧结法（SLS，Selective Laser Sintering），其工艺原理如图 7-27 所示。激光选区烧结法采用 CO_2 激光器作为能源，成形材料常选用粉末材料（如铁、钴、铬等金属粉，也可以是蜡粉、塑料粉、陶瓷粉等）。成形过程中，先将粉末材料预热到稍低于其熔点的温度，再在平整滚筒的作用下将粉末铺平压实（约100～200 μm 厚），CO_2 激光器在计算机控制下，按照零件分层轮廓有选择地进行烧结，烧结成一个层面。再铺粉用平整滚筒压实，让激光器继续烧结，逐步形成一个三维实体，再去掉多余粉末，经打磨、烘干等处理后便获得所需零件。这种方法直接制造粉末型工程材料，可做成各类真实零件，应用前景很好。

7.4.3 快速成形技术的特点和用途

1. 主要特点

用 RP 制造技术可以制造任意复杂的三维几何实体零件。并且在制造过程中省掉了一系列技术准备，无须专用夹具和工具，也无须人工干预或较少干预。因此零件制造的设备少，占地少，时间快，成本低。通过 CAD 模型的直接驱动对原型的快速制造、检验、实样分析研究，可以将新产品开发的风险减到最低程度。

2. 用途

（1）能用于制造业中快速产品开发（不受形状复杂限制）、快速工具制造、模具制造、微型机械制造、小批零件生产。

（2）用于与美学有关的工程设计，如建筑设计、桥梁设计、古建筑恢复等，以及结婚纪念品、旅游纪念品、首饰、灯饰等的制作设计。

（3）在医学上可用于颅外科、体外科、牙科等制造颅骨、假肢、关节、整形。

（4）可用于文物修复等考古工程。

（5）可制作三维地图、光弹模型制作等。

7.4.4 3D 打印的概念及工作原理

3D 打印是 20 世纪 80 年代末 90 年代初商业化的成型技术，其核心思想可追溯到 19 世纪的照相雕塑（Photo Sculpture）技术和地貌成形（Topography）技术。有人将 3D 打印称为第三次工业革命的开端，可以做到无所不能的实物打印。3DP（Three-Dimensional Printing）也称粉末材料选择性黏结，其工作原理如图 7－28 所示。喷头在计算机的控制下，按照截面轮廓的信息，在铺好的一层粉末材料上，有选择性地喷射黏结剂，使部分粉末黏结，形成截面层。一层完成后，工作台下降一个层厚，铺粉，喷黏结剂，再进行后一层的黏结，如此循环形成三维产品。黏结得到的制件要置于加热炉中，做进一步的固化或烧结，以提高黏结强度。

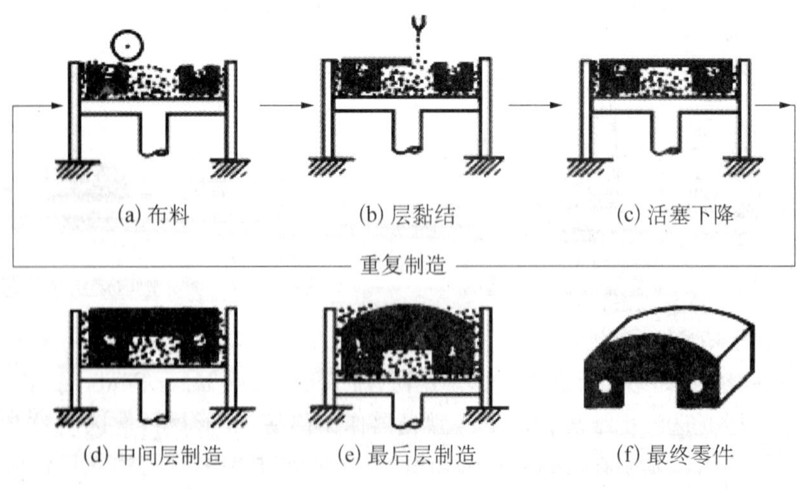

图 7－28 3D 打印工作原理

不同种类的 3D 打印机的实物图形如图 7 - 29 所示，不同材料(塑料、金属、陶瓷等)打印的 3D 打印产品样品如图 7 - 30 所示。

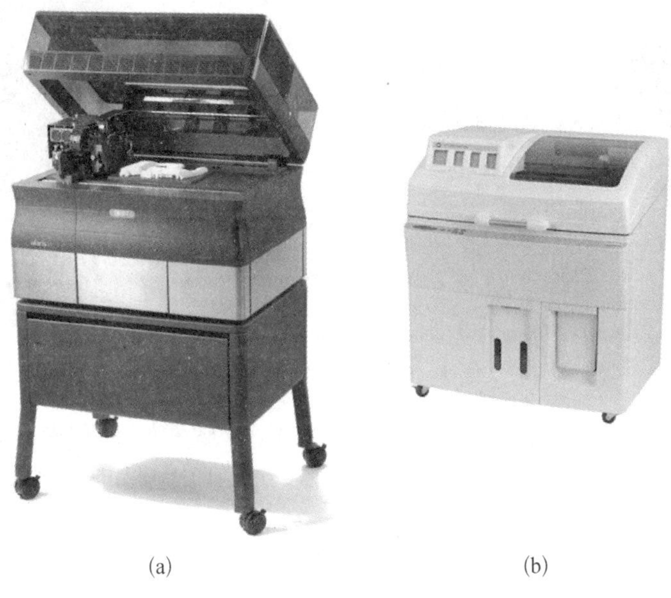

(a)　(b)

图 7 - 29　3D 打印机

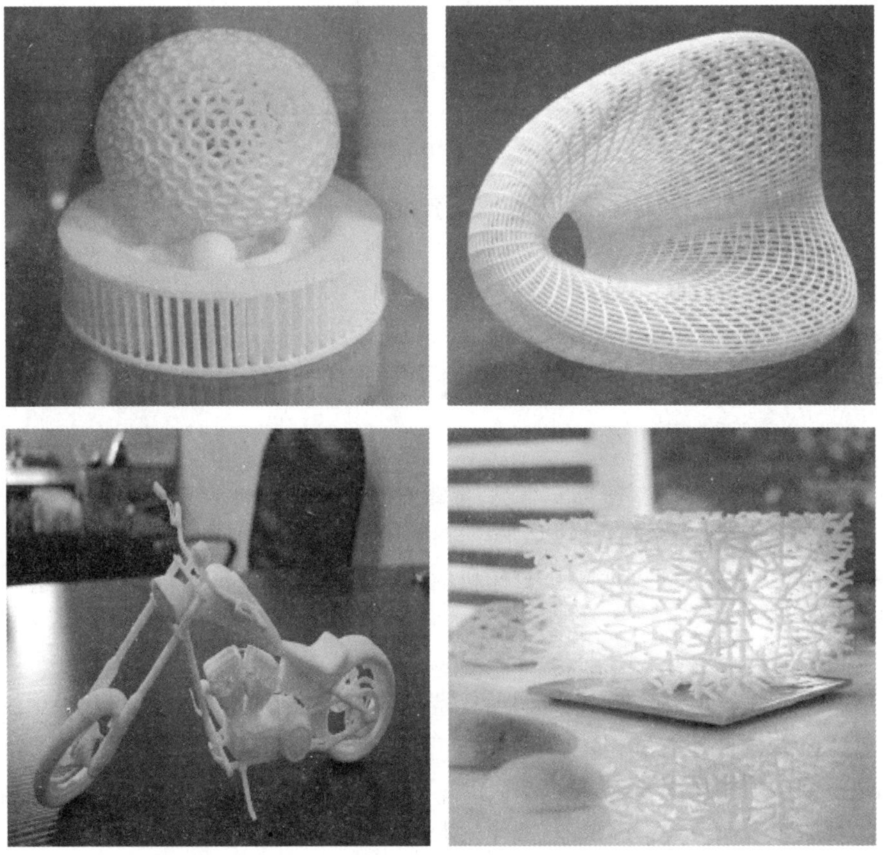

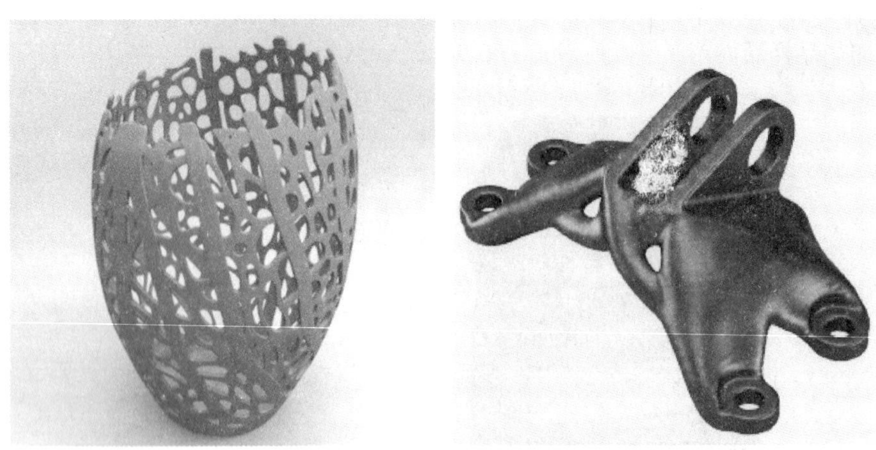

图 7－30 3D 打印的产品样品

3D 打印所需的三维模型可通过常用的三维 CAD 软件如 SolidWorks、Creo、UG NX、POWERSHAPE、3D Studio Max 等设计，也可以通过逆向工程如 3D 扫描、三坐标测量等获得计算机模型。

3D 打印的原理与其他快速成型技术的原理类似，也是将复杂的三维实体模型“切”成设定厚度的一系列片层，从而变为简单的二维图形，逐层加工，层叠增长，如图 7－31 所示。

图 7－31 3D 打印流程

在 3D 打印时，首先设计出所需零件的计算机三维模型（数字模型、CAD 模型），然后根据工艺要求，按照一定的规律将该模型离散为一系列有序的单元，通常在 Z 向（Z 轴）将其按一定厚度进行离散（习惯称为分层），把原来的三维 CAD 模型变成一系列的层片（厚度通常为 50 m～500 m）；再根据每个层片的轮廓信息，输入加工参数，自动生成数控代码；最后由成形机成形一系列层片并自动将它们联接起来，得到一个三维物理实体。

7.4.5 3D 打印的应用领域

3D 打印技术已在工业造型、机械制造、航空航天、军事、建筑、影视、家电、轻工、医学、考古、文化艺术、雕刻、首饰等领域都得到了广泛应用，并且随着这一技术本身的发展，其应用领域将不断拓展。毫不夸张地说，3D 打印机的应用对象可以是任何行业，只要这些行业需要模型和原型。

1. 工业领域

现代工业中，玩具、手机、家电等工业的产品创新速度加快，在新产品开发时往往需要事先制作产品原型，设计师通过 3D 打印可以修改设计，可以打印小批量，看看市场的反应情况，并通过用户的使用反馈来进一步完善产品。这对于创业者来说将极大地减少风险和成本。汽车、航天军工制造业中的很多产品结构复杂、性能要求高，传统制造方法除了需要高精度的数控机设备外，还需设计制造很多工艺装备，这往往浪费很多的时间和成本，某些技术难度大的产品甚至无法加工。而通过 3D 打印，一切将变得不那么困难。例如，美国 F－22 猛禽战斗机大量使用钛合金结构件，若使用传统的整体锻造方法，最大的钛合金整体加强框材料利用率不到 4.9%，使用 3D 打印利用率接近 100%。北京航空航天大学材料学院材料加工工程系主任王华明教授主持的“飞机钛合金大型复杂整体构件激光成形技术”项目获得 2012 年国家技术发明一等奖（国发〔2013〕3 号），核心成果是用激光技术将钛合金逐层堆积，制造出钛合金飞机整体构件，是 3D 打印的核心技术应用。

2. 医学领域

如果有人因交通事故，需要更换钛合金的人造骨骼，以前只有大、中、小三种型号，可用而不适用，通过 CT 扫描获取患者的图像数据后，利用 3D 打印机可直接打印出百分百符合需求的人造骨骼。如今，3D 打印的骨植人物、牙冠、助听器已经存在于世界各地成千上万人的体内。科学家正在尝试利用 3D 打印机直接打印活性组织和新器官，如果变成现实，将不再需要器官捐献，人类将摆脱疾病、残疾。

3. 建筑工程领域

在建筑行业里，设计师已经接受了 3D 打印的建筑模型，这种方法快速、成本低、环保，而且制作精美。完全符合设计者的要求，同时能节省大量材料与时间。可应用于建筑模型风洞实验和效果展示。世界上首台大型建筑 3D 打印机用建筑材料打印出高 4 米的建筑物，打印机的底部有数百个喷嘴，可喷射出镁质黏合物，在黏合物上喷撒沙子可逐渐铸成石质固体，通过一层层的黏合物和沙子结合，最终将形成石质建筑物。这种 3D 打印机制造建筑物的速度比普通建筑方法快 4 倍，并且减少一半的成本，几乎不浪费材料，对环境十分环保，它能够很容易地“打印”其他方式很难建造的高成本曲线建筑。希望以后的某一天可以用这种方式在外星球上轻松建造一个基地。

4. 教育领域

如何激发中小学生投身科学、数学和技术的热情？3D 打印是个不错的选择，通过在课堂设置富有想象力和创新性的 3D 打印应用，让学生们“边做边学”，说不定他们当中会诞生像爱因斯坦一样“百年一遇”的传奇人物。

5. 生活领域

我们生活的时代是一个追求个性的时代，“独一无二”具有巨大的吸引力，个性化的产品会逐渐成为市场主流。3D 打印最吸引人的地方就是可以按照我们自己的想法生产物品，比如，打印个性化的手机外壳、珠宝首饰、服饰、鞋类、食品、文化创意作品等，为新婚夫妇打印按比例缩小的夫妻模型，为旅游胜地的游客打印旅游纪念品等等，定制化将随着 3D 打印技术的推广而成为常态。

6. 文物修复领域

配合 3D 扫描仪，利用 3D 打印机可以修复部分年久失修的文物。如演员成龙 2012 年主演的电影《十二生肖》中就有此场景，电影中成龙佩戴了专业扫描手套来扫描剧中十二生肖铜像，有了 3D 数据后，通过 3D 打印机就可将所扫描的铜像完美打印出来。

7.4.6　3D 打印的优势

3D 打印不像传统制造机器那样通过机床切削成型或模具成型物品，而是通过层层堆积形成实体物品的方法，这也从物理的角度扩大了数字概念的范围。对于要求具有精确的内部凹陷或互套结构的形状设计，3D 打印机是首选的加工设备，它可以将这样的设计在实体世界中实现。相比传统的制造技术而言，3D 打印具有以下优势。

1. 低成本制造复杂物品

就传统制造而言，物体形状越复杂，制造成本越高。对 3D 打印机而言，制造形状复杂的物品成本不增加，制造一个华丽的形状复杂的物品并不比打印一个简单的方块消耗更多的时间、技能或成本。制造复杂物品而不增加成本将打破传统的定价模式，并改变我们计算制造成本的方式。

2. 低成本实现产品多样化制造

一台 3D 打印机可以打印许多形状，它可以像工匠一样每次都做出不同形状的物品。传统的制造设备功能较少，做出的形状种类有限。3D 打印省去了培训机械师或购置新设备的成本，一台 3D 打印机只需要不同的数字设计蓝图和一批新的原材料即可制造多元化的产品。

3. 可实现装配体一体化成型

传统的大规模生产建立在组装线基础上，在现代工厂，机器生产出相同的零部件，然后由机器人或工人(甚至跨洲)组装。产品组成部件越多，组装耗费的时间和成本就越多。3D 打印能使装配体一体化成型，如通过分层制造可以同时打印一扇门及上面的配套铰链，不需要另行组装即可使用。省略组装即缩短了供应链，节省在劳动力和运输方面的花费。

4. 缩短交付时间

3D 打印机可以按需打印。即时生产减少了企业的实物库存，企业可以根据客户订单使用 3D 打印机制造出特别的或定制的产品满足客户需求，所以新的商业模式将成为可能。如果人们所需的物品按需就近生产，零时间交付式生产能最大限度地减少长途运输的成本。

5. 无限扩大设计空间

传统制造技术和工匠制造的产品形状有限，制造形状的能力受制于所使用的工具。例如，传统的木制车床只能制造圆形物品，轧机只能加工用铣刀组装的部件，制模机仅能制造模铸形状。3D 打印机可以突破这些局限，开辟巨大的设计空间，甚至可以制作目前可能只存在于自然界的形状。

6. 低技能要求实现复杂产品的制造

传统工匠需要当几年学徒才能掌握所需要的技能。批量生产和计算机控制的制造机器降低了对技能的要求，然而传统的制造机器仍然需要熟练的专业人员进行机器调整和校准。3D 打印机从设计文件里获得各种数据，做同样复杂的物品，3D 打印机所需要的操作技能比注塑机少。非技能制造开辟了新的商业模式，并能在远程环境或极端情况下为人们提供新的生产方式。

7. 可实现大件制造

就单位生产空间而言，与传统制造机器相比，3D 打印机的制造能力更强，也更适合于诸如战地、灾区等野外作业。例如，注塑机只能制造比自身小很多的物品，与此相反，3D 打印机可以制造和其打印台一样大的物品。3D 打印机调试好后，打印设备可以自由移动，打印机可以制造比自身还要大的物品。较高的单位空间生产能力使得 3D 打印机适合家用或办公使用，因为它们所需的物理空间小。

8. 实现绿色环保制造

与传统的金属制造技术相比，3D 打印机制造金属时产生较少的副产品。传统金属加工的浪费量惊人，90%的金属原材料被丢弃在工厂车间里。3D 打印制造金属时浪费量减少。随着打印材料的进步，“净成形”制造可能成为更环保的加工方式。

9. 可实现多种材料的组合加工

对当今的制造机器而言，将不同原材料结合成单一产品是件难事，因为传统的制造机器在切割或模具成型过程中不能轻易地将多种原材料融合在一起。随着多材料 3D 打印技术的发展，今后将有能力将不同原材料融合在一起。以前无法混合的原料混合后将形成新的材料，这些材料色调种类繁多，具有独特的属性或功能。

10. 可实现精确的实体复制

数字音乐文件可以被无休止地复制，音频质量并不会下降。未来，3D 打印将数字精度扩展到实体世界。扫描技术和 3D 打印技术将共同提高实体世界和数字世界之间形态转换的分辨率，我们可以扫描、编辑和复制实体对象，创建精确的副本或优化原件。

以上部分优势目前已经得到证实，其他的会在未来的一二十年成为现实。3D 打印突破了原来熟悉的历史悠久的传统制造限制，为以后的创新提供了新的技术平台。

7.4.7　3D 打印限制

和所有新技术一样，3D 打印技术也有着自己的缺点，它们会成为 3D 打印技术发展路上的绊脚石，从而影响它成长的速度。3D 打印也许真的能给世界带来一些改变，但如果想成为市场的主流，就要克服种种担忧和可能产生的负面影响。

1. 材料的限制

仔细观察生产生活中的一些物品和设备，就会发现：3D 打印的第一个绊脚石，就是所需材料的限制。虽然高端工业印刷可以实现塑料、某些金属或者陶瓷打印，但目前无法实现打印的材料都是比较昂贵和稀缺的。另外，现在的打印机也还没有达到成熟的水平，无法支持我们在日常生活中所接触到的各种各样的材料。

研究者们在多材料打印上已经取得了一定的进展，但除非这些进展达到成熟并有效，否则材料依然会是 3D 打印的一大障碍。

2. 机器的限制

众所周知，3D 打印要成为主流技术，它对机器的精度要求、成本要求也是不低的，其复杂性也可想而知。

目前的 3D 打印技术在重建物体的几何形状和机能上已经获得了一定的水平，几乎任何静态的形状都可以被打印出来，但是那些运动的物体和它们的清晰度就难以实现了。这个困难对于制造商来说也许是可以解决的，但是 3D 打印技术想要进入普通家庭，每个人都能随意打印想要的东西，那么机器的限制就必须得到解决才行。

3. 知识产权的忧虑

在过去的几十年里，音乐、电影和电视产业中对知识产权的关注变得越来越多。3D 打印技术毫无疑问也会涉及这一问题，因为现实中的很多东西都会得到更加广泛的传播。配合 3D 扫描仪或三坐标测量仪，人们可以用 3D 打印机随意复制任何东西，且可将得到的三维数据稍做修改后即可得到新的产品，这已经涉嫌知识产权侵权。如何制定 3D 打印的法律法规用来保护知识产权，也是今后面临的问题之一，否则就会出现山寨泛滥的现象。

4. 道德的挑战

道德是底线。什么样的东西会违反道德规律，我们是很难界定的，如果有人打印出生物器官或者活体组织，是否有违道德？有人打印出了枪支，我们又该如何处理呢？如果无法尽快找到解决方法，相信我们在不久的将来会遇到极大的道德挑战。

5. 成本的承担

3D打印技术需要承担的花费是高昂的，对于普通大众来说更是如此。例如第一台在京东上架的低精度小型个人3D打印机的售价为1.5万元，高精度大型3D打印机的价格更是成几何量增长，大多数人都不大愿意花费这个价钱来尝试这种新技术，除非发烧友、创业者或科研工作者。如果想要普及到大众，降价是必须的，但又会与利润形成冲突。如何解决这个问题，是3D打印机制造商下一步要重点解决的问题。

每一种新技术诞生初期都会面临着这些类似的障碍，但相信找到合理的解决方案后，3D打印技术的发展将会更加迅速，就如同任何3D建模软件一样，不断地更新才能达到最终的完善。

7.5 计算机辅助工艺规程设计(CAPP)

计算机辅助工艺规程设计(Computer Aided Process P1anning，简称CAPP)是指借助于计算机软硬件技术和支撑环境，利用计算机进行数值计算、逻辑判断和推理等功能来制定零件机械加工工艺过程。借助于CAPP系统，可以解决手工工艺设计效率低、一致性差、质量不稳定、不易优化等问题。智能化的CAPP系统可以继承和学习工艺专家的经验和知识，可直接用于指导工艺设计。所以CAPP自诞生以来，一直受到工业界和学术界的广泛重视。CAPP是将产品设计信息转换为各种加工制造、管理信息的关键环节，是连接CAD、CAM之间的纽带，是制造业企业信息化建设的信息中枢，是支撑CIMS(Computer Integrated Manufacturing System)的核心单元技术，其作用和意义重大。

7.5.1 计算机辅助工艺规程设计的基本原理

计算机辅助工艺规程设计，它是使用计算机来编制零件的机械加工工艺规程，能缩短生产准备时间，促进工艺规程的标准化和最优化，并且还是连接计算机辅助设计与计算机辅助制造的桥梁，在机械制造的自动化过程中起重要作用。

1. 计算机辅助工艺规程设计系统分类

计算机辅助工艺规程设计按其工作原理可分为三大类型：派生型、生成型及知识基系统。

(1) 派生式CAPP系统

派生式工艺设计系统的工作原理是根据相似的零件具有相似的工艺过程，通过对相似零件的工艺检索，并加以筛选而编辑成一个待加工零件的工艺规程。派生式CAPP系统工作原理如图7-32所示。

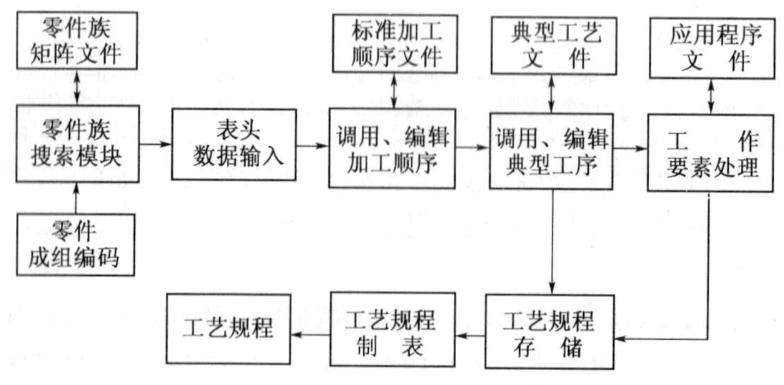

图7-32 派生式CAPP系统工作原理

(2) 生成式 CAPP 系统

生成式工艺过程设计是依靠系统中的决策逻辑生成的。让计算机模仿人的逻辑思维，自动进行各种决策，选择零件的加工方法，安排工艺路线，选择机床和工艺装备，计算切削参数等。生成式 CAPP 系统工作原理如图 7－33 所示。

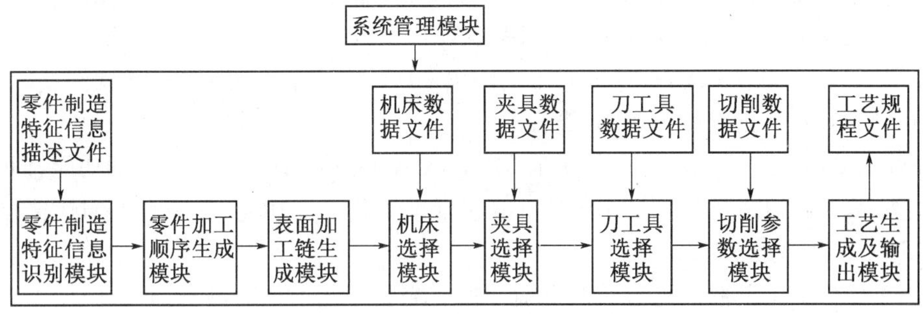

图 7－33　生成式 CAPP 系统工作原理

(3) 知识基 CAPP 系统

由于生成式系统决策逻辑嵌套在应用程序中，结构复杂且不易修改，现在已转向知识基系统(专家系统)的研究与开发。该系统将工艺专家编制工艺的经验和知识存在知识库中，可方便地通过专用模块进行增删和修改，使得系统的通用性和适用性大为提高。知识基 CAPP 系统工作原理如图 7－34 所示。

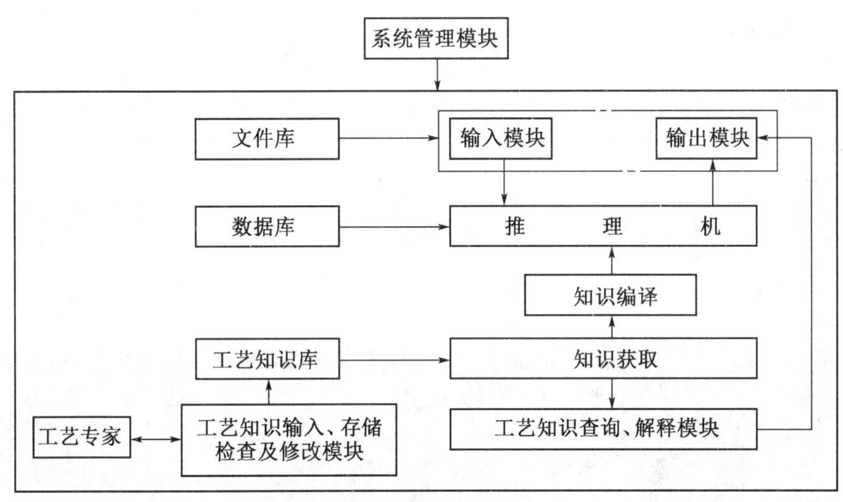

图 7－34　知识基 CAPP 系统工作原理

2. 各种类型 CAPP 系统的适用范围

各种类型计算机辅助工艺规程设计系统的适用范围，主要与零件组的数量、零件组中零件的品种数及其相似程度有关。

当零件组数量不多，且在每个零件组中有很多相似的零件时，派生型系统是一种最经济的自动设计方法。如果零件组数量比较大、零件组中零件品种数不多且相似性较差时，宜采用生成型系统。

7.5.2 常用 CAPP 软件介绍

CAPP 的开发与研制是从 60 年代末开始的，在制造自动化领域，CAPP 的发展是最迟的部分。世界上最早研究 CAPP 的国家是挪威，始于 1969 年，并于 1969 年正式推出世界上第一个 CAPP 系统 AUTOPROS，1973 年正式推出商品化的 AUTOPROS 系统。

国内常见的 CAPP 软件主要有：CAXA CAPP 工艺图表、开目 CAPP、天河 TH-CAPP、大天 CAPP 等。下面以 CAXA CAPP 工艺图表 2018 为例简要介绍 CAPP 软件基础知识。

1. CAXA CAPP 工艺图表 2018 简介

CAXA CAPP 工艺图表 2018 包含了 CAXA CAD 电子图板 2018 的全部功能，而且专门针对工艺技术人员的需要开发了实用的计算机辅助工艺设计功能，是一个方便快捷、易学易用的 CAD/CAPP 集成软件。

CAXA CAPP 工艺图表适合于制造业中所有需要工艺卡片的场合：如机械加工工艺、冷冲压工艺、热处理工艺、锻造工艺、压力铸造工艺、表面处理工艺、电器装配工艺以及质量跟踪卡、施工记录票等等。利用它提供的大量标准模板，可以直接生成工艺卡片，用户也可以根据需要定制工艺卡片和工艺规程。CAXA CAPP 工艺图表集成了 CAXA CAD 电子图板的所有功能，因此也可以用来绘制二维图纸。

2. CAXA CAPP 工艺图表 2018 软件界面

CAXA CAPP 工艺图表 2018 的软件界面包括两种风格：最新的 Fluent 风格界面和经典界面。Fluent 风格界面主要使用功能区、快速启动工具栏和菜单按钮访问常用命令；经典风格界面主要通过主菜单和工具栏访问常用命令。这两种风格界面可满足不同使用习惯，系统可以随时在两种风格界面间切换(快捷键 F9)。

该软件根据打开或新建的文件类型自动切换“图形”和“工艺”两种工作环境。图 7－35 所示为图形界面，用来绘图或定制工艺模板，图 7－36 所示为工艺界面，主要用于填写工艺文件。

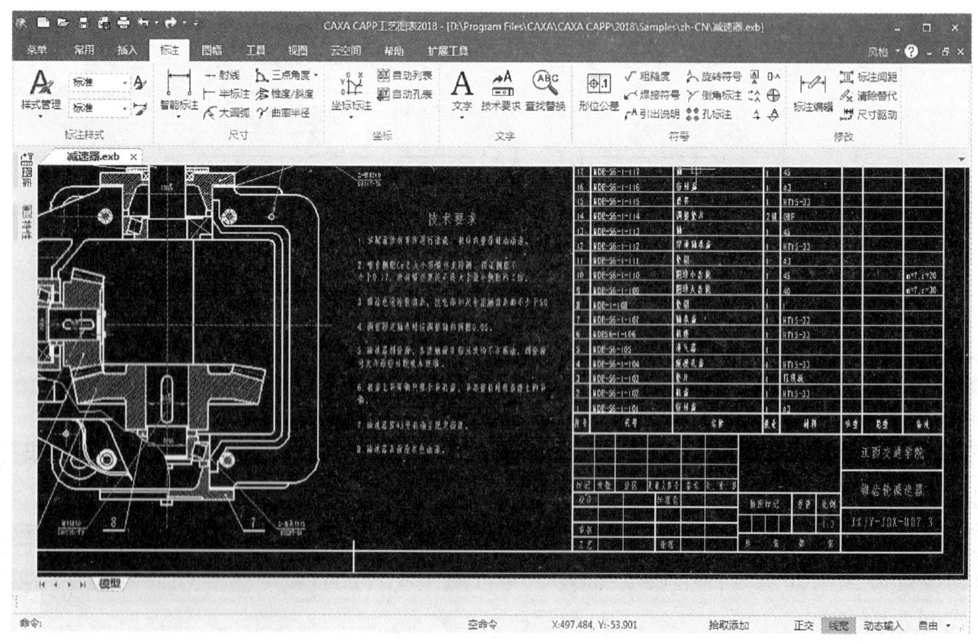

图 7－35 CAXA CAPP 工艺图表 2018“图形”界面

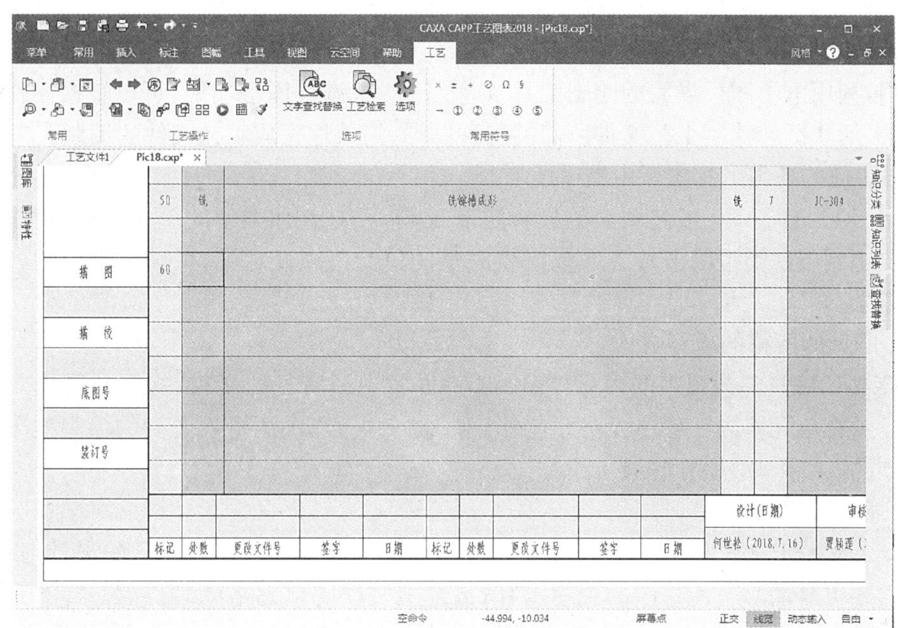

图 7 - 36　CAXA CAPP 工艺图表 2018“工艺”界面

CAXA CAPP 工艺图表是高效快捷有效的工艺卡片编制软件，可以方便地引用设计的图形和数据，同时为生产制造准备各种需要的管理信息。CAXA CAPP 工艺图表以工艺规程为基础，针对工艺编制工作烦琐复杂的特点，以“知识重用和知识再用”为指导思想，提供了多种实用方便的快速填写和绘图手段，可以兼容多种 CAD 数据，真正做到“所见即所得”的操作方式，符合工艺人员的工作思维和操作习惯。它提供了大量的工艺卡片模板和工艺规程模板，可以帮助技术人员提高工作效率，缩短产品的设计和生产周期，把技术人员从繁重的手工劳动中解脱出来，并有助于促进产品设计和生产的标准化、系列化、通用化。

软件启动后通过【新建】对话框中的【工程图模板】选项卡创建图形环境或新建电子图板（*.exb）文件都会自动进入图形环境。此界面为完整的电子图板环境。

3. CAXA CAPP 工艺图表 2018 生成的文件类型

（1）EXB 文件：CAXA CAD 电子图板文件。在工艺图表的图形界面中绘制的图形或表格，文件扩展名为 *.exb 文件。

（2）CXP 文件：工艺文件。填写完毕的工艺规程文件或者工艺卡片文件，文件扩展名为 *.cxp文件。

（3）TXP 文件：工艺卡片模板文件。文件扩展名为 *.txp 文件，保存在安装目录中的 Template 文件夹下。

（4）RGL 文件：工艺规程模板文件。文件扩展名为 *.rgl 文件，保存在安装目录中的 Template 文件夹下。

4. CAXA CAPP 工艺图表 2018 的特点

CAXA CAPP 工艺图表与 CAD 系统的完美结合使得表格设计精确而快捷；功能强大的各类卡片模板定制手段，所见即所得的填写方式，智能关联填写和丰富的工艺知识库使得卡片的填写准确而轻松；特有的导航与辅助功能全面实现工艺图表的管理。

（1）与 CAD 系统的完美结合

CAXA CAPP 工艺图表全面集成了 CAXA CAD 电子图板，可完全按电子图板的操作方式使用，利用电子图板强大的绘图工具、标注工具、标准件库等功能，可以轻松制作各类工艺模板，灵活快捷地绘制工艺文件所需的各种图形、高效地完成工艺文件的编制。

（2）快捷的各类卡片模板定制手段

利用 CAXA CAPP 工艺图表的模板定制工具，可对各种类型的单元格进行定义，按用户的需要定制各种类型的卡片。系统提供完整的单元格属性定义，可满足用户的各种排版与填写需求。

（3）所见即所得的填写方式

CAXA CAPP 工艺图表的填写与 Word 一样实现了所见即所得，文字与图形直接按排版格式显示在单元格内。除单元格底色外，用户通过 CAXA 浏览器看到的填写效果与绘图输出得到的实际卡片是相同的。

（4）智能关联填写

CAXA CAPP 工艺图表工艺过程卡片的填写不但符合工程技术人员的设计习惯，而且填写的内容可自动填写到相应的工序卡片；卡片上关联的单元格（如刀具编号和刀具名称）可自动关联；自动生成工序号可自动识别用户的各个工序记录，并按给定格式编号；利用公共信息的填写功能，可一次完成所有卡片公共项目的填写。

（5）丰富的工艺知识库

CAXA CAPP 工艺图表提供专业的工艺知识库，辅助用户填写工艺卡片；开放的数据库结构，允许用户自由扩充，定制自己的知识库。

（6）统计与公式计算功能

CAXA CAPP 工艺图表可以对单张卡片中的单元格进行计算或汇总，自动完成填写，利用汇总统计功能，还可定制各种形式的统计卡片，把工艺规程中相同属性的内容提取出来，自动生成工艺信息的统计输出。一般用来统计过程卡中的工序信息、设备信息、工艺装备信息等。

（7）工艺卡片与其他软件的交互使用

通过系统剪贴板，工艺卡片内容可以在 Word、Excel、Notes 等软件中读入与输出。

（8）标题栏重用

可以将 *.exb、*.dwg、*.dxf 格式的二维图纸标题栏中的图纸名称、图纸编号和材料名称等信息自动填写到工艺卡片中。

（9）打印排版功能

使用打印排版工具，可以在大幅面的图纸上排版打印多张工艺卡片，也可实现与工艺图表图形文件的混合排版打印。

（10）系统集成

与工艺汇总表模块的结合：CAXA 工艺汇总表模块与 CAXA CAPP 工艺图表是 CAXA 工艺解决方案系统的重要组成部分，工艺图表将工艺人员制定的工艺信息输送给汇总表，汇总表进行数据的提取与入库，最终进行统计汇总，形成各种 BOM 信息。

易于与 PDM 系统集成：工艺图表基于文档式管理，更加方便灵活地与 PDM 集成。方便 PDM 对数据进行管理。

XML 文件接口：提供通用的 XML 数据接口，可以方便地与多个软件进行交互集成。

习　题

7-1　单项选择题

1. 根据 ISO 标准，数控机床在编程时采用(　　)规则。

① 刀具相对静止、工件运动　② 工件相对静止、刀具运动
③ 按实际运动情况确定　④ 按坐标系确定

2. 当前精密加工所达到的精度是(　　)。

① 10～1 μm　② 1～0.1 μm　③ 0.1～0.01 μm　④ 0.01～0.001 μm

3. 在超精密切削加工中，最常用的刀具材料是(　　)。

① 高速钢　② 硬质合金　③ 陶瓷　④ 金刚石

4. 金刚石或 CBN 砂轮修锐的目的是使磨粒(　　)。

① 平整　② 变细　③ 变尖　④ 突出

5. 电火花加工设备关键装置之一是(　　)。

① 直流电源　② 稳压电源　③ 高压电源　④ 脉冲电源

6. 电解磨削属于(　　)。

① 溶解加工　② 熔化加工　③ 机械加工　④ 复合加工

7. 激光打孔时，为保证加工孔的质量，要求加工面(　　)。

① 位于焦点和透镜之间　② 与焦点位置一致
③ 位于焦点之外　④ 距焦点距离等于焦距

8. G01 为(　　)，其格式为(　　)。

① 快速点定位，G01 X_Y_Z_F_；　② 直线插补，G01 X_Y_Z_F_；
③ 直线插补，G01 α_β_γ_F_；　④ 曲线插补，G01 α_β_γ_F_；

9. 超声波加工设备中变幅杆的功能是(　　)。

① 增大振动幅值　② 减小振动幅值　③ 改变振动方向　④ 改变振动频率

10. 主轴反转的命令是(　　)。

① M03　② M04　③ M05　④ G0

7-2　多项选择题

1. 超精密磨削砂轮通常采用(　　)作磨料。

① Al_2O_3　② SiC　③ 金刚石　④ CBN

2. 微细加工机床必须具备(　　)。

① 高精度　② 高刚度　③ 高灵敏度　④ 高稳定性

3. 属于熔化加工的方法有(　　)等。

① 电火花加工　② 电解加工　③ 激光加工　④ 超声波加工

4. 目前常用电火花加工主要有(　　)等几种类型。

① 电火花成形加工　② 电火花穿孔加工
③ 电火花焊接　④ 电火花线切割

5. 电解加工的特点有(　　)等。

① 能加工任何高硬度、高韧性的导电材料　② 加工效率高
③ 加工表面质量好　④ 无污染

6. 常见的激光加工有(　　)等。

① 激光打孔　② 激光切割　③ 激光焊接　④ 激光热处理

7. 超声波加工适合于加工各种和(　　)等。

① 塑性金属材料　② 脆性金属材料

③ 塑性非金属材料　④ 脆性非金属材料

8. 圆弧插补指令是(　　)。

① G01　② G02　③ G03　④ G04

7-3　综合题

1. 试说明数控机床的组成及分类。
2. 简述机床坐标系与工件坐标系的区别。
3. 简述精密加工与超精密加工的特点。
4. 特种加工的特点是什么？其应用范围如何？
5. 电解加工的原理是什么？应用如何？与电火花加工相比较，各有何特点？
6. 简述激光加工的特点及应用。
7. 简述超声波加工的基本原理及应用范围。
8. 试述计算机辅助工艺规程设计的基本原理及分类。
9. 阐述快速成形技术的工作原理。
10. 阐述选择性液体固化的工作原理。
11. 快速成形技术的特点和用途。
12. 什么是3D打印？它有什么特点？
13. 3D打印的应用领域有哪些？
14. 简述3D打印有哪些传统制造技术所不具备的优势及限制。

第 8 章　机械装配工艺基础

8.1　概　述

机器的质量，是以机器的工作性能、使用效果、可靠性和寿命等综合性指标评定的，这些除了与产品的设计与零件的制造质量有关外，还取决于机器的装配质量。装配是机器制造生产过程中极其重要的最终环节，若装配不当，即使质量全部合格的零件，也不一定能装配出合格的产品；而零件存在某些质量缺陷时，只要在装配中采取合适的工艺措施，也能使产品达到规定的要求。因此，装配质量对保证产品的质量具有十分重要的作用。

8.2　装配工作内容

任何机器都是由若干零件、组件和部件组合而成的。按规定的技术要求和顺序，将零件结合成部件，并进一步将零件和部件结合成机器的工艺过程，称为装配。把零件装配成部件的过程称为部装；把零件和部件装配成最终产品的过程称为总装配。

一般将结构复杂的机器装配单元划分为五个等级，即：零件、合件、组件、部件、机器。装配工作内容有以下几方面：清洗、连接、校正、调整、配作、平衡、验收试验。

（1）清洗。装配工作中清洗零部件对保证产品的质量和延长产品的使用寿命有重要的意义。常用的清洗剂有煤油、汽油、碱液和多种化学清洗剂等。常用的清洗方法有擦洗、浸洗、喷洗和超声波清洗等。经清洗后的零件或部件必须有一定的中间防锈能力。

（2）连接。装配过程中有大量的连接。常见的连接方式有两种：一种是可拆卸连接，如螺纹连接、键连接和销连接等；另一种是不可拆卸连接，如焊接、铆接和过盈连接等。

（3）校正。在装配过程中对相关零件、部件的相互位置要进行找正、找平和相应的调整工作。

（4）调整。在装配过程中对相关零件、部件的相互位置要进行具体调整，其中除了配合校正工作去调整零件、不符的位置精度外，还要调整运动副之间的间隙，以保证运动零件、部件的运动精度。

（5）配作。用已加工的零件为基准，加工与其配合的另一个零件，或将两个（或两个以上）零件组合在一起进行加工的方法叫配作。配作的工作有配钻、配铰、配刮、配磨和机械加工等，配作常与校正和调整工作结合进行。

（6）平衡。对转速较高、运动平稳性要求高的机械，为了防止在使用中出现振动，需要对有关的旋转零件、部件进行平衡工作，常用的有静平衡法和动平衡法两种。

（7）验收试验。机械产品装配完毕后，要按有关技术标准和规定，对产品进行全面检查和试验工作，合格后才能准许出厂。

8.3 保证装配精度的方法

1. 装配精度

机械产品的装配精度是指装配后实际达到的精度。对于机械产品的精度，有相应的国家标准和部颁标准，对于无标准可循的产品，可根据用户的要求，参照经过实践考验的类似产品的已有数据，采用类比法确定。

机械产品的装配精度一般包括：零件与部件间的距离精度、相互位置精度、相对运动精度和接触精度。各装配精度之间有密切的联系，相互位置精度是相互运动精度的基础，相互配合精度对距离精度、相互位置精度和相互运动精度的实现有一定的影响。

零件的精度是保证装配精度的基础，特别是关键件的精度，直接影响相应的装配精度。合理地规定和控制相关零件的制造精度，使他们在装配时产生的累积误差不超过装配精度，最好的方法是通过解装配尺寸链来解决。

2. 装配尺寸链的建立

装配尺寸链是指在装配过程中，由相关零件的有关尺寸所组成的尺寸链。建立装配尺寸链的过程可分为如下三步：

（1）确定封闭环。装配尺寸链的封闭环都是装配后间接形成的，多为产品或部件的最终装配精度要求。

（2）列出组成环。组成环为与该装配精度有关的零部件的相应尺寸和相互位置关系。组成环的查找方法是：取封闭环两端的那两个零件为起点，沿着装配精度要求的位置方向，以相邻零件装配基准间的联系为线索，分别由近及远地去查找装配关系中影响装配精度的有关零件，直到找到同一个基准零件或同一基准表面为止。

（3）画尺寸链简图。标明封闭环、组成环，并区别组成环是增环还是减环。

在建立装配尺寸链时，还要遵循装配尺寸链最短路线原则，尽量使组成环的数目等于有关零、部件的数目，即“一件一环”。

如图 8－1 所示，车床主轴锥孔中心线和尾座顶尖套锥孔中心线对床身导轨等高度的装配尺寸链，说明装配尺寸链的建立过程。

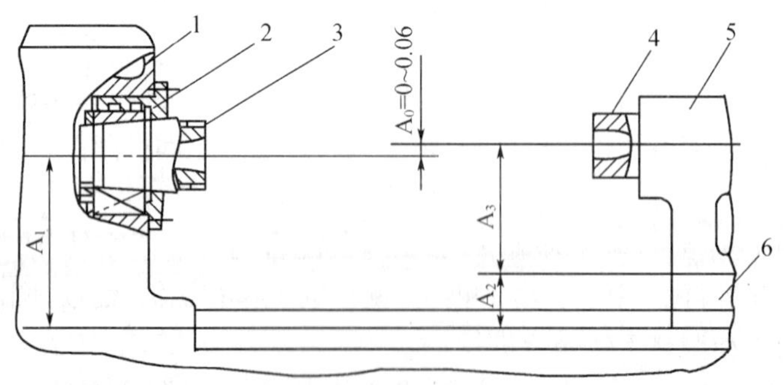

图 8－1 影响车床等高尺寸链相关零件联系简图

1—主轴箱；2—滚动轴承；3—主轴；4—尾座顶尖套；5—尾座体；6—尾座底板

等高度的要求 A_0 是装配后得到的尺寸，为封闭环。与封闭环有直接联系的装配关系是：主轴以其轴颈装在滚动轴承内，轴承装在主轴箱的孔内，主轴箱装在车床床身上，尾座套筒以外圆柱面装在尾座的导向孔内，尾座体以底面装在尾座底板上，尾座底板装在床身的导轨面上。

根据装配关系查找影响等高度的组成环如下：

e_1——主轴锥孔对主轴箱孔的同轴度；

A_1——主轴箱孔轴线距箱体底平面的距离尺寸；

e_2——床身上安装主轴箱体的平面与安装尾座的导轨面之间的高度差；

A_2——尾座底板上下面间的距离尺寸；

A_3——尾座孔轴线距尾座体底面的距离尺寸；

e_3——尾座套筒与尾座孔配合间隙引起的向下偏移量；

e_4——尾座套筒锥孔与其外圆的同轴度。

车床前后顶尖孔等高度的装配尺寸链如图 8-2 所示，通常由于 e_1、e_2、e_3、e_4 的数值相对 A_1、A_2、A_3 的误差是较小的，装配尺寸链可简化成如图 8-2(b)所示的情形。但在精密装配中，要考虑所有对装配精度有影响的因素，不能随意简化。

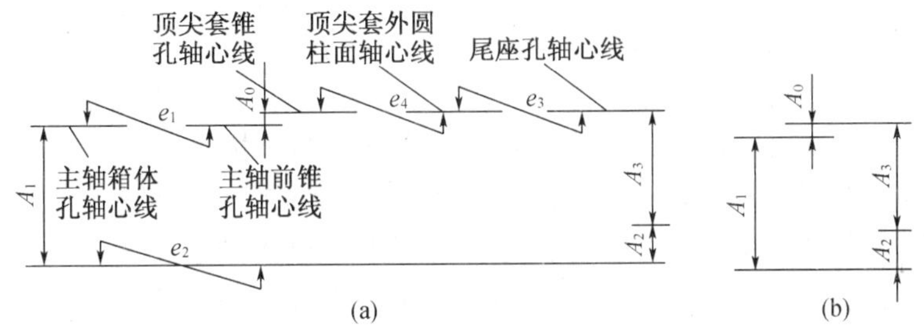

图 8-2　车床等高度装配尺寸链

3. 保证装配精度的方法

依据产品的结构特点和装配精度的要求，在不同的生产条件下，应采用不同的装配方法。具体装配方法有四种：互换装配法、分组装配法、修配装配法和调整装配法。

(1) 互换装配法。根据零件的互换程度不同，可分为完全互换法和不完全(概率)互换法。

① 完全互换法。用完全互换法装配时其中每一个零件都具有互换性，装配时各组成环不需选择、加工或调整，均能达到封闭环所规定的精度要求。

其特点是：装配过程简单，质量稳定可靠，便于组织流水作业，易于实现自动化装配，但要求零件的加工精度高。完全互换装配法的尺寸链计算采用极值法公式计算。为保证装配精度，尺寸链各组成环公差之和应小于或等于封闭环公差。即

$$T_0 \geqslant \sum_{i=1}^{n-1} T_i \tag{8-1}$$

式中，T_0 为封闭环公差；T_i 为第 i 个组成环公差；n 为尺寸链总环数。

在装配尺寸链中，往往是已知封闭环的公差，即装配精度要求，求各有关组成环(零件)的公差，这是尺寸链反计算，通常采用等公差法，将封闭环的公差平均分配给各组成环，然后，按各组成环尺寸的特点，进行适当调整。调整时应注意下几点：

a. 标准件有关尺寸的公差大小和分布位置按相应标准规定，是已确定值。

b. 尺寸相近、加工方法类同，可取相同的公差值。

c. 组成环是几个不同尺寸链的公共环时，其公差值和分布位置应根据对其装配精度要求最严的那个装配尺寸链先行确定，对其余尺寸链的计算，也取此值。

d. 对于难加工或难测量的尺寸，可取较大的公差值。

e. 尺寸相差较大，可取同等级的公差值。

f. 各组成环极限偏差的确定，采用“入体原则”标注。即被包容尺寸(轴类)上偏差为 0，包容尺寸(孔类)下偏差取 0，其他尺寸取公差带相对零线对称布置。

g. 在标注各组成环公差时，在各组成环中选一个协调环，其公差值和分布位置待其他组成环标定后根据有关尺寸链计算确定，以便最后满足封闭环的公差值和公差带位置的要求。协调环的选择原则：

➢ 选不需用定尺寸刀具加工、不需用极限量规检验的尺寸作为协调环。

➢ 不能选标准件或尺寸链的公共环作为协调环。

➢ 可选易于加工的尺寸为协调环，而将难加工的尺寸公差从宽选取；也可选取难加工的尺寸为协调环，而将易于加工的尺寸公差从严选取。

② 不完全(概率)互换法。不完全互换法是指绝大多数的产品在装配中，各组成环不需挑选或改变其大小和位置，装配后即能达到封闭环的装配精度要求的一种装配方法，因其以概率论为理论依据，故又称为概率互换法。在正常生产条件下，零件加工尺寸成为极限尺寸的可能性是很小的，而在装配时，各零件、部件的误差同时为极大、极小的组合，其可能性更小，所以，在尺寸链环数较多、封闭环精度要求较高时，特别是在大批量生产中，使用不完全互换法，有利于零件的经济加工，使绝大多数产品能保证装配精度要求。

下面着重讨论线性尺寸链中各组成环尺寸成正态分布情况下的概率计算法。

a. 公差的确定。在直线装配尺寸链中，各组成环的尺寸是一些彼此相互独立的随机变量，根据概率论原理知，作为组成环合成量的封闭环也是一个随机变量，且它们的标准差有下列关系：

$$\sigma_0{}^2 = \sum_{i=1}^{n-1} \sigma_i{}^2$$

尺寸分散范围 ω 与标准差 σ 之间的关系为 $\omega = 6\sigma$，当尺寸公差 $T = \omega$ 时，$T_i = 6\sigma_i$，$T_0 = 6\sigma_0$，则有

$$T_0 = \sqrt{\sum_{i=1}^{n-1} T_i^2} \tag{8-2}$$

若按公差法分配封闭环的公差，则各组成环的平均公差值 T_m 为

$$T_m = \frac{\sqrt{n-1}}{n-1} T_0$$

b. 上、下偏差的确定。若各尺寸环对称分布，则封闭环中间尺寸即为基本尺寸，此时上下偏差为$\pm\frac{1}{2}T_0$，若各组成环公差不为对称分布，则将其换成对称分布的形式再按下式计算。

$$\begin{aligned}
A_{0m} &= \sum_{z=1}^{m} A_{zm} - \sum_{j=m+1}^{n-1} A_{jm} \\
A_0 &= A_{0m} \pm \frac{1}{2} T_0 \\
A_i &= A_{im} \pm \frac{1}{2} T_i
\end{aligned} \tag{8-3}$$

式中，A_{0m} 为封闭环平均尺寸；A_{im} 为组成环平均尺寸；A_{zm} 为增环平均尺寸；A_{jm} 为减环平均尺寸；m 为增环数；n 为总环数。

c. 非正态分布情况。

➢ 若各组成环为不同分布形式，且组成环数数目较多，不存在特大或特小相差悬殊的公差时，则封闭环仍接近于正态分布，此时可按下式计算封闭环的公差。

$$T_0 = \sqrt{\sum_{i=1}^{n-1} k_i^2 T_i^2} \tag{8-4}$$

➢ 若组成环存在偏态分布，则其分散中心与平均尺寸的中心不重合，如图 8－3 所示。图中 $\mu = eT/2$，e 为相对不对称系数，其值见表 8－1。

表 8－1　一些尺寸分布曲线的 k 和 e 值

分布曲线的性质	正态分布	等腰三角形	等概率	平顶分布	偏态分布(轴)	偏态分布(孔)
k	1	1.22	1.73	1.1～1.5	1.17	1.17
e	0	0	0	0	0.26	0.26

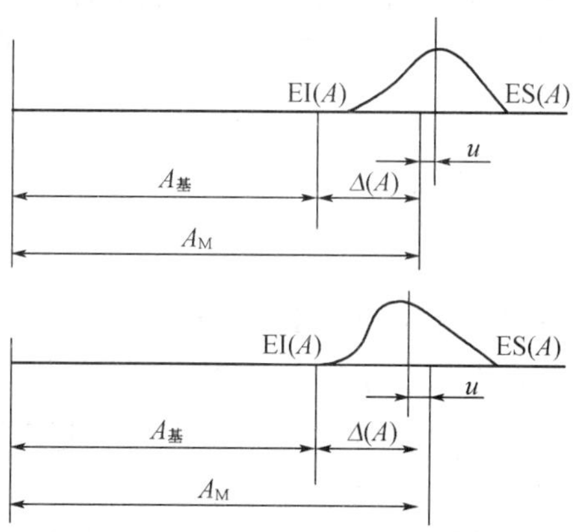

图 8－3　偏态分布及其偏离值

d. 尺寸链计算公式为

$$\begin{aligned}
A_{0m} &= \sum_{z=1}^{m} \left(A_{zm} + \frac{1}{2} e_z T_z\right) - \sum_{j=m+1}^{n-1} \left(A_{jm} + \frac{1}{2} e_j T_j\right) - \frac{1}{2} e_0 T_0 \\
A_0 &= A_{0m} \pm \frac{1}{2} T_0 \\
A_i &= A_{im} \pm \frac{1}{2} T_i
\end{aligned} \tag{8-5}$$

式中，T_0、T_z、T_j 分别为封闭环、增环、减环的公差；e_0、e_z、e_j 分别为封闭环、增环、减环的相对不对称系数。

【例 8-1】 零件间的装配关系如图 8-4(a)所示，轴为固定，齿轮在轴上回转，并要求齿轮与挡圈之间的轴向间隙为 0.1～0.35 mm。已知：$A_1=30$ mm，$A_2=5$ mm，$A_3=43$ mm，$A_4=3$ mm(标准件)，$A_5=5$ mm，今① 采用完全互换法装配② 采用不完全互换法装配。试确定各组成环公差和上、下偏差？

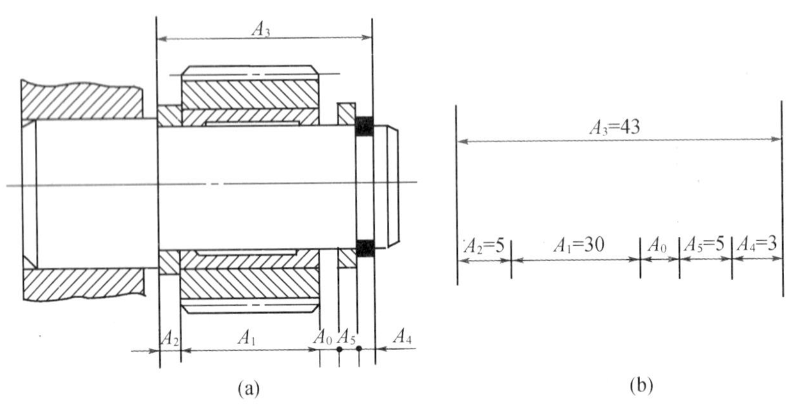

图 8-4 齿轮与轴的装配

【解】 ① 采用完全互换法装配。

a. 确定各组成环的公差及其极限偏差。根据协调环的选择原则，选 A_5 为协调环。由等公差法，得 $TA_m = TA_0/(n-1) = 0.25/5 = 0.05$ mm

按照各组成环的基本尺寸及零件加工的难易程度确定各组成环公差为

$TA_1 = 0.06$、$TA_2 = 0.04$、$TA_3 = 0.07$、$TA_4 = 0.05$(标准件)，然后按入体原则标注组成环上下偏差为

$A_1 = 30_{-0.06}^{\ 0}$，$A_2 = 4_{-0.04}^{\ 0}$、$A_3 = 43_{\ 0}^{+0.07}$，$A_4 = 4_{-0.05}^{\ 0}$(标准件)

b. 确定协调环的公差及上下偏差。

由公式(8-1)得 $TA_5 = 0.03$。

由尺寸链极值法计算公式得 $ESA_5 = 0.1$，$EIA_5 = 0.13$，于是有

$A_5 = 5_{-0.13}^{-0.10}$，最后得各组成环尺寸为

$A_1 = 30_{-0.06}^{\ 0}$，$A_2 = 5_{-0.04}^{\ 0}$、$A_3 = 43_{\ 0}^{+0.07}$，$A_4 = 3_{-0.05}^{\ 0}$(标准件)，$A_5 = 5_{-0.13}^{-0.10}$。

② 采用不完全互换法装配。

a. 确定各组成环的公差。设各组成环为正态分布，并按等公差法分配封闭环公差。则有

$$TA_m = \frac{\sqrt{n-1}}{n-1} TA_0 = \frac{\sqrt{5}}{5} \times 0.25 = 0.11$$

选 A_5 为协调环，根据各组成环基本尺寸与零件加工的难易程度，分配各组成环公差为 $TA_1 = 0.14$、$TA_2 = 0.08$、$TA_3 = 0.16$、$TA_5 = 0.05$(标准件)，由公式(8-2)得

$$TA_5 = \sqrt{TA_1{}^2 + TA_2{}^2 + TA_3{}^2 + TA_4{}^2 - TA_0{}^2} = 0.09(\text{只进不舍})$$

b. 确定各组成环的极限偏差。首先按入体原则确定 A_1、A_2、A_3、A_4 的极限偏差，有 $A_1 = 30_{-0.14}^{\ 0}$，$A_2 = 5_{-0.08}^{\ 0}$、$A_3 = 43_{\ 0}^{+0.16}$，$A_4 = 3_{-0.05}^{\ 0}$(标准件)，将各组成环换算成对称分布得

$A_{0m}=0.225$，$A_{3m}=43.08$，$A_{1m}=29.93$，$A_{2m}=4.96$，$A_{4m}=2.975$，代入公式(8-3)，则得协调环尺寸及偏差为：$A_{5m}=43.08-29.93-4.96-2.975-0.225=4.99$；

由 $A_5=A_{5m}\pm\frac{1}{2}TA_5=4.99\pm0.045=5^{+0.035}_{-0.055}$，得各组成环尺寸为

$A_1=30^{\ 0}_{-0.14}$，$A_2=5^{\ 0}_{-0.08}$、$A_3=43^{+0.16}_{\ 0}$，$A_4=3^{\ 0}_{-0.05}$(标准件)，$A_5=5^{+0.035}_{-0.055}$。

由上例可知，当采用不完全互换法时，各组成环公差较采用完全互换法时大，可降低相应的零件制造成本，但根据概率论可知，装配时将有 0.27%的产品超差。这就需要考虑补救措施，或者进行核算，论证产生废品可能造成的损失，将之与因零件制造成本下降而得到的增益进行比较，从而判断采用什么装配方法。

(2) 分组装配法。分组装配法是将各组成环按实际尺寸大小分为若干组，各对应组进行装配，同组零件具有互换性。这对于在大批量生产中，零件数少，装配精度要求较高，又不便于采用调整装配的情况下，可将零件的加工公差按装配精度要求放大数倍，或在零件的加工公差不变的情况下，通过选配来提高装配精度。分组装配法通常采用极值法计算公式进行计算。如图 8-5 所示的内燃机按基轴制的活塞销孔 D 与活塞销 d 的装配情况来说明分组装配法的实质及应用。

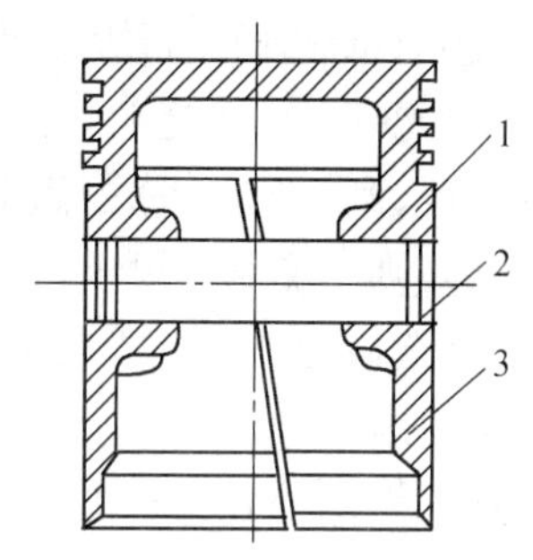

图 8-5　活塞与活塞销的装配

1—活塞销；2—挡圈；3—活塞

根据装配技术要求，活塞销直径 d 与活塞销孔 D 的基本尺寸为 $\phi28$ mm，在冷态装配时应有 0.002 5～0.007 5 的过盈量。得 $T_0=0.005$ mm，按等公差法进行分配，则有 $T_{销}=T_{孔}=0.0025$ mm，按基轴制标注销和孔的公差为 $d=\phi\ 28^{\ 0}_{-0.0025}$，$D=\phi\ 28^{-0.0050}_{-0.0075}$，其公差等级为 IT2 级，显然，制造这样高精度的销和孔非常困难。实际生产中将活塞销和孔的公差同向放大 4 倍，即活塞销尺寸由 $d=\phi\ 28^{\ 0}_{-0.0025}$，变为 $d=\phi\ 28^{\ 0}_{-0.01}$，活塞销孔尺寸由 $D=\phi\ 28^{-0.0050}_{-0.0075}$，变为 $D=\phi\ 28^{-0.02}_{-0.0150}$，这样可用无心磨床加工活塞销外圆，用金刚镗床加工活塞销孔，然后用精密量仪测量，按尺寸大小分成四组涂上不同颜色，以便进行分组装配。具体分组情况见表 8-2。由表 8-2 可见，各组的配合性质和配合精度与原来的装配精度要求相同。

表 8-2　活塞销与活塞销孔的分组尺寸

组别	活塞销直径 $d=\phi=28^{\ 0}_{-0.01}$	活塞销孔直径 $D=\phi28^{-0.0050}_{-0.0150}$	配合情况		标志颜色
			最小过盈	最大过盈	
1	$\phi28^{\ 0}_{-0.0025}$	$\phi28^{-0.0050}_{-0.0075}$	0.002 5	0.007 5	红
2	$\phi28^{-0.0025}_{-0.0050}$	$\phi28^{-0.0075}_{-0.0100}$			白
3	$\phi28^{-0.0050}_{-0.0075}$	$\phi28^{-0.0100}_{-0.0125}$			黄
4	$\phi28^{-0.0075}_{-0.0100}$	$\phi28^{-0.0125}_{-0.0150}$			绿

采用分组装配法应注意以下几点：

① 为保证分组后各组的配合性质和配合精度符合原装配精度要求，配合件的公差应相等，公差增大的方向要相同，增大的倍数应等于以后的分组数。

② 相配合零件的形位公差和表面粗糙度值不能随尺寸公差放大而放大，必须保持原设计要求，以保证配合性质和配合精度。

③ 分组数不宜过多，以免增加零件的测量、分类和保管工作，造成组织生产的复杂化。

④ 配合件的尺寸分布应尽可能一致，否则，将会产生某一组零件由于过多或过少无法配套而造成零件的积压和浪费。

(3) 修配装配法。所谓修配装配法就是各组成环都按经济加工精度制造，在组成环中选一修配环预先留有修配量，装配时通过修刮修配环的尺寸来达到装配要求。因此，解修配法装配尺寸链的关键在于：确定修配前修配环的尺寸，验算修量是否合适。

确定修配环时，要考虑以下几点：

① 所选修配环装卸方便、修配面积小、结构简单、易于修配。

② 所选修配环不应为公共环。

③ 不能选择进行表面处理的零件作为修配环。

修配环尺寸确定时，应考虑使其修配量足够和最小，因为修配工作一般都是通过后续加工(如锉、刮、研等)，修去修配环零件表面上多余的金属层，从而满足装配精度要求。若修配量不够，则不能满足要求；修配量过大，又会使劳动量增大，工时难以确定，降低了生产率。由于所选修配环可能为增环或减环，而增环和减环的修配表面各有两个，所以共有四种情况，可将这四种情况中归纳为两种，即：加工修配环时使封闭环尺寸减小，即封闭环越修越小；加工修配环时使封闭环尺寸增大，即封闭环越修越大。下面分别讨论之。

a. 封闭环越修越小时。设原设计要求的装配精度为 $A_0^{TA_0}$，最小最大尺寸为 A_{0min}、A_{0max} 当各组成环按经济加工精度标注公差后，这时封闭环的尺寸变为 $A'^{TA_0}_0$，极值尺寸变为 A'_{0min}、A'_{0max}，如图 8-6，可见在 $O-O$ 线下面的(即 OB 段内的)修配环已无法修配，因封闭环越修越小，即在没有修配时，封闭环尺寸已经小于原设计要求的最小尺寸 A_{0min}。为了保证所有的修配环尺寸都能进行修配，此时必须改变修配环的基本尺寸(修配环为增环时增加修配环基本尺寸，为减环时减少修配环基本尺寸)，使 $A'_{0min} \geqslant A_{0min}$。由于修配环在装配时要进行最终加工，如果不修配或修配时修配量过小，就不能保证被修配表面的质量，影响装配精度。因此还必须使修配环有一个最小修配量，设最小修配量为 K_{min}，可通过改变修配环的基本尺寸(改变方法同上)来保证，使封闭环尺寸有

$$A''_{0min} = A_{0min} + K_{min} \tag{8-6}$$

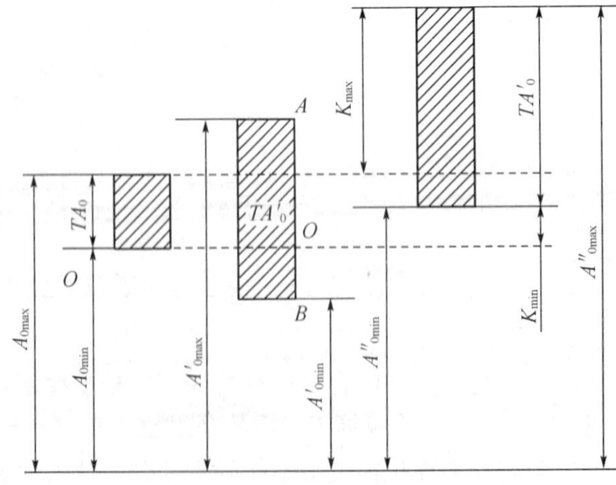

图 8-6　封闭环越修越小时封闭环公差带要求值与实际公差带相对关系

这时在解尺寸链时，各组成环可按经济加工精度取相应的公差，然后按“入体原则”标注除修配环外的各组成环上下偏差，修配环的尺寸可按公式(8-6)求得。设修配前修配环尺寸为 A_K，当修配环为增环时，由极值法可求出修配前修配环的最小尺寸 A_{Kmin}（由极值法计算公式进行计算）；当修配环为减环时，由极值法可求出修配前修配环的最大尺寸 A_{Kmax}。此时最大修配量由图 8-6 得

$$K_{max} = K_{min} + (TA'_0 - TA_0) \tag{8-7}$$

b. 封闭环越修越大时。

设原设计要求的装配精度为 $A_0^{TA_0}$，最小最大尺寸为 A_{0min}、A_{0max} 当各组成环按经济加工精度标注公差后，这时封闭环的尺寸变为 $A'^{TA_0}_0$，节极值尺寸变为 A'_{0min}、A'_{0max}，如图 8-7 所示，可见在 $O-O$ 线上面的(即 OA 段内的)修配环已无法修配，因封闭环越修越大，即在没有修配时，封闭环尺寸已经大于原设计要求的最大尺寸 A_{0max}。为了保证所有的修配环尺寸都能进行修配，此时必须改变修配环的基本尺寸(修配环为增环时减少修配环基本尺寸，为减环时增大修配环基本尺寸)，使 $A'_{0max} \leqslant A_{0max}$。若要求有一个最小修配量，设最小修配量为 K_{min}，可通过改变修配环的基本尺寸来保证，使封闭环尺寸有

$$A''_{0max} = A_{0max} - K_{min} \tag{8-8}$$

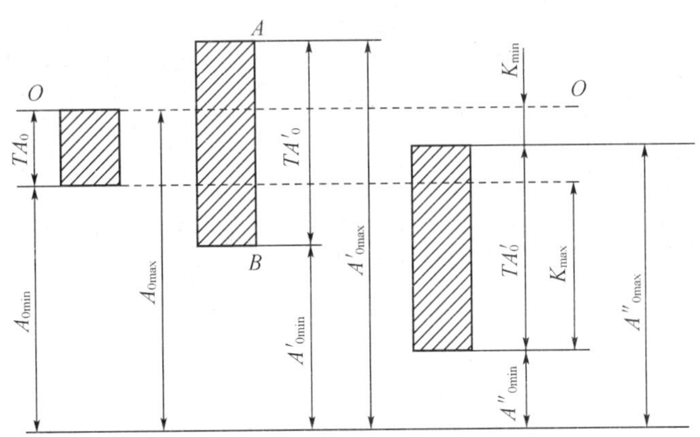

图 8-7　封闭环越修越大时封闭环公差带要求值与实际公差带相对关系

解尺寸链时，各组成环可按经济加工精度取相应的公差，然后按“入体原则”标注除修配环外的各组成环上下偏差，修配环的尺寸可按公式(8-8)求得。当修配环为增环时，由极值法可求出修配前修配环的最大尺寸 A_{Kmax}；当修配环为减环时，由极值法可求出修配前修配环的最小尺寸 A_{Kmin}，此时最大修配量由图 8-7 得到，仍为公式(8-7)。

【例 8-2】　图 8-1 所示卧式车床装配时，要求尾座中心线比主轴中心线高 0.03～0.06 mm。已知：$A_1=160$ mm，$A_2=30$ mm，$A_3=130$ mm。用修配法装配，确定各组成环公差和极限偏差。

【解】　① 画装配尺寸链图(图 8-2)，校验各环基本尺寸。A_1 为减环，A_2、A_3 为增环。封闭环尺寸为 $A_0=0^{+0.06}_{+0.03}$ mm。

② 确定修配环。根据装配体各组成环实际情况，选尾架垫板 A_2 为修配环。

③ 按经济加工精度确定各组成环公差。

$$TA_1 = TA_3 = 0.1\ \text{mm}\ (\text{镗模精镗}),\ TA_2 = 0.15\ \text{mm}\ (\text{半精磨})$$

④ 确定各组成环(除修配环外)的上下偏差。

$$A_1 = 160 \pm 0.05\ \text{mm}, A_3 = 130 \pm 0.05\ \text{mm}$$

⑤ 确定修配环的尺寸。因修配环为增环且封闭环为越修越小的情况，取 $K_{\min} = 0.1$ mm，由公式(8-6)得 $A''_{0\min} = A_{0\min} + K_{\min} = 0.03 + 0.1 = 0.13$ mm。

以由极值法：$A''_{0\min} = A_{2\min} + A_{3\min} - A_{1\max} = A_{2\min} + (130 - 0.05) - (160 + 0.05) = 0.13$ mm，得：$A_{2\min} = 30.23$ mm，则：$A_{2\max} = A_{2\min} + TA_2 = 30.23 + 0.15 = 30.38$ mm，即

$$A_2 = 30^{+0.38}_{+0.23}\ \text{mm}。$$

(4) 调整装配法。调整装配法是装配时用调整的方法改变调整环的位置或实际尺寸，使封闭环达到其公差或极限偏差的要求。一般以螺栓、斜面、挡环、垫片或孔轴联结中的间隙等作为调整环。调整法装配常采用极值法公式计算。常见的调整方法有三种。

① 可动调整法。可动调整法是通过改变调整件的位置来保证装配精度的方法。图 8-8 是卧式车床中使用可动调整法的例子，图 8-8(a)所示是通过调整套筒的轴向位置来保证齿轮的轴向间隙；图 8-8(b)所示是用调整螺钉来调整镶条的位置来保证导轨副的配合间隙；图 8-8(c)所示是用调节螺钉使楔块上下移动来调整丝杠与螺母的轴向间隙。

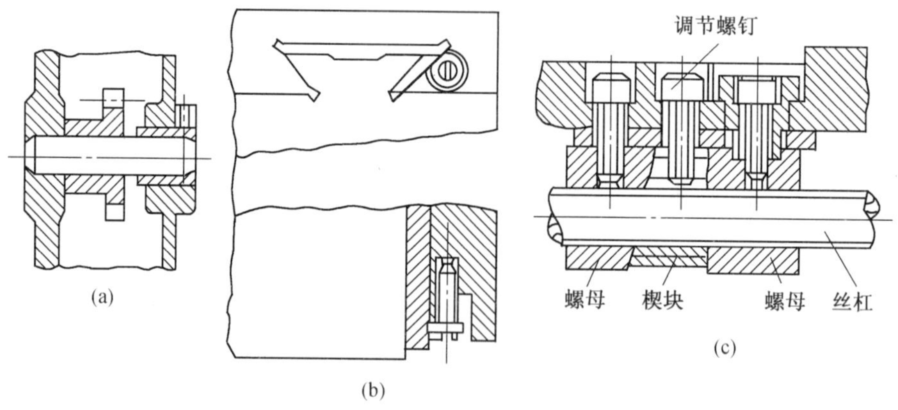

图 8-8 可动调整法的应用

用可动调整法能获得比较理想的装配精度。在产品的使用中，还能通过调整来补偿由于磨损、热变形等引起的误差，使产品恢复原来的精度。

② 误差抵消调整法。误差抵消调整法是在产品装配时，通过调整有关零件的相互位置，使其加工误差互相抵消一部分，以提高装配精度。例如，在组装机床主轴时，通过调整前后轴承径向圆跳动和主轴锥孔径向圆跳动的大小和方位，来控制主轴的径向圆跳动。这种方法是精密主轴装配中的一种基本装配方法，得到广泛的应用。

③ 固定调整法。固定调整法是在组成装配尺寸链的组成环中选一零件或增加一个零件作为调整环，其他组成环按照经济加工精度制造，装配前作一系列数量大小不同的调整环，装配时选择合适的调整环装入结构中去，满足装配精度要求。常选的调整环有垫圈、垫片和轴套等。

解算固定调整法装配尺寸链时要解决以下三个问题：调整范围大小；需要几组调整环；每组调整环的尺寸大小。下面就通过一个实例来分析固定调整法装配尺寸链解算过程。

【例 8-3】 图 8-9 为车床主轴大齿轮装配简图。要求隔套(尺寸 A_2)、齿轮(尺寸 A_3)、

垫圈(尺寸 A_K)、弹性挡圈(尺寸 A_4)装在轴上之后,双联齿轮的轴向间隙为 $A_0=0.05\sim0.2$ mm,各组成环基本尺寸为 $A_1=115$ mm,$A_2=8.5$ mm,$A_3=95$ mm,$A_4=2.5$ mm(标准件),$A_K=9$ mm。试用固定调整法装配,并确定各组成环的尺寸及调整环的分组数、尺寸系列。

【解】 ① 建立装配尺寸链。如图 8－9(b)所示,其中封闭环 A_0、增环 A_1、减环 A_2、A_3、A_4、A_K。

② 校验各组成环基本尺寸。$A_0=A_1-A_2-A_3-A_4-A_K=0$,所以有封闭环尺寸为 $A_0=0$ 。

③ 确定调整环。选容易加工、测量和装卸方便的垫圈(A_K)为调整环。

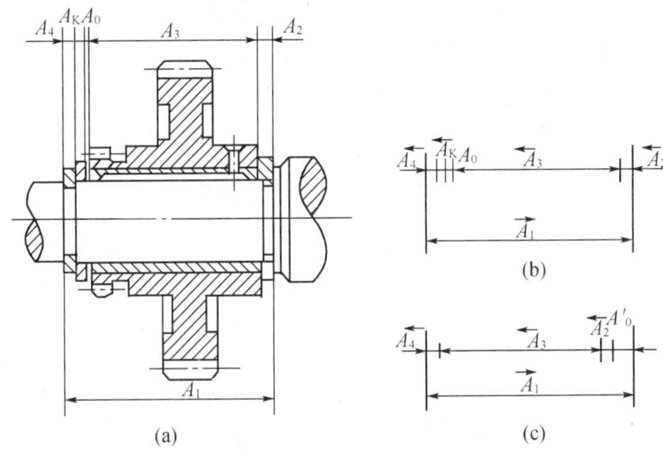

图 8－9　车床主轴箱大齿轮轴向装配简图及装配尺寸链图

④ 确定各组成环公差及偏差。按照经济加工精度或其他方法确定各组成环公差并按“入体原则”进行标注。

$TA_1=0.15$ mm、$TA_2=0.1$ mm、$TA_3=0.1$ mm、$TA_4=0.12$ mm(标准件)、$TA_K=0.03$ mm (调整环取较小的公差,避免影响调整能力)。并选 A_1 为协调环,其余环按入体原则标注,有:

$A_2=8.5_{-0.10}^{\ 0}$ mm、$A_3=95_{-0.10}^{\ 0}$ mm、$A_4=2.5_{-0.12}^{\ 0}$ mm(标准件)、$A_K=9_{-0.03}^{\ 0}$ mm。为保证 $A_{0\min}=0.05$ mm,由极值法确定得尺寸 A_1:

$0.05=\mathrm{EI}A_1-(0+0+0+0)$,$\mathrm{EI}A_1=0.05$ mm,则有

$$A_1=115_{+0.05}^{+0.20}\ \text{mm}\ 。$$

⑤ 确定调整范围。调整范围即为空位尺寸 A'_0 如图 8－9c 所示,它是在未装入垫圈 A_K 前实测的间隙大小,其变动范围为

$$A'_{0\max}=\sum_{z=1}A_{z\max}-\sum_{j=m+1}A_{j\min}=115+0.2-(8.5+95+2.5-0.1-0.1-0.12)=9.52\ \text{mm},$$

$$A'_{0\min}=\sum_{z=1}^{m}A_{z\min}-\sum_{j=m+1}^{n-1}A_{j\max}=115+0.05-8.5-95-2.5=9.05\ \text{mm},$$

即 $A'_0=9.05\ \text{mm}\sim9.52\ \text{mm}$,调整范围公差为 $TA'_0=0.47$ mm。

⑥ 确定调整能力 S。每级调整环所能调整的空位尺寸变动范围称为调整能力。

$$S = TA'_0 - TA_K = 0.15 - 0.03 = 0.12\ \text{mm}$$

⑦ 确定分组数 N。N=调整范围公差/调整能力=0.47/0.12=3.9≈4

⑧ 确定调整环尺寸系列。根据调整范围，由分组尺寸间隔 S 可以从大到小分，也可以从小到大分，见表 8-4。

表 8-4 调整环尺寸系列

从小到大分时	从大到小分时
$A_{K_1} = A'_{0\min} - A_{0\min} = 9.05 - 0.05 = 9$	$A_{K_4} = A'_{0\max} - A_{0\max} = 9.52 - 0.20 = 9.32$
$A_{K_2} = A_{K_1} + S = 9 + 0.12 = 9.12$	$A_{K_3} = A_{K_4} - S = 9.32 - 0.12 = 9.20$
$A_{K_3} = A_{K_2} + S = 9.12 + 0.12 = 9.24$	$A_{K_2} = A_{K_3} - S = 9.20 - 0.12 = 9.08$
$A_{K_4} = A_{K_3} + S = 9.24 + 0.12 = 9.36$	$A_{K_1} = A_{K_2} - S = 9.08 - 0.12 = 8.96$

调整环的尺寸分布及适用范围见表 8-5，本表只列出从小到大分时的情况。

表 8-5 调整环尺寸分布及适用范围

组号	调整环尺寸(mm)	调整范围(mm)	调整后的实际间隙(mm)	制造数量
1	$9_{-0.03}^{0}$	9.06～9.17	0.05～0.20	少些
2	$9.12_{-0.03}^{0}$	9.17～9.29	0.05～0.20	多些
3	$9.24_{-0.03}^{0}$	9.29～9.41	0.05～0.20	多些
4	$9.36_{-0.03}^{0}$	9.41～9.52	0.05～0.18	少些

8.4 装配工艺规程的制订

装配工艺规程是指导装配工作的技术文件，其内容包括产品和部件的装配顺序、装配方法、装配技术要求和检验方法、装配所需的设备及工具和装配时间定额等。

1. 装配工艺规程的制订原则和所需的原始资料

(1) 制订原则。

① 保证并力求提高装配质量，且要有一定的精度储备，以延长产品的使用寿命。

② 合理安排装配工序，尽量减少钳工的装配工作量，以提高装配效率，缩短装配周期。

③ 所占车间生产面积要小，以提高单位面积的生产率。

(2) 所需原始资料。

① 产品的总装配图和部件装配图。为了在装配时进行补充机械加工和核算装配尺寸链，还需有关零件图。

② 产品装配技术要求和验收的技术条件。

③ 产品的生产纲领及生产类型。

④ 现有生产条件，包括现有的装配装备、车间的面积、工人的技术水平、时间定额标准等。

2. 装配工艺规程制订的步骤

(1) 产品分析。

① 研究产品装配图，审查图样的完整性和正确性；

② 明确产品的性能、工作原理和具体结构；

③ 对产品进行结构工艺性分析，明确各零件、部件间的装配关系；

④ 研究产品的装配技术要求和验收技术要求，以便制订相应的措施予以保证；

⑤ 必要时进行装配尺寸链的分析和计算。

在产品的分析过程中，如发现存在问题，要及时与设计人员研究予以解决。

(2) 确定装配的组织形式。

装配的组织形式可分为固定式和移动式。

固定式装配是将产品或部件的全部装配工作安排在一个固定的工作地进行。装配过程中产品的位置不变，所需的零件、部件全部汇集在工作地附近，由一组工人来完成装配过程。

移动式装配是将产品或部件置于装配线上，通过连续或间歇的移动使其顺次经过各装配工作地以完成全部装配工作。

装配的组织形式主要取决于产品的结构特点、生产纲领和现有生产技术条件及设备状况。装配的组织形式确定后，也就相应确定了装配方式。

(3) 确定装配顺序。

一个产品的装配单元可分为零件、合件、组件、部件和产品。其中合件是由两个或两个以上零件合成的不可拆卸的整体件；组件是若干零件与合件的组合体；部件是若干零件、合件和组件的组合体。

在确定除零件以外的每一级装配单元的装配顺序时，要先选定一个零件(或合件、部件)作为装配基准件，其他装配单元按一定顺序装配到基准件上，成为下一级的装配单元。装配基准件一般应是产品的基体或主干零件、部件，应具有较大的体积与重量和足够的支撑面，以利于装配和检测的进行。

然后安排装配顺序。一般是按照先上后下、先内后外、先难后易、先精密后一般，先重大后轻小的原则，来确定零件或装配单元的装配顺序，最后用装配系统图表示出来，如图 8-10 所示。装配系统图是表明产品零件、部件间相互装配关系和装配流程的示意图。在装配系统图中，装配单元均用长方格表示，并注明名称、代号和数量。画图时，先画一条水平线，左边画出表示基准件的长方格，右边画出表示装配单元的长方格。将装入装配单元的零件或组件引出，零件在横线上方，合件、组件或部件在横线下方。当产品结构复杂时，可分别绘制各级装配单元的装配系统图。

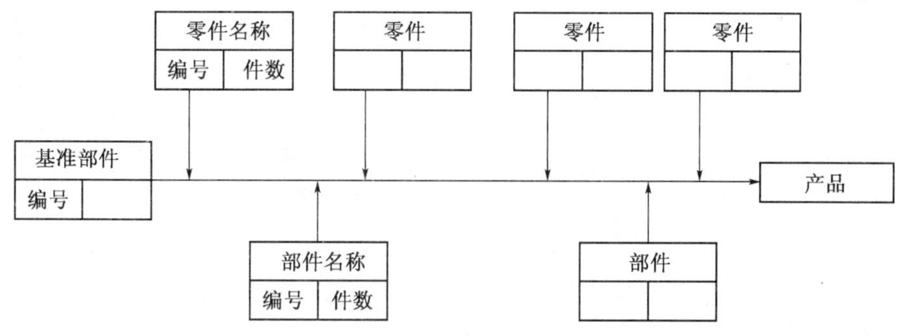

(a)

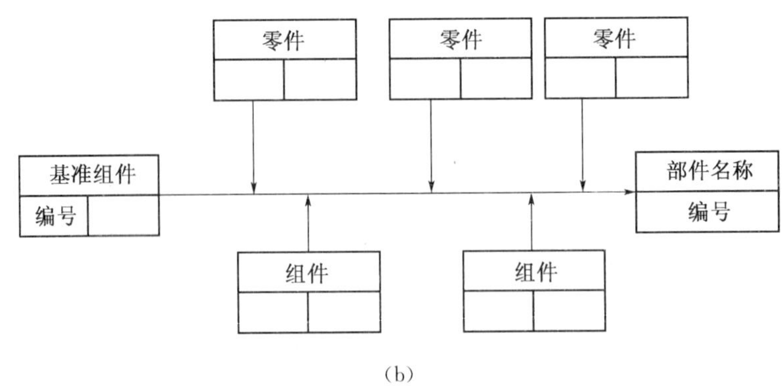

(b)

图 8-10 装配单元系统图

(4) 装配工序的划分与设计。

装配工序的划分主要是确定工序集中与工序分散的程度。工序划分常与工序设计一起进行。装配工序设计的主要内容有:制订工序的操作规范,选择所需设备和工艺装备,确定工时定额等。装配工序还包括检验和试验工序。

(5) 填写装配工艺文件。

单件小批生产时,仅绘制装配系统图即可。中批生产时,要制订装配工艺过程卡,在工艺过程卡上写有工序顺序、工序内容、所需设备和工艺装备、工时定额等,关键工序有时需要制订装配工序卡。大批量生产时,要为每一工序制订工序卡,详细说明该工序的工艺内容,直接指导工人操作。

(6) 制订产品检测与试验规范。

产品装配后,要进行检测与试验,应按产品图样要求和验收技术条件,制订检测与试验规范。其内容有:检测与验收的项目、质量标准、方法和环境要求;检测与验收所需的装备;质量问题的分析方法和处理措施。

习 题

8-1 单项选择题

1. 装配工艺规程制订的步骤为:( );确定装配的组织形式;确定装配顺序;装配工序的划分与设计;填写装配工艺文件;制订产品检测与试验规范。

① 产品分析 ② 产品质量 ③ 产品零件图 ④ 产品精度

2. 装配是指按规定的( ),将零件结合成部件,并进一步将零件和部件结合成机器的工艺过程。

① 装配方法 ② 零件的数量 ③ 装配精度 ④ 技术要求和顺序

3. 机械产品的装配精度一般包括零件、部件间的距离精度,( ),相对运动精度和接触精度。

① 产品精度 ② 相互位置精度 ③ 零件的精度 ④ 尺寸链精度

8-2 多项选择题

1. 装配工作内容有( )、调整、配作、平衡、验收试验几方面。

① 清洗　② 连接　③ 校正　④ 整理

2. 建立装配尺寸链的过程可分为如下(　　)几步。

① 确定封闭环　② 列出组成环　③ 画尺寸链简图　④ 确定增环还是减环

3. 保证装配方法有(　　)。

① 互换装配法　② 分组装配法　③ 修整装配法　④ 调整装配法

4. 装配工艺规程的制订所需的原始资料有(　　)。

① 产品的总装配图和部件装配图。为了在装配时进行补充机械加工和核算装配尺寸链,还需有关零件图

② 产品装配技术要求和验收的技术条件和产品的生产纲领及生产类型

③ 确定装配的组织形式

④ 现有生产条件,包括现有的装配装备、车间的面积、工人的技术水平、时间定额标准等

8-3 综合题

1. 试简述装配的工作内容。
2. 保证装配精度的工艺方法有哪几种?它们的特点如何?
3. 装配尺寸链是如何建立的?
4. 试述装配工艺规程的制订原则。
5. 装配工艺规程制订的步骤是什么?

参考文献

[1] 王茂元.机械制造技术[M].北京:机械工业出版社,2006.

[2] 朱正心.机械制造技术[M].北京:机械工业出版社,2006.

[3] 兰建设.机械制造工艺与夹具[M].北京:机械工业出版社,2010.

[4] 吴国华.金属切削机床[M].北京:机械工业出版社,1996.

[5] 吴林蝉.金属切削原理与刀具[M].北京:机械工业出版社,1996.

[6] 蔡安江.机械制造技术基础北京[M].机械工业出版社,2008.

[7] 刘守勇.机械制造工艺与机床夹具[M].北京:机械工业出版社,2000.

[8] 赵宏立.机械加工工艺与装[M].北京:人民邮电出版社,2009.

[9] 陈根琴,宋忠良.机械制造技[M].北京:北京理工大学出版社,2007.

[10] 饶华球.机械制造技术基础[M].北京:电子工业出版社,2007.

[11] 王晓霞.机械制造技术[M].北京:科学出版社,2007.

[12] 隋秀凛,高安邦.实用机床设计手册[M].北京:机械工业出版社,2010.

[13] 李昌年.机床夹具设计与制造[M].北京:机械工业出版社,2007.

[14] 吴拓.机械制造工艺与机床夹具[M].北京:机械工业出版社,2006.

[15] 肖继德,陈宁平.机床夹具设计[M].2版.北京:机械工业出版社,2005.

[16] 侯书林,朱海.机械制造基础[M].北京:中国林业出版社,2006.

[17] 何世松,寿兵.机械制造基础[M].哈尔滨:哈尔滨工程大学出版社,2009.

[18] 苏建修.机械制造基础[M].北京:机械工业出版社,2006.

[19] 徐慧民,贾颖莲.模具制造工艺学[M].北京:北京理工大学出版社,2010.

[20] 王彪,张兰.数控加工技术[M].北京:北京大学出版社,2006.

[21] 邓文英.金属工艺学[M].北京:高等教育出版社,2000.

[22] 乔世民.机械制造基础[M].北京:高等教育出版社,2008.

[23] 余英良.数控机床加工技术[M].北京:高等教育出版社,2007.

[24] 周旭光.特种加工技术[M].西安:西安电子科技大学出版社,2004.

[25] 何世松,鲁佳.机械制造基础项目教程.南京:东南大学出版社,2016.

[26] 何世松,贾颖莲.Creo 三维建模与装配.北京:机械工业出版社,2018.

[27] 何世松,贾颖莲,王敏军.基于工作过程系统化的高等职业教育课程建设研究与实践[M].武汉:武汉大学出版社,2017.